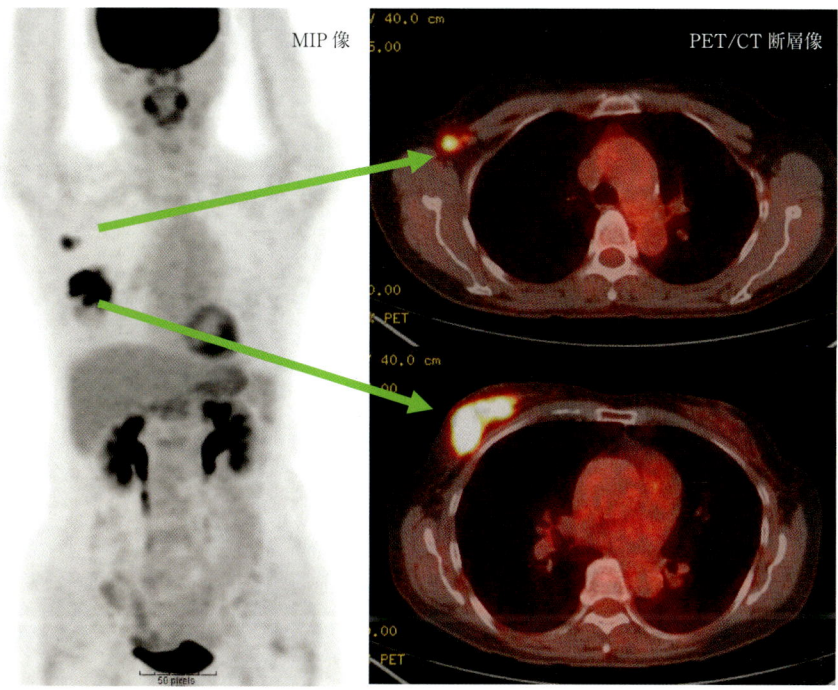

図 6.2　^{18}F-FDG による PET 画像（MIP 像：左）と PET/CT 断層像（右上下）（103 頁）

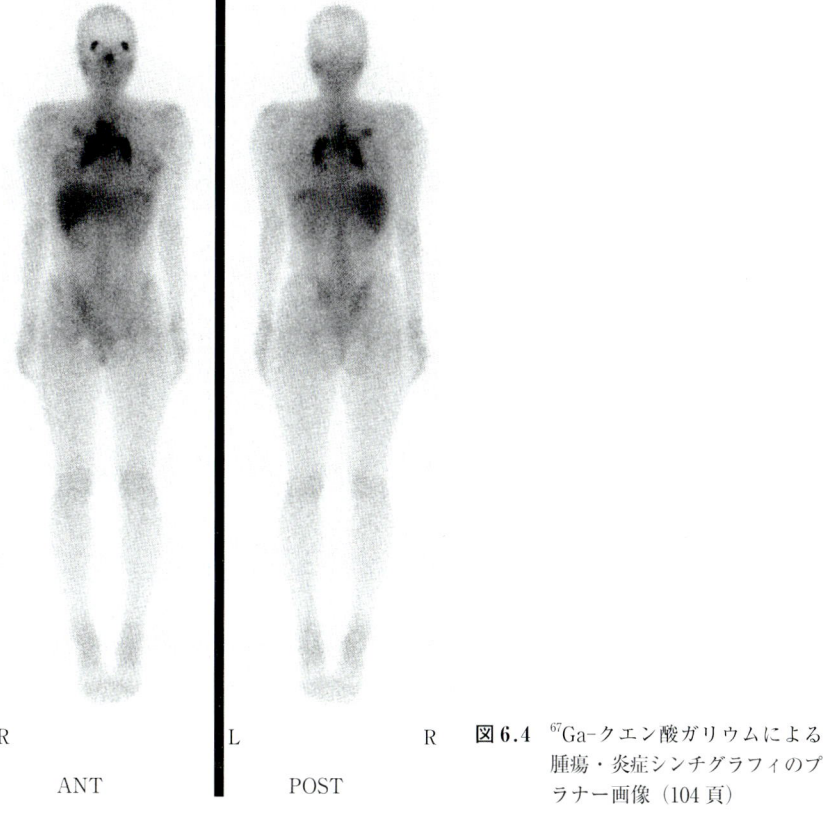

図 6.4　^{67}Ga-クエン酸ガリウムによる腫瘍・炎症シンチグラフィのプラナー画像（104 頁）

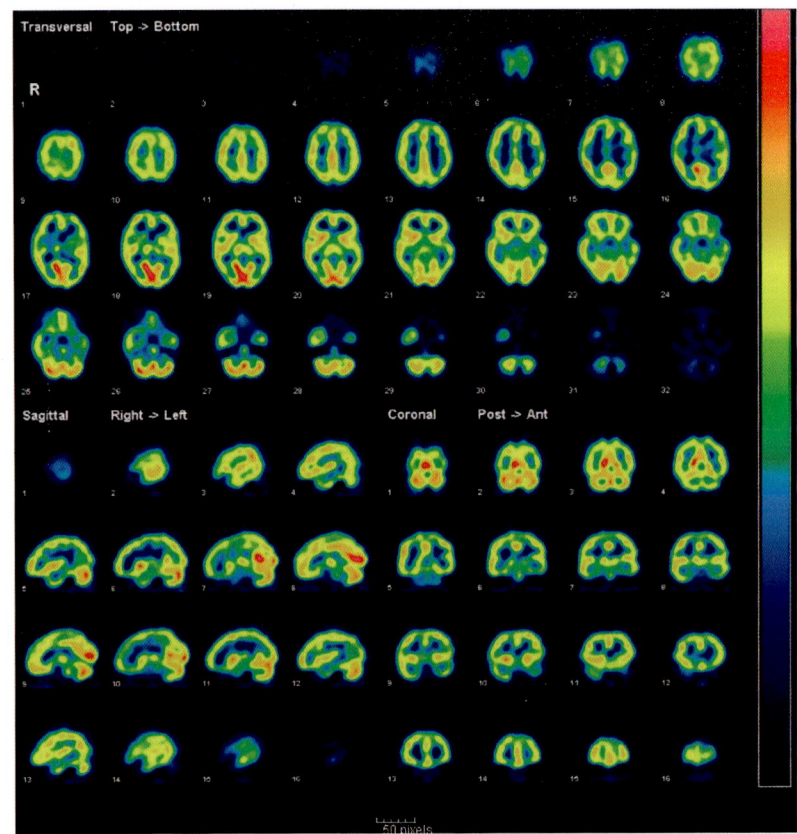

図 6.7　^{99m}Tc-ECD 脳血流シンチグラフィ（SPECT）（106 頁）

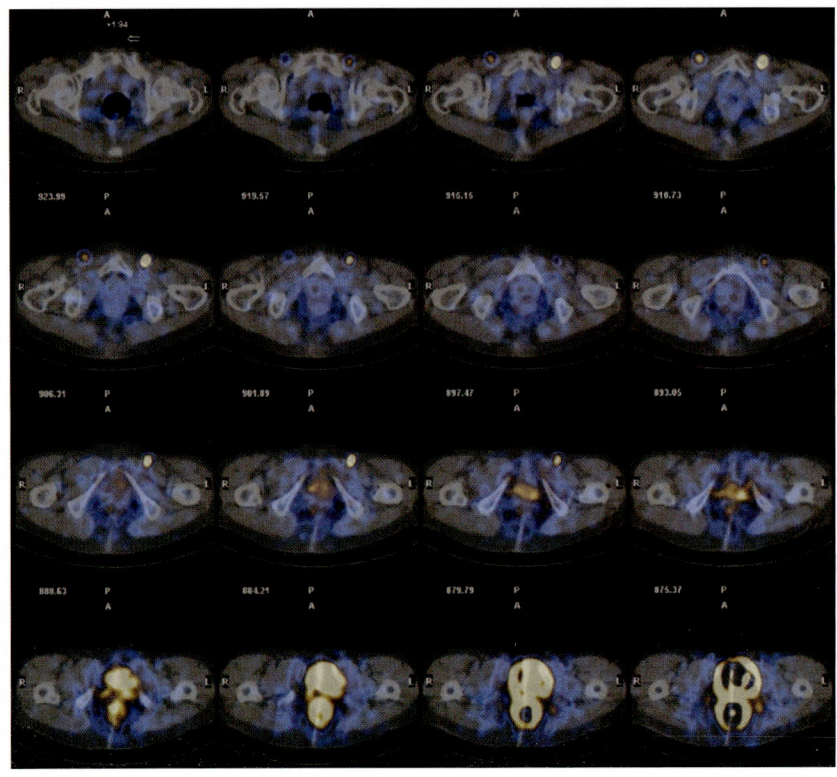

図 6.11　テクネチウムスズコロイド(^{99m}Tc)センチネルリンパ節シンチグラフィ（SPECT/CT 画像）（109 頁）

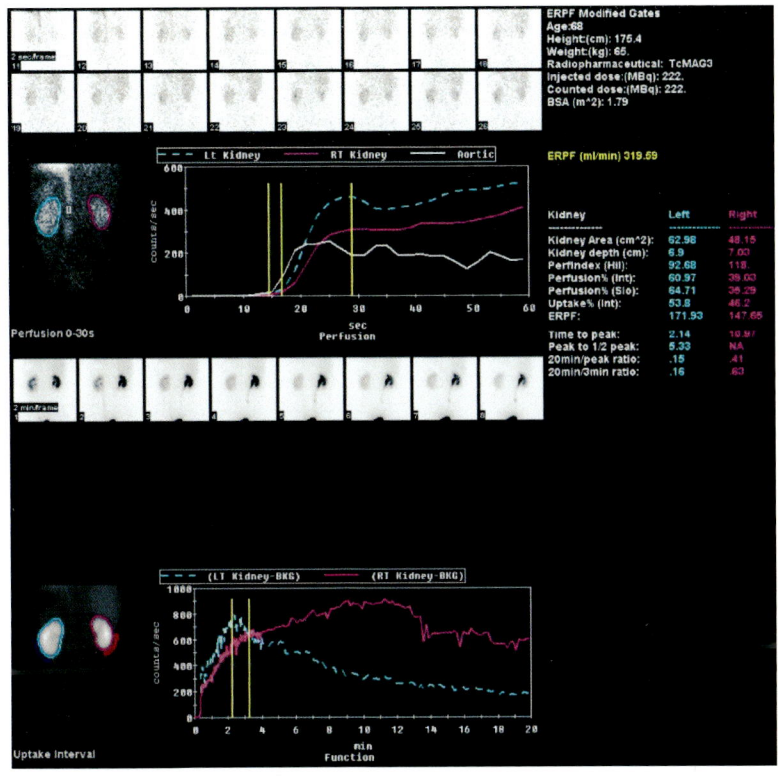

図 6.19　^{99m}Tc-MAG$_3$ による腎動態シンチグラフィ(プラナー像)およびレノグラフィ（115頁）

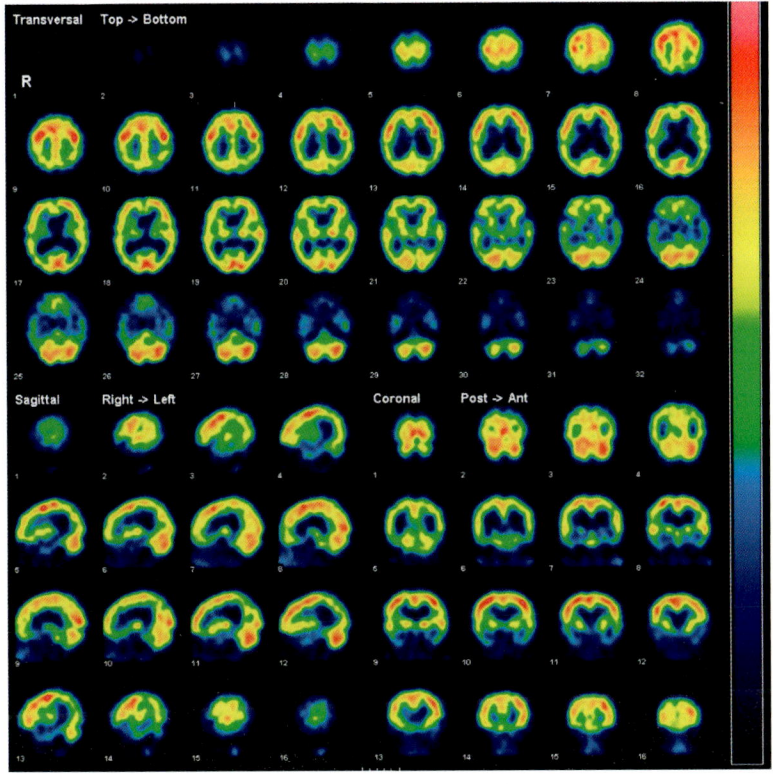

図 6.25　^{123}I-IMP 脳血流シンチグラフィ（118頁）

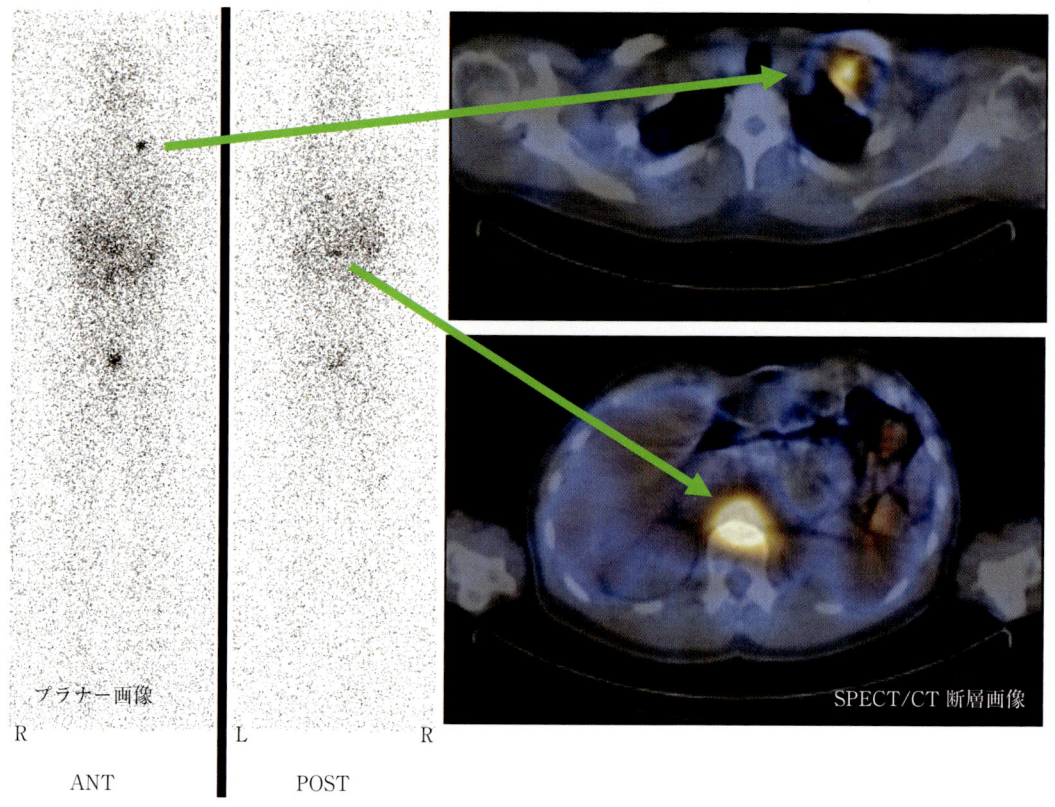

図6.32 ¹³¹I-MIBGによる副腎髄質シンチグラフィ(プラナー画像)とSPECT/CT断層画像(122頁)

薬学テキストシリーズ

放射化学・放射性医薬品学

大久保恭仁

小島周二

……… 編著

加藤真介

工藤なをみ

坂本　光

佐々木徹

月本光俊

山本文彦

………… 著

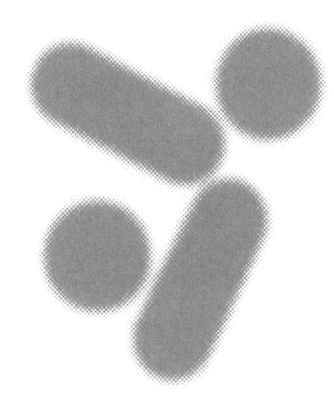

朝倉書店

編著者

大久保恭仁　東北薬科大学教授
小島　周二　東京理科大学薬学部教授

執筆者

大久保恭仁（おおくぼやすひと）	東北薬科大学名誉教授	[1, 2, 3, 11 章]
加藤　真介（かとうしんすけ）	横浜薬科大学教授	[3, 4 章]
工藤なをみ（くどうなおみ）	城西大学薬学部教授	[4 章]
小島　周二（こじましゅうじ）	東京理科大学薬学部嘱託教授	[9 章, 演習問題, 付録]
坂本　　光（さかもとひかる）	北里大学薬学部講師	[10 章]
佐々木　徹（ささきとおる）	北里大学医療衛生学部准教授	[7, 8 章]
月本　光俊（つきもとみつとし）	東京理科大学薬学部講師	[9 章]
山本　文彦（やまもとふみひこ）	東北薬科大学教授	[5, 6 章, 付録]

放射化学・放射性医薬品学を学ぶにあたって

　薬学において放射線および放射性物質を学ぶ意味は大きく2つある．

　第1は，医学・薬学への放射線および放射性物質の利用について学ぶことである．現在，種々の疾病の画像診断に，さらに種々の疾病の治療にも放射線および放射性医薬品が用いられている．特に癌の画像診断や治療には非常に有用であり，現在の医療において放射線および放射性物質は必要不可欠なものになっている．また，医学・薬学の研究において放射性物質の利用価値は非常に高い．

　第2は，環境汚染物質（特に食品汚染物質）としての放射性物質の同定と，そこから放出される放射線および放射能の評価について学ぶことである．地球上には微量な天然放射性物質があり，われわれは日常の生活の中でそれらに常にさらされている．また，地球に降り注ぐ宇宙線にも常に被ばくしている．これら自然の環境放射線被ばくのほかに，たとえば原子力発電所の事故等による人工放射性物質および食品汚染からの被ばくの可能性もある．これらの放射線および放射能を測定し評価することは公衆衛生上重要なことであり，薬学の守備範囲となっている．

　レントゲンがX線を発見したのが1895年，マリー・キュリー，ピエール・キュリー夫妻がラジウムの放射能を発見したのが1898年である．それからの100年間で放射線・放射性物質の医療への利用は目覚ましい発展を遂げた．放射線・放射性物質によってもたらされた利益は計り知れない．しかし，われわれはそれらの利益ばかりを享受したわけではなく，それらによる被害や損害も受けてきた．われわれは，これからも利益が危険性よりも大きくなる努力を怠らずに放射線・放射性物質を利用していかなければならない．

　本書刊行直前の3月11日に東北地方太平洋沖地震が発生した．この地震により発生した大津波により20,000人もが犠牲になった．犠牲者の中には薬学を志し薬学部に入学直前であった高校生もいた．本書を手にすることができる諸君はしっかりと勉強してほしいと願うものである．

2011年4月

編　者

まえがき

　今まさに「放射線を正しく理解し，正しく怖がる」というフレーズが日本国民に求められている．というのは，去る3月11日に起きた東北地方太平洋沖地震により福島原子力発電所も大きな被害を受け，原子炉の冷却装置が故障したことにより，燃料棒のメルトダウンが起き核分裂生成物が漏出した．この事故は，わが国のみならず世界各国にも恐怖を与えている現状があるからである．核分裂生成物の放射性ヨード（I-131）やセシウム（Cs-137）が関東一円に飛散，露地野菜や水道水等にも混入し，日常生活も阻害される事態にまで至った．また，テレビや新聞等では連日専門家によって現在の放射線（能）量では人体への悪影響がないことが報道されている．世界中の多くの人々は，「"放射線は得体の知れない怖いもの"であり，これに被ばくすれば死亡する，またすぐに死に至らない場合でも数年後にはがんを患ってしまう」と考えるようである．したがって，些細な風評に右往左往する人達が後を絶たない．放射科学（化学）を担当してきた私達自身も，学生に教えてきた原発事故がよもやわが国で起こるということは想像もしなかった．一方で，今回の事故により，わが国での放射線・放射能に関する基礎教育の重要性を改めて思い知らされた．

　薬学生諸君には，放射線・放射能とは何か？　放射線の検出方法は？　放射性物質はどのように使用されているか？　放射線にはどのような生体影響があるのか？　どうしたら放射線を防護できるか？　などの基礎的事項を正しく学ぶことにより，一般大衆に対し啓蒙，またある場合には指導できるようになってほしいと強く望んでいる．

　本書は医療に利用される放射性物質および環境汚染物質としての放射性物質について，その物理化学的性質を理解することを意識してまとめた．必要な基礎知識を十分に理解できるように，図表は多く取り入れ，わかりやすくなるよう工夫したつもりである．さらに，放射化学・放射性医薬品学に対する興味が湧くよう，また学問する面白さも掴み取れるように，コラムも入れ，臨床データもなるべく多く記載した．なお，本書は放射化学・放射性医薬品学に関する薬学教育のコアカリキュラムの到達目標（SBO）はすべて網羅している．

　「放射線を怖がりすぎるのも，怖がりすぎないのも容易である．正しく理解し，正しく怖がりましょう！」

2011年4月

編　者

目　次

I編　放　射　化　学

1章　放射線および放射線物質の利用 …………………………………… 2
1.1　放射線および放射線物質の利用例 ………………………………… 2
1.1.1　放射線照射　2
1.1.2　種々の分析・検査・測定器　3
1.1.3　原子力発電　4
1.2　放射線および放射性物質の医学・薬学への応用 ………………… 5
1.2.1　放射線発生装置からの放射線による診断　5
1.2.2　放射線発生装置および粒子加速器からの放射線による治療　5
1.2.3　放射性物質からの放射線による診断　6
1.2.4　放射性物質からの放射線による治療　7
1.2.5　放射性物質の医学・薬学研究への応用　8
1.3　放射線および放射性物質の適正な利用 …………………………… 8

2章　放射性核種と放射能 ………………………………………………… 11
2.1　原子の構造 …………………………………………………………… 11
2.2　原子核の構造 ………………………………………………………… 12
2.2.1　核　子　12
2.2.2　原子番号　13
2.2.3　質量数　13
2.3　核　種 ………………………………………………………………… 13
2.3.1　核種の定義　13
2.3.2　核種の表記　13
2.3.3　同位元素（同位体）　13
2.3.4　同重体　14
2.3.5　核異性体　14
2.3.6　放射性同位元素と安定同位元素　14
2.3.7　核種のまとめ　14
2.4　原子核の安定性 ……………………………………………………… 15
2.4.1　核　力　15
2.4.2　原子核が安定となる一般的条件　15

2.5 放射性壊変と放射能 ……………………………………………………………… 17
   2.5.1 α 壊変　18
   2.5.2 β^- 壊変　19
   2.5.3 β^+ 壊変　20
   2.5.4 電子捕獲（軌道電子捕獲）　21
   2.5.5 γ 壊変　22
   2.5.6 核異性体転移　23
   2.5.7 放射性壊変のまとめ　23
   2.5.8 壊変図（崩壊図）　24
   2.5.9 放射能　25
   2.5.10 放射平衡　28
2.6 核反応による放射性核種の生成 …………………………………………………… 30
   2.6.1 核反応の一般式　31
   2.6.2 核反応の発見　31
   2.6.3 荷電粒子を用いた核反応による放射性核種の生成　31
   2.6.4 中性子を用いた核反応による放射性核種の生成　32
   2.6.5 自然界における核反応による放射性核種の生成　33
   2.6.6 熱中性子による核反応を用いた放射化分析　33
2.7 核分裂による放射性核種の生成 …………………………………………………… 34
   2.7.1 自発核分裂　34
   2.7.2 人工核分裂　34
2.8 放射性核種の分類 …………………………………………………………………… 37
   2.8.1 核種の分類　37
   2.8.2 壊変系列をつくる天然放射性核種　38
   2.8.3 壊変系列をつくる人工放射性核種　39
   2.8.4 壊変系列をつくらない天然放射性核種　40

3章　放　射　線 …………………………………………………………………… 42

3.1 放射線の分類 ………………………………………………………………………… 42
3.2 放射線の物質との相互作用 ………………………………………………………… 43
   3.2.1 α 線と物質の相互作用　45
   3.2.2 β^- 線と物質の相互作用　45
   3.2.3 β^+ 線と物質の相互作用　46
   3.2.4 γ 線と物質の相互作用　47
   3.2.5 中性子線　49
3.3 放　射　線　量 ……………………………………………………………………… 50
   3.3.1 照射線量　50
   3.3.2 吸収線量　50
   3.3.3 等価線量　50

3.3.4　実効線量　51
3.4　放射線測定 ·· 52
　　　3.4.1　放射能値と測定値　52
3.5　放射線測定器 ·· 53
　　　3.5.1　気体の電離を利用した測定器　53
　　　3.5.2　固体の電離を利用した測定器　58
　　　3.5.3　物質の励起を利用した測定器　58
　　　3.5.4　サーベイメータ　62
3.6　放射線のエネルギー測定 ·· 62
3.7　放 射 化 学 ·· 65
　　　3.7.1　放射性核種の分離　65
　　　3.7.2　担体を用いた分離　65
　　　3.7.3　二相間の分配を利用した分離　67
　　　3.7.4　溶媒抽出法　67
　　　3.7.5　イオン交換法　68
　　　3.7.6　放射化学に特有な分離法　68

4章　放射性同位体トレーサ ·· 72

4.1　トレーサ法の概要 ·· 72
4.2　標識化合物 ·· 73
　　　4.2.1　トレーサ実験で使用される放射性同位体元素　73
　　　4.2.2　トレーサ実験における留意点　73
4.3　同位体希釈分析 ·· 74
4.4　放 射 分 析 ·· 75
　　　4.4.1　薬物動態評価　75
　　　4.4.2　遺伝子工学　78
　　　4.4.3　細胞生物学　79
　　　4.4.4　放射化分析　80

Ⅱ編　放射性医薬品

5章　放射性医薬品 ·· 84

5.1　放射性医薬品の定義と分類 ·· 85
　　　5.1.1　定　義　85
　　　5.1.2　分　類　85
　　　5.1.3　放射性医薬品に用いられる放射性核種　85
5.2　測定・診断法 ·· 89
5.3　核医学診断用機器 ·· 90
　　　5.3.1　SPECT装置　91

5.3.2　PET装置　92
　　5.3.3　その他の放射線測定機器　94
5.4　放射性医薬品の管理と適正使用 …………………………………………………… 94
　　5.4.1　確認試験　96
　　5.4.2　純度試験　96
　　5.4.3　定量法と検定　96
　　5.4.4　その他の試験　97
5.5　放射性医薬品の保管 …………………………………………………………………… 97
5.6　廃　　棄 ………………………………………………………………………………… 97
　　5.6.1　医療用放射性汚染物の廃棄　97
　　5.6.2　PET用放射性同位元素（陽電子断層撮影診療用放射性同位元素）の廃棄　97
5.7　放射性被ばく防護 ……………………………………………………………………… 98
　　5.7.1　医療従事者の被ばく防護　98
　　5.7.2　放射性医薬品の投与量　98
　　5.7.3　実効半減期　98
　　5.7.4　患者の被ばく評価　99
　　5.7.5　放射性医薬品を投与された患者の医療機関からの退出　99

6章　インビボ放射性医薬品 …………………………………………………………… **102**
6.1　シンチグラフィに用いられる放射性医薬品 ………………………………………… 102
　　6.1.1　フルオロデオキシグルコース(^{18}F)注射液　102
　　6.1.2　クエン酸ガリウム(^{67}Ga)注射液　103
　　6.1.3　クリプトン(^{81m}Kr)ジェネレータ　104
　　6.1.4　過テクネチウム酸ナトリウム(^{99m}Tc)注射液　105
　　6.1.5　エキサメタジムテクネチウム(^{99m}Tc)注射液，［N, N′-エチレンジ-L-システネート(3-)］オキソテクネチウム(^{99m}Tc)ジエチルエステル注射液　105
　　6.1.6　ガラクトシルヒト血清アルブミンジエチレントリアミン五酢酸テクネチウム(^{99m}Tc)注射液　107
　　6.1.7　ジエチレントリアミン五酢酸テクネチウム(^{99m}Tc)注射液　107
　　6.1.8　ジメルカプトコハク酸テクネチウム(^{99m}Tc)注射液　108
　　6.1.9　テクネチウムスズコロイド(^{99m}Tc)注射液　108
　　6.1.10　テクネチウム大凝集ヒト血清アルブミン(^{99m}Tc)注射液　110
　　6.1.11　テクネチウムヒト血清アルブミン(^{99m}Tc)注射液　110
　　6.1.12　テトロホスミンテクネチウム(^{99m}Tc)注射液，ヒト血清アルブミンジエチレントリアミン五酢酸テクネチウム(^{99m}Tc)注射液　110
　　6.1.13　ヒドロキシメチレンジホスホン酸テクネチウム(^{99m}Tc)注射液，メチレンジホスホン酸テクネチウム(^{99m}Tc)注射液　111
　　6.1.14　N-ピリドキシル-5-メチルトリプトファンテクネチウム(^{99m}Tc)注射液　112
　　6.1.15　ピロリン酸テクネチウム(^{99m}Tc)注射液　112

目次

- 6.1.16 フィチン酸テクネチウム(^{99m}Tc)注射液　113
- 6.1.17 ヘキサキス(2-メトキシイソブチルイソニトリル)テクネチウム(^{99m}Tc)注射液　113
- 6.1.18 メルカプトアセチルグリシルグリシルグリシンテクネチウム(^{99m}Tc)注射液　114
- 6.1.19 インジウム(^{111}In)オキシノリン液　114
- 6.1.20 塩化インジウム(^{111}In)注射液および塩化インジウム(^{111}In)溶液　114
- 6.1.21 ジエチレントリアミン五酢酸インジウム(^{111}In)注射液　116
- 6.1.22 イオマゼニル(^{123}I)注射液　117
- 6.1.23 塩酸 N-イソプロピル-4-ヨードアンフェタミン(^{123}I)注射液　118
- 6.1.24 3-ヨードベンジルグアニジン(^{123}I)注射液　119
- 6.1.25 ヨウ化ナトリウム(^{123}I)カプセル　119
- 6.1.26 ヨウ化ヒプル酸ナトリウム(^{123}I)注射液　120
- 6.1.27 15-(4-ヨードフェニル)-3(R, S)-メチルペンタデカン酸(^{123}I)注射液　120
- 6.1.28 3-ヨードベンジルグアニジン(^{131}I)注射液　121
- 6.1.29 ヨウ化ヒプル酸ナトリウム(^{131}I)注射液　122
- 6.1.30 ヨウ化メチルノルコレステノール(^{131}I)注射液　122
- 6.1.31 キセノン(^{133}Xe)吸入用ガス　123
- 6.1.32 塩化タリウム(^{201}Tl)注射液　123

6.2 試料計測法による診断　125
- 6.2.1 クロム酸ナトリウム(^{51}Cr)注射液　125
- 6.2.2 クエン酸第二鉄(^{59}Fe)注射液　125
- 6.2.3 ヒト胃液内因子結合シアノコバラミン(^{57}Co)カプセル，シアノコバラミン(^{58}Co)カプセル　125
- 6.2.4 ヨウ化ヒト血清アルブミン(^{131}I)注射液　126

6.3 インビボ診断実施上の諸問題　126
- 6.3.1 食事　127
- 6.3.2 ヨウ素制限　127
- 6.3.3 甲状腺ブロック　127

6.4 治療用放射性医薬品　127
- 6.4.1 塩化ストロンチウム(^{89}Sr)注射液　127
- 6.4.2 塩化イットリウム(^{90}Y)溶液　128
- 6.4.3 ヨウ化ナトリウム(^{131}I)カプセル　128
- 6.4.4 ^{131}I 標識モノクローナル抗体(がん特異抗原に対する)によるがんの治療　129

6.5 医薬品開発のための放射性標識化合物　129

7章 インビトロ放射性医薬品　131

7.1 競合放射測定法　131
- 7.1.1 原理と測定系構成要素　131
- 7.1.2 ラジオイムノアッセイ(RIA)　133
- 7.1.3 競合タンパク結合測定法(CPBA)　136

7.1.4　放射受容体測定法（RRA）　137
　7.2　非競合放射測定法 …………………………………………………………………… 137
　　7.2.1　イムノラジオメトリックアッセイ（IRMA）　138
　　7.2.2　直接飽和分析法（DSA）　141
　7.3　非放射性免疫測定法 ………………………………………………………………… 142
　7.4　測定値の精度管理 …………………………………………………………………… 144
　　7.4.1　正確度（確度）　144
　　7.4.2　精密度　145
　　7.4.3　精度管理　146

8 章　放射性医薬品の開発 ……………………………………………………………… 148
　8.1　放射性医薬品に利用される核種 …………………………………………………… 148
　　8.1.1　診断用インビボ放射性医薬品に利用される核種　148
　　8.1.2　治療用インビボ放射性医薬品に利用される核種　150
　8.2　放射性医薬品の製造 ………………………………………………………………… 150
　　8.2.1　診断用インビボ放射性医薬品の製造　150
　　8.2.2　治療用インビボ放射性医薬品の製造　157
　8.3　放射性医薬品の体内挙動と標的臓器への集積原理 ……………………………… 158
　　8.3.1　放射性医薬品の開発経過　158
　　8.3.2　放射性医薬品の体内挙動，標的臓器への集積原理と生体情報の収集　158

9 章　放射線の生体への影響 …………………………………………………………… 164
　9.1　放射線の生物作用の概要 …………………………………………………………… 164
　9.2　初 期 障 害 …………………………………………………………………………… 165
　9.3　直接作用と間接作用 ………………………………………………………………… 166
　　9.3.1　直接作用　166
　　9.3.2　間接作用　168
　9.4　細胞に対する放射線の作用 ………………………………………………………… 171
　　9.4.1　細胞周期　171
　　9.4.2　放射線による細胞死と分裂遅延　171
　　9.4.3　細胞死　172
　　9.4.4　DNA 損傷修復機序　172
　　9.4.5　亜致死損傷（SLD）回復と潜在的致死損傷（PLD）回復　174
　　9.4.6　生物学的効果比　174
　　9.4.7　ベルゴニー・トリボンドーの法則　175
　9.5　身体的影響 …………………………………………………………………………… 175
　　9.5.1　体内（内部）被ばくと体外（外部）被ばく　175
　　9.5.2　身体的影響　177
　　9.5.3　放射線感受性の違いの比較　180

目 次　　ix

　　　9.5.4　胎内被ばく　183
　　　9.5.5　ヒトの放射線障害に対する医学的処置　184
　9.6　遺伝的影響 …………………………………………………………………… 185
　　　9.6.1　遺伝子突然変異について　185
　　　9.6.2　染色体異常　185
　　　9.6.3　遺伝有意線量　187
　9.7　放射線の生物作用に関与する要因 …………………………………………… 187
　　　9.7.1　物理学的要因と化学的要因　187
　　　9.7.2　生物学的要因　188
　9.8　医療被ばく ……………………………………………………………………… 188
　9.9　日常生活における放射線被ばく ……………………………………………… 189
　9.10　非電離放射線 …………………………………………………………………… 189
　　　9.10.1　紫外線の生体影響　190
　　　9.10.2　赤外線の生体影響　193

10章　放射線安全管理 …………………………………………………………… 197
　10.1　放射線障害防止法の制定とその精神 ………………………………………… 197
　　　10.1.1　原子力基本法　197
　　　10.1.2　放射性同位元素等による放射線障害の防止に関する法律(障害防止法)　198
　　　10.1.3　放射線障害防止に関係する法令　198
　10.2　ICRP勧告 ……………………………………………………………………… 198
　　　10.2.1　ICRP勧告の概要　199
　　　10.2.2　ICRP勧告での放射線被ばくの分類　199
　10.3　障害防止法における放射線，放射性同位元素の定義 ……………………… 202
　10.4　障害防止法の構成 ……………………………………………………………… 203
　10.5　放射性同位元素の取扱い上の安全管理基準 ………………………………… 207
　10.6　確定的影響と確率的影響 ……………………………………………………… 209
　10.7　放射線源の安全取り扱い(被ばくの管理) …………………………………… 211
　　　10.7.1　体外(外部)被ばくの防護　211
　　　10.7.2　体内(内部)被ばくの防護　213
　　　10.7.3　作業環境および個人被ばく線量の測定　214
　　　10.7.4　汚染の管理　222
　　　10.7.5　放射性廃棄物の管理　222
　10.8　事故と対策 ……………………………………………………………………… 223
　　　10.8.1　事故・危険時の措置　223
　　　10.8.2　被ばく事故時の措置　223
　　　10.8.3　原子力災害と国際原子力事象評価尺度(INES)　223

11章　画像診断技術 …………………………………………………………… **227**

11.1　造影剤を用いたX線検査 ……………………………………………… **227**
　11.1.1　消化管造影　227
　11.1.2　血管造影　228
　11.1.3　尿路・胆管・卵管造影　228

11.2　X線CT ………………………………………………………………… **228**

11.3　MRI（磁気共鳴画像診断） …………………………………………… **229**
　11.3.1　磁　場　229
　11.3.2　核スピンと歳差運動　229
　11.3.3　励起と緩和　229
　11.3.4　画像化　230
　11.3.5　傾斜磁場　230
　11.3.6　診　断　230
　11.3.7　MRI造影剤　230

11.4　超音波診断 ……………………………………………………………… **230**
　11.4.1　音波の性質と特徴　230

11.5　ファイバースコープ検査 ……………………………………………… **231**

11.6　その他の画像法 ………………………………………………………… **231**
　11.6.1　赤外線サーモグラフィ　231
　11.6.2　マンモグラフィ　232
　11.6.3　骨密度測定　232
　11.6.4　近赤外光イメージング　232

付　録 ………………………………………………………………………… **234**
索　引 ………………………………………………………………………… **247**

I 編

放射化学

1
放射線および放射性物質の利用

はじめに

　放射線および放射性物質は，現代社会において幅広い分野で利用されている．医療における利用では，種々の疾病の画像診断ばかりでなく，種々の疾病の治療にも放射線および放射性物質が用いられている．特に，がんの画像診断や治療への放射線および放射性医薬品の利用は非常に有用であり，現在の医療において放射線および放射性物質は必要不可欠なものになっている．また，医学・薬学の研究において放射性物質の利用価値は非常に高い．

　本章では，「放射線および放射性物質の利用例」として放射線照射滅菌から原子力発電まで幅広く具体例を示す．また，「放射線および放射性物質の医学・薬学への応用」としては放射線発生装置からの放射線と放射性物質からの放射線に分け，さらに診断と治療に分けて述べる．最後に，放射線および放射性物質の利用に関する利益と危険性について「放射線および放射性物質の適正な利用」として述べる．

　なお，本章では，放射線を放出するものをあえて「放射性物質」と一般的な表現にした．

1.1　放射線および放射性物質の利用例

1.1.1　放射線照射

a．注射筒滅菌

　放射線には殺菌・滅菌作用があることから，種々の医療器具・用具への放射線照射が検討されてきた．現在，最もよく知られているのは，ディスポーザブルのプラスチック注射筒（シリンジ）と針（ニードル）のγ線または電子線照射である．これは工場でニードル付きシリンジを製造・包装・パッケージングした箱の外部からγ線または電子線を照射し，滅菌している．梱包されたダンボール箱の状態で滅菌でき，非常に簡単である．この放射線には，放射性コバルト（^{60}Co）からのγ線または電子加速器による電子線が利用されている．滅菌処理時間は電子線のほうが短く，その点はγ線より有利である．

b．食品照射

　放射線に殺菌作用があることから，食品照射により食中毒が防げるのではないかと考えられる．しかし現在，日本で食品への放射線照射が認められているのは，ジャガイモの発芽防止についてのみである．この放射線にも，^{60}Coからのγ線が利用されている．これはジャガイモにγ線を照射す

ることにより，発芽部分の細胞分裂能を阻害し，ジャガイモを長期保存できるようにしているのである．これに関しては，その安全性が十分に実証されたのを受け，1972年に許可され，翌年から実用に供されている．他の食品に関しては，原子力委員会から「多くの国で放射線照射の実績のある食品に関しては，科学的データ等に基づき科学的合理性を評価すべきである」旨の報告が出されており，現在，厚生労働省で検討中である．

その他，放射線による突然変異を利用した農作物の品種の改良を目的とした放射線照射が放射線育種として行われている．

1.1.2 種々の分析・検査・測定器

放射線および放射性物質を用いた種々の分析法や検査・測定器には，放射性物質から放出される α 線，β 線，γ 線，中性子線および放射線発生装置から放出される X 線などが利用されている．

a. 煙感知器（α 線の利用）

大学，病院，デパート，その他多くのビルなどに設置してある煙感知器の多くには，放射性物質のアメリシウム（^{241}Am）が用いられている．この煙感知器はイオン式煙感知器と呼ばれ，^{241}Am からの α 線の電離による電離電流が煙により減少することを感知するものである．

^{241}Am の半減期が 432 年もあることから，α 線源としては半永久的に使用することができる．煙感知器にはスプリンクラー連動のものもあり，火災による被害低減に放射性物質が役立っている．しかし，最近では ^{241}Am を用いない光電式煙感知器も用いられるようになっている．

b. ECD 付きガスクロ（β 線の利用）

電子捕獲型検出器（electron capture detector, ECD）付きガスクロマトグラフィには，検出器内に装着された放射性ニッケル（^{63}Ni）からの β 線が利用されている．カラムを通過し検出器に入ってきた検出対象物がない状態では，^{63}Ni からの β 線による電離作用で生成したイオン対による一定の電離電流が測定されている．カラムで分離された電子を捕獲しやすい物質が検出器に入ってくると，^{63}Ni からの β 線により生成したイオン対の電子をその物質が取り込むことにより，電離電流が減少する．この電離電流の減少を測定し，その物質の同定・定量を行うものである．電子を捕獲しやすい物質としてはハロゲンを含む化合物があり，有機塩素系農薬などがその代表例である．野菜などの残留農薬の検出と定量によく利用されている．

c. 非破壊検査，厚さ計，レベル計，密度計など（γ 線の利用）

非破壊検査とは，外部構造をそのままに内部の状態を外部から検査するものである．たとえば，ジェットエンジンの内部構造を検査し，本体や部品破損，摩耗度，金属疲労などをチェックするときに放射性物質を内部に挿入し外部から透過した γ 線を測定する方法である．

また，工場で生産される種々のフィルムやパイプ類の厚さが均一で規格に合っているかどうかをチェックする厚さ計，タンク内の液体および粉体の量をチェックするレベル計，種々の生産物の密度をチェックする密度計などには ^{60}Co や放射性セシウム（^{137}Cs）などの γ 線が利用されている．

d. 放射化分析，水分計（中性子線の利用）

放射化分析は微量分析法としてその評価は高い．これは分析対象物質にエネルギーの弱い中性子（熱中性子）を照射し，非放射性物質を放射化（放射性物質にすること）し，放出される放射線を解析して，その物質に含まれる元素の同定と定量を行うものである．種々の疾病の原因物質の究明や犯罪捜査のための鑑識科学にも利用されている．

また，大きな建築物，たとえば橋梁のコンクリートの強度確認のための水分検査を行う水分計がある．これは，^{241}Am からの α 線をベリリウムに照射することにより発生するエネルギーの大きな中性子が，コンクリート中の水分で減速され戻ってきたエネルギーの弱い中性子（熱中性子）量を BF$_3$ 管という放射線測定器で測定し，水分量を算出するというものである．一見，単純な装置であるが，内部では 2 つの原子核反応が行われている．1 つは α 線とベリリウム原子核の核反応で，もう 1 つは熱中性子と B（ホウ素）原子核との核反応である．

e. 結晶構造解析および元素分析（X 線の利用）

X 線結晶構造解析は，タンパク質などの構造解析法としては最もポピュラーな方法である．レントゲンによる X 線の発見から 18 年後，マックス・フォン・ラウエは X 線が結晶格子で回折することを発見した．この発見により X 線結晶構造解析が始まり，その後の多くのノーベル賞受賞に大きく貢献した．ドロシー・ホジキンのペニシリンやインスリンの X 線構造解析は有名である．また，ロザリンド・フランクリンの DNA 二重ラセン構造の解明も X 線回折のおかげである．

また，シンクロトロンの放射光施設で主に発生する X 線を用いて構造解析を行ったり，微量元素分析を行っている．和歌山カレー・ヒ素毒事件の解明に一役買った兵庫県の Spring-8 や茨城県のフォトファクトリーは放射光施設として有名である．特に，Spring-8 はその規模においても世界有数のものである．また，放射光施設では X 線回折とは異なった X 線吸収微細構造（X-ray absorption fine structure, XAFS）解析も行われており，X 線回折とともに新薬開発の際の構造設計に大いに役立っている．さらに最近，Spring-8 に隣接して，X 線自由電子レーザ（X-ray free electron laser, XFEL）施設が完成し稼働している．XFEL は，電子を直線的に加速して Spring-8 と同様にアンジュレータで電子線を蛇行させて発生する X 線とレーザ光を合わせたもので，X 線とレーザ光の長所を併せ持つ．

f. 年代測定（天然放射性物質の利用）

地層や化石などの年代測定に放射性物質が利用されている．これには，太陽から降り注ぐ宇宙線である陽子線が大気中の窒素原子核に衝突し，原子核から飛び出した中性子がさらに窒素原子核に衝突した結果生成する放射性炭素（^{14}C）が利用されている．大気中で生成した ^{14}C は酸化され，^{14}CO$_2$ となる．大気中の ^{14}CO$_2$ は植物に吸収され，デンプンとして固定される．海水に溶けた ^{14}CO$_2$ は貝殻に炭酸カルシウムとして固定される．

大気中で生成される ^{14}C は一定で，植物や貝は生きているときは常に ^{14}CO$_2$ を摂取し，一定量の ^{14}C の放射能を持つ．死ぬと新たな ^{14}C の摂取がなくなり，その後は死ぬ前までに摂取した ^{14}C の半減期に従ってその放射能は指数関数的に減衰していく．化石中の ^{14}C の放射能を測定すると，死んだときからの経過時間が指数関数から計算できる．^{14}C の半減期は 5,730 年と非常に長いため，年代測定が可能となる．

1.1.3 原子力発電

現在，地球は CO$_2$ の過剰放出による温暖化で危機的状態にある．この危機的な地球環境を守るためには，CO$_2$ の大幅な排出抑制が必要であり，化石燃料に代わるエネルギー源を確保しなければならない．たとえば，太陽光，風力，海の波動，水力などによる発電があげられるが，施設・設備の規模と得られるエネルギー量が非効率的である．その点，原子力は有利であり，未来の核融合炉への橋渡しとしての選択肢として重要な位置を占めている．

原子力発電の核燃料に使われているウラン（U）は天然放射性物質である．原子力発電にはウランの核分裂エネルギーが利用されているが，核分裂を起こすウランは^{235}Uであり，天然ウランには0.7%しか含まれていない．そこで^{235}Uの濃度を高めて核燃料とするが，それでも核分裂を起こさない^{238}Uのほうが圧倒的に多く含まれている．原子炉では，核分裂は起こさなかった^{238}Uから核分裂を起こすプルトニウム（^{239}Pu）が生成される．そこで，使用済み燃料から核分裂を起こす^{239}Puを分離抽出し，^{238}Uと混ぜたものをそれぞれの酸化体（PuO_2とUO_2）の混合物（mixed oxide）である略称MOXとして新たな核燃料として利用する計画が始動している．

この計画をプルサーマル（プルトニウムをサーマルリアクター（通常の軽水炉）で利用するという意味）計画といい，各電力会社で実用化が推し進められようとしている．しかし，原子力発電には，増え続ける放射性廃棄物の処理問題があること，また事故が起きた場合に他の発電とは比べものにならないほどの取り返しのつかない被害を及ぼす危険性があることを忘れてはいけない．

1.2　放射線および放射性物質の医学・薬学への応用

放射線および放射性物質の医学・薬学への応用は利用する放射線により大きく2つに分類される．1つは，放射線発生装置からの放射線を利用する診断および治療であり，もう1つは，放射性物質からの放射線を利用する診断と治療である．すなわち，利用する放射線は，装置を用いて人工的に放出させる放射線と放射性物質から自然に放出される放射線に分けられる．ただし，後者の放射性物質はそのほとんどが核反応を用いて人工的につくられたものである．

1.2.1　放射線発生装置からの放射線による診断

一般的には，レントゲン撮影といわれているのがX線診断である．X線発生装置から放出されるX線を人体に照射し，各組織のX線吸収率（透過率）の差異を白黒のコントラストで描出する．X線吸収率とX線透過率は逆の関係にある．たとえば，骨は筋肉よりもX線吸収率が高いので，X線透過率は低い．X線吸収率は原子番号に比例して大きくなる．

X線吸収率の低い消化管や血管などの診断には，X線吸収率の高いバリウムやヨウ素の化合物を造影剤として用いる．胃や大腸などのX線透視撮影には硫酸バリウムが用いられているが，胃がんや大腸がんの早期発見に大きく寄与している．血管造影剤には有機ヨード製剤を用いるが，急性心筋梗塞や狭心症の冠動脈造影は非常に重要な診断法であり，これによりカテーテル手術が可能になり，多くの命を救ってきているのは周知の事実であろう．また，脳血管造影も脳動脈瘤や脳梗塞の診断に重要である．

X線造影剤を用いないX線診断では，結核検査のための胸部レントゲン撮影や歯の治療のためのレントゲン撮影，さらに乳がんの早期発見のためのマンモグラフィなどがある．また，X線を周回させてコンピュータで画像処理した断層撮影（computed tomography, CT）であるX線CTも，各種病変部の診断や治療方法決定のための形態学的な情報になくてはならない存在である．このX線CTにも通常，造影剤は用いない．

1.2.2　放射線発生装置および粒子加速器からの放射線による治療

放射線による治療法は他の治療法と異なり，非侵襲的で患者への負担が少ないのが特徴であり，

がんの放射線療法として広く利用されている．外科的手術の必要がないか必要であっても最小限であるため，患者の肉体的・精神的負担が少なく，また治療時間も短く，通院治療も可能である．放射線発生装置からの放射線はX線であり，粒子加速器で加速した粒子線には陽子線，重粒子線などがある．

X線発生装置で発生したX線を利用した治療法が一般的で，装置名としてはライナック（直線加速器）やサイバーナイフなどがある．ライナックで電子を加速し，タングステンなどに衝突させ，発生したX線で治療を行うものである．ライナックで加速した電子線そのものを利用することもできる．サイバーナイフは超小型ライナックと透視用X線カメラを併装したもので，患者の位置認識システムを用いて病変部を正確にX線照射できる．ロボットアームの利用で自由度が高く，患者の固定が後述のガンマーナイフよりもかなり緩和であり，患者に与える苦痛はほとんどない．ライナック，サイバーナイフはX線を細いビームにしてある点が，X線撮影との大きな相違である．

最近，強度変調放射線療法（intensity modulated radiation therapy，IMRT）が注目されている．これは，従来のX線治療で問題となっている不整形腫瘍（形がいびつな腫瘍）への適切な線量分布を可能にし，さらに周辺正常組織への放射線被ばくを最小限にする画期的な治療法といえる．具体的には，X線CTによる正確な組織形状および位置の確認後，コンピュータ最適化法により，腫瘍組織の形状に合わせたX線吸収線量を算出し，全周方向からX線のエネルギーを変調させながら，腫瘍組織に最適かつ最大吸収線量になるようにX線照射するものである．IMRTも現在は，ほぼすべてのがんに保険適用となっている．

また，粒子加速器であるシンクロトロンやサイクロトロンを用いた加速粒子線によるがん治療も注目されている．これは陽子や重粒子（炭素イオンなど）を加速して，ターゲットのがん組織に照射治療するものである．また，放射線医学総合研究所では加速したα線をベリリウムに衝突させて高速中性子（速中性子）を発生させ，この速中性子線によるがん治療も行っている．粒子線はX線やγ線のような電磁波と異なり，線エネルギー付与（LET）が高く，ターゲットのがん部位で最大エネルギー付与となるように加速器でエネルギーを調整できる．すなわち，これらの粒子線によるがん治療はX線やγ線よりも周辺の正常組織への吸収放射線量を低く抑えて，がん組織への吸収放射線量を最大にすることが可能である．がんの粒子線治療は非常に有効であるが，粒子線治療が保険適用外であるため，治療費が非常に高いのがネックである．

放射線によるがん治療はかなりの成績を収めているが，ほかのがん治療と同様に完璧な治療法ではない．がんの放射線治療における問題の一つに，放射線耐性がん細胞の出現の可能性があげられる．放射線療法は，まだその有効性を高める余地がある．

1.2.3 放射性物質からの放射線による診断

放射性物質からの放射線による画像診断とは，放射性物質を用いた化合物である放射性医薬品による画像診断である．この放射性医薬品による画像診断については後章で詳述するので，ここでは概略を述べる．画像診断では体内に投与された放射性医薬品（インビボ放射性医薬品）からのγ線を体外で測定する．通常，γ線を直接放出する放射性物質を用いるが，陽電子放出放射性物質を用いる場合は陽電子から生成した消滅γ線を測定している．レントゲン撮影のような平面的な画像のほか，検出器を回転させて画像をコンピュータ処理した断層撮影もできる．用いる放射性物質により検出法が異なっており，単なるγ線放出放射性物質を用いた診断法をSPECT（single photon emission computed tomography),および陽電子放出放射性物質を用いた診断法を PET（positron emission tomography）と呼んでいる．最近では，PET と X 線 CT を組み合わせた診断法として PET-CT が一般的になってきている．PET-CT は機能的診断と形態学的診断の融合である（5 章参照）．

放射線発生装置や放射性物質からの放射線を利用した画像診断が急激に普及しその有効性が認められてきた背景には，コンピュータ解析技術の飛躍的な発展がある．これは CAD（computer aided detection（diagnosis），コンピュータ支援診断）システム開発の大きな成果であろう．

画像診断には用いられないが，疾病の診断に用いられる放射性医薬品もある．すなわち，直接人体に適用しないで患者の血液などの試料を用い，試験管内で試料と放射性医薬品を反応させた後，その放射能量の変化から診断するものであり，インビトロ放射性医薬品と呼ばれている（7 章参照）．

1.2.4 放射性物質からの放射線による治療

放射性物質からの放射線による治療法は，以下のように大きく 3 つに大別される．

(1) 放射性物質から発生する放射線を患者の病変部に照射する治療法
(2) 放射性物質を患者の病変部に導入し，そこで放出する放射線による治療法
(3) 放射性物質を用いた放射性医薬品を患者に投与する治療法

(1)の代表例はガンマーナイフと呼ばれているもので，これはサイバーナイフに似ている．サイバーナイフは X 線を利用しているが，ガンマーナイフはその名のとおり γ 線を利用している．γ 線源は ^{60}Co であり，主に脳腫瘍の治療を行うものである．201 個の ^{60}Co 線源を半円形に配置し，そこからの γ 線が病変部にクロスして集中するようにするため，患者の頭部を確実に固定する必要がある．ガンマーナイフは，ライナックと同様に定位放射線治療（stereotactic radio therapy，SRT）であり，サイバーナイフのような自由度はなく，また，IMRT のようにエネルギーの変調が不可能なため，正常組織への被ばく線量は IMRT よりは多くなる．

その他の治療では，^{60}Co や ^{137}Cs 線源からの γ 線を利用したがん治療などがある．これらもすべて γ 線をビームにしてあるため，病変部周辺の正常組織への被ばくは低減されているが，病変部の照射方向前後にある正常組織への放射線被ばくは粒子線治療よりも多くなる．

(2)としては，歴史的にはラジウム（^{226}Ra）針（筒）が有名であろう．これはラジウムを白金の針または筒に封入し，α 線をカットして γ 線のみを利用できるようにしたものである．ラジウム針は舌がんの治療の第 1 選択肢として用いられ好成績を収めているが，子宮頸がんの治療に用いられていたラジウム筒は ^{60}Co による γ 線照射療法やイリジウム（^{192}Ir）小線源治療法に取って代わられている．^{226}Ra の半減期は約 1,600 年であり，半永久的に使用することができる．また，舌がんに対しては金（^{198}Au）や ^{192}Ir などの小線源治療も行われている．^{198}Au は半減期が 2.7 日と短く，しかも 2 mm 程度の粒子のため，治療後も患部に挿入したままにして退院することになるが，^{192}Ir は半減期が 74 日であるので，治療後に抜去する．

ラジウム針も治療後に抜去する．ラジウム針および ^{198}Au や ^{192}Ir などの小線源による舌がんの治療は，リンパ節転移がなければ非常に効果的であるといわれている．前立腺がんの治療には放射性ヨウ素（^{125}I）小線源（Oncoseed®）が用いられ好成績を収めているが，これも永久挿入法で治療後に抜去は行わない．最近は，乳がんの温存療法にも小線源治療が行われるようになってきた．

(3)の放射性医薬品については第 5 章で詳細を述べることとし，ここでは簡単な紹介に留める．甲

状腺がんや甲状腺機能亢進症の治療に用いられる放射性ヨウ素（^{131}I）のヨウ化ナトリウムカプセル，がんの骨転移による疼痛の治療に用いられている塩化ストロンチウム（^{89}Sr）注射液（Metastron®）などがある．

(1)，(2)，(3)いずれの治療法も外科的に患部を切除しないか，しても最小限で，患者の肉体的な苦痛が少なく，舌がんや前立腺がんの治療のように術後もその機能が維持でき，乳がんの治療のような温存療法では精神的なダメージも少ないという利点がある．放射線および放射性物質を用いた治療は患者のQOL（quality of life）の向上に大きく貢献できる．

1.2.5 放射性物質の医学・薬学研究への応用

放射性物質は病態生化学，薬理学，薬剤学，医薬品合成など，病態メカニズムの解明から新薬の開発に至るまで，医学・薬学の研究に広く利用されている．たとえば，放射性水素（^{3}H）標識チミジンを用いたDNA合成能測定はごく一般的な手法である．また，^{3}H，^{14}Cおよび放射性ヨウ素（^{125}I）標識化合物を用いた受容体結合実験も一般的である．特に，タンパク質の標識に^{125}Iはなくてはならないものになっている．

^{3}Hや^{14}C標識薬物の生体内分布や代謝を測定することもよく行われている．^{3}Hや^{14}Cからのβ線はエネルギーが小さいため，放射線の飛程が短く，放射線が広がらず，細かな分布測定に適している．この放射能標識薬物の体内分布測定は全身オートラジオグラフィ（whole body autoradiography, WARG）と呼ばれ，新規医薬品の体内分布を一目瞭然に確認でき，医薬品の開発において重要な情報を得ることができる．

医薬品合成では^{3}Hや^{14}C標識化合物の反応進行過程のチェックや収量計算が放射能測定で可能である．放射性物質を研究に用いると細胞レベルの研究が容易に実施でき，試料が超微量で済み，しかも測定感度が非常によい．また，薬物の各組織・臓器への分布とその相対的な取込み量が一度に画像化できるのも放射性物質ならではである．ただし，放射性物質を用いるため，法的規制（放射線障害防止法適用）を受け，放射線安全管理のもとで使用することになる．また，手続きも煩雑になるが，その煩雑さを補うに余りある利用価値がある．

1.3　放射線および放射性物質の適正な利用

放射線および放射性物質の医学・薬学への応用や他の利用について述べてきた．確かに放射線および放射性物質は有用なものであり，その恩恵を受けている患者が多いのは事実である．放射線や放射性物質によるがんの診断法と治療法は他の方法に比べ非侵襲的であり，患者に苦痛を与えない利点がある．しかし，放射線は人間にとって，利益（benefit）をもたらすものである一方，危険性（risk）を持ったものでもあるという相反する二面性を持っていることを忘れてはならない．

放射線および放射性物質は「諸刃の剣」なのである．利用を優先すると危険性がないがしろになりがちである．人類にとって「火」の発見とその利用は大きな貢献と利益をもたらしてきた反面，多くの危険性や損失も与えてきた．その危険性や損失は「火」ではなく，それを利用する人類によってもたらされたものである．原子力は人類にとって「第二の火」である．原子力は人類にとって大きな利益と危険性を兼ね備えた道具といえよう．しかしながら，一般的には放射線および放射性物質の危険性ばかりが注目されているように思える．その危険性が故に放射線や放射性物質を「悪」

として忌み嫌う人がいる．しかし，その危険性はそれを利用する人間によって左右されるのであって，放射線や放射性物質が「悪」であるわけではない．

唯一の被ばく国の日本人にとって，放射線および放射性物質が特別な響きを持っているのはよくわかる．確かに，放射線はわれわれの身体にとって有害な面もある．そこで，放射線の生体への影響をよく理解したうえでその危険性をできるだけ低く抑えながら，われわれにとって利益となる面を利用するように工夫をした適正使用がなされるべきであろう．原子力発電もその安全性が十分に担保されていれば，われわれの文化的な生活に対してだけでなく，地球環境にとっても大きな利益をもたらす．

医薬品も用法用量を守らないと副作用が発現し，場合によっては死に至ることもある．医薬品の適正使用は医薬品の有効性を引き出すばかりではなく，副作用発現を抑えるために重要である．がんの放射線治療および放射性医薬品によるがんの診断と治療も正常組織への放射線被ばく（これにより将来の発がん率が増加することもある）という危険性も持ち合わせているが，その危険性を最小限にしながら有効性を引き出す努力がなされて利用されている．今や，放射線および放射性物質の利用は人間が健康で文化的な生活をするうえで必要不可欠なものの一つとなっている．放射線や放射性物質を「善」なるものにする工夫は，人間の良識と知識の上に成り立つものである．放射線および放射性物質の性質を理解すると同時にそれを学ぶ意義も考え，その安全かつ適正な使用を心がけることにより，放射線および放射性物質を「善」なるものとしてより有効に利用できるであろう．

演 習 問 題

問 1 放射線の利用に関する次の記述のうち，正しいものを 2 つ選びなさい．
1　シンチグラフィでは主に β^- 線を検出する．
2　RIA 法では競合的抗原抗体反応が用いられる．
3　レノグラフィは肺機能診断法の一つである．
4　ECD 付きガスクロマトグラフィでは ^{63}Ni からの β^- 線が用いられる．
5　医療用器具の放射線滅菌では主に ^{137}Cs 線源が用いられる．

問 2 次の診断法うち，電離放射線が用いられていないものを 2 つ選びなさい．
1　CT
2　PET
3　MRI
4　マンモグラフィ
5　サーモグラフィ

問 3 放射線および放射性物質の医学・薬学への応用に関する次の記述のうち，正しいものを 2 つ選びなさい．
1　X 線造影剤には X 線に対する吸収率の低いヨウ素化合物が用いられる．
2　X 線 CT では通常，造影剤は使用しない．
3　サイバーナイフは重粒子線を用いた放射線治療法である．
4　ガンマーナイフでは小型の X 発生装置を多数円形に配置してある．
5　シンクロトロンは粒子線治療の際の加速粒子を得るための装置である．

問 4 放射性物質の医学・薬学への応用に関す次の記述のうち，正しいものを 2 つ選びなさい．
1　オートラジオグラフィで軟 β^- 線放出核種標識化合物は γ 線放出核種標識化合物と比較して，解像度の点では優れている．
2　蛍光 X 線分析法では制動 X 線を用いる．
3　^{3}H-チミジンは RNA 合成能の測定に用いられる．
4　$[\gamma-^{32}P]$ ATP はタンパク質リン酸化に用いられる．
5　ノーザンブロット法は特定配列を有する DNA と結合するタンパク質の検出法の一つである．

解 答　問 1：2 と 4　　問 2：3 と 5　　問 3：2 と 5　　問 4：1 と 4

2
放射性核種と放射能

はじめに

　放射性医薬品に用いられている放射性物質および環境汚染物質としての放射性物質とは，どのような物理的性質を持ったものなのかを理解するためには，なぜ放射性物質は放射線を放出するのかという基本的なことから理解していかなければならない．放射性物質からの放射線は放射性壊変によって放出される．この放射性壊変は，原子核の状態の変化に基づいている．そこで，放射性物質を学ぶときには，まず「原子・原子核の構造」と原子核のエネルギー状態について学ばなければならない．そのうえで，「放射性物質の物理的性質」として「放射性壊変」とはどのような現象なのか，「放射能」とはどういうことなのか，また「放射性核種」の定義と，それらはどのようにして生成するのか，またどのような分類があるのかを学ぶ必要がある．

　本章では原子・原子核の構造，原子核の安定性，不安定な原子核を持つ放射性核種の放射性壊変と放射能・放射平衡，核反応・核分裂による放射性核種の生成，放射性核種の分類などについて述べる．

2.1 原子の構造

　原子（atom）は中心に**原子核**（atomic nucleus）があり，その回りに**軌道電子**（orbital electron）が存在している．

$$原子 = 原子核 + 軌道電子$$

　原子核を中心に軌道電子がその周りを回っているという原子模型は，アーネスト・ラザフォードが提唱したが，後に量子論からニールス・ボーアによって軌道電子は原子核の周りを回っていないことが論証され，現在のような原子核の周りに電子雲があるという原子模型（図2.1）になった．原子の大きさとは軌道電子の存在する最外電子軌道の広がり（最外電子雲の広がり）であり，その直径はおよそ 10^{-10} m オーダである．一方，原子核の直径はおよそ 10^{-15} m オーダである．すなわち，原子核は原子の1/10万から1/1万程度と非常に小さなものである．原子核のおよその大きさはわかっているが，電子の大きさは，それを測定する方法がないのでよくわかっていない．電子の発見は1897年にジョセフ・トムソンによってなされたが，原子核を構成する粒子の発見はその20～35年も後のことである．

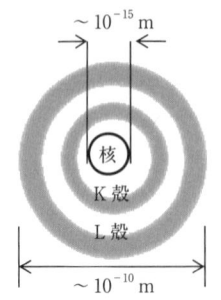

図2.1 原子の構造と広がり

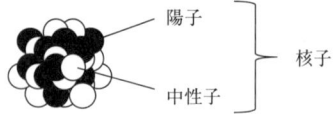

図2.2 原子核の構造

　原子核と軌道電子の間には広い空間があり，そこは真空である．そこで，原子をミクロ的に見るとスカスカなものになっているので，後述する種々の粒子線がそこを通過することが理解できる．

　原子核の電荷はプラス（＋）で軌道電子の電荷はマイナス（－）で，原子全体としては原子がイオン化していなければ電荷がなく中性（±0）である．ここで，原子核が＋の電荷を持ち，軌道電子が－の電荷を持つのであれば，互いが引き付け合い結合してしまうのではないかと考えられるが，現実には結合せずに離れて存在している．これは，電子が単なる－電荷を持つ粒子ではないことを意味し，また電子軌道といっても電子が粒子としてこの軌道上を原子核を中心にクルクルと回っているのではないことをも意味している．もし，軌道電子が運動エネルギーを持って原子核の周りを回っているならば，電磁波を放出し徐々に運動エネルギーを失い，いずれは原子核に引き付けられてしまうはずである．こう考えると軌道電子は周回運動をしていないことがわかる．

　電子は波の性質を持つ粒子であり，電子軌道を個々の電子の持つ固有のエネルギーの場（波長によって決まる位置）と考えると理解できる．軌道電子の軌道上での位置を確定することはできない．軌道電子はその軌道のいかなる所にも存在し得る．そこで，電子軌道は電子雲と表現したほうが現実的には正しい．この電子雲は原子核から遠ざかる順にK殻，L殻，M殻，N殻，……と呼ばれる．上述した原子の大きさ（直径）は原子核から最も遠い殻の電子雲の広がりということになる．

2.2　原子核の構造

2.2.1　核　　子

　原子核は**陽子**（proton, p）と**中性子**（neutron, n）からなっており，これら原子核を構成する陽子と中性子を**核子**（nucleon）と呼んでいる（図2.2）．陽子と中性子はさらにクォーク（アップクォークとダウンクォーク）からなっている．小林誠博士と益川敏英博士は1972年に，このクォークが6種類あることを予言した．2002年に実験的に6種類のクォークの存在が確認され，両博士は2008年ノーベル物理学賞を受賞した．

　陽子が＋1の電荷を持った粒子であることを発見したのはアーネスト・ラザフォードである．彼はこれを1918年に発見しプロトンと名づけた．一方，中性子は字のとおり電気的には中性で電荷を持っていない．中性子を発見したのはラザフォードの弟子のジェームス・チャドウィックであり，彼はこの功績で1935年にノーベル賞を受賞した．しかし，じつは中性子の存在を初めに見つけたのは，イレーヌ・ジョリオ・キュリー夫妻（イレーヌ・キュリーはラジウム，ポロニウムの放射能発

見で女性ノーベル賞受賞第1号となったマリー・キュリーの長女）であった．彼らは1931年に核反応の実験中に中性子を検出していながら，それを電荷を持たない放射線であるγ線と思い込み，粒子である中性子とは気がつかなかったのである．イレーヌ・ジョリオ・キュリー夫妻の研究報告を見たチャドウィックは，エネルギー保存の法則からこの放射線には質量があることを見い出し，理論的に中性子を発見し，ノーベル賞を受賞したわけである．

中性子は電荷を持たないので，原子核の＋電荷は陽子が担っていることになる．陽子と中性子の大きさと質量はほぼ同じである．電子は前述したように正確な大きさは不明であるが，質量は陽子や中性子の1/1,800であることがわかっている．すなわち，質量（重さ）の比較は［陽子：中性子：軌道電子＝1：1：1/1,800］となり，軌道電子は核子に比べて非常に軽いので，原子の質量（重さ）はほぼ原子核の質量と同じ，すなわち原子の質量は陽子と中性子の質量の和，すなわち総核子質量とほぼ同じと考えてもよい．

2.2.2 原 子 番 号

原子核を構成する陽子の数を**原子番号**（atomic number）という．通常，原子番号をZと表記する．周期表のH，He，Li，Be，B，C，N，O，F，Ne，……という順番は，陽子の数が1，2，3，4，5，6，7，8，9，10，……個の原子ということである．

2.2.3 質 量 数

陽子と中性子の数の和を**質量数**（mass number）という．すなわち，原子核を構成する核子の総数を質量数という．通常，質量数をAと表記する．質量数は単なる数であり単位などはなく，単位のある質量（重さ）と混同してはいけない．

2.3 核　　　　　種

一般化学では，1つの元素記号につき1つの原子が対応して化合物名や化学反応式が記されていたが，放射化学においては同じ元素であっても原子にはいくつもの種類がある．その原子の種類を**核種**（nuclide）という．

2.3.1 核 種 の 定 義

核種の定義は2つある．1つは「陽子と中性子の数の組合せで決まる原子の種類」であり，もう1つは「原子核のエネルギー準位で決まる原子の種類」である．核種とは原子の種類であり，原子核の種類ではない．

2.3.2 核 種 の 表 記

ある元素をXとすると，質量数Aを左上に，原子番号Zを左下に付けて$^{A}_{Z}\text{X}$と表すが，元素が決まれば原子番号は決まっているので，通常Zは省略され，単に^{A}Xと表す．

2.3.3 同位元素（同位体）

原子番号が同じで質量数の異なる核種を**同位元素**または**同位体**（isotope）という．別の言い方で

は，陽子の数が同じで中性子の数が異なる核種ということもできる．さらに，元素が同じで核子総数が異なる核種ということもできるし，これらの組合せで何通りの言い方もできる．

　天然にも種々の同位体が存在している．たとえば，酸素であるが，天然には ^{16}O，^{17}O，^{18}O の 3 種類の同位体が存在する．それぞれの天然存在比は ^{16}O（99.76％），^{17}O（0.038％），^{18}O（0.204％）である．

2.3.4　同　　重　　体

　原子番号（陽子の数）は異なるが，質量数（陽子と中性子の数の和）が同じ核種を**同重体**（isobar）という．別の言い方では，陽子の数は異なるが，陽子と中性子の数の和が同じ核種となる．たとえば，^{35}S と ^{35}Cl は陽子がそれぞれ 16 および 17 と異なっているが，中性子の数がそれぞれ 19 および 18 なので，質量数は 35 と同じになる．質量数が同じということであって，質量（重さ）が同じという意味ではない．

2.3.5　核　異　性　体

　原子番号も質量数も同じであるが，原子核のエネルギー準位が異なっている核種を**核異性体**（nuclear isomer）という．原子番号も質量数も同じであるため，核種の表記が同じになってしまうので，原子核のエネルギー状態が準安定（metastable）状態にある方の核種の質量数の後に m を付けて区別する．たとえば，^{99m}Tc と ^{99}Tc のように，原子番号の 43 と質量数の 56 は同じであるので，原子核が準安定状態のほうの質量数の後に m をつける．

2.3.6　放射性同位元素と安定同位元素

　同位元素（同位体）のうち，原子核が不安定な状態の核種を不安定核種という．不安定な原子核は放射線を放出して安定になろうとする．そこで不安定核種を**放射性同位元素**（**放射性同位体**，radioisotope，RI）という．原子核が準安定状態の核種も放射線を放出して安定になろうとするので放射性同位元素である．これに対して，原子核が安定で放射線を放出しない安定核種を**安定同位元素**（**安定同位体**，stable isotope，SI）という．すべての元素で少なくとも 1 つの RI は存在する．Xe には 24 もの RI が存在する．

2.3.7　核種のまとめ

　核種を放射線を放出するものとしないものに分類すると以下のようになる．不安定核種も準安定核種も放射線を放出するが，すべての元素で同位元素が存在し，またすべての同位元素に放射性同位元素が存在するので，放射線を放出する核種をまとめて放射性同位元素（RI）と呼んでいる．安定同位元素（SI）に比べて放射性同位元素のほうが圧倒的に多い．また，天然に存在している放射性同位元素は 57 核種と非常に少なく，RI のほとんどは人工的につくられたものである．

```
          ┌ 安定核種………放射線を放出しない＜SI＞：約 300 核種
　核種 ──┤ 不安定核種……放射線を放出する＜RI＞：2,000 核種以上（天然 57 核種）
          └ 準安定核種……放射線を放出する＜RI＞：約 50 核種
```

　同位元素は核種の一分類である．すなわち，放射性同位元素は放射性核種である．そこで，放射

性物質と称していたものを，以降すべて放射性核種と表現する．

2.4 原子核の安定性

2.4.1 核　　　力

水素以外の原子核には陽子が複数存在する．陽子は+1の電荷を持っているので陽子と陽子の間にはクーロン斥力が働いて，接することができないはずであるが，実際には原子核内で複数の陽子が接して存在している．ということは，クーロン斥力に打ち勝つ何らかの核子間引力が働いているはずである．この核子間引力がうまく働いていると原子核は安定でいられる（図2.3）．

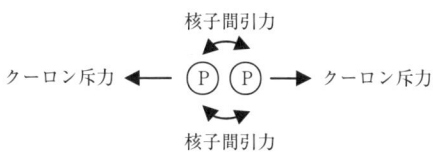

図2.3　陽子間に働くクーロン斥力と核子間引力

上記の核子間引力を核力という．核力は陽子-陽子間，陽子-中性子間，中性子-中性子間に働いて，原子核をまとめ上げている．中性子は電荷がないため，陽子-中性子間および中性子-中性子間ではクーロン斥力が働かず核力のみであるので，中性子は原子核をまとめ上げるのに大きく貢献している．すなわち，中性子は核子間のバインダーのような役割を担っていると考えられる．

核力は，ある素粒子が核子間に交換力として働くことで作用すると考え，その素粒子を中間子と名づけ予測したのは湯川秀樹博士である．湯川秀樹博士は1935年に中間子論を発表したが，世界では受け入れられなかった．しかし，その後，宇宙線から中間子に相当する素粒子が発見され，1949年に日本人初のノーベル賞（物理学）を受賞した．ただし，宇宙線から発見された中間子は核力の本体の中間子よりも軽く，寿命も短い中間子であり，湯川秀樹博士の予測した中間子はサイクロトロンを使った実験で確認された．すなわち，中間子には2種類あり，核力の本体の中間子をπ中間子，宇宙線から発見された中間子をμ中間子として区別している．ちなみに，中間子という名前は湯川秀樹博士が陽子と電子の中間くらいの質量という意味でつけた．また，原子核の直径は10^{-15} mオーダーであるが，この10^{-15}単位をユカワ（yukawa）という．すなわち，$1 \times 10^{-15} = 1$ユカワである．湯川秀樹博士の名前が単位として残っているのである．

2.4.2 原子核が安定となる一般的条件

原子核が安定となる一般的な条件を以下に列挙するが，あくまでも一般的な条件であり，これらに当てはまらない例外的なものもある．

a. 陽子と中性子の数のバランス

原子番号が20以下では，陽子と中性子の数が1対1であると原子核は安定になりやすいが，原子番号が20以上になると陽子よりも中性子が多いほうが原子核は安定になりやすい．これは陽子が多くなると，クーロン斥力が相乗的に増えて，同数の中性子では核力不足になるからである．図2.4に自然界に存在する安定核種の陽子数と中性子数の関係を示したが，陽子数の増加すなわち原子番

号が大きくなるに従って，安定核種の分布が$p=n$の直線よりも，中性子過剰側に寝ていくのがわかる．この分布をガモウの谷といい，地球上の核種はこのガモウの谷に落ち込んで安定になろうとしている．

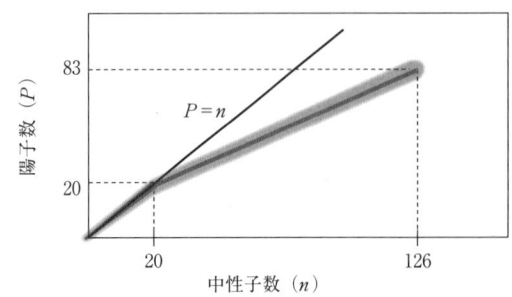

図2.4 自然界に存在する安定核種の陽子数と中性子数の関係

原子番号が20以下である水素と炭素を例に陽子と中性子の数のバランスを見てみると，原則的に陽子と中性子が同数でないものは不安定核種（放射性同位元素，RI）になっている（表2.1，表2.2）．ただし，^{13}Cだけは例外的に中性子過剰であるにもかかわらず，安定核種（SI）である．また，^{1}Hは陽子が1個であるのでクーロン斥力が働かないので中性子なしでも安定である．このように，原子番号が20以下では陽子と中性子の数が同数であると原子核は安定になりやすい．

表2.1 水素の同位体の陽子と中性子のバランス

	^{1}H	^{2}H	^{3}H
pの数	1	1	1
nの数	0	1	2
安定，不安定	SI	SI	RI

表2.2 炭素の同位体の陽子と中性子のバランス

	^{11}C	^{12}C	^{13}C	^{14}C
pの数	6	6	6	6
nの数	5	6	7	8
安定，不安定	RI	SI	SI	RI

b. 原子核の大きさ

地球上の核種は図2.4のガモウの谷に落ち込んで安定になろうとしているが，それには限界がある．すなわち，原子核が安定になるには原子核の大きさに限度があり，陽子数（原子番号Z）が84以上，中性子数が127以上の原子核で安定なものはない．原子番号が84の元素はポロニウム（Po）であるので，原子番号がPo以上の元素で安定核種は自然界では存在しない．ガモウの谷に落ちることができるのは原子番号83のビスマス（Bi）までである．

c. 核子の偶奇性

表2.3に自然界に存在する安定核種の陽子と中性子の数の偶奇性とその存在数を示したが，陽子と中性子が偶数個同士であると安定になりやすいことがわかる．偶数個同士で安定な核種は157個

2.5 放射性壊変と放射能

表 2.3 自然界に存在する安定核種の核子の偶奇性

陽子の数	中性子の数	安定核種の数
偶数	偶数	157
偶数	奇数	53
奇数	偶数	50
奇数	奇数	4

であるのに反し，奇数個同士で安定な核種は ^{2}H，^{6}Li，^{10}B，^{14}N の 4 核種のみしかない．

d. マジックナンバー

陽子または中性子の数が 2，8，20，28，50，82，126 の場合はなぜか原子核は安定になりやすい．明確な理由はよくわからないことから，これらをマジックナンバーという．マジックナンバーは陽子または中性子の数であるが，He，O，Ca，Ni，Sn などは陽子と中性子が同じ数（2，8，20，28，50）でも安定である．最近，理化学研究所から 16 もマジックナンバーではないかとの報告がある．正式に認められれば，マジックナンバーは 1 つ増えることになる．

2.5 放射性壊変と放射能

放射性壊変は，不安定な原子核がより安定な原子核になろうとする現象である．**壊変**（disintegration）または**崩壊**（decay）ともいう．不安定な原子核を持つ放射性核種を**親核種**（parent）と呼び，壊変でより安定になった核種を**娘核種**（daughter）という．1 回の放射性壊変で安定核種になるとは限らない．娘核種も不安定核種でさらに壊変することもあり，さらに，この壊変が何度も繰り返され最終的に安定核種になる場合がある．これを継続壊変と呼ぶ．この場合，初めに壊変する核種のみが親核種であり，その後の核種はすべて娘核種である．

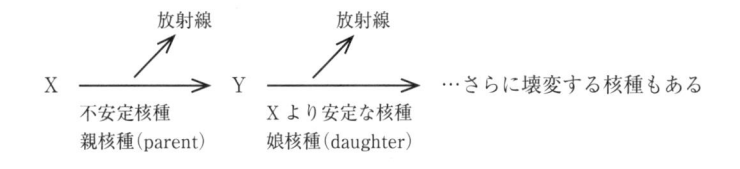

```
          放射線          放射線
           ↗              ↗
    X ─────────→ Y ─────────→ …さらに壊変する核種もある
  不安定核種      X より安定な核種
  親核種(parent)  娘核種(daughter)
```

放射性壊変は大きく 3 つに分類される．すなわち，α 壊変，β 壊変および γ 壊変である．放射性壊変は原子核の安定性に基づくので，原子核から α 線，β 線および γ 線が放出されるが，α 壊変，β 壊変および γ 壊変に引き続いて，電子軌道から電子線や X 線が放出されることがある．図 2.5 は α 線，β 線および γ 線が原子核から放出されることを表しているが，これを基に万国共通の放射能標識（図 2.6）が考えられた．

図 2.7 は，電子軌道から放出される電子線と X 線を表している．γ 線は原子核のエネルギー準位の遷移により放出されるが，X 線は電子軌道のエネルギーの遷移により放出される．このように γ 線と X 線では基本的に発生する場所が異なっているが，いったん放出された γ 線と X 線を区別することはできない．一般的には，γ 線のほうが X 線よりも振動数が多いので，エンルギーが大きいということになっているが，振動数の小さな γ 線と振動数の大きな X 線はオーバーラップしている．

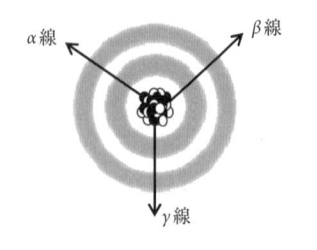

図 2.5　原子核から放出される放射線

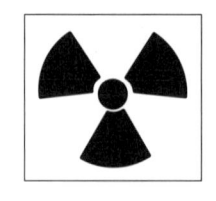

図 2.6　放射能標識

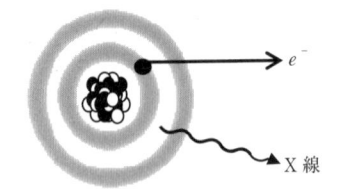

図 2.7　電子軌道から放出される放射線

また，後述する消滅 γ 線は原子核からは放出されない．電子線は単独で放出されることはなく，γ 線または X 線の代わりに放出される．

放射性壊変で放出される放射線のエネルギー単位は**電子ボルト**（eV）である．通常，keV（キロ電子ボルト）もしくは MeV（メガ電子ボルト）で表示する．

2.5.1　α 壊変

α 壊変では，原子核から α 線（α-ray）が放出される．α 線の本体が α 粒子（α-particle，ヘリウムの原子核に相当）であることを発見したのはアーネスト・ラザフォードである．α 粒子は，陽子 2 個と中性子 2 個からなるヘリウムの原子核に相当するので +2 の電荷を持っている．α 壊変は原子番号が 84 以上，質量数が 210 以上の核種で主として起きるが，それ以下の核種で α 壊変するものも少数ある．α 線は +2 の陽電荷を持っているので，原子核から放出されるときに原子核内で他の陽子からクーロン斥力を受ける．また，核力により原子核内に結びつけられているはずである．α 壊変する核種は原子番号が 84 以上で，原子核内の陽子の数も多く，α 粒子がこれらから受けるクーロン斥力も大きくなる．また，質量数（核子総数）も 210 以上で核力も大きい．これらのクーロン斥力や核力というエネルギー障壁を乗り越えるだけのエネルギーを α 線は持っていないにもかかわらず，原子核から放出される．これはトンネル効果と呼ばれる現象で説明されている．しかし，原子核から飛び出す α 線は逆に原子核からの強いクーロン斥力を受けて高速で放出される．

α 壊変では α 粒子が放出される結果，原子核は陽子が 2 個および中性子が 2 個減少する．すなわち，α 壊変により娘核種は親核種よりも原子番号が 2，質量数が 4 減少した核種になる．α 壊変では α 線の放出のみで原子核は安定になれず，α 線放出後も原子核が不安定（高エネルギー準位）でエネルギーを γ 線として放出し，より安定な核種になろうとする．

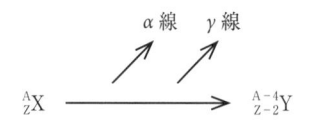

$$^{A}_{Z}X \longrightarrow\ ^{A-4}_{Z-2}Y\ +\ \alpha\,線\ +\ \gamma\,線$$

放射性壊変で質量数が減少するのは α 壊変のみである．そこで継続壊変においては，質量数の変化数を 4 で割ると α 壊変の回数が計算できる．

α 壊変で放出される α 線および γ 線は核種に固有の単一エネルギーを持っているので，スペクトルを測ると単一スペクトルを示す．そこで，α 線または γ 線のスペクトルからエネルギーを解析す

ると α 壊変核種が同定できる．また，放出された α 線は物質との相互作用により運動エネルギーを失うと自由電子を取り込んで，ヘリウム原子になる．α 壊変をする核種の例は以下のような核種である．

^{210}Po, ^{222}Rn, ^{226}Ra, ^{232}Th, ^{235}U, ^{238}U, ^{239}Pu, ^{241}Am

2.5.2 β⁻壊変

β⁻壊変では，原子核から β⁻線（β⁻-ray）が放出される．β⁻線の本体は β⁻粒子（原子核の中から放出される陰電子）であり，−1 の電荷を持っている．β⁻線を発見したのもアーネスト・ラザフォードである．β⁻壊変は原子核の中性子過剰（陽子不足）核種で起きる．原子核内で 1 個の中性子が β⁻線を放出して陽子になる．β⁻線の放出と同時に**中性微子**（ニュートリノ，ν）も放出される．

β⁻壊変では原子核内で 1 個の中性子が陽子に変わるため，原子番号が 1 増加するが，質量数に変化はない．すなわち，β⁻壊変では同重体が生成する．

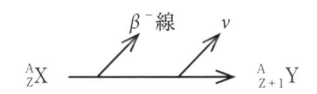

$$^{A}_{Z}X \longrightarrow {}^{A}_{Z+1}Y + \beta^{-}線 + \nu$$

放射性壊変で原子番号が増加するのは β⁻壊変のみである．そこで継続壊変においては，原子番号の増加した数から β⁻壊変の回数が計算できる．

β⁻線は連続スペクトルを示す（図 2.8）が，その原因はニュートリノが放出される β⁻線のエネルギーの一部を持って放出するからである．ニュートリノは，ヴォルフガング・パウリによって β⁻壊変の運動エネルギー保存則から理論的にその存在が予測されていたが，これをニュートリノと名づけて，β⁻壊変を解明したのはエンリコ・フェルミである．彼は，β⁻壊変とは中性子が陽子と β⁻粒子とニュートリノになることであることを明らかにした．すなわち，β⁻壊変は，

$$n\,(中性子) \longrightarrow p\,(陽子) + \beta^{-}線 + \nu\,(ニュートリノ)$$

と表されることを明らかにした．β⁻壊変による β⁻線の本来のエネルギーは図 2.8 の最大エネルギー（$E_{\max}$）であるが，β⁻線放出のたびに，そのエネルギーの一部を持ってニュートリノが放出されるので，β⁻線は連続スペクトルを示すことになる．β⁻壊変によって放出された β⁻線は，運動エネルギーを失うと自由電子になる．

ニュートリノの研究では日本が世界をリードしている．小柴昌俊博士は，岐阜県の神岡鉱山跡に建設したカミオカンデで大マゼラン銀河内の超新星爆発で発生したニュートリノを検出し，2002 年にノーベル物理学賞を受賞した．

現在，スーパーカミオカンデでニュートリノに質量があるとの画期的な成果が得られており，ニュートリノに関して日本人が再びノーベル賞を受賞する可能性が高い．

β⁻壊変では β⁻線のみを放出する核種と，β⁻線放出後に γ 線の放出を伴う核種がある．前者を純 β⁻放出核種（純 β⁻放射体（emitter））という．後者は β⁻，γ 放出核種（β⁻，γ emitter）と呼ばれる．さらに，純 β⁻放出核種のうち β⁻線のエネルギーが 0.5 MeV 以下のものを**軟 β（ソフトベータ）線放出核種**（soft β emitter）という．また，放出 β⁻線のエネルギーが 1.0 MeV 以上のものを**硬 β（ハードベータ）線放出核種**（hard β emitter）という．以下にそれぞれの代表的な核種を記す．

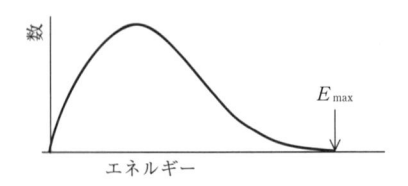

図2.8 β⁻線スペクトル

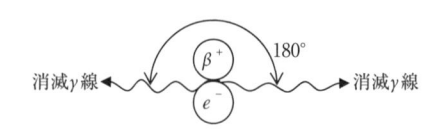

図2.9 陽電子（ポジトロン）の物質消滅と消滅γ線の放出

- β⁻線のみを放出する核種（純β⁻核種）
    軟ベータ線放出核種：^{3}H, ^{14}C, ^{35}S, ^{45}Ca
    硬ベータ線放出核種：^{32}P, ^{90}Sr
- β⁻線放出後にγ線の放出を伴う核種（β⁻, γ放出核種, β⁻, γ emitter）
    ^{60}Co, ^{131}I, ^{137}Cs

2.5.3 β⁺壊変

β⁺壊変では原子核からβ⁺線（β⁺-ray）が放出される．β⁺線の本体はβ⁺粒子（原子核から放出される**陽電子**（positron）であり，+1の電荷を持っている．

陽電子はイレーヌ・ジョリオ・キュリー夫妻によって初めに発見されていたが，彼らはそれを陽電子とは考えていなかった．イレーヌ・ジョリオ・キュリー夫妻は中性子の発見ばかりか陽電子の発見も見逃してしまった．陽電子の存在は1928年にP. A. M. ディラックによって予言されていたが，1932年にC. D. アンダーソンが，宇宙線から陽電子を発見し，31歳の若さでノーベル賞を受賞した．

β⁺壊変は原子核の陽子過剰（中性子不足）核種で起きる．原子核内で1個の陽子がβ⁺線を放出して中性子になる．β⁺線と同時にニュートリノも放出される．

β⁺壊変では原子核内で1個の陽子が中性子に変わるため，原子番号が1減少するが，質量数に変化はない．

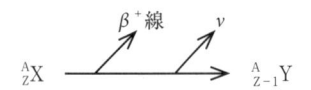

$$^{A}_{Z}X \longrightarrow\ ^{A}_{Z-1}Y + \beta^{+}線 + \nu$$

β⁺線が運動エネルギーを失うと陰電子と結合して**物質消滅**（annihilation）を起こし，γ線が放出される．これを**消滅γ線**という．このとき，180°方向に2本の消滅γ線が放出される（図2.9）．

消滅γ線のエネルギーは，電子1個分の静止質量エネルギーに相当する **0.511 MeV** である．このエネルギー計算は，アインシュタインの質量とエネルギーの関係式である $E=mc^2$ を用いて以下のように計算する．

m は質量（kg），c は光速度（2.998×10^8 m·s^{-1}）である．また，電子1個の静止質量は 9.109×10^{-31} kg であるので，計算は以下のようになる．

$$E = 9.109\times10^{-31}\ \text{kg} \times (2.998\times10^8\ \text{m·s}^{-1})^2 = 8.187\times10^{-14}\ \text{kg·m}^2\text{·s}^{-2} = 8.187\times10^{-14}\ [\text{J}]$$

1 eV = 1.602×10^{-19} [J] なので，次のようになる．

$$E = \frac{8.187 \times 10^{-14}}{1.602 \times 10^{-19}} = 5.11 \times 10^5 \text{ eV} = 0.511 \text{ MeV}$$

代表的な β^+ 線放出核種（β^+ emitter, positron emitter）を以下に記す．
^{11}C, ^{13}N, ^{15}O, ^{18}F

上記 β^+ 粒子放出核種の特徴は，半減期（放射能が半分になる時間）が非常に短いということである．^{11}C, ^{13}N, ^{15}O および ^{18}F の半減期はそれぞれ 20 分，10 分，2 分および 110 分である．半減期が短いので，これらを用いた診断薬を体内に投与した場合，放射線被ばく時間が短いという利点がある．これらを用いた核医学診断用放射性医薬品による診断法を**陽電子放出画像診断法**（positron emission tomography, PET）という．β^+ 壊変は原子核の陽子過剰（中性子不足）核種で起きるが，^{18}F は例外的に陽子と中性子の数が同数であるにもかかわらず β^+ 壊変を行う．

2.5.4 電子捕獲（軌道電子捕獲）

電子捕獲（electron capture, EC）は原子核の陽子過剰（中性子不足）核種で起きる．すなわち，壊変する核種の条件は β^+ 壊変と同じである．そこで，EC と β^+ 壊変は競合的に起きる．β^+ 壊変する核種はわずかであっても必ず EC を伴う．たとえば，^{11}C では β^+ 壊変が 99.8%，EC が 0.2% である．しかし，EC を行う核種は必ずしも β^+ 壊変を伴うとは限らない．たとえば，^{7}Be は EC が 100% である．

EC では原子核内に軌道電子を捕獲すると同時にニュートリノが放出される．β^- 壊変，β^+ 壊変および EC ではニュートリノが放出されるという共通点がある．β^-，β^+ および EC 壊変をまとめて β 壊変ということがある．

EC は，β^+ 壊変と同様に原子核内で 1 個の陽子が中性子に変わるため，原子番号が 1 減少するが，質量数に変化はない．この壊変では軌道電子を原子核内に捕獲するので核から放出される粒子線はない．しかし，軌道電子を捕獲した原子核はまだ不安定で，核から γ 線が放出される．

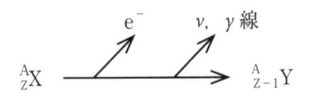

$$^A_Z X \xrightarrow{\quad e^-\quad \nu,\ \gamma 線 \quad} {}^A_{Z-1} Y$$

EC では原子核に捕獲された軌道電子の空席を埋めるために，より上の軌道から電子が移動してくる．軌道電子は K 殻，L 殻，M 殻，…と上にいくに従ってそのポテンシャルは高くなるので，上の軌道から下の軌道に電子が移動するにはその差額のエネルギーを放出しなければならない．このとき，放出されるエネルギーは X 線として放出される．この X 線を**特性 X 線**という．また，特性 X 線が放出される代わりに軌道電子がそのエネルギーを運動エネルギーとして持って放出されることがある．この電子を**オージェ電子**といい，この現象をオージェ効果（Auger effect）という．特性 X 線およびオージェ電子のエネルギーは元々電子軌道間のポテンシャルエネルギーなので，核種の軌道により，その値は決まっている．そこで，特性 X 線とオージェ電子のエネルギーは単一スペクトルを示す．

オージェ電子が放出されるとその空席を埋めるためにより上の軌道から電子が落ちてくるので，また新たな特性 X 線が放出される．するとまた，オージェ電子が放出されるというように，最外電子軌道に達するまでこれが繰り返される（図 2.10）．

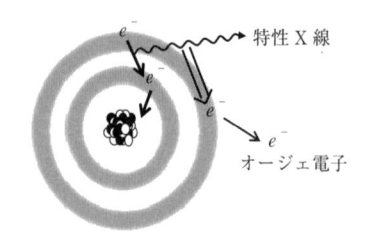

図 2.10 特性 X 線とオージェ電子の放出

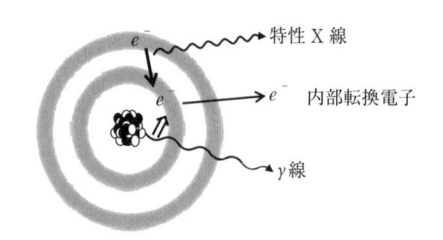

図 2.11 γ 線と内部転換電子の放出

EC の代表的な核種を以下に記す．
^{51}Cr，^{67}Ga，^{111}In，^{123}I，^{125}I，^{201}Tl

^{40}K は中性子過剰核種であるので β$^-$ 壊変を行うが，EC も行う．EC は中性子不足核種で起きる壊変であるので，矛盾しているが，このような正反対の壊変を行う核種もあり，この壊変を分枝壊変という．^{40}K は β$^-$ 壊変を 89.3%，EC を 10.7% 行う．このように，陽子と中性子の数のバランスから考えて例外的な壊変をする核種もある．前述の ^{18}F も原子番号が 20 以下で陽子数が 9，中性子数も 9 で同数なのに放射性同位元素である．しかし，核子の偶奇性では理屈に合う．

2.5.5 γ 壊変

α 壊変および β 壊変後に核のエネルギー準位が高い場合，そのエネルギーを γ 線として放出してより安定な原子核になろうとすることがある．この γ 線放出を **γ 壊変（γ 転移，γ transition）** という．α 壊変では必ずこの γ 線の放出を伴うが，β 壊変では γ 線の放出を伴う核種とそうでない核種がある．α 線や β 線を放出すると同時に親核種は娘核種に変化するので，γ 線は娘核種より放出されたはずである．そこで，この γ 線放出も 1 つの壊変形式ということになる．しかし，通常，α 壊変および β 壊変後の高エネルギー準位核の存在時間はきわめて短く，γ 線のみを放出する核種を捉えることができず，α 線や β 線と同時に γ 線が放出されるように見える．すなわち，α 壊変または β 壊変を行う親核種が α 線と γ 線をまたは β 線と γ 線を同時に放出しているようにみえるわけである．

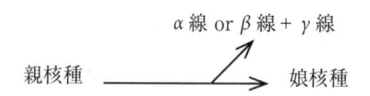

親核種 → α 線 or β 線 + γ 線 → 娘核種

結局，γ 壊変はそれ単独では起きず，α，β 壊変に伴って起きるので，1 つの壊変形式として言葉としてはあるものの，γ 壊変核種というものがあるわけではない．γ 線は核種に固有のエネルギーを持ち，単一スペクトルを示す．γ 線は 1900 年に P. ヴィラールにより発見されたが，γ 線と名づけたのはラザフォードである．

γ 線が放出される代わりに軌道電子が放出されることがある．この電子を内部転換電子といい，この現象を内部転換（internal conversion，IC）という．内部転換電子が放出されると，この空席を埋めるためにより上の軌道から電子が落ちてくると特性 X 線が放出され，さらにオージェ電子も放出されことがある（図 2.11）．

2.5.6 核異性体転移

γ壊変はそれ単独では起きず，α, β壊変に伴って起きるのでγ壊変核種というものはない．しかし，α, β壊変後の高エネルギー準位核の存在時間が長く，この娘核種を分離して得ることができ，この娘核種からγ線が放出されることが確認される場合がある．このような状態の原子核を準安定（metastable）状態の原子核という．

この準安定状態の原子は分離できるので，これを1つの核種とみなすことができる．ただし，準安定状態の核種とそれがγ線を放出してできた核種では，原子番号も質量数も変わらないので，お互いを区別できない．そこで，準安定状態の核種の質量数の後にmをつけて，γ線放出後の核種と区別する．たとえば，^{99m}Tc と ^{99}Tc のように表記する．この原子番号も質量数も同じで原子核のエネルギー準位のみが異なる核種を互いに**核異性体**（nuclear isomer）という．準安定状態の核種がγ線のみを放出してより安定な核種になることを**核異性体転移**（isomeric transition, IT）といい，1つの壊変形式とする．

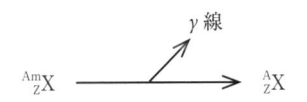

$$^{Am}_{Z}X \longrightarrow\ ^{A}_{Z}X + \gamma\text{線}$$

核異性体転移では原子番号も質量数も変化しない．核異性体転移核種の代表的なものは ^{99m}Tc, ^{137m}Ba などである．^{99m}Tc は ^{99}Mo が β^- 壊変した娘核種であり，半減期は6時間である．^{137m}Ba は ^{137}Cs が β^- 壊変した娘核種であり，半減期は2.55分である．^{99m}Tc も ^{137m}Ba もそれらを同定，分離できるだけの存在時間を持っているので，これらを核異性体転移を行う核種として認めることができる．

$$^{99}Mo \xrightarrow{\beta^-\text{壊変}}\ ^{99m}Tc \xrightarrow{IT}\ ^{99}Tc, \quad ^{137}Cs \xrightarrow{\beta^-\text{壊変}}\ ^{137m}Ba \xrightarrow{IT}\ ^{137}Ba$$

核異性体転移核種の特徴は半減期が短く，γ線のみを放出することである．この特徴は，インビボ診断用放射性医薬品の核種として理想的である．なぜなら，患者の放射線被ばく線量が少ないからである．^{99m}Tc はインビボ放射性医薬品に現在最も多く用いられている核種である．

2.5.7 放射性壊変のまとめ

放射性壊変を壊変形式，核種の条件，原子番号（Z）と質量数（A）の変化，放出放射線および代表的な核種についてまとめたものを表2.4に示す．

表2.4 放射性壊変のまとめ

壊変	核種の条件	原子番号	質量数	放射線	代表的な核種
α	Aが210以上	Z−2	A−4	α線, γ線	^{235}U, ^{226}Ra, ^{222}Rn
β^-	中性子過剰	Z+1	A	β^-線のみ	^{3}H, ^{14}C, ^{32}P, ^{90}Sr
				β^-線, γ線	^{131}I, ^{60}Co, ^{137}Cs
β^+	陽子過剰	Z−1	A	β^+線	^{11}C, ^{13}N, ^{15}O, ^{18}F
EC	陽子過剰	Z−1	A	γ線	^{67}Ga, ^{111}In, ^{123}I, ^{125}I
IT	準安定	Z	A	γ線	^{99m}Tc, ^{137m}Ba

放射性壊変で質量数が変化（−4）するのはα壊変のみ，原子番号が増加（+1）するのはβ⁻壊変のみである．β⁺壊変と電子捕獲（EC）では原子番号が減少（−1）する．核異性体転移（IT）では原子番号も質量数も変化しない．α壊変する核種には質量数が210以下のものも少数あるが，ほとんどの核種は210以上である．

2.5.8 壊変図（崩壊図）

放射性壊変の壊変形式を一目してわかるようにしたのが壊変図（崩壊図，Decay Scheme）である．壊変図では原子番号が増加する壊変では右に，原子番号が減少する壊変では左に矢印が向くようになっている．縦方向の矢印はγ線の放出を意味している．また親核種と娘核種の高低差はエネルギーのレベルを表している（図2.12）．また，親核種のうしろに半減期を記している．

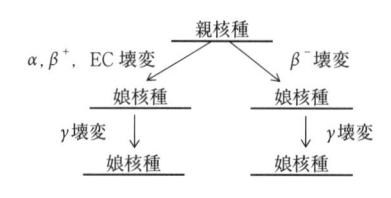

図2.12 壊変図の概要

〈β⁻壊変でβ⁻線のみを放出する例〉

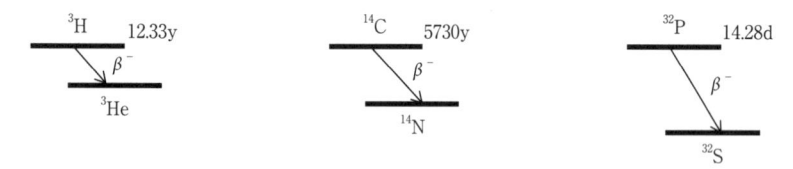

^{3}H 12.33y → ^{3}He（β⁻）

^{14}C 5730y → ^{14}N（β⁻）

^{32}P 14.28d → ^{32}S（β⁻）

〈β⁻壊変でβ⁻線のみを放出し継続壊変を行う例〉

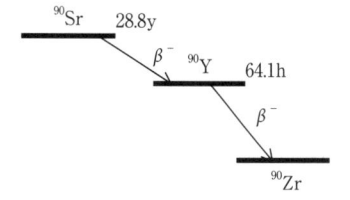

^{90}Sr 28.8y → ^{90}Y 64.1h → ^{90}Zr（β⁻）

〈β⁻壊変でγ線の放出を伴う例〉

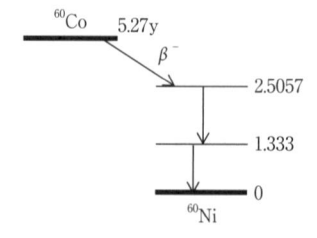

^{60}Co 5.27y → ^{60}Ni（β⁻）
2.5057 → 1.333 → 0

⟨β⁻壊変後に核異性体転移をする例⟩

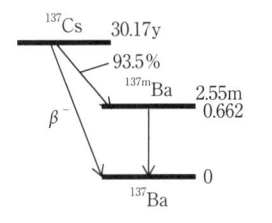

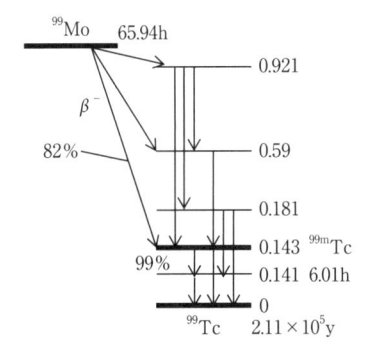

⟨ECおよびβ⁺壊変を行う例⟩

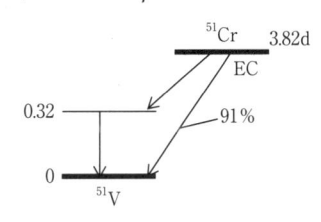

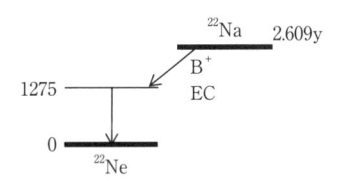

⟨α壊変を行う例⟩

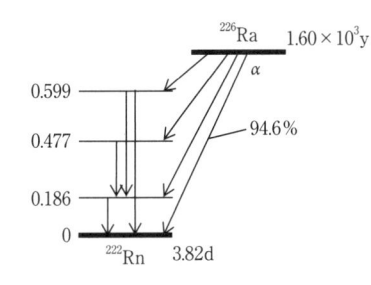

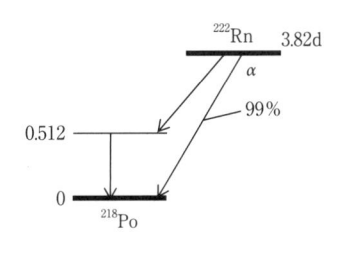

　壊変図では親核種のうしろに半減期を記しているが，^{90}Sr-^{90}Yのような継続壊変では娘核種である^{90}Yを分離すれば，^{90}Yが^{90}Zrの親核種になるので，半減期を記している．また，^{137m}Baや^{99m}Tcのような核異性体転移を行う核種も分離すれば，それぞれ^{137}Baおよび^{99}Tcの親核種となるので半減期を記している．また，^{22}Naのようにβ⁺壊変をする核種では壊変図に消滅γ線の放出が記されていない．これは，消滅γ線の放出は放射性壊変とは直接関係していないからである．しかし，^{22}Naの放射線測定を行うと0.511 MeVのγ線が検出されるので注意が必要である．

2.5.9 放射能

a. 放射能の定義

　放射能（radioactivity）には2つの意味がある．1つは，放射性壊変により放出される放射線による電離，励起，蛍光，写真，透過作用などの現象，すなわち「放射線の物理的性質」を放射能といっている．もう1つは「放射性核種の壊変速度」を放射能といっている．放射能には，このようにまったく異なる意味が共存している．さらに，これらともまったく違う意味で放射能という表現を適当に使っていることが多く，一般国民に誤解と混乱を招いている要因となっている．たとえば，

「原発で放射能漏れがありました」という報道がある．この放射能はどちらの意味でもなく，意味不明であるにもかかわらず，多くの国民は納得している．正確には「原発から放射性物質が漏出した」または「原発から放射線が漏えいした」というべきである．

ここでは，放射能の後者の意味，すなわち「放射性核種の壊変速度」について述べる．

b. 放射能の単位

放射能は，「単位時間あたりに壊変する原子の個数」または「単位時間あたりの壊変数」を意味する．すなわち，放射能値は放射性核種の壊変速度のことである．

通常，放射能は 1 秒間あたりの壊変数（壊変する原子数）で表す．すなわち，disintegration per second（dps）である．この dps は略称であり，正式な放射能単位は**ベクレル（Bq）**という．すなわち，1 dps＝1 Bq である．

c. 放射能計算

放射能を表す 2 つの式がある．放射能（A）は微小時間（dt）あたりに減少していく原子の個数変化（dN）なので，以下のように表すことができる．

$$A = \frac{-dN}{dt} \tag{2.1}$$

また，放射能（A）は初めの原子の個数（N）に比例するので，比例定数を λ とすると，放射能 A は，次式で表すことができる．

$$A = N\lambda \quad （比例定数 \lambda を \textbf{壊変定数} という） \tag{2.2}$$

式（2.1）と式（2.2）から放射能減衰計算式の誘導ができる．以下にその計算過程を記す．

$$A = \frac{-dN}{dt} = N\lambda \tag{2.3}$$

式（2.3）を $dN/N = -\lambda dt$ として，この両辺を積分すると，

$$\int \left(\frac{1}{N}\right) dN = \int -\lambda dt$$

となる．

$1/N$ を N で積分すると $\ln N$，$-\lambda$ を t で積分すると $-\lambda t$ となる．

注） $\ln = \log_e$（ln：自然対数……e を底とする対数）

$\ln N = -\lambda t + C$……不定積分なので積分乗数 C がつく．

t が 0 のとき $N = N_0$ とすると，

$\ln N_0 = C \quad \therefore \quad \ln N = -\lambda t + \ln N_0$

$\ln N - \ln N_0 = -\lambda t$

$$\ln \frac{N}{N_0} = -\lambda t \quad \therefore \quad e^{-\lambda t} = \frac{N}{N_0} \longrightarrow N = N_0 e^{-\lambda t} \tag{2.4}$$

$N = (1/2)N_0$ のときの t を T（半減期）とすると式（2.4）は，

$$\left(\frac{1}{2}\right) N_0 = N_0 e^{-\lambda T} \longrightarrow \frac{1}{2} = e^{-\lambda T} \longrightarrow 2^{-1} = e^{-\lambda T}$$

両辺の自然対数をとる．

$$\ln 2^{-1} = \ln e^{-\lambda T} \longrightarrow -\ln 2 = -\lambda T \ln e$$

ここで，$\ln e = 1$ であり，

$$\ln 2 = \lambda T \quad \therefore \quad \lambda = \frac{\ln 2}{T}$$

これを式（2.4）に代入すると，

$$N = N_0 e^{-\left(\frac{\ln 2}{T}\right) \cdot t} \longrightarrow N = N_0 e^{-\ln 2 \cdot \frac{t}{T}} \tag{2.5}$$

$e^{-\ln 2} = X$ とし，両辺の自然対数をとると，$-\ln 2 \times \ln e = \ln X$

ここで，$\ln e = 1$ であり，

$$-\ln 2 = \ln X \longrightarrow \ln 2^{-1} = \ln X \quad \therefore \quad 2^{-1} = X \longrightarrow X = \frac{1}{2}$$

したがって，式（2.5）は $N = N_0 (1/2)^{t/T}$ となる．この両辺に λ をかけると，

$$\lambda N = \lambda N_0 \left(\frac{1}{2}\right)^{\frac{t}{T}} \tag{2.6}$$

となる．λN_0 は $t = 0$，すなわち初めの放射能（A_0）で，λN は t 時間後の放射能（A）である．したがって，式（2.6）は次式となる．これを**放射能の減衰計算式**という．

$$A = A_0 \left(\frac{1}{2}\right)^{\frac{t}{T}} \tag{2.7}$$

ここで，A_0：初めの放射能，A：t 時間後の放射能，t：経過時間，T：半減期．

$N = (1/2)N_0$ のときの t を T（半減期）としたが，この定義では半減期とは放射性同位元素が放射性壊変により原子の個数が半分になるまでの時間である．しかし，放射能の減衰計算式からすると，半減期は放射性同位元素の放射能が半分になるまでの時間と定義することもできる．ここでいう半減期は物理的半減期といわれ，後に出てくる生物学的半減期と区別している．

放射能は原子の個数に比例するが，壊変定数 λ は $\ln 2/T$ と表すことができ，式（2.2）は

$$A = N\lambda = N \times \frac{\ln 2}{T}$$

となる．すなわち，放射能は原子の個数に比例して半減期に反比例する．

放射能の減衰計算式 $A = A_0 (1/2)^{t/T}$ において，$t/T = n$ とすると，半減期の n 倍の時間が経つと放射能は $A = A_0 (1/2)^n$ となる．たとえば，$n = 10$ のとき，つまり半減期の10倍の時間が経過したとき放射能は $1/1{,}024 \fallingdotseq 1/1{,}000$ になる．

d. 放射能関連計算例

1) ^{125}I および ^{131}I の放射能量が同じ場合，どちらの原子数のほうが多いか．ただし，^{125}I と ^{131}I の半減期はそれぞれ60日および8日である．

［解］ ^{125}I および ^{131}I の原子の個数と半減期をそれぞれ N_1, T_1 および N_2, T_2 とすると，

$$A = N\lambda = N \times \frac{\ln 2}{T}$$

の式から，

$$N_1 \times \frac{\ln 2}{T_1} = N_2 \times \frac{\ln 2}{T_2} \longrightarrow \frac{N_1}{T_1} = \frac{N_2}{T_2} \quad \therefore \quad \frac{N_1}{60} = \frac{N_2}{8}$$

単純に考えて $N_1 = 60$, $N_2 = 8$ となるので，^{125}I の原子数のほうが ^{131}I よりも多いということになる．

2) ^{67}Ga 試料の放射能が 3.7×10^7 Bq である場合，^{67}Ga は何 g に相当するか．ただし，^{67}Ga の半減期は78時間である．また $\ln 2 = 0.693$ とする．

[解] $A = N\lambda = N \times \dfrac{\ln 2}{T}$

の式を用いるが，Bq 値は 1 秒間あたりなので，T も秒単位にして計算する．

$$3.7 \times 10^7 = N \cdot \dfrac{0.693}{78 \times 60 \times 60} \longrightarrow N = 1.5 \times 10^{13} \text{ 個}$$

原子 1 モルでアボガドロ数の原子がある．

$$\therefore \quad 67 \text{ [g]} : 6.02 \times 10^{23} \text{ 個} = X \text{ [g]} : 1.5 \times 10^{13} \text{ 個}$$

$$X = 1.67 \times 10^{-9} \text{ [g]} = 1.6 \text{ [ng]}$$

3) ^{131}I 1,000 Bq は 4 日後には何 Bq となるか．^{131}I の半減期は 8 日である．

[解] $A = A_0 \left(\dfrac{1}{2}\right)^{t/T}$

の式を用いて計算する．

$$A = 1,000 \times \left(\dfrac{1}{2}\right)^{\frac{4}{8}} = 1,000 \times \left(\dfrac{1}{2}\right)^{\frac{1}{2}}$$

ここで，1/2 乗とは平方根（$\sqrt{\ }$）のことであるので，

$$1,000 \times \left(\dfrac{1}{2}\right)^{\frac{1}{2}} = 1,000 \times \sqrt{\dfrac{1}{2}} = 1,000 \times \sqrt{\dfrac{2}{2}} = 1,000 \times 1.414 \div 2 = 707 \text{ [Bq]}$$

4) ^{131}I 1 MBq が 1 kBq になるまでの日数は約何日か．^{131}I の半減期は 8 日である．

[解] $A = A_0 \left(\dfrac{1}{2}\right)^{t/T}$

の式を用いて計算する．

$$1.0 \times 10^3 = 1.0 \times 10^6 \times \left(\dfrac{1}{2}\right)^{\frac{t}{8}} \longrightarrow \dfrac{1}{1,000} = \left(\dfrac{1}{2}\right)^{\frac{t}{8}}$$

$$\left(\dfrac{1}{2}\right)^{10} = \dfrac{1}{1,024} \fallingdotseq \dfrac{1}{1,000} \quad \therefore \quad 10 = \dfrac{t}{8} \longrightarrow t = 80 \text{ 日}$$

2.5.10 放射平衡

A → B → C のような継続壊変において，親核種と娘核種が常に同時に存在し，それらの放射能がつり合った状態を放射平衡という．放射平衡には A と B の半減期の大小関係によって永続平衡と過渡平衡があり，A, B の半減期をそれぞれ T_A, T_B とすると次のようになる．

a. 永続平衡

親核種の半減期が娘核種の半減期に比べて極端に長く（$T_A \gg T_B$），かつ親核種の半減期（T_A）がわれわれの観察時間に対して非常に長い場合，永続平衡が成り立つ．永続平衡が成り立つと親核種の放射能と娘核種の放射能は同じになる．すなわち，永続平衡が成り立つと，その放射能は初めの親核種の放射能の 2 倍になる．図 2.13 にこの概念図を示したが，親核種の半減期（T_A）が非常に長いということは，壊変定数 λ は $\lambda = \ln 2/T$ の式により非常に小さくなる．壊変定数 λ は壊変のしやすさを表す定数であるので，親核種 A の壊変速度は非常に小さくなり，なかなか娘核種の量は増えない．

生成した娘核種の半減期が短く，壊変定数 λ_B が大きく速やかに壊変しようとしても，親核種の壊

2.5 放射性壊変と放射能

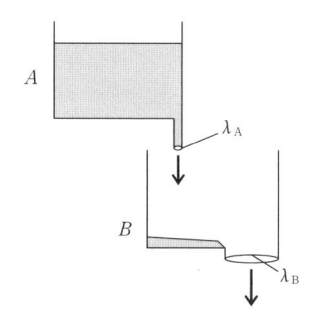

図 2.13 永続平衡の概念図

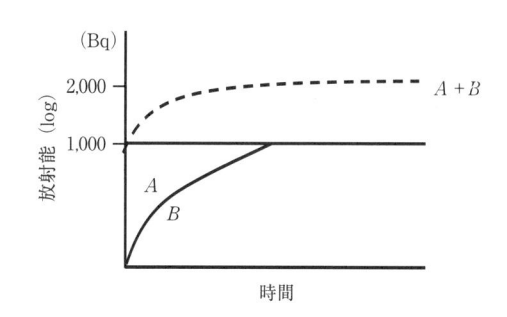

図 2.14 永続平衡の放射能変化

変が遅いので，その壊変を待たなくてはならない．すなわち，親核種の壊変速度がこの系の律速段階を担っており，結局は親核種の壊変速度と娘核種の壊変速度は同じになってしまう．壊変速度はすなわち放射能のことであるので，この平衡が成り立つと親核種と娘核種の放射能は等しくなる．そこで，永続平衡が成り立つと，その放射能は初めの親核種の放射能の2倍になることになる．

永続平衡の親核種と娘核種およびその合計の放射能の経時変化を図2.14に示す．

永続平衡が成り立つ系としては ^{90}Sr-^{90}Y の系，^{137}Cs-^{137m}Ba の系，^{226}Ra-^{222}Rn の系などがある．

$^{90}Sr \xrightarrow{\beta^-壊変} {}^{90}Y \xrightarrow{\beta^-壊変} {}^{90}Zr$
29年　　>>　　2.7日

$^{137}Cs \xrightarrow{\beta^-壊変} {}^{137m}Ba \xrightarrow{IT} {}^{137}Ba$
30年　　>>　　2.55分

$^{226}Ra \xrightarrow{\alpha壊変} {}^{222}Rn \xrightarrow{\alpha壊変} {}^{218}Po$
1,600年　>>　　3.8日

b. 過渡平衡

親核種の半減期が娘核種の半減期に比べて長く（$T_A > T_B$），かつ親核種の半減期（T_A）がわれわれの観察時間内である場合，過渡平衡が成り立つ．親核種の放射能は時間とともに減少していくが，娘核種の放射能は生成直後から増加し，半減期が親核種よりも短いので放射能は親核種よりも大きくなるが，その後，親核種の放射能減衰に従って減少していく．図2.15に過渡平衡の親核種と娘核種およびその合計の放射能の経時変化を示す．

過渡平衡が成り立つ系としては，^{99}Mo-^{99m}Tc の系，^{81}Rb-^{81m}Kr の系などがある．

$^{99}Mo \xrightarrow{\beta^-壊変} {}^{99m}Tc \xrightarrow{IT} {}^{99}Tc$
66時間　>　6時間

$^{81}Rb \xrightarrow{EC, \beta^+壊変} {}^{81m}Kr \xrightarrow{IT} {}^{81}Kr$
4.6時間　>　13秒

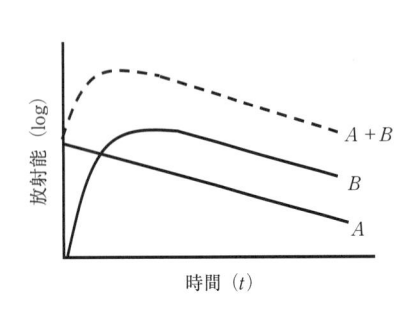

図 2.15　過渡平衡の放射能変化

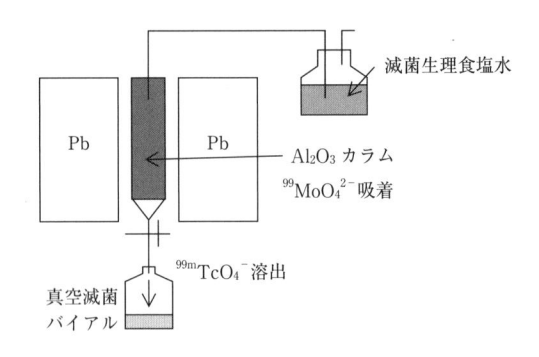

図 2.16　ジェネレータの概略図

c. ミルキング

放射平衡の成り立っている系から短半減期の娘核種を化学的に分離することをミルキング (milking) という．過渡平衡の成り立つ ^{99}Mo-^{99m}Tc の系を例にとって，^{99}Mo を牝牛，^{99m}Tc を牛乳に見立てれば，朝に牝牛から牛乳を搾取しても翌朝にまた牝牛から牛乳が搾取できるということから，これをミルキングといい，ミルキングのできる系を cow system と呼んでいる．

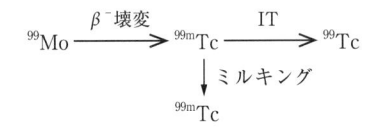

$$^{99}\text{Mo} \xrightarrow{\beta^- 壊変} {}^{99m}\text{Tc} \xrightarrow{\text{IT}} {}^{99}\text{Tc}$$
$$\downarrow \text{ミルキング}$$
$$^{99m}\text{Tc}$$

ミルキングのできる装置をジェネレータ (generator) という．現在，医療機関で最もよく使われているのは ^{99}Mo-^{99m}Tc ジェネレータである．その構造を図 2.16 に示す．

アルミナカラムに吸着している ^{99}MoO$_4^{2-}$ から生成する ^{99m}TcO$_4^-$ は，このカラムに吸着性がないために滅菌生理食塩水によって溶出する．カラム下のニードルを真空滅菌バイアルに差し込み，カラムのコックを開くとバイアルが陰圧のため自然に溶出が行われる．滅菌バイアルに回収した ^{99m}TcO$_4^-$ は，過テクネチウム酸ナトリウム溶液としてそのまま注射剤として使用できるように，この系はすべて無菌的になっている．カラムの周りには鉛の遮へいが設けられている．

ミルキングは医療機関内での放射性医薬品の調製として重要であり，この操作は調剤行為となるので薬剤師の業務である．ミルキングの有用性は，この注射剤を使いたいときに用時調製できるというところにある．^{99m}Tc は半減期が 6 時間なので ^{99m}Tc 製剤を購入すると時間的な制約があり，患者の具合で投与日時が変更になった場合は有効期間が過ぎて使用できなくなってしまうことがある．^{99}Mo-^{99m}Tc ジェネレータを購入しておけば，1 週間は毎日のようにミルキングで用時調製が可能である．

2.6　核反応による放射性核種の生成

現在，医療をはじめ医学・薬学研究に利用されている放射性核種のほとんどが人工的につくられたものである．これは核反応を利用してつくられている．

2.6.1 核反応の一般式

 原子核に陽子線，重陽子線，α線，中性子線などを衝突させ，原子核内にこれらの粒子を取り込ませることにより，新たな核種を生成する反応を核反応（nuclear reaction）という．＋電荷を持つ粒子線の場合は原子核の＋電荷によるクーロン斥力に打ち勝つようにサイクロトロンなどの加速器で粒子線を加速しないと原子核内に入れない．中性子の場合は電荷がないので加速する必要はないが，中性子のエネルギーにより核反応は異なる．粒子線を加速して原子核に衝突させるので，通常，核反応により原子核から核子がたたき出される．エネルギーの弱い中性子線の場合は，原則的に衝突により原子核から核子はたたき出されない代わりに，電磁波が放出される（図2.17）．

 粒子線の標的となる原子核を標的核（ターゲット），反応の結果生成した原子核を生成核（プロダクト）という．原子核反応を表す一般式は次のようになる．

$$X(a, b)Y$$

ここで，X：標的核（ターゲット），a：入射粒子，b：放出粒子（電磁波），Y：生成核（プロダクト）．

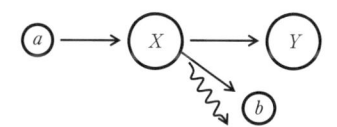

図 2.17 原子核反応

2.6.2 核反応の発見

 核反応の発見は，1919年にアーネスト・ラザフォードがα線を用いた実験中に窒素から酸素が生成したことを見い出したのが最初である．これは原子核反応の発見というよりは，元素変換の発見というべきであろう．化学が発展してきたのは錬金術師によるものであるといわれているが，化学反応で元素を変えることはできない．それが核反応を用いると元素を変えることができるという大きな発見であった．彼の発見を核反応式で書くと以下のようになる．

$$^{14}N(\alpha, p)^{17}O$$

 α線が空気中の窒素原子核に衝突して陽子が放出され，酸素が生成したというものである．このとき，生成したのは安定同位元素（SI）の^{17}Oである．これは核反応という現象を発見したというもので，生成核に意義や利用価値がある訳ではなかった．核反応の発見においては1934年に，人工的に放射性同位元素（RI）をつくり出したことでノーベル賞を受賞したイレーヌ・ジョリオ・キュリー夫妻の功績は群を抜いて大きい．

 今日，医療において診断や治療にまた，医学・薬学の研究に利用されているRIのほとんどは核反応でつくられたRIである．その意味でこのキュリー夫妻の発見は非常に大きな功績といえる．彼らは^{13}N，^{30}PなどのRIが核反応で生成することを確認した．以下にこれらの原子核反応式を示す．これらの核反応で得られた^{13}Nと^{30}Pはともにβ^+壊変核種である．

$$^{10}B(\alpha, n)^{13}N \qquad ^{27}Al(\alpha, n)^{30}P$$

2.6.3 荷電粒子を用いた核反応による放射性核種の生成

 現在はサイクロトロンで陽子（p），重陽子（d），α粒子（α）などの荷電粒子を加速してターゲットに衝突させ放射性同位元素（RI）を生成する．陽子（p）を用いたβ^+壊変核種である^{11}Cおよび

^{18}F の生成，重陽子（d）および α 粒子（α）を用いた EC 壊変核種である ^{67}Ga および ^{111}In の生成例を下に示す．

^{14}N(p, α)^{11}C, ^{18}O(p, n)^{18}F,
^{66}Zn(d, n)^{67}Ga, ^{109}Ag(α, 2n)^{111}In

2.6.4 中性子を用いた核反応による放射性核種の生成

a. 熱中性子による核反応による放射性核種の生成

他の荷電粒子の場合と同様に，中性子もエネルギーにより核反応は異なっている．特に，エネルギーが最も弱い中性子による核反応は特異的である．中性子はエネルギーが 0.025～100 eV のものを低速中性子といい，最もエネルギーの小さい（0.025 MeV）の中性子を**熱中性子**（thermal neutron, nt）という．100 keV 以上のエネルギーの中性子は**速中性子**（fast neutron, nf）という．熱中性子はエネルギーが小さいのでターゲット原子核に取り込まれても核子をたたき出すエネルギーはない．その代わりに衝突により γ 線が放出される．ターゲット核種を X とすると核反応式は次のようになる．この核反応は 100% 起きる訳ではなく，反応後にもターゲットの一部が残る．

$^{A}_{Z}$X(n, γ)$^{A+1}_{Z}$X

この核反応では，ターゲットとプロダクトが同位体である．ターゲットが安定同位元素の場合は同じ元素の放射性同位元素が生成される．熱中性子は原子炉で得られ，加速する必要もなく容易に核反応が行われる．しかし，ターゲットとプロダクトが同位体なので，これらを化学的に分離することができない．放射性同位元素に対する同じ元素の安定同位元素を担体（carrier，キャリアー）という．熱中性子による核反応では無担体（carrier free）でプロダクトの放射性核種をつくることはできない．たとえば，^{51}Cr，^{60}Co を（n, γ）反応で製造した場合，無担体でこれらを得ることはできない．

^{50}Cr(n, γ)^{51}Cr ^{59}Co(n, γ)^{60}Co

ただし，プロダクトの放射性同位元素がさらに壊変した娘核種を無担体分離することは可能である．たとえば，^{124}Xe をターゲットにして ^{125}Xe をつくることにより，17 時間の半減期で電子捕獲（EC）を行い ^{125}I になる．^{125}I と ^{124}Xe は化学的に分離できる．また，^{130}Te をターゲットにして ^{131}Te をつくることにより，25 分の半減期で $β^-$ 壊変を行い ^{131}I になる．^{131}Te と ^{131}I は化学的に分離できる．

^{124}Xe(n, γ)^{125}Xe……^{125}Xe(EC) ⟶ ^{125}I
^{130}Te(n, γ)^{131}Te……^{131}Te($β^-$ 壊変) ⟶ ^{131}I

熱中性子による核反応では，ターゲットがリチウムやホウ素の場合には例外的核反応が起きる．熱中性子には核子をたたき出すだけのエネルギーがないはずなのに α 線が放出するという例外反応で以下のようになる．

^{6}Li(n, α)^{3}H, ^{10}B(n, α)^{7}Li

b. 速中性子による核反応による放射性核種の生成

速中性子による核反応は速中性子の速度によって異なり，（n, p）反応，（n, α）反応，（n, np）反応などが起きる．

$^{A}_{Z}$X(n, p)$^{A}_{Z-1}$Y……^{14}N(n, p)^{14}C
$^{A}_{Z}$X(n, α)$^{A-3}_{Z-2}$Y……^{40}Ca(n, α)^{37}Ar

$^A_Z X(n, np)^{A-1}_{Z-1}Y$……$^{54}Fe(n, np)^{53}Mn$

上記のような種々の核反応では，ターゲットとプロダクトは同位体ではないので，無担体でプロダクトの放射性核種を得ることができる．

2.6.5 自然界における核反応による放射性核種の生成

自然界においても，核反応が行われており放射性核種が生成している．太陽からの宇宙線（主に陽子線）により大気中で常に放射性核種が生成している．太陽からの高速の陽子線が大気中の窒素の原子核に衝突し，原子核から陽子と中性子が放出される．放出された中性子は速中性子（nf）でこれが再び窒素の原子核に衝突し，以下のような2種類の核反応を起こす．1つはプロダクトとして^{14}Cが生成し，もう1つは放出粒子として^3Hが放出される反応である．

$^{14}N(n, p)^{14}C$　　$^{14}N(n, {}^3H)^{12}C$

この核反応で生成した^{14}Cは大気中で$^{14}CO_2$となり，炭酸同化作用により植物体内で^{14}C-デンプンとして蓄積する．また，海水に溶けた$^{14}CO_2$は貝殻の炭酸カルシウムとなり蓄積する．一方，^3Hは大気中で^3H_2Oとなり，雨となって海水中に存在する（図2.18）．木や貝殻の化石の^{14}C放射能を測定すると年代が算出できる．なぜならば，大気中の^{14}C濃度は一定で植物や貝が生きているときは常に一定の放射能になっているが，死滅すると新たな^{14}Cの供給がなくなるので，その時点から時間の経過に合わせて^{14}Cの放射能は減衰する．^{14}Cの半減期は5,730年であるので放射能の減衰計算式 $A = A_0(1/2)^{t/T}$ を用いて経過時間 t が算出できる．

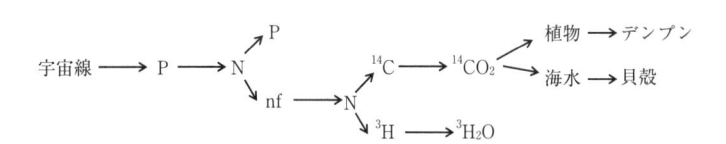

図2.18 大気中で核反応によって生成される放射性核種

2.6.6 熱中性子による核反応を用いた放射化分析

ターゲットの非放射性核種に熱中性子を照射して（n, γ）反応により放射性核種を生成させ，その放射能からターゲット元素の重量を算出する分析法を放射化分析（radioactivation analysis）といい，元素の超微量分析が可能である．放射化分析に用いる生成した放射性核種の放射能の式を以下に示す．

$$A = nf\sigma(1 - e^{-\lambda t})$$

ここで，A：生成した放射性核種の放射能（Bq），n：標的核（ターゲット）の原子数，f：中性子束密度（$cm^{-2} \cdot s^{-1}$），σ：核反応断面積（核反応が起きる確率を面積cm^2の次元で表したもの（単位は barn（1 barn = $10^{-24} cm^2$）），λ：壊変定数，t：熱中性子の照射時間．

放射化してから放射能Aを測定するが，n以外はすべて既知の値であり，nが算出される．nはターゲット元素の原子の個数なので，原子1モルの質量とアボガドロ数の関係から元素の重量が求まる．また，ターゲットが不明の場合は放射化された放射性核種からのγ線のスペクトル解析により，ターゲット元素を同定することもできる．熱中性子による放射化分析は原子炉を利用して行われる．

放射化分析は熱中性子を用いるのが一般的であるが，熱中性子以外でも可能であり，たとえば，サイクロトロンで加速した荷電粒子を用いる方法もある．

2.7 核分裂による放射性核種の生成

核分裂は核反応の特殊な例である．この核分裂で得られた核分裂生成物としての放射性核種も医療などに利用することができる．

2.7.1 自発核分裂

中性子捕獲のような外部からのエネルギー吸収なしに，自発的に**核分裂**（nuclear fission）が起きる核種がある．**自発核分裂**（spontaneous nuclear fission, SF）を起こす放射性核種は質量数が230以上で基本的にはα壊変核種である．しかし，ほとんどの放射性核種において自発核分裂の半減期は非常に長く，自発核分裂速度は非常に遅い．自発核分裂の半減期が短い放射性核種としては^{252}Cfや^{256}Fm（フェルミウム）などがある．

2.7.2 人工核分裂

a. 核分裂の発見

ウランが中性子により核分裂を起こすという人工核分裂（artificial nuclear fission）現象を初めて認めたのはイレーヌ・キュリーである．彼女は原子番号92であるウランに中性子を照射している最中に原子番号57であるランタンが生成したと発表したが，核分裂などすべての物理学者が想像すらしていなかったので，猛反発を受けた．当時，中性子を利用した核反応により超ウラン元素をつくる試みが物理学者達の最も注目を浴びる研究テーマであった．これは中性子による核反応で生成した核種は中性子過剰核種であり，それがさらにβ^-壊変すれば原子番号が1増加することが理解されていたからである．特に，エンリコ・フェルミは精力的にこの研究を行い，中性子照射により原子番号93の超ウラン元素が生成したと発表し，この研究成果でノーベル賞を受賞した．

エンリコ・フェルミら核分裂を信じない物理学者達はイレーヌ・キュリーの実験結果を間違っていると非難していたが，じつはお互いが正しかったと思える．なぜなら，天然ウランには中性子照射によって超ウラン元素を生成できるウランと核分裂を起こすウランが含まれていたからである．前者が^{238}Uで後者が^{235}Uである．しかし，天然ウランの99.3％は^{238}Uで，^{235}Uはわずか0.7％であったことから，核分裂現象を検出することが非常に難しかったということであろう．イレーヌ・キュリーの実験結果（核分裂の可能性）が正しいことを理論的に示したのはリーゼ・マイトナーである．彼女は中性子吸収によりウランの原子核が分裂する可能性を理論的に明らかにし，これによりすべての物理学者がウランの核分裂を理解した．しかし，リーゼ・マイトナーはなぜかノーベル賞を受賞していない．

イレーヌ・キュリーの実験結果に猛反論したエンリコ・フェルミが，後に原子炉でウラン核分裂の連鎖反応に成功するという偉業を成し遂げたのはなんとも皮肉なことである．

b. 核分裂による放射性核種の生成

^{235}Uは熱中性子（nt）を原子核内に吸収すると核分裂を起こす．しかし，核分裂はウランの原子核が粉々に分裂させるのではなく，原子番号が30番のZnから66番のDy（ジスプロシウム）まで

の**核分裂生成放射性核種**（fission product）が生成する．しかも，その生成収率をみると質量数が90前後と140前後の核種の収率が非常に高い（図2.19）．また，核分裂生成放射性核種はβ^-壊変する核種がほとんどである．なぜならば，元々中性子が大過剰な^{235}U（陽子が92個，中性子143個）が分裂して生成した核種で，中性子過剰核種であるからである．核分裂生成放射性核種には放射性医薬品に利用される核種もある．たとえば，核分裂生成収率が高い^{99}Moは，β^-崩壊して^{99m}Tcとなるので，その利用価値が高い．^{99m}Tcはインビボ放射性医薬品に最も多く用いられている．

c. 核分裂エネルギー

ウランの核分裂では質量欠損が生じる．アルベルト・アインシュタインの質量とエネルギーの関係式$E=mc^2$から計算すると^{235}Uの1個の原子の分裂で約220 MeVの質量欠損エネルギーが放出される．たとえば，235 gのUであれば，そのエネルギーは以下のようになる（1 eV = 1.6×10^{-19} J，4.2 J = 1 calに換算して計算）．

$$6.02\times10^{23}\times220\times10^6\times1.6\times10^{-19}=2.1\times10^{13}\,[\text{J}]=5\times10^{12}\,[\text{cal}]$$

この値は，同重量の石炭の燃焼率の約250万倍に相当するという莫大なものである．

d. 連鎖反応

前にも述べたようにウラン核分裂の連鎖反応に成功した（1942年）のはエンリコ・フェルミを中心とする研究者であるが，この反応は制御しなければ核爆発につながるので，彼は実験に細心の注意を払いながらカドミウムの制御棒を引き出し，核分裂の連鎖反応の臨界点に到達した．

^{235}Uは熱中性子（nt）により核分裂を起こすが，核分裂により速中性子（nf）が放出され，この速中性子を減速材（水や黒鉛）で減速し熱中性子にすれば，これが再び核分裂を誘発する．これが繰り返し起きるのが連鎖反応である．制御しなければ核爆発を起こすので，熱中性子を吸収する制御棒で反応を制御する．熱中性子を吸収しやすいのはカドミウム（Cd），ホウ素（B），ハフニウム（Hf）などであるが，これらは熱中性子に対する反応断面積が大きい．反応断面積の単位はバーン（b）であるが，Cd，BおよびHfの反応断面積はそれぞれ2,530b，764bおよび105bであり，Cdが最も熱中性子を吸収しやすい（図2.20）．

e. 原 子 炉

原子炉では，核分裂の連鎖反応を制御しながら核分裂エネルギーを取り出している．連鎖反応には減速材が重要であり，この減速材により原子炉は大きく3つに分類される．すなわち，軽水炉，重水炉および黒鉛炉である．中性子線は原子番号の小さな原子核に衝突するとエネルギーを失いやすい．そこで，水素，重水素および炭素を速中性子の減速材として用いている．軽水炉は水素の水（H_2O），重水炉は重水素の水（D_2O），黒鉛炉は炭素をそれぞれ減速材に用いている．水素は原子番号が1と減速材のなかでは一番小さいので速中性子のエネルギー吸収が最も大きい．すなわち，H_2O

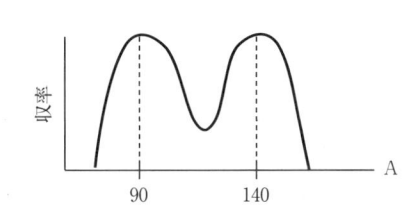

図2.19 核分裂生成核種の収率と質量数の関係

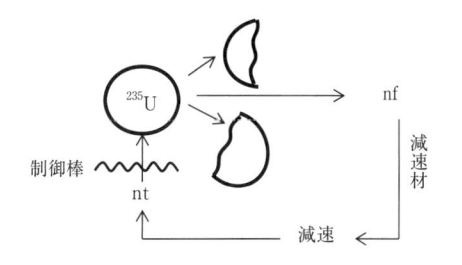

図2.20 ウラン核分裂の連鎖反応

が減速材としては一番優れている．しかし，水素は生成した熱中性子との核反応断面積が重水素や炭素よりも大きいので，生成した熱中性子が水素原子核に吸収されやすく，熱中性子が減少してしまうので，連鎖反応が起きにくくなる．そこで，軽水炉の場合，ウラン燃料の^{235}Uの比率を高めて連鎖反応を起こしやすくする必要がある．

^{235}Uの比率を高めることをウラン濃縮といい，天然ウランの^{235}Uの比率0.7％を2～4％に上げたものを核燃料の濃縮ウランと呼んでいる．重水と炭素は速中性子の減速に関しては水に及ばないが，熱中性子に対する核反応断面積が水素よりも小さいので連鎖反応は起きやすくなる．そこで重水炉および黒鉛炉の場合，ウランを濃縮する必要がない．しかし，重水を大量に調製することは非常に大変であり，また黒鉛炉は安全性がほかの原子炉に劣る．現実的には商業炉としては軽水炉が最も安全で実用的である．

原子炉では核分裂生成放射性核種が生成するので，それを医療などに利用することもできるが，原子炉内で発生した熱中性子を利用して，(n, γ) 反応による放射化で放射性核種を生成することもできる．

f. 核　燃　料

天然ウランは99.3％が^{238}Uであり，核分裂を起こす^{235}Uはわずか0.7％しか含まれていない．軽水炉の場合，濃縮ウランを用いているが，濃縮ウランといってもその96～98％は核分裂を起こさない^{238}Uである．^{238}Uは熱中性子との核反応（(n, γ) 反応）で^{239}Uになる．すなわち，使用済み核燃料には^{239}Uが多量に生成する．しかし，この^{239}Uは半減期24分でβ^-壊変を行い^{239}Np（ネプツニウム）になるが，これも2.4日の半減期で^{239}Pu（プルトニウム）になる．

^{239}Puはα壊変して^{235}Uになるが，その半減期は24,000年もあるので，使用済み核燃料には^{239}Puが多く含まれていることになる．この継続壊変を以下に示す．

^{239}U (24m, β^-壊変) ⟶ ^{239}Np (2.4d, β^-壊変) ⟶ ^{239}Pu (24,000y, α壊変) ⟶ ^{235}U

この^{239}Puは中性子で核分裂を起こす．そこで，ウランの使用済み核燃料から^{239}Puを分離し，天然ウランに混ぜれば濃縮ウランと同じように軽水炉で連鎖反応を起こすことが可能である．このような^{239}Puの利用が日本ではプルサーマル計画として実施されようとしている．また，^{239}Puは速中性子でも核分裂を起こすので，減速材が不要になる．そこで，^{239}Puを用いた高速中性子炉が計画されている．また，重水素炉や黒鉛炉ではウランの濃縮を行わないので，^{238}Uの比率が高く，使用済み燃料中の^{239}Puは多くなる．^{239}Puは核爆弾の材料でもあることから使用済み燃料から^{239}Puを分離精製することには大きな問題がある．

g. 公衆衛生上に問題となる核分裂生成放射性核種

原子力発電所の事故により，核分裂により生成する放射性核種が環境にばらまかれた場合，公衆衛生上特に問題となる核種がいくつかある．核分裂での生成収率と物理的半減期および組織集積性などから考えると^{90}Sr，^{131}Iおよび^{137}Csは非常に問題となる核種である．これらの核種は核分裂による収率が高い質量数90と140前後の放射性核種であるので，もし原発事故が発生した場合，第一に量的に環境汚染が問題になる．さらに，^{90}Srと^{137}Csは物理的半減期が長いので長期に渡って環境を汚染し続けるので問題である．

^{131}Iは，半減期が他の2核種に比べると短いので長期間環境を汚染することはないが，人体に摂取されると甲状腺に特異的に集積する．半減期が短いということは放射能値が大きく短時間で放射線を放出し尽くすので，甲状腺がんを誘発する危険性が高い．^{90}Srは人体に摂取されると骨に集積し，

白血病を誘発する危険性が高い（表 2.5）．

表 2.5 公衆衛生上問題となる核分裂生成放射性核種

核種	物理的半減期	放出放射線	集積組織（決定臓器）
^{90}Sr	29 年	β^- 線のみ	骨
^{131}I	8 日	β^- 線, γ 線	甲状腺
^{137}Cs	30 年	β^- 線, γ 線	筋肉

2.8 放射性核種の分類

放射性核種はその物理的性質の相違により分類することができる．また，継続壊変をする核種については壊変系列を持つものがあり，各系列により分類される．

2.8.1 核 種 の 分 類

a. 半減期による分類

～億年：^{235}U（7 億年），^{238}U（45 億年），^{232}Th（141 億年），^{40}K（12.8 億年）
～万年：^{239}Pu（2.4 万年）
～千年：^{226}Ra（1,600 年），^{14}C（5,730 年）
～十年：^{137}Cs（30 年），^{90}Sr（29 年）
　～年：^{60}Co（5.2 年），^{3}H（12 年）
～ヶ月：^{125}I（60 日）
～週間：^{131}I（8 日），^{32}P（14 日）
　～日：^{67}Ga（78 時間），^{201}Tl（73 時間），^{111}In（67 時間），^{99}Mo（66 時間）
～時間：^{99m}Tc（6 時間），^{123}I（13 時間）
　～分：^{11}C（20 分），^{13}N（10 分），^{15}O（2 分），^{18}F（110 分）

半減期が～ヶ月以下の核種が放射性医薬品に用いられている．

b. 生成による分類

1）天然放射性核種

^{235}U，^{238}U，^{232}Th，^{226}Ra，^{222}Rn，^{40}K，^{14}C，^{3}H

天然に存在しているということは地球ができたときから存在するということであるので，地球の歴史（45 億年）に匹敵するだけの半減期（億年の単位）を持っている．^{226}Ra と ^{222}Rn の半減期はそれぞれ 1,600 年および 3.8 日であるが，これらは ^{238}U の娘核種であるので，天然放射性核種になる．^{14}C と ^{3}H は地球に大気ができたときから常に大気中で生成している核種である．

2）人工放射性核種

核分裂生成物：^{90}Sr，^{131}I，^{137}Cs
核反応生成物：^{51}Cr，^{67}Ga，^{123}I，^{125}I，^{111}In，^{201}Tl，^{14}C，^{3}H

注）^{14}C，^{3}H は天然にも微量に存在するので，天然放射性核種でもあるが，通常使われている ^{14}C，^{3}H は核反応生成物である．

c. 放出放射線による分類

1) α線（γ線放出を伴う）を放出する核種

^{235}U, ^{238}U, ^{232}Th, ^{226}Ra, ^{222}Rn, ^{210}Po

α線放出核種には長半減期のものが多いが，^{222}Rn および ^{210}Po の半減期はそれぞれ 3.8 日および 138 日である．

2) $β^-$ 線のみを放出する核種

ソフト β emitter：^{3}H, ^{14}C

ハード β emitter：^{32}P, ^{90}Sr

^{90}Sr はハード β emitter に分類されているが，^{90}Sr から放出される β 線のエネルギーは 0.546 MeV であり，ハード β 線ではない．^{90}Sr は継続壊変を行い，娘核種の ^{90}Y が放出する β 線のエネルギーが 2.28 MeV であり，これがハード β 線である．しかし，この継続壊変の系から ^{90}Y を常に取り除くことは不可能であるので，^{90}Sr があれば必ず ^{90}Y からのハード β 線が放出される．そこで，^{90}Sr をハード β emitter と考えてもよいとしている．

3) $β^-$ 線および γ 線を放出する核種

^{60}Co, ^{131}I, ^{137}Cs

^{60}Co は $β^-$ 線も放出するが，γ 線放射体として有名であり，利用されるのもこの γ 線である．^{137}Cs の場合，娘核種の ^{137m}Ba が γ 線を放出しているわけであるが，^{137}Cs から生成した ^{137m}Ba を常に取り除くことは不可能なため，^{137}Cs から γ 線が放出されているとみなされている．

4) γ 線のみを放出する核種

^{99m}Tc, ^{51}Cr, ^{67}Ga, ^{123}I, ^{125}I, ^{111}In, ^{201}Tl

これらの核種は IT または EC 壊変核種である．

5) $β^+$ 線を放出する核種

^{11}C, ^{13}N, ^{15}O, ^{18}F

これらの核種は超短半減期で，放出された $β^+$ 線は消滅 γ 線になる．

2.8.2 壊変系列をつくる天然放射性核種

継続壊変を行う放射性核種のうち，その継続が系列といわれるほどに長く続くものがある．このような壊変系列をつくる核種に長半減期（億年の単位）の天然放射性核種があり，それぞれトリウム系列，ウラン系列およびアクチニウム系列と呼ばれている．これらの壊変系列は，最終的に Pb の安定核種同位元素でその継続壊変を終わる．

a. トリウム系列

^{232}Th を親核種として α 壊変にはじまり，$β^-$ 壊変も含めて計 10 回の壊変を行い，最終的に安定同位元素の ^{208}Pb になる．

^{232}Th $\xrightarrow{α 壊変}$ ^{228}Ra $\xrightarrow{β^- 壊変}$ ^{228}Ac $\longrightarrow$ ……$\longrightarrow$ ^{208}Pb

^{232}Th が最終的に ^{208}Pb となるため，質量数の変化は（232 − 208）= 24 である．α 壊変では 1 回につき質量数が 4 減少するので，（24 ÷ 4）= 6 回の α 壊変があったことになる．α 壊変では 1 回につき原子番号が 2 減少するため，（2×6）= 12 原子番号が減少するはずであるが，Th および Pb の原子

番号はそれぞれ 90 および 82 であり，(90−82)＝8 しか原子番号は減少していない．すなわち，(12−8)＝4 だけ原子番号が増加する壊変があったことになる．原子番号が増加する壊変は β^- 壊変だけなので，4 回の β^- 壊変があったことになる．^{232}Th の質量数は 4 で割り切れ，この系列を（4n）系列という．

b. ウラン系列

^{238}U を親核種として α 壊変にはじまり，β^- 壊変も含めて計 14 回の壊変を行い，最終的に安定同位元素の ^{206}Pb になる．

$$^{238}\text{U} \xrightarrow{\alpha \text{壊変}} {}^{234}\text{Th} \xrightarrow{\beta^- \text{壊変}} {}^{234}\text{Pa} \longrightarrow \cdots\cdots \longrightarrow {}^{206}\text{Pb}$$

^{238}U が最終的に ^{206}Pb となるため，トリウム系列の場合と同様に計算すると，α 壊変を 8 回，β^- 壊変を 6 回行うことになる．この壊変系列の途中にはマリー・ピエール・キュリー夫妻がその放射能を発見した ^{226}Ra があり，またその下流には別名 RaD, RaE および RaF と呼ばれる ^{210}Pb, ^{210}Bi および ^{210}Po がある．

$$\cdots\rightarrow {}^{226}\text{Ra} \rightarrow {}^{222}\text{Rn} \rightarrow \cdots \rightarrow \underset{(\text{RaD})}{{}^{210}\text{Pb}} \rightarrow \underset{(\text{RaE})}{{}^{210}\text{Bi}} \rightarrow \underset{(\text{RaF})}{{}^{210}\text{Po}} \rightarrow \cdots$$

^{238}U の質量数は 4 で割ると 2 余ることから，この系列を（4n＋2）系列という．

c. アクチニウム系列

^{235}U を親核種として α 壊変にはじまり，β^- 壊変も含めて計 11 回の壊変を行い，最終的に安定同位元素の ^{207}Pb になる．

$$^{235}\text{U} \xrightarrow{\alpha \text{壊変}} {}^{231}\text{Th} \xrightarrow{\beta^- \text{壊変}} {}^{231}\text{Pa} \longrightarrow \cdots\cdots \longrightarrow {}^{207}\text{Pb}$$

^{235}U が最終的に ^{207}Pb となるため，トリウム系列の場合と同様に計算すると，α 壊変を 7 回，β^- 壊変を 4 回の計 11 回の壊変を行うことになる．^{235}U の質量数は 4 で割ると 3 余ることから，この系列を（4n＋3）系列という．

2.8.3 壊変系列をつくる人工放射性核種

壊変系列をつくる天然放射性核種には（4n＋1 系列）がないので，人工的にこの系列がつくられた．これがネプツニウム系列である．この系列では最終的に安定同位元素の ^{209}Bi になる．

$$^{237}\text{Np} \xrightarrow{\alpha \text{壊変}} {}^{233}\text{Pa} \xrightarrow{\beta^- \text{壊変}} {}^{233}\text{U} \longrightarrow \cdots\cdots \longrightarrow {}^{209}\text{Bi}$$

^{237}Np は元々は天然に存在していたが，半減期が 214 万年と地球 45 億年の歴史に比べると短かったためにほとんどが減衰して，見つからなかったということである．放射能は指数関数的に減衰し，ゼロにはならない．そこで，^{237}Np も超々微量ではあるが天然に存在していることになる．

2.8.4 壊変系列をつくらない天然放射性核種

壊変系列をつくらないが，半減期が億年単位の天然放射性核種がある．たとえば，^{40}K（半減期：12.8億年）や^{87}Rb（半減期：480億年）などである．

^{40}Kは天然存在比が0.0117％であり，われわれの体内のカリウムも0.0117％は^{40}Kである．この^{40}Kは体内被ばくの原因になっている．人の^{40}Kによる体内被ばくは年間で平均0.18 mSv（ミリシーベルト）といわれている．カリウムは体重の約0.2％であり，たとえば体重50 kgの人では100 gのKを含むがその内の0.0117％つまり0.0117 gは^{40}Kである．0.0117 gの^{40}Kの放射能を計算すると約3,000 Bqに相当する．

演 習 問 題

問1 次の核力に関する記述のうち，正しいものを2つ選びなさい．
1. 核力は核子の種類にかかわらない．
2. 核力は万有引力と同様，核子の質量に比例する．
3. 核力は2つの核子間の距離の自乗に比例する．
4. 核力は陽子と中性子間に働く．
5. 核力は飽和性を示す．

問2 次の記述のうち，正しいものを2つ選びなさい．
1. 中性子の静止質量は，陽子の静止質量より小さい．
2. 原子核の質量は，構成粒子の質量の総和より大きい．
3. 核内に中性子を含まない核種はない．
4. 中性子はβ^-線を出して陽子に変わる．
5. 中性子は1/2のスピンを持つ．

問3 次のうち，ECによる核壊変の過程を示すものを選びなさい．
1. n（中性子）$+ e^-$（電子）$\longrightarrow p$（陽子）$+ \nu$（中性微子）
2. $p \longrightarrow n + e^- + \nu$
3. $p + e^- \longrightarrow n + \nu$
4. $p + \nu \longrightarrow n + e^-$
5. $n + \nu \longrightarrow p + e^-$

問4 次の記述のうち，正しいものを1つ選びなさい．
1. 制動放射線は，電子が原子と衝突するとき原子核から放出される．
2. 制動放射線は，電子が原子と衝突するとき原子のエネルギー準位間の遷移に伴って放出される．
3. 特性X線は，原子核のエネルギー準位間の遷移に伴って放出される．
4. 特性X線は，不連続スペクトルを持ち，一般に制動X線より波長が長い．
5. 電子捕獲に伴って放出される光子は，特性X線である．

問5 次の記述のうち，正しいものを2つ選びなさい．
1. 内部転換電子の運動エネルギーは連続スペクトルを示す．
2. 核異性体とは，質量数は等しいが原子番号が異なる核種同士をいう．

3　EC に伴いオージェ電子が放出されることがある．
4　EC の場合には中性微子は放出されない．
5　核内の陽子と陽子の間には，核力のほかにクーロン力が働く．

問 6　次の記述のうち，誤っているものを 1 つ選びなさい．
1　壊変定数と半減期は，反比例の関係にある．
2　放射平衡には，過渡平衡と永続平衡がある．
3　放射性壊変の式は縦軸（親核種の原子数）を対数目盛り，縦軸（時間）を算術目盛りの方眼紙に目盛ると直線になる．
4　過渡平衡においては，娘核種の放射能は，常に親核種の放射能より小さい．
5　放射能は，放出エネルギーの大小には無関係である．

問 7　次の内部転換に関する記述のうち，正しいものを 2 つ選びなさい．
1　内部転換のエネルギーは，γ 線のエネルギーに等しい．
2　内部転換すると特性 X 線またはオージェ電子が放出される．
3　原子核に近い軌道電子ほど内部転換しやすい．
4　内部転換は，重い核より軽い核で見られる．
5　内部転換電子のエネルギースペクトルは連続スペクトルを示す．

問 8　次のラドンに関する記述のうち，正しいものを 2 つ選びなさい．
1　空気中のラドン濃度は，電離箱で測定できる．
2　ラドンは天然に存在する α 線放出核種中で唯一の不活性ガスである．
3　ラドン-222 の半減期は約 30 分である．
4　ラドン-222 はトリウム系列の核種である．
5　ラドン-220 はウラン系列の核種である．

問 9　次の自然放射線のうち，人体の実効線量への寄与が最大であるものを選びなさい．
1　^{40}K からの β^- 線と γ 線
2　^{14}C からの β^- 線
3　宇宙線
4　地表からの γ 線
5　ラドンおよび壊変核種からの α 線や β^- 線

解　答　問 1：1 と 5　　問 2：4 と 5　　問 3：3　　問 4：5　　問 5：3 と 5　　問 6：4　　問 7：2 と 3　　問 8：1 と 2　　問 9：5

3
放 射 線

はじめに

　放射性核種からの放射線は，不安定な原子核がより安定な原子核になる過程で放出されるものである．また，放射線発生装置から放出される放射線もあり，これらの放射線は医学，薬学をはじめさまざまな分野において利用されている．今日のわれわれの生活において，放射線はなくてはならないものになっているといっても過言ではない．しかしながら，放射線を取り扱う時には，被ばくとその結果生ずる放射線障害というリスクの存在も考慮しなければならない．そのため，放射線を取り扱う者は各放射線の性質，遮へい方法および検出法についての正確な知識を身に付けておく必要がある．

　本章では，放射性核種からの放射線の分類と各放射線が有する特性を把握したうえで，放射線と物質との相互作用を基礎として，放射線測定器の原理と測定法について述べる．

3.1 放射線の分類

　放射線は，基本的に**粒子線**と**電磁波**に分類される．すなわち，質量を持った粒子の流れである**粒子線**と空間が振動しながら伝播する質量を持たないエネルギーの波である**電磁波**がある．粒子線には，電荷を持った荷電粒子線と電荷を持たない非荷電粒子線がある．粒子線には**α線**，**$β^-$線**，**$β^+$線**，**重粒子線**および**中性子線**などがあるが，中性子線以外は荷電粒子線である．電磁波は電荷を持たず，波長の長短によって分類される．この分類を大きく6つに分けると，波長の長いほうから順に，電波，赤外線，可視光線，紫外線，X線，γ線となっている．これらの分類は，さらに波長の長短により細分化されている．電波も波長の長いほうから順に長波，中波，短波，マイクロ波などの呼び名がある．可視光線が波長の長いほうから順に赤，黄，青，紫などに分かれることはよく知られている．この赤よりも波長が長いものを赤外線，紫よりも波長の短いものを紫外線といい，これらはわれわれの目には見えない．

　放射線には，電離能力を有するものと有しないものがある．粒子線はすべて電離能力を有している．一方，電磁波ではX線とγ線だけが電離能力を有している．電離能力を有する放射線を電離放射線と呼んでいる（図3.1）．ただし，電磁波の波長による区分は明確ではなく，たとえば波長の短い紫外線と波長の長いX線ではオーバーラップしており，紫外線の波長の短い一部分は電離能力を有していることになる．

放射性壊変は，エネルギーの高い不安定な原子核がより安定なエネルギー状態に変わることであり，このエネルギー遷移が放射線放出となっている．すなわち，放射性核種からの放射線は，放射性壊変によって自発的に原子核から放出されたものである．その意味で，本章で学ぶ「放射線」とは粒子線では**α線**，**β⁻線**，**β⁺線**および**中性子線**であり，電磁波では**γ線**ということになる．これらはすべて電離放射線である．重粒子線およびX線発生装置からのX線は，放射性壊変に伴って放出されるものではなく，ここでいう「放射線」には含まれない．特性X線は，原子核からではなく電子軌道で発生するため，「放射線」には含まれないことになるが，放射性壊変に伴って放出されるので，ここでは含める．すなわち，広義の意味で放射性核種から放出される放射線をすべて本章では「放射線」とする．

```
                  ┌ 荷電粒子線…α線，β⁻線，β⁺線  ┐
         ┌ 粒子線 ┤                              │
         │       └ 非荷電粒子線…中性子線          │ 電離放射線
放射線 ─┤               短 ┌ γ線                │
         │                  │ X線                ┘
         │              ↑   │ 紫外線
         └ 電磁波…… 波長    │ 可視光線             ┐ 非電離放射線
                        ↓   │ 赤外線              │
                       長   └ ラジオ波            ┘
```

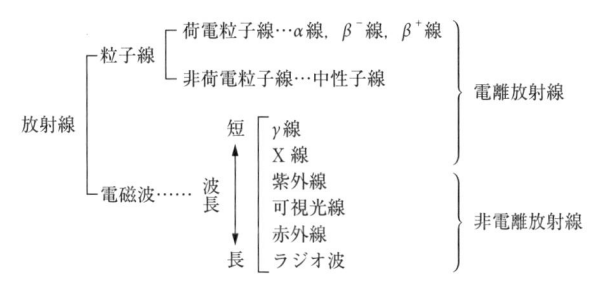

図 3.1 放射線の分類

電磁波は電場と磁場によってつくられる波動（空間の振動）であり，波長（λ）と振動数（ν）は反比例する．また，電磁波のエネルギーは振動数に比例する．これらの関係は次式で表される．

$$E = h\nu = h\left(\frac{C}{\lambda}\right)$$

ここで，h：プランク定数，C：光速度．

電磁波は，真空中ではすべて同じ速度（光速度：3×10^8 m/s）である．

3.2 放射線の物質との相互作用

放射線の物質との相互作用とは，物質を構成する原子との衝突を意味する．このとき，放射線が持つ運動エネルギーが保存され方向のみ変わる場合を**弾性衝突**または**弾性散乱**といい，運動エネルギーが保存されない場合を**非弾性衝突**または**非弾性散乱**という（図3.2）．物質との相互作用で放射線がエネルギーを失うということは，物質にエネルギーを与えるということを意味する．

弾性衝突と非弾性衝突がどのような場合に起こるかは，各放射線の荷電や質量といった性質によって決まる．放射線の原子との衝突の実体は，原子核または軌道電子との相互作用にほかならない．このうち，軌道電子との相互作用は放射線被ばくにおける生体影響や放射線測定の基本原理との関連性が高く重要である．放射線はそのエネルギーを軌道電子に与えることで，軌道から電子を引きはがしてしまう**電離作用**や軌道電子をエネルギー準位の高い軌道に押し上げてしまう**励起作用**を示す（図3.3）．

電離作用および励起作用により，物質にエネルギーを与えたぶん，放射線は自らのエネルギーを失っていく．このような物質との相互作用を定量化する単位として，物質の単位長さあたりに放射

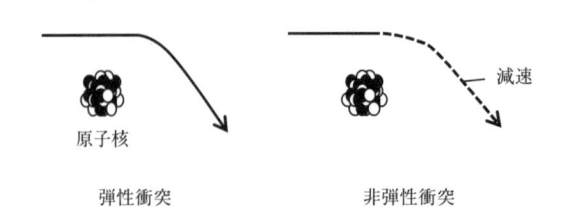

図 3.2　弾性衝突と非弾性衝突

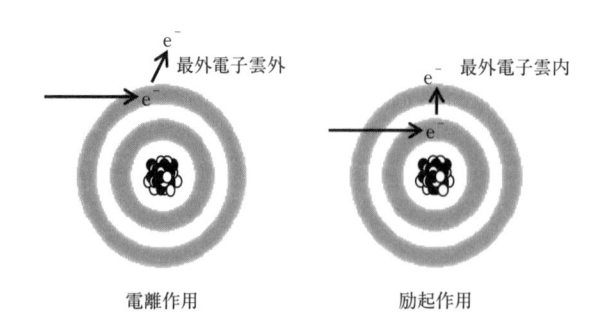

図 3.3　電離作用と励起作用

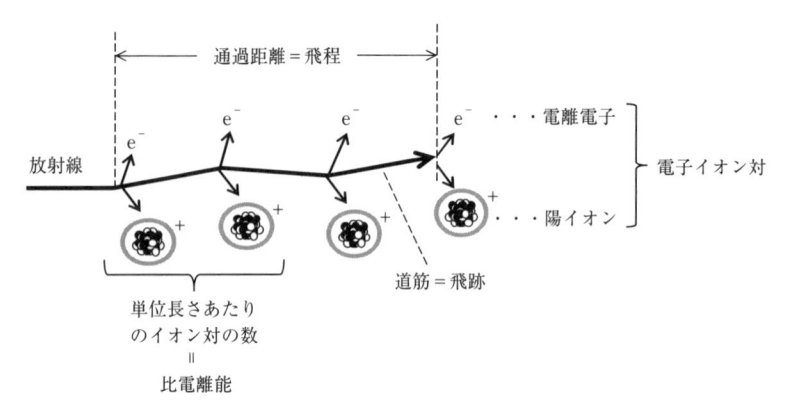

図 3.4　飛程・飛跡・比電離能

線が与えるエネルギーのことを**線エネルギー付与**（linear energy transfer, LET）がある．逆に，物質が放射線のエネルギーを奪い取ったという観点から**阻止能**という定義もある．

　放射線による電離作用の結果，物質中の原子は電離電子（e^-）と陽イオン（⊕）の対（以下，電子-イオン対）になる．一対の電子-イオン対を生成するために必要な放射線のエネルギーを **W 値**というが，この値は物質や放射線の種類に関係なくほぼ一定であるため，電子-イオン対の数がわかれば放射線のエネルギーを算出できる．放射線が単位長さあたりに生成する電子-イオン対の数を**比電離能**といい，放射線の物質電離能力の指標になる．このように，放射線は物質を電離，励起しながら運動エネルギーを失い，物質中を通過できなくなる．放射線が物質中で通過した距離のことを**飛程**といい，この値の長短は物質透過力の大小を表す．また放射線の種類により，相互作用の起こり方が異なるため，道筋が直線になったりジクザクになったりする．これを**飛跡**という（図 3.4）．

　比電離能や飛程は，各放射線に対して注意すべき被ばくが体外であるのか体内であるのか，ある

3.2.1 α線と物質の相互作用

α壊変によって放出される粒子線を**α線**という．その本体は，陽子2個と中性子2個からなる**α粒子**とも呼ばれる**ヘリウムの原子核**（$^{4}_{2}\text{He}^{2+}$）である．α線は，+2に荷電しているため物質の電子にクーロン力を及ぼし，強い電離作用を示す．このことは，α線の比電離能が大きいこと，α線自身のエネルギーは物質との相互作用で失われやすいことを意味している．このため，α線の飛程はきわめて短くなる．また，その質量は軌道電子よりも非常に大きいため，その方向を変えられることなく進み，飛跡は直線となる．原子核とのクーロン斥力も働くがその確率は低い．

α線の速度は，軌道電子との相互作用により減少するが，この結果，相互作用の頻度はさらに高まり，飛程の末端ではα粒子は一気にエネルギーを失い，最終的には自由電子を取り込み，ヘリウム原子になる．α線の比電離能と飛程の関係は**Bragg曲線**で示される（図3.5）．なお，α線のエネルギーを測定すると，単一エネルギーであることを示す**線スペクトル**が得られる．

上記のようにα線は比電離能が大きい，すなわちLETが大きいため飛程が短い．そのため，空気中では数cm程度しか飛ばず，厚紙1枚で遮へいが可能である．このことから，眼の水晶体に対する被ばくには十分な注意が必要ではあるが，一般に体外（外部）被ばくの危険性はほとんどない．しかしながら，LETが大ということは，局所における細胞に与えるエネルギーが大きくなるため，放射性核種が直接組織内部に入ることによる体内（内部）被ばくについては注意が必要である．

3.2.2 β⁻線と物質の相互作用

β⁻壊変によって放出される粒子線を**β⁻線**といい，その本体は**β⁻粒子**とも呼ばれる原子核から放出される**陰電子**である．−1の荷電を持っているため，物質中の軌道電子とのクーロン斥力が働き，物質原子を電離，励起する．β⁻線は，この電子との相互作用により運動エネルギーを失い，最終的には自由電子となる．また，原子核のクーロン力により，β⁻線は弾性散乱する．この場合，巨大な原子核はまったく動かず，β⁻粒子は運動エネルギーを失わずに方向のみが変わる．これら軌道電子と原子核との相互作用を繰り返すため，β⁻線はジグザグの飛跡を示す．特に，散乱を繰り返した結果，はじめの入射方向と逆方向に進行する場合を**後方散乱**という（図3.6）．

なお，β⁻壊変のさい，β⁻粒子とともに放出されるニュートリノがβ⁻粒子の運動エネルギーの一部をさまざまな割合で持ち去るため，β⁻線は**連続エネルギースペクトル**を示す．

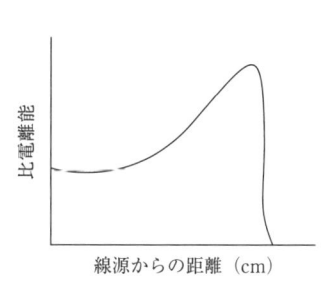

図3.5 Bragg曲線

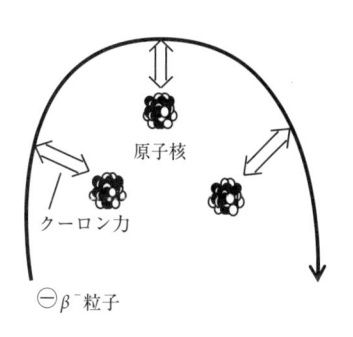

図3.6 後方散乱

原子核とのクーロン力によりβ^-線の方向が大きく変えられたとき，β^-線の速度が減少することがある．このとき，失う運動エネルギーは電磁波として放出されるが，この現象を**制動放射**といい，放出される電磁波を**制動X線**と呼ぶ（図3.7）．制動X線は連続スペクトルを示す．この現象は，β^-線のエネルギーが大きいほど，また原子核によるクーロン力が大きいほど起こりやすい．

原子核によるクーロン力が大きいということは原子核内の陽子の数が多い，すなわち原子番号が大きいということであり，制動放射はβ^-線のエネルギーが大きいほど，また物質の原子番号が大きいほど起きやすく，その発生頻度は，β^-線のエネルギーおよび物質の原子番号の2乗に比例する．たとえば，^{32}Pが放出する強いエネルギー（1.71 MeV）のβ^-線（ハードβ^-線と呼ぶ）を，原子番号の大きなPb（82）などと相互作用させると制動X線が放射される．したがって，ハードβの遮へいには，原子番号の低い原子からなる物質，たとえばアクリル，塩化ビニルなどを用い，おだやかにβ^-線を減速させ，制動放射の発生を抑制する必要がある．さらに，わずかに発生する制動X線を鉛で遮へいする二重構造にすることにより万全な遮へいになる．

X線発生装置によるX線発生の主な原理は制動放射であるが，軌道電子との非弾性衝突による電離に付随した特性X線の放出もある．特性X線は単一スペクトルを示すので，X線発生装置からは制動放射による連続X線（制動X線）と単一X線（特性X線）が同時に放射される（図3.8）．制動放射は，物質の原子番号が大きいほど起きやすいため，X線発生装置では対陰極に原子番号74のタングステン（W）が用いられている．

β^-線は，α線と比較して荷電も質量も小さいため，比電離能は低い．そのため，飛程はα線よりも長くなる．さらに，制動X線の可能性もあるため，α線よりも体外被ばくに対する注意が必要である．逆に，体内被ばくに対する危険性はα線よりも低いものの，ある程度の比電離能は有するため，こちらも注意が必要である．

3.2.3　β^+線と物質の相互作用

β^+壊変によって放出される粒子線を**β^+線**といい，その本体は**β^+粒子**とも呼ばれる原子核から放出される**陽電子（ポジトロン）**である．これは，β^-粒子とは逆の荷電+1を持った電子であるため，散乱方向が逆になるだけで，軌道電子および原子核との相互作用は基本的にβ^-線と同じである．

しかしながら，β^+線はβ^-線には見られない**物質消滅**という特徴的な現象を引き起こす．陽電子は物質の電離，励起を繰り返し，運動エネルギーをすべて失ったときに，物質中の陰電子と結合し消滅する．このとき，0.511 MeVのγ線が2本，180°反対方向に放出される．この0.511 MeVは，電子1個の静止質量エネルギーに相当する．質量という形のエネルギーが電磁波に変換されたもので，

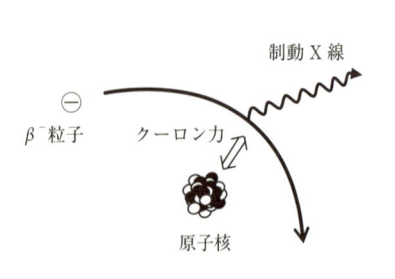

図3.7　制動放射

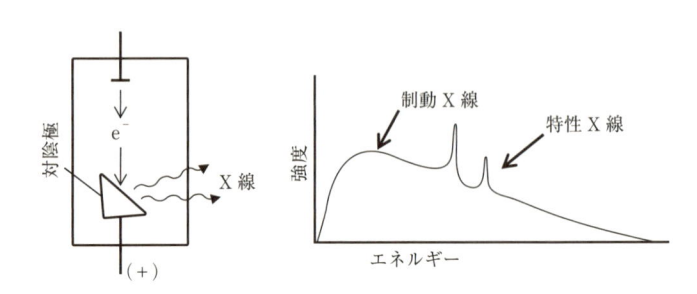

図3.8　X線発生装置概略とX線スペクトル

このγ線を消滅放射線または**消滅γ線**という.

この現象のため，β^+線の遮へいの場合，β^+線そのものよりも物質透過力の高い消滅γ線を考慮する必要があり，一般に原子番号の大きいPbが遮へい体に用いられる．このことは，β^+線を扱う場合，体内被ばくよりもむしろ体外被ばくに留意する必要があることを示している．この物質消滅により発生する消滅γ線は，医療の分野においてポジトロンCTを用いたPET診断に活用されている．

3.2.4　γ線と物質の相互作用

γ線は，原子核のエネルギー準位の遷移により原子核から発生する質量がないエネルギーの波動，つまり電磁波であるが，粒子としての性質も有することから**光子**（photon）と呼ばれることもある．ちなみに，X線は電子軌道間のエネルギー遷移によって放出される電磁波であるが，γ線とは発生部位が異なるのみで，いったん放出されたX線とγ線の区別をつけることはできない．γ線は，α線やβ^-線とは異なり荷電を有しないため，クーロン力による物質との相互作用はなく，比電離能は小さくLETも低い．そのため，物質透過力が強く飛程が長い．しかしながら，γ線も主に以下に示す3つの過程で物質と相互作用し電子が放出され，その電子がさらに電離を行った結果生じる2次電子が電離作用を引き起こすため，電離放射線に含まれる．γ線は電磁波であるので，粒子線とは異なる物質との相互作用を行う．この相互作用は**光電効果**，**コンプトン散乱**および**電子対生成**と呼ばれる．

a.　光電効果（photoelectric effect）

物質に入射したγ線が，軌道電子にすべてのエネルギーを与えて消滅する現象を**光電効果**という（図3.9）．このときエネルギーをもらった電子は軌道外に放出されるが，これを**光電子**と呼ぶ．

軌道電子が原子核のクーロン力の束縛から解放されるためには，イオン化エネルギーに相当するエネルギーが必要になる．したがって，光電子はγ線のエネルギー（E_γ）から電子のイオン化エネルギー（E_i）を差し引いたエネルギーを持つ．すなわち，光電子のエネルギー（E_e）は $E_e = E_\gamma - E_i$ となる．E_iの値はE_γと比較してきわめて小さいため$E_e \fallingdotseq E_\gamma$と考えると，$E_e$を測定することでおおよそのγ線エネルギーがわかる．光電効果の起こる確率は，E_γとE_iの差が小さいほど高くなる．そこで，同じγ線（E_γが一定）に対してはE_iが大きいほど，すなわち物質の原子番号が大きいほど起きやすくなる．また，同じ物質（E_iが一定）に対してはE_γが小さいほど起きやすくなる．

b.　コンプトン散乱（compton scattering）

光電効果と異なり，γ線がエネルギーの一部だけを軌道電子に与え，散乱する現象を**コンプトン**

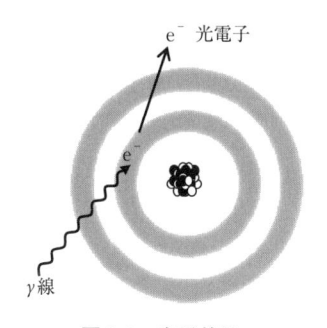

図3.9　光電効果

効果またはコンプトン散乱という．このとき，弾き飛ばされる軌道電子をコンプトン電子と呼ぶ．散乱したγ線はエネルギーが減少し，波長は長くなる．γ線が失うエネルギーは，軌道電子に衝突し散乱する角度（散乱角）によって変化する（図3.10）．つまり，コンプトン電子のエネルギーもγ線の散乱角度によってさまざまな値をとることになる．そのため，コンプトン電子は連続エネルギースペクトルを示すことになる．

コンプトン散乱が起こる確率は，物質の軌道電子が多いほど，つまり原子番号が大きいほど高くなるが，γ線のエネルギーには依存しない．ただし，この現象を繰り返すことでエネルギーが減少したγ線は，光電効果を起こす確率が高くなる．

c. 電子対生成（electron pair production）

γ線のエネルギーが1.02 MeV以上ある場合，原子核の近傍で消滅し，一対の陰・陽電子対を生成することがある．これを電子対生成という（図3.11）．これは陽電子が陰電子と結合し，2本の消滅放射線に変わる物質消滅と逆の現象である．したがって，1個の電子の静止質量エネルギーである0.511 MeVの2倍以上のエネルギーを持つγ線でのみ起こる．

生成した陰電子は軌道電子と相互作用し，運動エネルギーを失う．一方，陽電子は運動エネルギーを失った後，物質消滅により消滅γ線に変わる．電子対生成の起こる条件として，γ線のエネルギーのほかに原子核の電場の強さがある．陽子数の多い原子核ほど電場が強いため，物質の原子番号が大きいほど電子対生成は起こりやすい．

d. γ線スペクトル

γ線のエネルギースペクトルをとると，光電効果によるγ線の全エネルギーを示す線スペクトルの光電ピークが得られる．通常，このピークのエネルギー値から核種の同定が行われる．また，コンプトン散乱によってγ線エネルギーの一部をもらったコンプトン電子のエネルギースペクトルも連続スペクトルとして現れる．コンプトン電子のエネルギーでは，γ線の散乱角が180°の時に最大となり，このエネルギー部分がスペクトル端を形成することになる．これをコンプトンエッジと呼ぶ．このほかにも，コンプトン効果の結果発生する特性X線のエネルギーを示すピークや散乱した電子の後方散乱ピーク，エネルギーが1.02 MeV以上のγ線では電子対生成に関連したピークなどが観察される．

e. γ線の遮へい

γ線は低LET放射線であるため，物質透過力が大きい．したがって，その遮へいのためには，先の光電効果，コンプトン散乱および電子対生成によってγ線を減弱させる必要がある．これらの現

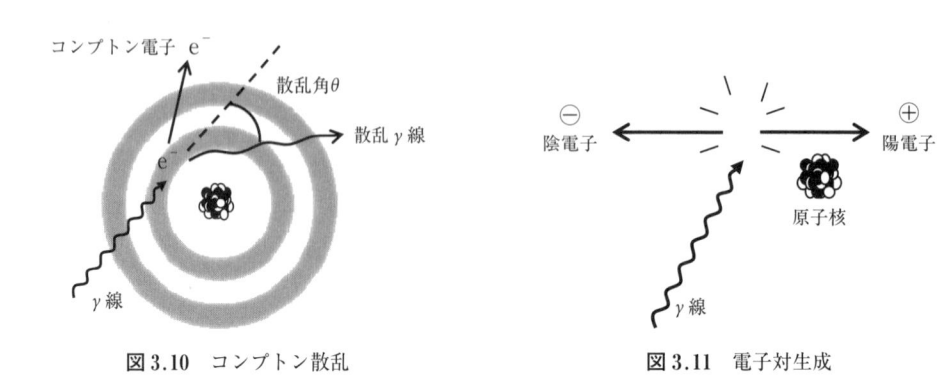

図3.10 コンプトン散乱

図3.11 電子対生成

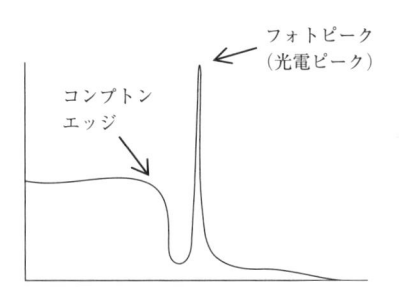

図 3.12 光電ピークとコンプトンエッジ

象は，すべて物質の原子番号の増加に伴い起きやすくなることから，γ線の遮へいにはPbなど原子番号の大きい物質が適している．

初めのγ線の強度を半分に減弱させるのに必要な物質の厚みを**半価層**（D）というが，同じエネルギーのγ線に対するDは，原子番号の大きい原子から構成される物質ほど薄くなることになる．たとえば，1.0 MeVのγ線に対するPbとAlの半価層は，おのおの0.89 cmと4.2 cmである．

半価層Dは，その物質が持つγ線を吸収する能力を表す**線吸収係数**（μ）によって決まる．μの単位はcm^{-1}で，物質の単位長さあたりのγ線吸収率を示す．以下の式は，あるγ線に対する半価層がD cm，線吸収係数がμである物質d cmによって，γ線強度I_0がIに減弱することを表している．この式は，放射能減衰式とまったく同じ形である．

$$I = I_0 e^{-\mu d}$$

$$I = I_0 \left(\frac{1}{2}\right)^{\frac{d}{D}}$$

なお，物質の厚みをcmで表した場合，物質の原子番号の大小が厚みの数値には反映されていない．そのため，厚みの値から遮へい能力の大小を物質間で直接比較することはできない．この場合，線吸収係数を物質の密度ρ（g/cm^3）で割った**質量吸収係数**を用いて厚みをg/cm^2で表すと，厚みの数値の大小から遮へい効果そのものを把握することが可能になる．

3.2.5 中性子線

中性子線の本体は，中性子そのものである．中性子線はそのエネルギーによって分類され，0.025～100 eVのものを低速中性子，100 eV以上のものを速中性子という．低速中性子のうち，最もエネルギーの低い0.025 eVのものを**熱中性子**と呼ぶ．中性子は，荷電がない粒子である．そのため，物質中の軌道電子とのクーロン力は発生せず相互作用しない．したがって，原子の電離や励起によってエネルギーを失うことはほとんどないため物質透過性は高い．また，原子核との間でもクーロン力を及ぼしあうことはないが，非荷電の中性子は原子核に容易に近づくことができるため衝突することがある．

このとき，中性子線のエネルギーや衝突する原子核の大きさによって**散乱**や**吸収**が起こる．速中性子は大きい原子核に衝突すると弾性散乱を起こしエネルギーを失わずに散乱するが，小さい原子核に衝突すると運動エネルギーを失い，急激に減弱する．また，中性子は原子核との衝突によって原子核に取り込まれる吸収現象も起こす．この結果，物質の原子核の核子構成が変化するが，これを**核反応**という．

速中性子による核反応では，原子核より陽子やα粒子といった粒子をたたき出すこともあるが，エネルギーが低い熱中性子では粒子の放出は起きないが，中性子吸収の後にγ線が放出される．このように，中性子線は間接的に電離放射線を放出させるので，間接電離放射線と呼ばれる．

上記のように，中性子線のエネルギーは原子番号の小さい原子からなる物質によって効果的に失われる．したがって，中性子線の遮へいには水や炭化水素（パラフィンなど）が有効である．ちなみに，中性子線に対する水および鉛の半価層はそれぞれ $5\,\mathrm{g/cm^2}$ および $50\,\mathrm{g/cm^2}$ であり，鉛よりも水のほうが10倍遮へい効果が高いことがわかる．これは，水分含量が多い人体において中性子線の被ばくはきわめて重大な事態を招くことを意味しており，その取扱いには十分な注意が必要である．

3.3 放射線量

放射線が物質の中を通過した場合，どの程度の放射線が存在したのかを定量的に表すものを**放射線量**という．これには**照射線量**，**吸収線量**，**等価線量**および**実効線量**などの定義があるが，いずれも物質との相互作用を基にした効果量で表される．放射線被ばくによる人体への影響などを考える場合には，この放射線量の概念は重要である．

3.3.1 照射線量

γ線とX線にのみ用いられる放射線量に**照射線量**がある．これは，これらの放射線が空気1 kgの中でどのくらいの電子-イオン対を生成したかを，発生した電離電子の電気量（クーロン）で表したものである．そのため，単位はクーロン/kg（C/kg）となる．現在，照射線量はあまり用いられなくなっており，非荷電放射線である電磁波と中性子線のような間接電離放射線にのみ適用される**空気カーマ**が使われている．これは，単位質量あたりの物質内で生じた全荷電粒子の初期運動エネルギーの総和を表す．照射線量と異なる定義であるが，ほぼ同等に考えてよい単位である．

3.3.2 吸収線量

物質が，放射線から吸収したエネルギー量から放射線量を定義したものが**吸収線量**である．これは物質1 kgあたりどのくらいのエネルギーを放射線から吸収したかをジュール（J）で表したものである．単位はJ/kgであるが，SI単位として **Gy（グレイ）** が与えられている．吸収線量は，水や空気といった物質における放射線量だけでなく，放射線治療における照射量や放射線生物学における細胞実験の際にも用いられている．

しかしながら，放射線の人体への影響は，同じ吸収線量であっても被ばくした放射線の種類によって異なる．したがって，放射線の種類にかかわらず被ばくの影響を放射線量で比較できるようにするためには，吸収線量を補正する必要がある．

3.3.3 等価線量

吸収線量に補正係数である**放射線加重（荷重）係数**を乗じた放射線量を**等価線量**という．これは，放射線の種類による生物学的効果の相違（放射線加重係数）を考慮した線量である．

等価線量＝各組織の吸収線量×放射線加重係数

同じ吸収線量であっても，α線はγ線やβ⁻線よりも人体への生物学的効果は約20倍にもなる．ま

─ コラム ─

■ **重粒子線治療** ■

　粒子線のうち，プロトンよりも重いものを重粒子線と呼び，プラスに荷電したヘリウム，ネオン，炭素などがある．重粒子線の物質中における比電離能と飛程の関係は，α線と同様に Bragg 曲線で表される．すなわち，物質への入射部での線量は低く深部に向かって次第に高くなり，飛程の終わりで線量のピークとなる．また，重粒子線はその大きな質量のため，物質中において散乱が少なく直進性を示す．この2つの性質のため，以下のように重粒子線はがんの放射線治療においてきわめて高い効果を発揮する．

　体内の深部に形成された腫瘍部分に対し一般的なγ線などによる放射線治療を行った場合，線量のピークは体表面にあり，病巣部における効果は低くなる．したがって，表面から浅部にかけての正常組織への障害は逆に高くなってしまう．また，深部にある腫瘍部分の酸素濃度は低いため，放射線の酸素効果が起こりにくく細胞障害作用は得にくい．これに対し，重粒子線を用いると線量のピークを深部の腫瘍組織に合わせることができるため，表面付近の正常組織への障害は低いまま効果的に病巣部の組織を破壊することが可能となる．ただし，重粒子線を発生させるためにはシンクロトロンやサイクロトロンなどの大掛かりな加速器を要するため，現在のところはまだ一般的な治療法とはいえない．

た，中性子線の場合はγ線やβ^-線の5〜20倍の生物効果をもたらす．そこで，γ線とβ^-線の放射線加重係数は1，α線は20，中性子線は5〜20とされている．等価線量の単位は Sv（シーベルト）であり，人体の被ばく量を評価する場合にのみ用いられる．ただし，同じ等価線量であっても組織によって放射線感受性が異なるため，等価線量で被ばく量を表す場合には必ず組織名を付記しなければならない．

3.3.4　実効線量

　放射線の確率的影響を評価する場合，全身が均等に照射された結果生じる影響を考えなければならない．なぜならば，生体各組織は放射線感受性が異なっているからである．各組織の放射線感受性の相違を**組織加重（荷重）係数**という．等価線量に補正係数である組織加重係数を乗じた放射線量を全身で合算したものを**実効線量**といい，放射線防護の立場から考えられた線量である．単位は，等価線量と同じ Sv（シーベルト）が用いられる．実効線量 H は以下の式で表される．

$$H = \Sigma H_t W_t$$

ここで，H_t：組織の平均等価線量，W_t：組織加重係数．

　組織加重係数は，全身が均等被ばくした場合の全リスクを1としたときの各組織のリスク比であり，各組織の放射線感受性の相違で全リスクを分割したものである．たとえば，感受性の高い生殖腺は0.2，感受性の低い皮膚では0.01と定義されている（1990年勧告）．

　放射線防護の観点から，眼の水晶体や皮膚の等価線量や実効線量の限度値（実効線量限度）が法令（放射線障害防止法）に規定されており，放射線や放射性物質の取扱い上の管理における目安となっている．

3.4 放射線測定

放射線は，われわれの五感で直接感知することはできない．そこで，放射線と物質の相互作用を利用し，その結果起こる物理的または化学的現象を利用することで放射線を感知することになる．すなわち，放射線の測定原理は基本的に放射線と物質の相互作用による．また，放射線測定ではその目的や対象とする放射線の種類によって，測定原理，測定器の種類および測定値の解釈に違いが出てくる．測定の目的には，放射性物質が有する放射能を測定するのか，ある場における放射線量を測定するのか，放射線の被ばく量を測定するのか，または放射性物質の分布（汚染）状況を測定するのかなどさまざまある．また，放射線が有するエネルギーを測定する場合もある．

3.4.1 放射能値と測定値

a. 放射能値と測定値の違い

放射能とは，放射性核種の単位時間（1秒間）あたりの**壊変数**（壊変する原子の個数）のことである．言い換えると，単位時間あたりに放射性核種から放出される放射線量ということもできる．一方，**測定値**は測定器が測定できた放射線量で，**計数**（count，カウント）といい，単位時間あたりの計数を**計数率**という．

1秒間あたりの壊変率は disintegration per second（**dps**），1分間あたりの壊変率は disintegration per minute（**dpm**）という．放射能の正式な単位は1秒間あたりの壊変数（dps）を表す **Bq**（**ベクレル**）である．すなわち，**1 dps = 1 Bq** である．

1秒間あたりの計数率は count per second（**cps**），1分間あたりの計数率は count per minute（**cpm**）である．通常の放射線測定値はこの cpm で表示するのが一般的である．

放射線放出は，線源（放射性核種）の周り全周方向に起きているが，測定器に入射するのはその一部である．また，この入射量は線源と測定器の間の距離によって変わる．すなわち，線源から測定器に放射線が入射する**立体角**に測定値は左右される（図3.13）．これによる測定効率を**幾何学的効率**という．また，線源と測定器の間に遮へい物がある場合も測定器に入射する放射線は減少する．さらに，測定器が入射放射線をどれだけ計数できるかという**機器効率**も測定値を左右する．

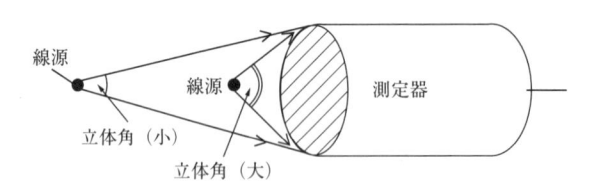

図3.13 線源と測定器の間の立体角

放射性核種からの放射線を，最終的に測定器がどれだけ計数できたかを表したものを**計数効率**（counting efficiency）または**検出効率**（detecting efficiency）という．したがって，試料の放射能値を知るためには測定値をこの計数効率で補正しなければならない．

b. 計数効率（検出効率）と放射能値

測定対象の線源の放射能を測定器が測定できた割合を計数効率という．すなわち，計数効率は，測定器が測定できた計数率は放射性核種の壊変率の何%なのかを表している．この関係は以下の式

で表される．この場合，放射能は計数率（cpm）に合わせて dpm にしなければならない．

$$\text{計数効率（\%）} = \frac{\text{計数率（cpm）}}{\text{壊変率（dpm）}} \times 100$$

計数効率は，測定器の種類や構造，線源の状態あるいは線源と測定器との幾何学的配置などの影響を受ける．そのため放射能既知の標準線源を用いてある条件下における計数効率をあらかじめ求めておき，同じ条件下での放射能未知試料の測定値からその放射能（dpm）を以下の式で求める．これをさらに 60 で割れば dps 値すなわち Bq 値が求まる．

$$\text{放射能（dpm）} = \frac{\text{cpm}}{\text{計数効率（\%）}} \times 100$$

c. 測定値の統計的処理

放射性壊変は，確率的現象であるためその発生はランダムである．そのため，正確に単位時間あたりの壊変数を測定によって求めることは困難である．すなわち，測定値は統計的な平均値であり，あるばらつきを持った数値となる．このばらつきはポアソン分布で表され，さらに放射線測定値のような大きい数値の場合は，これを**ガウス分布**で近似することができる．ガウス分布におけるばらつきの程度は**標準偏差**で表される．計数値 N の標準偏差（σ）は，$\sigma = \sqrt{N}$ となる．また，N が測定時間 t で得られたとした場合の計数率（$n = N/t$）の標準偏差は，$\sigma = \sqrt{N}/t = \sqrt{N/t^2} = \sqrt{N/t}$ で表される．この式は測定時間を長くすると標準偏差，つまり測定値のばらつきが小さくなることを示している．

通常，放射線測定時は線源由来の放射線だけではなく，**自然放射線**も測定器に入射している．そのため，目的線源の正確な放射能を知るためには測定値から自然放射線由来のカウント（自然計数（back ground，BG））を差し引かなければならない．自然計数を差し引いた測定値は**正味の測定値**であり **BG 補正計数率**という．自然放射線の測定値の標準偏差をも考慮した計数率は以下の式で表される．

$$n \pm \sigma = \left(\frac{N_S}{t_S} - \frac{N_B}{t_B}\right) \pm \sqrt{(\sigma_S)^2 + (\sigma_B)^2} = \left(\frac{N_S}{t_S} - \frac{N_B}{t_B}\right) \pm \sqrt{\frac{N_S}{t_S^2} - \frac{N_B}{t_B^2}}$$

ここで，N_S：試料を t_S 時間測定したときの計数値，N_B：自然放射線を t_B 時間測定したときの計数値，σ_S：試料の標準偏差，σ_B：BG の標準偏差．

3.5 放射線測定器

放射線測定器の基本的な構造は，放射線と相互作用させる物質が含まれている検出部分，ここから得られた情報を電気的な信号に変換・増幅する部分および信号を計数する計数部分からなる．放射線によって物質との相互作用は異なるため，測定対象の放射線に適した検出部分を選択する必要がある．現在，すべての放射線を効率よく測定できるオールマイティな測定器は存在しない．そこで，各放射線の物理的性質を理解したうえで，それに適した測定器を選択しなければならない．

3.5.1 気体の電離を利用した測定器

測定器の検出器部分はステンレスの円筒形の筒になっており，この筒が陰極（−）になっている．陽極（＋）は円筒形筒の中心線部分に針のような形（芯線）で円筒形筒とは絶縁されて挿入されて

いる．放射線によって気体を電離させ，その結果，電離電子（e⁻）と陽イオン（⊕）の対（**電子-イオン対**）が生じる．両極間に電圧をかけることで電離電子は陽極に，陽イオンは陰極に移動する（図3.14）．このとき両極にかける電圧が小さいと生成した電子-イオン対は両極に移動することなく再結合してしまう．

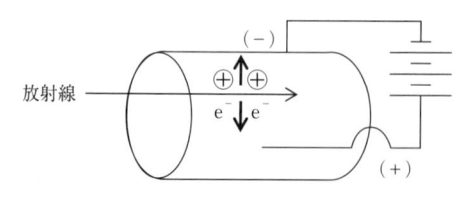

図3.14 気体の電離を利用した測定器の概念

陽極に集極した電子により電流が発生し，それにより電圧の変化が生じる．放射線の入射のつどこの電圧変化が起きるが，この電圧変化を電圧の脈動（**電圧パルス**，単に**パルス**ともいう）として検出し，そのパルス数で測定器が計数できた放射線量としている．このパルスの高さ大小が測定感度を表し，パルス高が大きいほど測定感度は良くなる．放射線により生成する1次電子-イオン対の数では測定に十分なパルス高を得にくい．そこで，両極にかける電圧を大きくし，2次電子-イオン対を生成させるとパルス高が大きくなり測定感度が良くなる．この両極にかける電圧のことを**印加電圧**という．パルスの数は測定器に入射し計数された放射線量（数）であり，放射性核種の放射能に依存する値であるが，パルス高は生成した電子-イオン対数に比例するので，印加電圧の大小に依存している（図3.15）．すなわち，印加電圧を大きくしても入射する放射線量（数）を変えることはできないが，パルス高を大きくして測定感度を良くすることはできる．

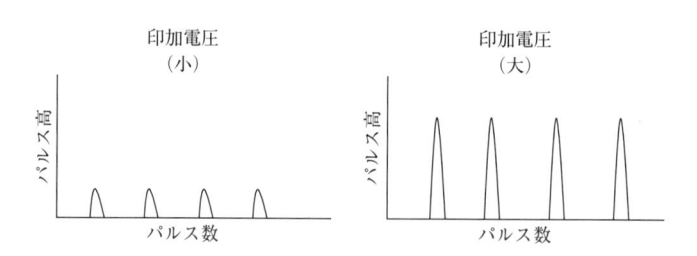

図3.15 印加電圧の大小とパルス高の大小

印可電圧を大きくして2次電子-イオン対数を増加させるときには，2次電子-イオン対生成のための**増幅ガス**が必要である．増幅ガスにはヘリウムやアルゴンなどの不活性ガスが用いられる．増

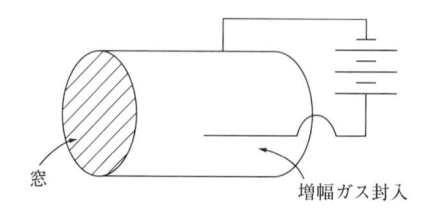

図3.16 窓を設けて増幅ガスを封入した検出器

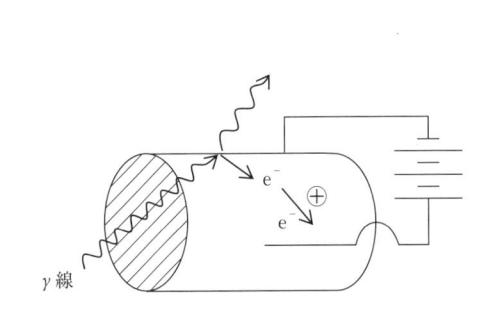

図 3.17 気体の電離を利用した測定器によるγ線の測定 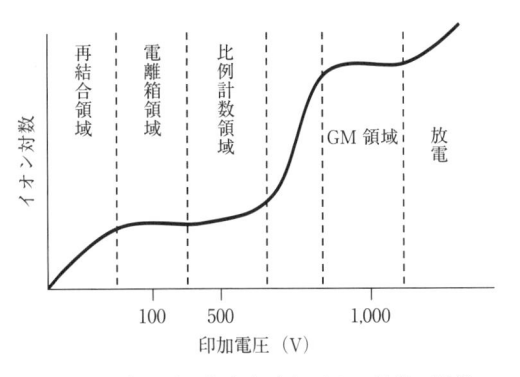　　**図 3.18** 印可電圧と生成電子-イオン対数の関係

幅ガスを用いる場合，このガスが漏れないように検出器の円筒形筒に窓（通常，非常に薄い雲母で形成されている）を設けてガスを封入する（図 3.16）．この検出器を窓つき検出器という．

気体の電離を利用した放射線測定器は，比電離能の大きな荷電粒子線の測定に適しているが，γ線のような電離能の小さな電磁波の測定にはあまり適していない．γ線は，検出器の円筒形筒のステンレス部分でコンプトン散乱を行い，発生したコンプトン電子が気体を電離し，2 次的に電子-イオン対を生成することで測定されるが，大部分は検出器を突き抜けてしまうので，測定効率は悪い（図 3.17）．

前述したように印加電圧を大きくすると 2 次電子-イオン対数が増加するが，この印加電圧の変化と生成電子-イオン対数の関係を以下に示す（図 3.18）．電圧の強度が低い場合，イオン対は元の状態に再結合してしまい放射線測定はできない．この印加電圧範囲を**再結合領域**という．再結合領域より印加電圧を高めていくと生成した 1 次電子-イオン対をほぼすべて集めることができるようになる．この印加電圧範囲を**電離箱領域**という．さらに印加電圧を高めていくと，最初に生成した 1 次電子-イオン対の移動速度が高まりこれが 2 次的に気体を電離し，生成電子-イオン対数が増加する．このように，印加電圧を増加させて気体の中で 2 次電子-イオン対数を増加させることを**ガス増幅**という．生成 2 次電子-イオン対数が，かけた印加電圧に比例して増加する領域を**比例計数管領域**という．印加電圧をさらに高めると 2 次電子-イオン対の数は，1 次電子-イオン対の数にかかわらずネズミ算的に増加する**電子雪崩**を起こす．この印加電圧範囲を**ガイガー・ミューラー（GM）領域**という．GM 領域以上に電圧を上げると，**連続的な放電**が起こり，放射線の検出はできなくなる．気体の電離を利用した測定器には，電離箱領域，比例計数領域および GM 計数領域の印加電圧を用いた 3 種類の測定器がある．

気体の電離を利用した放射線測定には電離能の大きな放射線が向いている．

a. 電 離 箱

電離箱領域の印加電圧（50〜250 V）を利用している．ガス増幅は行っていないので，測定感度は悪いが，生成した電子-イオン対（1 次電子-イオン対）の数を正確に把握することができる．このため一対の電子-イオン対を生成するために要する放射線のエネルギーを表す W 値を用いて，放射線のエネルギーを測定することができる．電離箱は，ガス増幅を行っていないので増幅ガスがない．そのため電離箱に窓はなく筒中の陽極の針が見える．ただし，使用していないときはふたをしている．窓がないので，透過力の小さなα線やソフトβ線も測定が可能である．電離箱では，原則的に

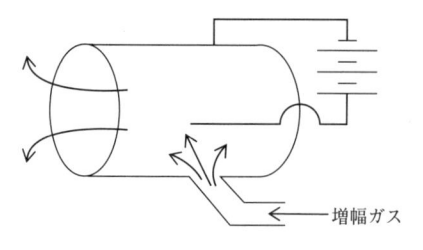

図3.19 ガスフロー型比例計数管

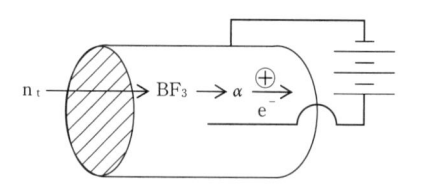

図3.20 BF$_3$管による中性子線の測定

は α 線, β 線および γ 線の測定が可能であるが, γ 線に対する測定感度は非常に悪い.

b. 比例計数管

比例計数管領域の印加電圧（300～600 V）を利用している. ガス増幅を行っている（増幅率：10^2～10^4）ので, 電離箱よりも測定感度は良い. 増幅ガスを用いるので, 窓がついている. ガス増幅によって生成される2次電子-イオン対の数は1次電子-イオン対のそれと比例するため, 放射線エネルギーの測定が可能である. 窓があるので α 線やソフト β 線はこの窓で遮へいされてしまい測定できない. そこで, α 線やソフト β 線を測定するためには窓を取り除く必要がある. しかし, 窓がないと増幅ガスが漏れ出てなくなってしまうので, 増幅ガスを常に補充する必要がある. そこで考え出されたのが, **ガスフロー型比例計数管**である（図3.19）. これは増幅ガスを連続的に検出器内に流入させながら使用するもので, 増幅ガスのボンベが必要である.

中性子線は直接電離作用を示さないので, 通常の気体の電離を利用した測定器では測定できない. 熱中性子（n_t）はホウ素（B）と核反応（(n, α) 反応）を起こし, α 線を放出することは第2章で述べた. この原理を利用して, 比例計数管の増幅ガスにBF$_3$ガスを混入させて, 発生した α 線による電離作用を利用して, 間接的に熱中性子線の測定が可能となる. この検出器を**BF$_3$管**という（図3.20）. このBF$_3$管と速中性子線発生器を併設した**水分計**がある. 速中性子線発生器にはAm－Be線源を用いる. Amが放出する α 線がBeと核反応（(α, n) 反応）を起こし, 速中性子が発生する. この速中性子線をコンクリートに当てるとコンクリート内の水分によって減速され, 熱中性子線として戻ってくる. この熱中性子線量をBF$_3$管で測定し, 間接的にコンクリートの水分量を測定することができる.

このように比例計数管は α 線, β 線, γ 線および中性子線の検出と利用範囲は広い.

c. ガイガー・ミューラー（GM）計数管

ガイガー・ミューラー（Geiger-Müller, GM）領域の印加電圧（1,000～1,200 V）を利用しているため, ガス増幅が非常に大きい（増幅率：10^8～10^{10}）. この領域では, 生成1次電子-イオン対が両極に強力に引張られることにより運動エネルギーが増し, 2次電子-イオン対が次々と大量に生成する. この2次電子-イオン対数の増幅の様を陽極に移動する電子のみに着目（2次生成陽イオンは省略）して**電子雪崩**という（図3.21）. その増幅率は膨大なため測定感度は非常に良いが, 1次生成電子-イオン対数がわからないため, 入射放射線のエネルギー情報は得られない. GM計数管で一定強度の放射線を測定すると, 一定の計数率を示す電圧領域が現れる. この領域をプラトーといい, GM計数管の使用電圧は通常この領域の初めの約1/3部分の値に定める. このプラトー以上の電圧で使用すると放電領域となるため, 放射線測定ができないばかりか計数管として使用不可となるため注意が必要である.

3.5 放射線測定器

図 3.21 電子雪崩とイオンシース

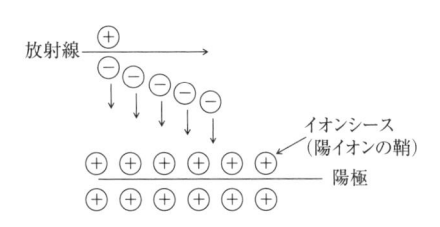

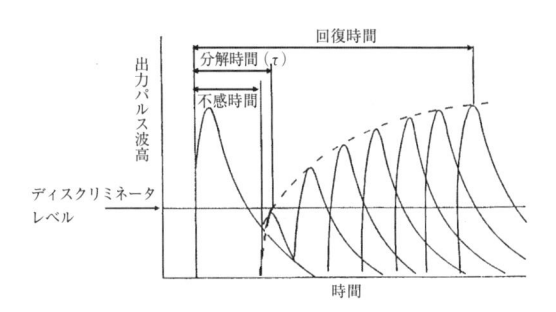

図 3.22 GM 管の分解時間，不感時間，回復時間

初めの放射線による放電現象が持続すると次の放射線を測定できなくなるため，この放電現象を速やかに消滅させる必要がある．このために，増幅ガスに消滅ガスを混入させたものを**内部消滅型（自己消滅型）GM 管**という．**消滅ガス**としてエタノール，エチレン，ギ酸エチルなどの有機ガスを用いたものや塩素，臭素などのハロゲンを用いたものがあるが，ハロゲンを用いたもののほうが寿命は長い．

生成 2 次電子–イオン対の陽イオンと電子は同時に両極に到達するわけではない．なぜなら，陽イオンのほうが電子よりもはるかに大きく重いので，移動速度がかなり遅い．そのため，電子雪崩により生じた大量の電子のほうが陽極に速く到達してしまい，そのまわりに陽イオンが一時的に鞘（イオンシース）のように残存する．その結果，陽極である芯線が見かけ上太くなり，両極間の電場が弱くなるので，次のパルス高が低くカウントできない時間が生ずる（図 3.21）．

また，GM 管では高電圧を用いるので，電気的なノイズが入りやすい．このノイズによる低いパルスをカットするためにディスクリミネータレベルを設けている（図 3.22）．ディスクリミネータレベルを超えないパルスは認識されない．

以上のように，測定器がパルスとして認識不能な時間が生じる．この認識不能な時間を**不感時間**という．その後，パルス高がディスクリミネータレベルに達しパルスが認識されるまでの時間を**分解時間**（τ）という．GM 管の分解時間は 10^{-4} オーダーである．パルスの波高が元の高さに回復するまでの時間は**回復時間**という．分解時間内に入射した放射線はカウント（計数）されないので，**数え落とし**となり真の測定値より少ない値になる．また，分解時間は個々の GM 管で異なるので，あらかじめ使用する GM 管の分解時間を 2 線源法などで測定しておく必要がある．分解時間がわかれば次式の計算で真の計数率（単位時間あたりのカウント数）を求めることができる．これを数え落としの補正という．

$$N = \frac{n}{1-n\tau}$$

ここで，N：真の計数率，n：実測計数率，τ：分解時間．

この式は，真の 1 カウントに要する時間（計数率の逆数）が実測では分解時間により間延びしたことから誘導される．すなわち，実測の 1 カウントに要した時間（$1/n$）と真の 1 カウントに要した時間（$1/N$）の差額が分解時間（τ）ということになるので，$\tau = 1/n - 1/N$ となる．この式を変換すると $N = n/(1-n\tau)$ となる．

GM 計数管は，^{3}H や ^{14}C からのエネルギーの小さい β 線（ソフト β 線と呼ぶ）以外の β 線および γ 線の検出が可能であるが，γ 線の測定感度は良くない．

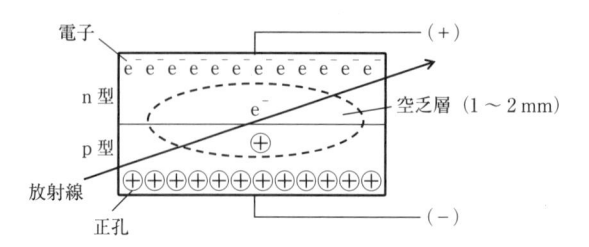

図 3.23　p-n 接合型半導体検出器の原理

3.5.2　固体の電離を利用した測定器

固体の電離を利用した放射線測定器とは**半導体検出器**のことである．用いる半導体結晶には 4 属元素である Si（シリコン）または Ge（ゲルマニウム）に 3 属元素（B, Al, Ga, In など）を加えたもの（p 型半導体結晶）と Si または Ge に 5 属元素（P, As など）を加えたもの（n 型半導体結晶）がある．半導体検出器は固体であるので，気体に比べ密度が高く電離効率が良い．また，放射線のエネルギー測定もできる．さらに，分解時間も 10^{-7} オーダと GM 管と比べると非常に短いので，数え落としは少ない．

a.　p-n 接合型半導体検出器

p 型では原子間に電子が 1 個不足している．この電子不足でできた穴を**正孔（ホール）**という．この正孔には隣接する電子が移動して入り込む．すると，移動した電子部分が正孔になる．これが次々に起きると正孔が移動することになる．これは + 粒子が移動する様に似ている．n 型では原子間結合に関与しない電子が 1 個余っており，この電子が結晶内を移動できる．すなわち，n 型では電子（-）が移動し，p 型では（+）が移動することができる．そこで，p 型と n 型を密着させて，p 型に陰極を n 型に陽極を接続すると，p 型では陰極側に正孔が移動し，n 型では陽極側に電子が移動する．その結果，p 型と n 型の接する側に電荷のない領域が生成する．この領域を**空乏層**という．この空乏層に放射線が飛び込んで電離を行うと生成イオン対は両極に移動し電流が発生する（図 3.23）．この電離電流を測定して放射線測定を行うのが **p-n 接合型半導体検出器**である．

p-n 接合型半導体検出器では空乏層の厚みが 1〜2 mm と非常に薄いため，透過力の大きな放射線に対しては測定効率が非常に悪く，γ 線，X 線，ハード β 線の測定には適していない．

b.　リチウムドリフト型半導体検出器

Si または Ge にリチウムを拡散させ，空乏層に相当する領域（固有領域，i 領域）を生成させると，この領域は p-n 接合型半導体検出器の空乏層の数十倍（10〜数 10 mm）にもなる．このため，透過力の大きな放射線（γ 線，X 線，ハード β 線）も効率良く測定できる．この検出器は p-i-n 型半導体検出器とも呼ばれている．Ge を用いたものではリチウムの移動を防ぐために常時液体窒素などで冷却する必要がある．Si を用いたものでは冷却の必要はない．

3.5.3　物質の励起を利用した測定器

放射線からエネルギーを得て励起状態になり，それが基底状態に戻るときにそのエネルギーを蛍光として放出する物質がある．この物質を**シンチレータ**という．蛍光を発することを**シンチレーション**という．発生した蛍光を光電子に変換し，これを光電子増倍管（フォトマルチプライヤ，PMP）で増幅した電流を電気信号（電圧変化）として放射線測定を行うものを**シンチレーションカウンタ**

3.5 放射線測定器

```
              励起
               ↑
放射線 ──→ │   │ ─〜〜→ 蛍光 → 光電子 → PMP → 電流
               ↓
              基底
           （シンチレータ）
```

図 3.24 シンチレーションカウンタの原理

という（図 3.24）．

放射線測定器に用いられるシンチレータには条件がある．それは電離を利用した測定器にあった分解時間に相当する蛍光の減衰時間が短いということである．放射線により発光した蛍光が速やかに減衰しないと次の放射線による蛍光とダブってしまい，数え落としが生じる．そこで，この減衰時間が短いものがシンチレータに用いられている．なかには減衰時間が 10^{-9} オーダのものもあり，通常の測定では数え落としは非常に少ない．

a. NaI（Tl）シンチレーションカウンタ

NaI（Tl）シンチレーションカウンタ（NaI シンチと略す）は原子番号が 53 と大きいヨウ素を含むので，γ 線や X 線との相互作用を起こしやすく，もっぱら γ 線測定に用いられている．NaI に不純物として Tl をわざと混ぜている．NaI の結晶格子構造に Tl が入り込むことにより格子欠損が生じる．この格子欠損部位に，放射線による NaI の励起エネルギーが一時的にトラップされてからまとめて蛍光を発するため蛍光強度が大きくなり，測定感度が良くなる．NaI シンチの構造は，基本的に NaI 部分と光電子増倍管（PMP）およびそれらをつなげる光電面からなっている（図 3.25）．

NaI は無色透明な結晶であるので，発生した蛍光が減弱することなく光電面に到達し光電子を効率良く発生させる．NaI は**潮解性**があるので，空気を遮断するためにアルミの筒に封入されている．また，遮光のために全体が円筒形のステンレスのケースに収められている．このため，α 線や β 線はこのステンレスで遮へいされてしまい，測定できない．ただし，ハード β 線の場合はステンレスケースで制動 X 線が発生するので計数値が出る．しかし，これは 2 次的に生じた X 線による計数であり，β 線が測定されたわけではない．線源との立体角を大きくして測定効率を良くするために，NaI 部分を井戸のように窪みをつけた NaI シンチもある．これを井戸（ウェル）型 NaI シンチというが，チューブに入った試料の γ 線測定をする場合は測定効率が非常に良くなる．

NaI シンチは，核医学診断で用いられるガンマーカメラや SPECT の γ 線検出部に複数搭載され，γ 線測定による画像の描出にも活用されている．

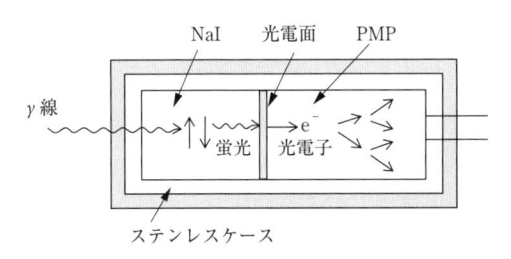

図 3.25 NaI シンチレーションカウンタの原理

b. その他の固体シンチレータを用いた測定器

CsI（Tl）シンチレーションカウンタは，NaIシンチの場合と同様にCsIに不従物としてTlを混ぜている．もっぱらγ線測定用である．CsIは潮解性を示さない点はNaIよりも優れているが，エネルギー分解能はNaI（Tl）に劣る．

ZnS（Ag）シンチレーションカウンタは，ZnSに不従物としてAgを混ぜて用いる．ZnSは潮解性がないので，PMP表面に直接薄く塗布した状態で用いる．その理由は，ZnSが無色透明ではなく白色であるので蛍光が吸収されてしまうからであるが，透過力のきわめて小さなα線にとってはZnSが露出し，遮へい物がないことと相まって測定に有利である．

アントラセンやスチルベンを用いたシンチレーションカウンタがあるが，構成元素がC，Hであり原子番号が小さいのでγ線測定には適せず，β線測定用である．

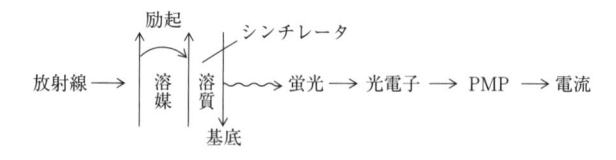

c. 液体シンチレーションカウンタ

液体シンチレーションカウンタのシンチレータそのものは固体であり液体ではないが，有機溶媒に溶かして液体状にして用いるという意味で液体シンチレーションカウンタ（**液シン**と略す）という．シンチレータとしては2,5-diphenyloxazole（**PPO**）が用いられている．また，有機溶媒にはキシレンやトルエンなどが用いられるが，引火点の高さからキシレンのほうがトルエンよりも安全である．有機溶媒に溶かすものを溶質というが，溶質はPPOだけではなく，1,4-di［2-(5-phenyloxazolyl)］-benzene（POPOP）やそのジメチル体である（dimethyl-POPOP）などを混ぜて用いる．これはPPOの蛍光波長が紫外領域（330〜380 nm）にあり，光電子増倍管の最適感度波長とずれていることから，POPOPにより蛍光波長を長波長側（380〜500 nm）にシフトさせるためである．

液シンの原理は，基本的には一般的なシンチレーションカウンタと同じであるが，異なっているのは，シンチレータを有機溶媒に溶かしていることである．そのため，放射線のエネルギーは直接シンチレータには与えられず，初めに有機溶媒に与えられる．エネルギーを得た有機溶媒が励起し，その励起エネルギーがシンチレータに直接移行し，シンチレータが励起状態になる．次に励起したシンチレータが基底状態に戻るときに蛍光を発する（図3.26）．

放射線 → 溶媒 → 溶質 → 蛍光 → 光電子 → PMP → 電流
（励起／基底，シンチレータ）

図3.26 液体シンチレーションカウンタの原理

実際のシンチレータ溶液は，試料が水溶性の場合が多く，キシレンなどの有機溶媒には溶けないため溶媒と溶質だけではなく乳化剤を混ぜてある．

測定法は，放射性試料をガラス製またはポリエチレン製のバイアルの中でシンチレータに溶解させてから，そのバイアルを液シンにかけて放射線測定を行う．ガラスバイアルは液シン用の特殊なガラスを用いている．通常のガラスには天然放射性物質である^{40}Kが含まれており，液シンバイアルのガラスは低カリウムガラスが用いられている．

液体シンチレーションカウンタは，放射性試料を液シンカクテルに直接溶解させるため，線源と

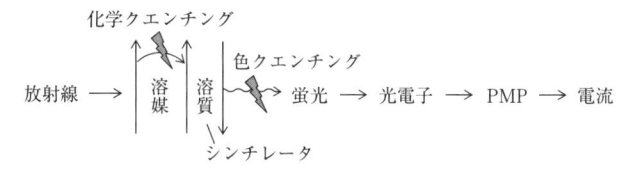

図 3.27 液体シンチレーションカウンタにおけるクエンチング機構

検出器の間の遮へい物がなく，また固体試料などで見られるような試料自身の厚みによる放射線の自己吸収もない．さらに，放射性核種の全周方向に放出された放射線が測定できる（幾何学的効率100%）ので測定効率は非常に良くなる．そのため，^{3}H や ^{14}C からの放射線のような**ソフト β 線の測定**に適している．

しかしながら，放射線のエネルギーを 100% 発光に変換することは困難で，実際には計数効率は100%とはならない．これは，シンチレータの発光を妨害する現象，**クエンチング（消光現象）**が起こるためである．クエンチングには**化学クエンチング**と**色クエンチング**がある（図 3.27）．化学クエンチングは，液シンカクテル中の溶媒から溶質への放射線エネルギー移行過程で，試料中に含まれるハロゲン，ニトロ基，カルボニル基などがこのエネルギーを吸収してしまう現象である．色クエンチングは，試料が赤や黄に着色している場合に，シンチレータが発した蛍光がその色で吸収されてしまう現象である．いずれのクエンチングも最終的に蛍光を減少させてしまう．

クエンチングは試料ごとに異なるので，液シンでは単なる相対的な測定値しかわからないことになる．そこで，クエンチングを補正して試料に含まれる放射性核種の放射能値を測定できるようにしてある．代表的なクエンチング補正法として**外部標準線源法**がある．たとえば，外部の ^{137}Cs 線源からの γ 線を放射能既知の試料に照射し，γ 線とシンチレータの相互作用により生じるコンプトン散乱のコンプトン電子スペクトルを計測する．このスペクトルが，クエンチングによって低エネルギー側にシフトする程度をクエンチングの度合いとして数値化する．放射能は既知であるので，測定値から計数効率（$Effi$%）が求められる．このクエンチングの度合いと計数効率の関係をあらかじめつくっておけば，放射能未知の試料の測定値から放射能が求められる．このクエンチング補正法の概略を以下に示す（図 3.28）．

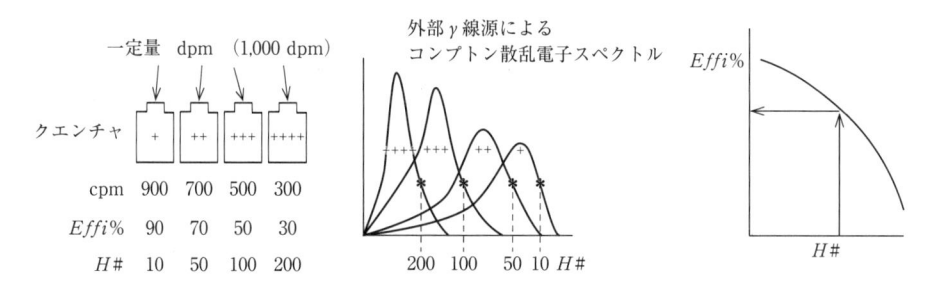

図 3.28 クエンチング補正法の概要

図 3.28 のように，たとえば 4 本の液シンバイアルに一定量の放射能（たとえば ^{3}H を 1,000 dpm）を含む試料溶液を入れ液シンカクテルと混ぜる．そこに量を増やしながらクエンチャを（＋，＋＋，＋＋＋，＋＋＋＋）添加する．次に外部から γ 線を照射し，得られたコンプトン電子スペクトルを

測定する．このスペクトルがクエンチングにより低エネルギー側にシフトするのを数値化する．たとえば，スペクトルの変曲点の変化位置（図の例では $H\#$）をクエンチングの度合いとする．次に，各バイアルの ^3H の放射線量を測定する．その測定値（たとえば 900, 700, 500, 300 cpm）を放射能で割って $Effi\%$ を算出し（この例では 90, 70, 50, 30％），クエンチングの度合いと $Effi\%$ との関係曲線を作成しておく．

以上のことをあらかじめ準備しておいてから，試料の測定を行う．まず，放射能未知試料のクエンチングの度合いを測定し，$Effi\%$ との関係曲線から計数効率を求める．次いで試料の放射線測定を行い，その測定値（cpm 値）を計数効率で除して放射能値（dpm 値）を求める．この値を 60 で除して Bq 値とする．実際にはこれらの計算過程を液シン内蔵のコンピュータが瞬時に行う．

液シン測定ではシンチレータと試料が化学反応を起こし，光を発する場合がある．これは**化学発光（ケミルミネセンス）**と呼ばれるが，この発光も測定されてしまい，試料の測定値を増加させてしまうことがある．このような場合は，シンチレータと試料の混和後，時間をおき化学発光が終息してから測定する必要がある．

3.5.4 サーベイメータ

放射線管理上，放射性物質による物質の**表面汚染**や作業環境の**空間線量**レベルを調査する目的で使用されているハンディタイプの放射線測定器を**サーベイメータ**という．サーベイメータには，電離箱式，比例計数管式，GM 管式，NaI シンチレーション式などさまざまなタイプのものがある．検出対象とする放射性核種とその放射線により適したサーベイメータを選択する必要がある．サーベイメータは放射線量率が表示されるのが一般的であるが，音を出すサウンド機能を持っているものも多い．サーベイメータの放射線検出部分は決して大きくないため，測定に際しては放射線源に対する測定器の方向性や線源との距離を考慮して測定対象物の線量レベルを評価する必要がある．また，測定器によってはコンデンサの静電容量と抵抗を調整する**時定数**というコントローラがついており，状況に応じた測定条件を設定できるものもある．この定数を大きく設定をすると，計数率の変化への応答は遅いが表示値のばらつきは小さく読み取りやすくなり，逆に小さく設定するとばらつきは大きくなるが計数率の変化にすばやく応答できるようになる．放射性物質や放射線を扱う場においては，サーベイメータの取扱いに精通している必要がある（10 章参照）．

3.6 放射線のエネルギー測定

放射性核種から放出される放射線は，おのおの固有のエネルギーを有している．そのため，その値を決めることで核種の同定が可能になる．放射線のエネルギーを測定するうえで重要な点は，放射線のエネルギーを測定器の検出部の中ですべて消費，吸収しなければ，その放射線が持つ正確なエネルギーを求めることはできないということである．したがって，その線種の検出に適した測定原理を持つ測定器のなかから，エネルギーの大きさに適したものを選択しなければならない．また，測定試料の自己吸収や試料放射線の検出部への入射窓における吸収などの影響にも注意が必要である．

エネルギー測定の精度の高さも測定目的によっては重要となり，測定器の選択において考慮すべきポイントになる．エネルギー測定の精度を表す指標として，**エネルギー分解能**がある．これは異

なるエネルギーを分別する能力のことで，値が近接した2つのエネルギーをどれだけ正確に区別しピークとしてスペクトルに表示できるかを示すものである．一般的には，エネルギーピークの高さの半分の位置におけるエネルギーの幅（半値幅）や半値幅とピークエネルギーとの比などで表される．

a. α線のエネルギー測定

α線は，数MeVの単一エネルギーを有する荷電粒子であるため，物質との相互作用もしやすく飛程がきわめて短い．そのため，試料自身の厚みによる自己吸収や空気層による吸収の影響をできるだけ受けない状態で測定する必要があり，薄く蒸着した試料を作成して真空中で測定するなど試料の調製や検出部の構造の工夫などが必要である．試料を測定器の外部に置いてエネルギーを測定する外部試料計数法による代表的測定器として，表面障壁型半導体検出器がある．この装置は真空中で測定を行うが，エネルギー分解能は非常に高い．一方，測定試料を検出器の中に入れて測定を行う内部試料計数法も用いられる．放射線の入射位置による検出力の差を補償するグリッドつき電離箱はその代表的測定器で，エネルギー分解能は半導体検出器に次ぐ高さである．また，内部試料計数法の装置として液体シンチレーションカウンタもあるが，計数効率はほぼ100％と高いもののエネルギー分解能は低い．

b. β線のエネルギー測定

β線は，放射性壊変をする際に，そのエネルギーの一部をさまざまな割合でニュートリノに奪われるために，単一ではない連続分布のエネルギースペクトルを示す．そのため，ピークスペクトルからの核種の同定は困難である．したがって，単一のβ線放出核種については，スペクトルの最大エネルギー位置から核種を推定する．

数100 keV以上のβ線では，GM計数管とAl吸収板を用い，吸収板の厚さと透過後の減弱率からβ線の最大飛程を求め，最大エネルギーを推定することが可能である．

200 keV以下の低エネルギーのβ線の場合は，α線と同様に試料の自己吸収や入射窓における吸収が問題となるため，液体シンチレーションカウンタが有用である．

そのほか，電離箱，比例計数管，半導体検出器もβ線エネルギー測定が可能である．

c. γ線のエネルギー分析と核種の同定

γ線は核種に固有の単一エネルギーを持つ電磁波である．物質との相互作用において光電効果，コンプトン散乱および電子対生成を起こしながらエネルギーを失う．そのため，γ線のエネルギースペクトルは，これらの過程が反映された複雑なものとなる．γ線がそのすべてのエネルギーを失うのは光電効果なので，光電ピークからγ線のエネルギーを解析する．

γ線の検出器として，NaIシンチまたは半導体検出器（高純度ゲルマニウム検出器）が用いられる．計数効率は前者が優れているものの，エネルギー分解能についてははるかに後者が高いため，核種の同定には後者のほうが有用である．ただし，後者は液体窒素による冷却を要するため，限定された候補核種のなかから該当核種を決めるような簡易な核種の同定では，扱いが容易なNaI（Tl）シンチレーションカウンタが汎用されている．

γ線検出器にマルチチャネルアナライザ（**γ線スペクトロメータ**）を接続すると，γ線スペクトルが分析できる．これを用いて，あらかじめエネルギーのわかっている数種の放射性核種からのγ線を測定し，光電効果による光電ピークの位置（ピークチャネル）を決定しておく．このチャネル数とγ線エネルギーの関係をグラフ化しておく．ついで，試料のγ線を測定し，そのピークチャネル

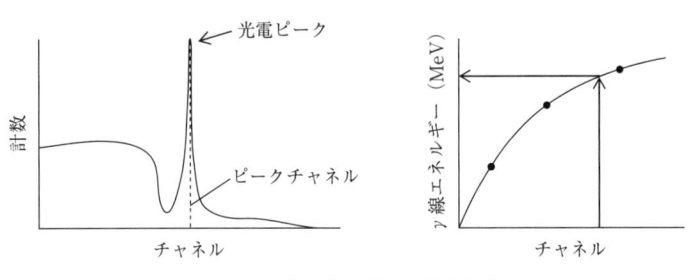

図 3.29 γ線エネルギーの測定原理

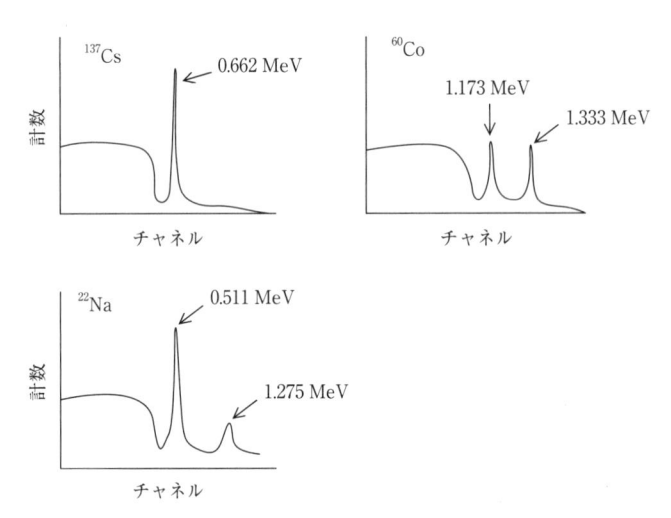

図 3.30 γ線スペクトル分析による核種の同定例

からγ線のエネルギーを求める．γ線のエネルギーは核種に固有の値であるので，このエネルギー分析から放射性核種が同定できる（図3.29）．

以下に，γ線スペクトル分析の例を示す（図3.30）．^{137}Cs は β^- 壊変し，その娘核種の ^{137m}Ba からの 0.662 MeV のγ線が測定される．^{60}Co は β^- 壊変後の原子核の高エネルギー状態が2段階のγ線放出で安定な原子核になる．そのため，2本のγ線（1.173 MeV，1.333 MeV）が測定される．^{22}Na は β^+ 壊変と電子捕獲（EC）を同時に行っているので，EC 由来の 1.275 MeV のγ線のほかに β^+ 線由来の消滅γ線（0.511 MeV）が測定される．各核種のγ線放出の確認は第2章の壊変図を参考にしてほしい．

γ線スペクトル分析では複数のγ線のエネルギーが合算されたピーク（**サムピーク**）が観察されることもある．また，電子対生成を起こした際に2次的に生成した消滅γ線が測定器の外に出てしまった結果，0.511 MeV 分のエネルギーが減少したピーク（エスケープピーク）が出現することもある．

3.7 放射化学

3.7.1 放射性核種の分離

核反応を用いて放射性核種を製造した場合，通常は目的外の放射性不純物が生成してしまう．これは，原料原子における副反応や標的外原子の核反応が同時に起こることが原因である．医療や科学の分野において使用される放射性医薬品や標識化合物は，純粋な放射性核種を用いて合成されなければならない．したがって，放射性核種中の不純物を除く目的核種の分離作業が必要となる．

3.7.2 担体を用いた分離

放射性核種はきわめてわずかな物質量であっても高感度に検出できるため，通常よりも桁違いに少ない量（**トレーサ量**）を分離作業で取り扱うことになる．また，短半減期放射性核種の場合，その放射能は急激に減衰してしまうため，分離作業も短時間で終わらせなければならない．つまり，たとえ物質量が多くても十分な放射能を持った状態で分離できなければ，試薬や医薬品の合成原料としての利用価値は失われる．そのため，化学的収率よりも放射化学的収率を優先する必要がある．また，分離作業による被ばく量低減の観点から，遠隔操作が可能な方法が望ましい．

トレーサ量の放射性核種は，常量時とは異なる物性を示す．そのため，通常の分析化学の操作に従った化学的挙動を示すように，非放射性物質の添加により物質量を増やすことがある．このような目的で添加される非放射性の物質を広い意味で**担体**という．目的核種の安定同位体である担体は，**同位体担体**あるいは**狭義の担体**と呼ばれ，安定同位体ではない担体は，**非同位体担体**と呼ばれる．つまり，前者は非放射性の同じ元素を添加し，後者は非放射性の異なる元素ということになる．また，ある放射性核種が安定同位体，つまり同位体担体を含まない状態を**無担体**という．

a. 同位体担体

^{140}Ba が半減期 12.75 日で β^- 壊変し生成した娘核種の ^{140}La は，半減期 1.678 日で β^- 壊変するため，両者に放射平衡が成立し，時間の経過とともに共存するようになる．一般的な分析法では，アンモニア水の添加による水酸化ランタン（$La(OH)_3$）の沈殿生成により La^{3+} と Ba^{2+} の分離は可能である．しかしながら，$^{140}La^{3+}$ の場合，放射能は検知できてもその物質量はきわめて微量なため，この沈殿が生成されない．この場合，安定同位体である Ba^{2+} と La^{3+} を適当量加えておくと，おのおの十分な物質量で存在することになるため，通常の化学的挙動を示し，$^{140}La^{3+}$ は添加した La^{3+} とともに沈殿し，$^{140}Ba^{2+}$ は添加した Ba^{2+} とともに溶液に残り両者は分離される．このとき La^{3+} のみの添加では，$^{140}Ba^{2+}$ はトレーサ量のままとなるため $La(OH)_3$ の沈殿に吸着されて共沈してしまう．$^{140}La^{3+}$ が分取したい目的核種である場合，$^{140}Ba^{2+}$ は不要なものとなるが，Ba^{2+} の添加はこの共沈を防ぎ溶液に留まる．このような役割を目的に添加した担体を**保持担体**と呼ぶ．同じ分離操作でも，$^{140}Ba^{2+}$ が目的核種の場合は $^{140}La^{3+}$ が不要となるが，これを沈殿除去するために添加された La^{3+} は**スカベンジャ**と呼ばれる．

b. 非同位体担体と共沈法

担体には，分取したい目的核種の安定同位体が最も適しているが，化学的性質が類似した他の核種を用いることも可能である．特に，放射性核種を無担体で得たい場合は，その安定同位体を担体としては使用できない．このような場合には，化学的性質の類似した他の元素の安定同位体，すなわち非同位体担体を用いて沈殿を生成させ，目的核種をこれと共沈させることで混在放射性核種と

分離する．たとえば，^{140}La と ^{140}Ba の混合物からの前者の無担体分離では，担体として La^{3+}の代わりに Fe^{3+}を加え，同時に保持担体として Ba^{2+}を加えておく．ここでアンモニア水によって水酸化第二鉄（Fe(OH)$_2$）を沈殿させると ^{140}La^{3+}は共沈する．ここから一般的分析法で Fe^{3+}を除去すれば無担体の ^{140}La を得ることができる（図 3.31）．このように，目的核種を共沈させるために添加される非同位体担体を**共沈剤**または**捕集剤**と呼ぶ．

^{90}Sr は半減期 28.74 年で β^- 崩壊して ^{90}Y となり，この ^{90}Y は半減期 64.1 時間で β^- 崩壊するため，両者には放射平衡が成立する．そのため，時間の経過とともに両者は混在することになるが，Sr は Ba と，Y は La と同じ族に属する．したがって，これらを分離するためには，Ba と La の場合とまったく同じ操作で ^{90}Y^{3+}の無担体分離が可能である．

塩化カリウムに中性子を照射すると，核反応によってターゲットの ^{35}Cl より ^{32}P が生成する（^{35}Cl(n, α)^{32}P）．このとき，同時に ^{35}Cl(n, p)^{35}S 反応も起きるため，^{32}P と ^{35}S が混在することになる．ターゲットは塩酸溶液に溶解されているため ^{32}P はリン酸イオン（^{32}PO$_4^{3-}$），^{35}S は硫酸イオン（^{35}SO$_4^{2-}$）の化学形で存在している．これら2つのイオンを分離するためには，Fe^{3+}を担体として添加し，アンモニア水を加えて Fe(OH)$_3$ の沈殿を生成させる．このとき PO$_4^{3-}$の形の ^{32}P はこの沈殿と共沈するため，^{32}PO$_4^{3-}$は無担体分離できる（図 3.32）．

捕集剤としては，硫化銅や炭酸バリウムの沈殿も利用される．これらの沈殿は目的の核種を溶液中に残し，不要な他の核種を共沈させるスカベンジャとして用いる場合もある．

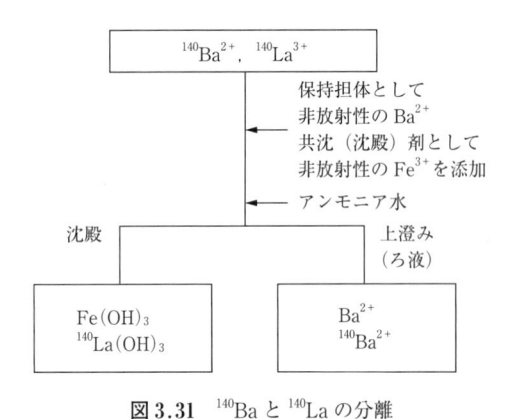

図 3.31　^{140}Ba と ^{140}La の分離

図 3.32　^{35}SO$_4^{2-}$ と ^{32}PO$_4^{3-}$ の分離

3.7.3 二相間の分配を利用した分離

互いに溶解性の低い2種類の液体に，ある放射性核種や標識化合物などの溶質を加えるとその溶質の2つの液体に対する溶解性に従って，溶解，分配される．同様に液体と粉末状の固体が入っている容器に溶質を加えると，その溶質が持つ液体への溶解性と固体への吸着性に従って，分配される．このような2つの相への分配の性質を利用することで，放射性核種や標識化合物の分離が可能になる場合がある．液体-液体間の分配を利用したものとして**溶媒抽出法**，液体-固体間の分配を利用したものとして**イオン交換法**がある．

3.7.4 溶媒抽出法

放射性核種や標識化合物などの溶質を溶解した水溶液に，これと混和しない有機溶媒を加えて十分に撹拌する．静置後再び2層に分離した水層と有機層に，溶質は一定の分配比で分配される．この2層を分けることで，目的の放射性核種や標識化合物に不純物として含まれていた分配比が異なる物質を取り除くことができる．このように，2つの液体に対する分配比の差を利用して目的の物質と不純物を分離する方法を溶媒抽出法という（図 3.33）．**分配比**（D）は以下の式で表される．

$$D = \frac{\text{有機層中の溶質濃度}}{\text{水層中の溶質濃度}} = \frac{C_0}{C_W}$$

また，全溶質のうち有機層に抽出された割合（%）を**抽出率**（E）といい，以下の式で表される．

$$E(\%) = \frac{\text{抽出された溶質の質量}}{\text{全溶質の質量}} \times 100 = \frac{C_0 V_0}{C_W V_W + C_0 V_0} \times 100$$

ここで，V_W：水層の体積，V_0：有機層の体積．また，E と D の間には以下の関係が成り立つ．

$$E(\%) = \frac{D}{D + (V_W/V_0)} \times 100$$

溶媒抽出法は，特定の溶質に対して高い選択性を示し処理も迅速なため，短寿命の放射性核種や標識化合物の分離に利用される．また，共沈法などにおいて用いられた捕集剤の除去にも有効である．たとえば，あるイオンを水酸化第二鉄に共沈させたのち，沈殿を高濃度の塩酸に溶解し，第二鉄イオンをテトラクロロ鉄（Ⅲ）酸イオンにし，ジイソプロピルエーテルなどの有機溶媒で抽出することで沈殿中の第二鉄を取り除くことができる．

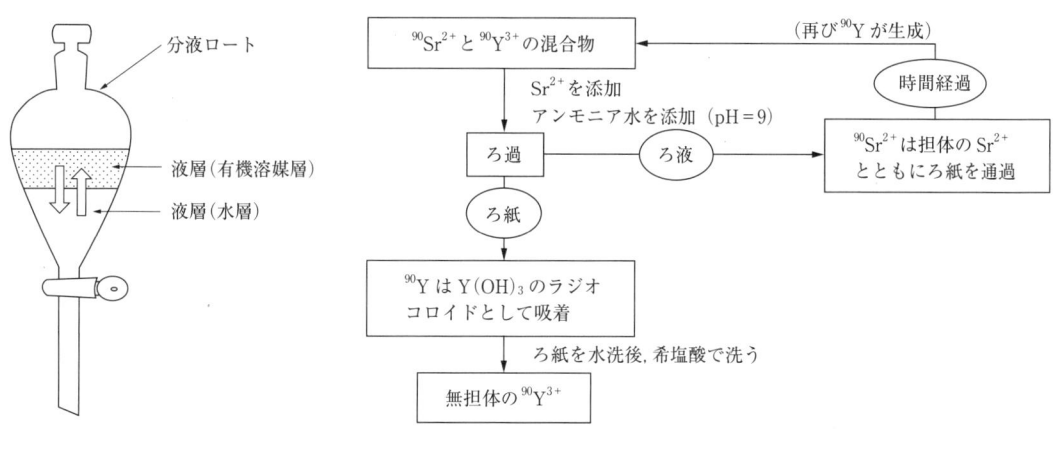

図 3.33 溶媒抽出法

図 3.34 ラジオコロイド法の例

3.7.5 イオン交換法

イオン交換とは，イオン交換樹脂に対するイオンの吸着性の違いを利用して，目的のイオン状態の物質とイオン状態の不純物を分離する一般的な分析手段である．イオン交換樹脂には，陽イオン交換樹脂と陰イオン交換樹脂があり，前者としてスルホン酸基，後者として第4級アンモニウム基が多用される．

この方法における溶質の樹脂と溶液への分配の程度を表す指標として，以下の式で示される**分布係数**（K_d）がある．

$$K_d = \frac{樹脂相のイオンの濃度[\mathrm{cpm/g}]}{溶液相のイオンの濃度[\mathrm{cpm/mL}]}$$

K_d の値が大きい場合は，そのイオンが使われているイオン交換樹脂によく吸着されることを示している．イオン状態の目的物質の K_d とイオン状態の不純物の K_d が異なっていなければ，イオン交換法を利用することはできない．

イオン交換法には，バッチ法とカラム法がある．前者は，三角フラスコなどに目的のイオン状態の物質を含む溶液とイオン交換樹脂を加え，イオン交換が平衡状態になるまで混和し，その後，樹脂と溶液を分けることで不純物を取り除いた目的物を得る方法である．後者は，樹脂を充填したカラムに試料溶液を通して，樹脂に目的物または不純物を吸着させたのち，溶離液を流すことで不純物を取り除いた目的物を分取する．

3.7.6 放射化学に特有な分離法

先に示したように放射性核種の分離は，一般的な分析化学で行われる．一方で，放射性核種は安定核種とは異なる特殊な性質も有しており，これを利用した放射化学に特有な分離法もある．一般に，放射性核種はきわめて少ない物質量で取り扱われることが多く，これが溶液中ではコロイド様の性質を示す．このような状態の放射性核種を**ラジオコロイド**と呼ぶが，この特異な性質を利用した放射性核種の分離法として**ラジオコロイド法**がある．また，放射線を原子核から放出する際にその反動として，原子は反跳エネルギーを受け取る．この原子は高い化学反応性を示し，周囲の原子よりも不安定な**反跳原子（ホットアトム）**と呼ばれる状態になる．この現象を利用して放射性核種を分離する方法として**ホットアトム法（Szilard-Chalmers 法）**がある．

a. ラジオコロイド法

超微量の放射性核種は，溶液中ではラジオコロイドとして存在しており，一般のコロイドと同様にろ過や吸着の操作により容易に分離される．無担体の放射性核種は，通常量で沈殿を生成するような条件下で，ラジオコロイドを形成しやすい．この性質を利用して放射性核種を分離するのがラジオコロイド法である．例として，$^{90}\mathrm{Sr}^{2+}$ と $^{90}\mathrm{Y}^{3+}$ の分離を示す．両核種の混合液に $^{90}\mathrm{Sr}^{2+}$ の担体 Sr^{2+} を添加し，アンモニア水を加えてアルカリ性にする．

pH の上昇により常量の Y^{3+} は沈殿を形成するが，超微量であるため沈殿ではなくラジオコロイドとなる．一方，Sr^{2+} は常量であっても元々沈殿は形成しないが，担体を添加しているためラジオコロイドも形成していない．この混合液をろ過すれば $^{90}\mathrm{Y}$ はろ紙に吸着され，$^{90}\mathrm{Sr}$ はろ液として分離される．ろ紙に吸着した $^{90}\mathrm{Y}$ は，水，希塩酸による洗い出しで塩酸溶液として回収される（図3.34）．

> ### ■ 同位体効果と同位体交換 ■
>
> 　同じ原子番号で質量数が異なるものどうしを互いに同位体の関係にあるというが，一般に各原子の化学的性質は，核外電子がどういう状態にあるかで決まる．原子の電子数は中性原子状態の陽子数と同じであるため，原子番号の等しい同位体どうしの化学的性質は同じと考えてよい．そのため，放射性核種の分離において安定核種の担体を加えて一般的分析法を適応したり，構成元素の一つを放射性同位体に代えた標識化合物でその物質の挙動を調べたりすることが可能となっている．しかしながら，ごくわずかではあるが明らかに同位体どうしの質量は異なり，この違いが原因で物理的性質，化学的挙動などに差が現れることがある．これを**同位体効果**と呼ぶ．
>
> 　このようなわずかな質量差を利用している代表例が，核燃料物質の製造におけるウラン濃縮である．天然のウランには核分裂をしない ^{238}U と核分裂をする ^{235}U が混在している．ガス中の拡散速度や遠心分離による沈降速度の差などを利用して二者を分離し，天然よりも ^{235}U の割合が高い濃縮ウランを調製，核燃料物質に供与している．
>
> 　化学平衡における同位体効果の一つに**同位体交換**がある．ある元素 X を含む互いに反応しない 2 種類の化合物 AX，BX がある場合，一方の化合物 AX の X を放射性同位元素 X′ で標識すると，AX′ + BX = AX + BX′ のような交換反応が起こることがある．この現象を同位体といい，分子を構成する原子の質量に依存して起こるため，同位体効果の一種と考えられている．同位体交換の結果，BX に放射能が認められるようになるが，この現象を利用した ^{3}H 標識化合物の合成法もある．

b. ホットアトム法

　核反応生成物から目的とする放射性核種を分離する場合，目的の放射性核種が標的核種の同位体であるならば，通常は無担体の放射性核種を得ることは困難である．このような場合，ホットアトム法を用いることで容易に目的核種と標的核種の分離が可能となる．たとえば，標的核種 ^{127}I に中性子を照射した際に生成する放射性核種 ^{128}I の分離がある．

　この反応では，標的核種 ^{127}I はヨウ化エチルの化学形で照射されるが，この化合物は水にはほとんど溶けないにもかかわらず，生成したほとんどの ^{128}I は水に溶けた状態で回収される．これは ^{127}I (n, γ) ^{128}I の核反応の際に ^{128}I が受けた反跳エネルギーによってヨウ化エチルのエチル基と放射性ヨウ素との間の化学結合が切断され，後者はヨウ化物イオン（^{128}I$^-$）になるためである．このように反跳エネルギーを与えられた原子（ホットアトム）が，分子内で化学結合を解裂させたり，新たな結合を形成したりすることを**ホットアトム効果（反跳効果）**という．

演 習 問 題

問 1 β^- 線と物質との相互作用として，正しいものを 2 つ選びなさい．
　1　光電効果
　2　電子対生成
　3　電離作用
　4　コンプトン散乱
　5　制動放射

問 2 大量の ^{32}P 線源の遮へい容器は，プラスチックで内張りされていることが多い．この理由として最も

正しいものを1つ選びなさい．
1　原子番号の小さい物質のほうがβ⁻線に対する遮へいに有効であるため．
2　β⁻線による制動放射線の発生を少なくするため．
3　β⁻線による制動放射線の吸収を良くするため．
4　β⁻線の散乱を小さくし，遮へいを容易にするため．
5　β⁻線の散乱を大きくし，遮へいを容易にするため．

問3　次の記述のうち，正しいものを2つ選びなさい．
1　X線とγ線はともに電磁波である．
2　γ線は，X線より波長が短い．
3　制動放射線は，γ線の一種である．
4　制動放射線は，連続スペクトルを持つ．
5　特性X線は，連続スペクトルを持つ．

問4　次の記述のうち，正しいものを2つ選びなさい．
1　α線は主として軌道電子との非弾性散乱によりエネルギーを失う．
2　α線が物質中を通過するとき，クーロン散乱を起こし，その方向が曲げられることがある．
3　α線は核のクーロン障壁を越えるのに十分なエネルギーを持っていない場合には，原子核外に出ることはできない．
4　α線の空気中の飛程はエネルギーの2倍に比例する．
5　α線の比電離能は飛程の終焉部で最大となる．

問5　γ線と物質との相互作用に関する次の記述のうち，正しいものを2つ選びなさい．
1　コンプトン効果によって放出される2次電子の最大エネルギーは，γ線のエネルギーに等しい．
2　コンプトン効果はγ線の波動性を示す現象である．
3　光電効果はγ線の粒子性を示す現象である．
4　光電効果はより外側の軌道電子ほど作用しやすい．
5　2 MeVのγ線は電子対生成が可能である．

問6　γ線と物質との相互作用に関する次の記述のうち，正しいものを2つ選びなさい．
1　光電効果では，全エネルギーが光電子に移行する．
2　γ線のエネルギーが低いときは光電効果，高くなるとコンプトン効果，さらに高くなる（1.02 MeV以上）と電子対生成が支配的となる．
3　コンプトン散乱で放出されるγ線のエネルギーは，その散乱角が180°のとき，最大となる．
4　コンプトン散乱は，自由電子によるγ線の散乱現象である．
5　電子対生成に伴ってニュートリノが放出される．

問7　次の放射線計測に関する記述のうち，誤っているものを1つ選びなさい．
1　半導体検出器は，固体の電離作用を用いたものである．
2　ポケット線量計は，気体の電離作用を用いたものである．
3　液体シンチレーション計測装置では，同時計数法により光電子増倍管（AMP）のノイズを除ける．
4　GM計数管では放射能が低いほど，数え落としの割合が大きくなる．

5　ZnS は α 線に対するシンチレータである．

問8　アルミニウム中での飛程が 4 mg・cm^{-2} の α 線は空気中で約何 cm 進めるか．ただし，空気の密度は 1.3 mg・cm^{-3} とする．
1　1 cm
2　2 cm
3　3 cm
4　4 cm
5　5 cm

問9　次のサーベイメータに関する記述のうち，正しいものを 2 つ選びなさい．
1　電離箱サーベイメータは，GM サーベイメータに比べて β$^-$ 線に対する感度は高い．
2　電離箱サーベイメータは，GM サーベイメータに比べて γ 線に対するエネルギー依存性が大きい．
3　GM サーベイメータは，毎秒 1,000 カウント程度なら数え落としはない．
4　NaI（Tl）シンチレーションサーベイメータは，電離箱サーベイメータより γ 線に対する感度は高い．
5　NaI（Tl）シンチレーションサーベイメータは，電離箱サーベイメータより γ 線に対するエネルギー依存性が大きい．

問10　液体シンチレーション計測装置に関する記述のうち，正しいものを 2 つ選びなさい．
1　エネルギーの異なる複数核種からの放射能を同時計測できる．
2　放射線検出原理は，固体の電離作用による．
3　反同時計測回路が組み込まれている．
4　幾何学的計数効率は，ほぼ 100% である．
5　青色に着色した測定試料はクエンチングが大となる．

問11　次の放射線検出器のうち，最も分解時間の長いもの選びなさい．
1　プラスチックシンチレーション検出器
2　比例計数管
3　Ge 半導体検出器
4　NaI（Tl）シンチレーション検出器
5　GM 計数管

問12　次の放射線検出器のうち，β$^-$ 線の測定に不適当なものを 2 つ選びなさい．
1　プラスチックシンチレーション検出器
2　BF$_3$ 計数管
3　NaI（Tl）シンチレーション検出器
4　Ge 半導体検出器
5　GM 計数管

解　答　　問1：3と5　　問2：2　　問3：1と4　　問4：1と5　　問5：3と5　　問6：2と4
　　　　　　問7：4　　問8：3　　問9：4と5　　問10：1と4　　問11：5　　問12：3と4

4
放射性同位体トレーサ

はじめに

　物質の移動や変化の経過を追跡する実験において，追跡のために目印として用いられる物質をトレーサという．放射性同位元素は微量であっても感度よく検出でき，また，検出が容易で迅速である．放射性同位元素はトレーサとして優れた性質を備えており，薬学領域において放射性同位元素で標識された化合物（標識化合物）を用いるトレーサ実験は幅広く利用される．特に，薬物の吸収，分布，代謝，排泄などの薬物動態解析，酵素反応の解析，タンパク質の合成・分解の解析，遺伝子工学などの分野において幅広く使用されている．本章では，標識化合物をトレーサとして用いる際の基本的な事項について概説するとともに，具体的な応用例を学ぶ．

4.1　トレーサ法の概要

　物質の移動や変化の経過を追跡する実験を**トレーサ法**といい，追跡のために目印として用いられる物質を**トレーサ**（tracer）という．トレーサとして必要な条件には，①追跡したい物質と化学的な挙動が同じであること，②検出感度が高く，微量であっても鋭敏に検出できること，③定量的な取扱いが可能であること，④トレーサとして用いる物質によって薬理作用などの生体への影響が現れないこと，などがあげられる．
　放射性同位元素で標識された化合物は，微量であっても放出される放射線を検出でき，また，検出が簡便であるなど，トレーサとして優れた性質を持つために，以下にあげる幅広い分野で実験研究に利用されている．
　① 薬物や毒物などの体内動態の解析
　② 薬物代謝研究
　③ チャネルやトランスポータの機能解析
　④ 酵素反応の解析
　⑤ タンパク質の合成・分解の解析
　⑥ タンパク質リン酸化の解析
　⑦ 遺伝子解析

4.2 標識化合物

4.2.1 トレーサ実験で使用される放射性同位元素

追跡したい物質の構成元素の一部を放射性同位元素に置換することによって，化学的な挙動に差がないトレーサを作製できる．生体を構成するタンパク質や核酸などの高分子は構成原子としてC, H, O, N, Sを持っているが，これらの原子のうちβ^-線放出核種である^{14}C, ^{3}H, ^{32}P, ^{33}P, ^{35}Sなどを用いて標識が可能である．また，^{125}Iはγ線を放出し，高感度で検出できるためにペプチドやタンパク質の標識にしばしば用いられる（表4.1）．

表4.1 トレーサ実験に用いられる放射性核種

核　種	^{3}H	^{14}C	^{32}P	^{33}P	^{35}S	^{125}I
壊変形式	β^-壊変	β^-壊変	β^-壊変	β^-壊変	β^-壊変	EC
放出放射線	β^-線	β^-線	β^-線	β^-線	β^-線	γ線
最大β線エネルギー (MeV)	0.0186	0.156	1.709	0.248	0.167	−
最大比放射能 (TBq/mg)	0.355	0.16 (GBq/mg)	10.55	5.77	1.59	0.525
半減期	12.3年	5,760年	14.3日	25.3日	87.5日	59.4日

4.2.2 トレーサ実験における留意点

標識化合物をトレーサとして使用する際には，以下の点に留意しなければならない．

a. 純　度

標識化合物をトレーサとして使用する際にはその純度が問題になる．標識化合物の純度は，化学物質としての純度（化学純度）に加え，全放射能に対する目的の放射性核種の割合（放射性核種純度）およびある放射性核種の全放射能に対する目的の化学形の放射性核種の割合（**放射化学的純度**）を考慮しなければならない．

b. 同位体効果

放射性同位元素はその安定同位体とは質量が異なるため，分子内のある原子をその同位体に置き換えると，化学構造が同じでも質量が異なることによって原子間の結合エネルギーや分子の回転，振動，並進運動エネルギーにわずかな差異が生じ，結果として分子間の反応速度などに影響を与えることがある．分子内の原子を同位体に置換することにより，物理的，化学的，生物学的な性質に差異が生じることを**同位体効果**（isotope effect）という．特に，原子番号の小さな元素においては質量の差は顕著である（たとえば，^{3}Hと^{1}Hは質量が3倍異なる）．

c. 放射線効果

放射線は物質との相互作用により電離や励起を引き起こし，ラジカルを生成する．放射標識化合物から放出される放射線が化学的，物理的，生物学的な影響を引き起こすことを，**放射線効果**（radiation effect）という．比放射能の高い標識化合物は自らの放出する放射線により分解して放射化学的純度が低下することがあるので注意を要する．また，実験動物や微生物，細胞などを用いた実験の場合には放射線による障害などの生物学的効果を考慮して標識化合物の用量を設定しなければならない．

d. 担 体

一般に，トレーサ実験に用いる化合物量は微量である．取り扱う物質量が微量である場合には，吸着やコロイド生成など，通常では見られないような挙動を示すことがあり，取扱いに留意しなければならない．必要に応じて非標識化合物を**担体**（Carrier）として加えて使用する．

4.3 同位体希釈分析

放射性同位元素で標識されたある化合物（標識化合物）と安定同位体のみで構成される同じ化合物（非標識化合物）を混合すると，化合物の総量は増加し，総放射能には変化がないので，その物質の単位質量あたりの放射能（比放射能）は低下する．非標識化合物が未知量の場合，標識化合物の質量もしくは比放射能が不明の場合，いずれの場合にも混合後の比放射能を測定することによってこれらの値を求めることができる．このように，標識化合物の比放射能が非標識化合物の添加によって希釈されることを利用して物質の定量を行う方法を**同位体希釈分析**（isotope dilution analysis）という．同位体希釈分析では，比放射能の変化を調べることによって物質の定量を行うために，目的とする物質を定量的に扱う必要がない．定量対象物が非標識化合物の場合を**直接同位体希釈法**，標識化合物の場合を**間接同位体希釈法**という．

a. 直接同位体希釈法

非標識化合物の定量を行う方法である（図 4.1）．測定対象となる試料中の非標識化合物の質量を W_2 とし，添加する標識化合物の質量，比放射能をそれぞれ W_1, S_1 とする．両者を混合したのちの比放射能を S_x とすると，

$$S_1 W_1 = S_x(W_1 + W_2)$$

となる．したがって，未知の非標識化合物の質量 W_2 は次式で表される．

$$W_2 = \frac{W_1(S_1 - S_x)}{S_x}$$

b. 間接同位体希釈法

比放射能が既知の放射標識化合物を定量する方法である（図 4.1）．測定対象となる標識化合物の質量，比放射能をそれぞれ W_1, S_1，添加する非標識化合物の質量を W_2，両者を混合したのちの比

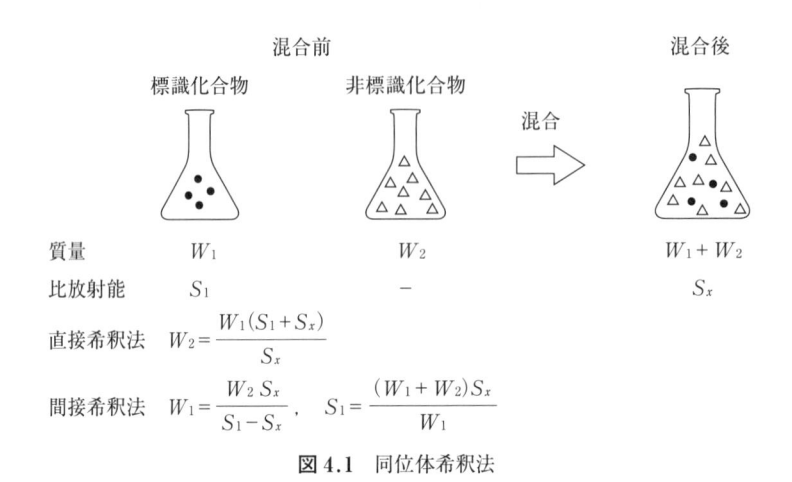

	混合前		混合後
	標識化合物	非標識化合物	
質量	W_1	W_2	$W_1 + W_2$
比放射能	S_1	—	S_x
直接希釈法	$W_2 = \dfrac{W_1(S_1 + S_x)}{S_x}$		
間接希釈法	$W_1 = \dfrac{W_2 S_x}{S_1 - S_x}$,	$S_1 = \dfrac{(W_1 + W_2)S_x}{W_1}$	

図 4.1 同位体希釈法

放射能を S_x とすると，未知の W_1 は次式で表される．

$$W_1 = \frac{W_2 S_x}{S_1 - S_x}$$

c. 二重同位体希釈法

逆同位体希釈法の変法である．試料中に含まれる標識化合物の比放射能 S_1 と質量 W_1 の両方が不明であっても，これらを求めることができる．試料を二等分しておのおのに異なる量 W_a，W_b の非標識化合物を添加する．その結果得られる 2 種類の混合物の比放射能 S_a，S_b から，未知試料の比放射能と質量を求める．測定対象となる標識化合物の質量，比放射能をそれぞれ W_1，S_1，添加する非標識化合物の質量を W_2，両者を混合したのちの比放射能を S_x とすると，

$$S_1 W_1 = S_a(W_1 + W_a)$$
$$S_1 W_1 = S_b(W_1 + W_b)$$

となる．したがって，比放射能 S_1 と質量 W_1 はそれぞれ下式で表される．

$$S_1 = \frac{S_a S_b (W_a - W_b)}{S_a W_a - S_b W_b}$$

$$W_1 = \frac{S_a W_a - S_b W_b}{S_b - S_a}$$

また，異なる量の放射標識化合物に対して一定量の非標識化合物を添加し，得られる 2 種類の比放射能から未知試料の比放射能と質量を求めることもできる．

4.4 放射分析

放射性同位体をトレーサとして用いる研究は，薬学分野において幅広く利用されている．代表的な応用例を以下に示す．

4.4.1 薬物動態評価

a. オートラジオグラフィ

放射線が写真フィルム（乳剤）に当たると，ハロゲン化銀から銀原子が生成し潜像ができる（写真効果（photographic effect））．この性質を利用して，試料中の放射性核種の位置や分布および放射能の強度を写真感光剤に記録する方法を**オートラジオグラフィ**（auto radio graphy，**ARG**）という．ARG は，医薬品の体内分布評価などに利用されている．ARG では技術の進歩に伴って α 線，β 線などの荷電粒子線，X 線や γ 線などの電磁波放射線，中性子線を検出することができる．ARG は，検出感度や解像度が高く，取扱いが容易であるため，薬学ばかりでなく医学や生物学分野でも幅広く利用される．

写真乳剤を用いる ARG には，試料の大きさに応じてマクロオートラジオグラフィ，ミクロオートラジオグラフィ，超ミクロオートラジオグラフィがある（表 4.2）．マクロオートラジオグラフィは，動物組織や小動物の全身凍結切片，ろ紙や薄層クロマトグラフィなどの比較的大きな試料について，放射性核種の分布を肉眼的に観察，記録する方法である（図 4.2）．ミクロオートラジオグラフィは，組織や細胞などの微細な構造における放射性核種の分布を観察，記録する方法であり，光学顕微鏡レベルでの観察といえる．マクロオートラジオグラフィよりも高い解像度が要求される．

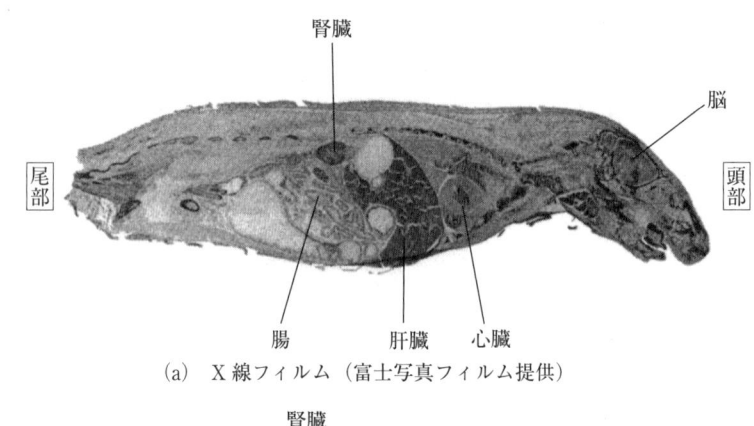

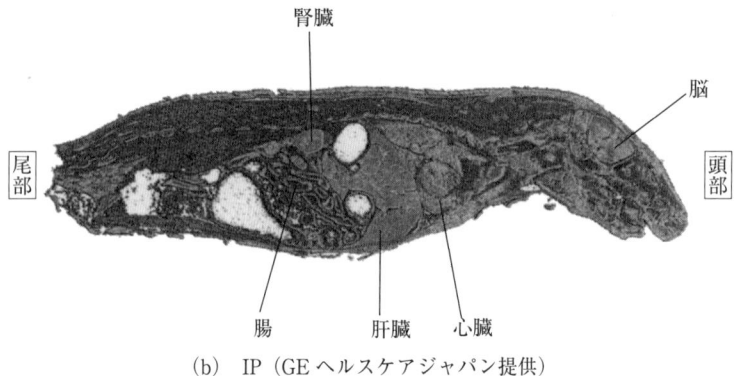

表4.2 オートラジオグラフィの特徴

種　類	マクロオートラジオグラフィ	ミクロオートラジオグラフィ	超ミクロオートラジオグラフィ
観察範囲	肉眼レベル	光学顕微鏡レベル	電子顕微鏡レベル
解像度	200 μm 程度	数十 μm 程度	10^{-2} μm 程度
感光材	X線フィルム	オートラジオグラフィ乾版, 液体乳剤	液体乳剤
放射性核種	^{14}C, ^{32}P, ^{33}P, ^{35}S, ^{45}Ca, ^{3}H, ^{125}I	^{3}H	^{3}H

(a) X線フィルム（富士写真フィルム提供）

(b) IP（GEヘルスケアジャパン提供）

図4.2 オートラジオグラフィ

　超ミクロオートラジオグラフィでは，電子顕微鏡レベルの超微細構造中の放射性核種の分布を観察，記録する．ARGの感度と解像度は乳剤の粒子径，塗布膜厚，試料切片の厚さ，放射性核種の種類や濃度に影響される．写真乳剤は，その粒子径が大きく膜厚が厚くなるほど感度は高くなるが，逆に解像度は低下する．また，試料切片が厚いほど感度は高くなるが解像度は低下する．ミクロオートラジオグラフィではβ^-線放出核種が使用されるが，そのなかでもエネルギーが弱く飛程の短い^{3}Hが主として用いられる．α線は比電離が大きいため解像度の低い画像しか得られず，またγ線は透過力が高いために位置情報が得にくい．
　一般に，蛍光体はエネルギーを吸収すると励起状態になり基底状態に戻るときにエネルギーを光として放出する．ある種の蛍光体は放射線の照射を受けると励起され，そのエネルギーを結晶内に

保持したまま準安定状態に留まり，別の光の照射を受けることによって光を照射して基底状態に戻る性質を持っている．これは，**光輝尽発光**（photo-stimulated lumine scence, **PLS**）と呼ばれる現象で，このような性質を示す蛍光体を輝尽性蛍光体と呼ぶ．BaFBX（X＝Cl, Br, I）に微量のEu^{2+}を加えた結晶は輝尽性蛍光体であり，600 nm 付近の He-Ne レーザビームを照射することにより 420 nm の PLS 発光が生じる．これを光電子増倍管で増幅してデジタル信号に変換したのち，コンピュータで画像処理をすることによって2次元画像が得られる．輝尽性蛍光体をプラスチック支持体に塗布したものは**イメージングプレート**（imaging plate, **IP**）と呼ばれる．

写真乳剤と比較した IP の特徴として，直線性が広い，感度がよい，データがデジタルで得られる，現像の手間がいらない，などがあげられる（表4.3）．このような利点から，近年は実験ばかりでなく臨床的にも写真乳剤（X線フィルム）に代わって IP が使用されるようになってきた（図4.2）．

表4.3 イメージングプレートとX線フィルムの比較

	イメージングプレート	X線フィルム
定量性	$10^3 \sim 10^4$ のダイナミックレンジ	10^2 程度
感度	フィルムの数十倍	感度は低い
露出環境	室温	感度を高めるために−25℃
画像化	専用装置が必要，簡便	現像作業
データ保存	デジタルデータ	画像のデジタル化が必要

b. 薬物動態研究

医薬品の開発には，薬物の吸収，分布，代謝，排泄を調べる動態試験が必要である．実験動物を用いる試験では，投与後の血中濃度および糞尿中への累積排泄量の経時変化を調べるが，適切な位置を放射性同位元素で標識した化合物を用いることにより，代謝による化学形の変化にかかわらず投与後の行方を調べることができる．また，適切な抽出，分離操作を行うことにより，代謝物の定量も可能となるため，非常に優れた手段である．組織・臓器への分布量を調べるために，a項で述べたのオートラジオグラフィに加え，各組織を摘出してその放射能を調べる方法もあり，定量的な情報が得られる．

c. 薬物代謝研究

薬物は生体内で異物代謝酵素により代謝され，体外に排泄される．薬物の効果は，ターゲット組織において薬効を示す化学形の濃度と相関するので，組織中での異物代謝酵素による代謝の過程を解明し，代謝速度を評価することが求められる．異物代謝酵素には多くの分子種が存在し，動物種差がある．さらには，ヒトの遺伝子多型が知られており，個人差の原因となっている．そのため，動物データからヒトにおける代謝を予測することは難しい．ヒトにおける代謝を予測するためにはおのおのの分子種，多型の代謝速度を評価する *in vitro* の実験系が必要であり，テーラーメード医療において欠かせない．酵素反応生成物はきわめて微量であり定量が難しいが，放射性同位元素で標識した薬物を用いることによって簡便な分離操作のみで定量が可能であるため，薬物代謝研究に用いられる．

d. トランスポータ研究

薬物が生体内で吸収，分布，排泄されるには生体膜を通過する必要があり，生体膜輸送にかかわ

るトランスポータ分子は,異物代謝と並んで薬物動態を左右する重要な因子である.近年,トランスポータの分子レベルでの解析が進み,ヒトにおける生体膜輸送を評価するスクリーニング系が医薬品開発において利用されるようになってきた.ヒトのトランスポータ分子を発現させた培養細胞を用いた輸送評価実験では,きわめて微量の分子の輸送を定量的に評価しなければならず,放射性同位元素で標識した医薬品が用いられている.

4.4.2 遺伝子工学

標識した核酸をプローブとして,特定の塩基配列を持った核酸や結合タンパク質を検出する方法は,遺伝子解析における基本的な手法のひとつである.放射性同位元素で標識された核酸は,感度が鋭敏で,所要時間が短く,手技が確立されているためプローブとして優れており,特定の塩基配列を持った DNA や RNA の検出,特定の mRNA 発現量の解析,特定の塩基配列に結合するタンパク質分子の同定,塩基配列の決定など多岐にわたって利用されている(表 4.4).

表 4.4 放射標識核酸プローブを用いた実験法

実 験 法	目 的
サザンブロット コロニーハイブリダイゼーション ドットブロット	特定の塩基配列を持つ DNA の検出
ノザンブロット RNase プロテクションアッセイ	特定の mRNA の検出
ゲルシフトアッセイ	特定の塩基配列に結合するタンパク質の検出 タンパク質に結合する特定の塩基配列の検索
フットプリンティング	タンパク質と結合する特定の塩基配列の決定
in situ ハイブリダイゼーション	組織,細胞内における特定の mRNA 発現の解析
シークエンス	塩基配列の決定

a. サザンブロット法,コロニーハイブリダイゼーション法,ドットブロット法

いずれも,特定の DNA 塩基配列を検出する方法である.サザンブロット法では,DNA を制限酵素で切断し,アガロースゲル電気泳動で分子サイズにより分画し,膜上に転写して固定する.この膜に RI 標識遺伝子プローブをハイブリダイズさせ,オートラジオグラフィによって分子サイズと発現量を解析する.

コロニーハイブリダイゼーションは,寒天培地上に形成された細菌のコロニーをニトロセルロース膜あるいはナイロン膜上に転写し,膜上で DNA を変性,固定させて放射標識遺伝子プローブをハイブリダイズさせ,目的の DNA 配列を有するコロニーを選別する方法である.

ドットブロット法は,試料中に含まれる特定の遺伝子配列を定量するための簡便法であり,ニトロセルロース膜などに DNA を変性,固定させ,RI 標識遺伝子プローブをハイブリダイズしてオートラジオグラフィ目的の DNA 配列をおおまかに定量する方法である.

b. ノザンブロット法

遺伝子転写産物である mRNA のサイズや発現量を調べる方法である.細胞から抽出した総 RNA を変性アガロースゲル電気泳動にかけて分子サイズで分画し,ニトロセルロース膜やナイロン膜に転写して膜上に固定する.この膜に RI 標識遺伝子プローブをハイブリダイズさせ,オートラジオグラフィによって分子サイズと発現量を解析する.

c. ゲルシフトアッセイ

遺伝子の転写調節には，遺伝子のプロモータ，エンハンサ領域に対する転写因子（タンパク質）の結合がかかわっており，これを知る手段がゲルシフトアッセイである．転写調節領域などの特定の配列のオリゴヌクレオチドを RI 標識し，これを細胞抽出液とインキュベートし，ポリアクリルアミドゲル電気泳動によって分離すると，タンパク質と結合した RI 標識プローブは結合していないプローブに比べてゲル上での移動度が小さくなる（シフト）．この反応系にさらに特異抗体を反応させると移動度がさらに小さくなる（スーパーシフト）．このような現象を利用して，タンパク質の同定ができる．

d. フットプリンティング

フットプリンティング法は，転写因子などの特定のタンパク質が DNA 配列中のどの領域に結合するかを調べる方法である．DNA 二重鎖の一方の末端を RI 標識し，タンパク質とインキュベーションしたのちに，DNase I を作用させ部分的に切断する．DNA 断片を電気泳動したのちオートラジオグラフィを行うと，DNA はランダムな位置で切断されているのでランダムな長さの DNA が検出される．タンパク質が結合している部分だけは DNase I が働かないために，その長さの DNA 断片は検出されないため，タンパク質が結合している配列を特定することができる．

e. in situ ハイブリダイゼーション

目的とする遺伝子の発現量を，細胞・組織レベルで観察する方法である．目的とする組織の凍結切片やパラフィン包埋切片を作成し，目的とする遺伝子の RI 標識プローブをハイブリダイズさせ，オートラジオグラフィで検出する．近年は，蛍光や発色によってシグナルを検出する方法が主流となりつつあるが，検出感度および定量性の面では，RI 標識プローブが優れている．

f. シークエンス

サンガー（Sanger）によって開発されたジデオキシ法は，2′, 3′-ジデオキシヌクレオチド三リン酸（ddNTP）を適量存在させて DNA 合成を行い，DNA に ddNTP が取り込まれるとそこで DNA 合成が止まることを利用して DNA 塩基配列を決定する方法である．反応系に ddATP と [α-^{32}P] dCTP を添加しておくと合成される DNA は RI 標識され，ddATP が DNA に組み込まれた時点で合成が停止するためにアデニンで合成が停止した種々の長さの RI 標識 DNA 断片が生じるので，これをポリアクリルアミドゲル電気泳動で分離して検出する．同様に，ddCTP, ddGTP, ddTTP を用いて DNA 合成を行い，これらを並べて電気泳動を行い，DNA 鎖の長さの順に塩基配列を読み取ることで，塩基配列が決定される．近年は，RI 標識プローブに替わり，蛍光標識プローブを用いた DNA シークエンサーが汎用されるようになってきている．

核酸の標識には，^{32}P が最もよく用いられる．^{32}P はエネルギーが高いために感度がよいという利点があるが，半減期が短く，遮へいが必要となるなど取扱いには注意を要する．^{35}S はエネルギーが低いが安定したプローブを作成できるため，in situ ハイブリダイゼーションによく使用される．また，^{33}P はマイクロアレイ解析のプローブとして用いられる．

4.4.3 細胞生物学

生体においてタンパク質は，酵素的触媒作用，分子輸送，細胞または生体運動，構造維持，生体防御，情報伝達，機能調節など多彩な役割を担っている．タンパク質の中には生体中にごく微量しか存在しないものもある．タンパク質のリン酸化，脱リン酸化はタンパク質の機能調節にきわめて

重要な役割を担っている．タンパク質の生体内運命や機能制御の解析に，放射性同位元素が利用される．

a. タンパク質のRI標識

培養細胞において，培地にRI標識アミノ酸を添加すると，RI標識アミノ酸はタンパク合成に利用され，新たに合成されたタンパク質はすべてRIで標識される．これをbiosynthetic labelingという．細胞を標識する際に用いられるのは，[^{35}S]システインや[^{35}S]メチオニンであるが，[^{3}H]ロイシンや[^{3}H]チロシンも用いられる．また，細胞表面のタンパク質は^{125}Iで容易に標識できる（8章参照）．細胞を可溶化し，特異抗体を用いて目的タンパク質を免疫沈降させる．沈降物を解離させて電気泳動後オートラジオグラフィで検出するのが一般的である．タンパク質の翻訳後修飾，オルガネラへの局在，代謝回転など，タンパク質の挙動を調べるために有用な方法である．

一定時間，細胞をRI標識アミノ酸と培養するとこの間に合成されたタンパク質がRIで標識される（パルスラベル）．その後，RI標識アミノ酸を含まない培養液で培養し，RIで標識されたタンパク質の挙動を追跡する（チェイス）ことができる．この方法をパルス－チェイス法という．

b. タンパク質リン酸化評価

タンパク質のリン酸化はさまざまな細胞機能の調節機構として重要である．タンパク質リン酸化研究には，未知のリン酸化酵素の同定と精製，既知のリン酸化酵素の疾患時や薬物治療時の変化の検討，リン酸化基質となるタンパク質の同定と生理的役割の解明，基質タンパク質のリン酸化状態の変化，リン酸化酵素を標的とした薬物開発，などがあげられる．このうち，基質タンパク質のリン酸化状態の変化を検討するには，抗リン酸化タンパク質抗体が開発されたことから，放射性同位元素はほとんど使用されなくなった．また，リン酸化部位を同定するには質量分析法が使用されることが多くなった．タンパク質のリン酸化にはATPのγ位のリン酸基が用いられるため，[γ-^{32}P]ATPが利用される．

4.4.4 放射化分析

試料に粒子線を照射することによって，試料中に含まれる元素に核反応を起こして放射性核種に変換し，その核種が放出する放射線を測定することによって元素分析を行うとき，これを**放射化分析**（activation analysis）という（図4.3）．

a. 原理

放射化分析には通常，原子炉の熱中性子が照射粒子として用いられる．多くの原子は熱中性子を照射すると（n, γ）反応を起こして放射性核種に変換される．（n, γ）反応で生成した放射性核種

$^A_Z X \quad (n, \gamma) \quad ^{A+1}_Z X'$

$^A_Z X \longrightarrow ^{A+1}_Z X'$（放射性核種）$\xrightarrow{\text{壊変}}$ 安定娘核種

即発γ線分析

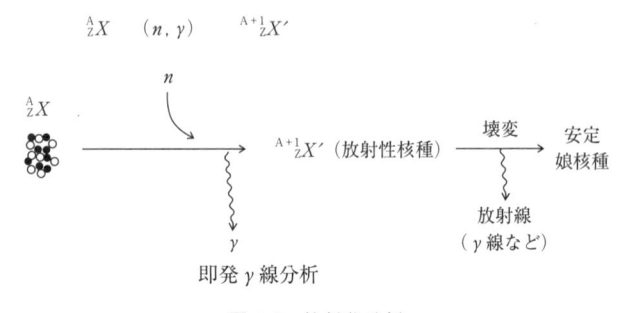

放射線（γ線など）

図4.3 放射化分析

の多くは，固有のエネルギーを持つγ線を放出するので，γ線のエネルギースペクトルを測定することにより放射性核種を同定し，さらには核反応を起こす前の元素を推測することができる．また，放射能を測定することによりその元素の含有量を推測できる．また，陽子，重陽子，^{3}He 原子を入射粒子として照射する方法は荷電粒子放射化分析と呼ばれ，物質の表面の分析に適している．

試料中の元素が核反応を起こすときに放出されるγ線（即発γ線）を測定することによって元素分析を行う場合もあり，これを**即発γ線分析**（prompt gamma-ray analysis）といい，広義の放射化分析に含まれる．

b．特　徴

放射化分析は，感度が高く微量の元素の分析に適している．また，化学的な分離操作を必要とせず，非破壊で分析できること，一度に多元素を同時に分析することが可能である，などの利点がある．そのため，生体試料や食品，水，大気中に含まれる微量金属の分析に応用されている．スモン患者に特徴的な緑色舌苔や緑色尿から高濃度のヨウ素が検出された例や，ナポレオンの遺体の毛髪から高濃度のヒ素が検出された例などがある．

一方，放射化分析には原子炉などの大型施設を必要とすること，分析目的元素以外の元素も放射化されること，精度が低いことなどが欠点としてあげられる．

演 習 問 題

問 1 標識化合物の保存中の分解に関する記述のうち，正しいものを 1 つ選びなさい．
1　−40℃に保存するとすべての化合物の自己分解は抑制できる．
2　炭素 14 標識化合物よりもトリチウム標識化合物のほうが分解しない．
3　比放射能を高くしておくと微生物による分解が抑制される．
4　液体の標識化合物は固化しておかないと分解が促進される．
5　アミノ酸や炭水化物は水溶液にしておくと分解が促進される．

問 2 保存中に多少分解したと思われる比放射能既知の標識化合物 A の純度を，その一定量を使用して同位体希釈法により決定するとき，正しい方法を 1 つ選びなさい．
1　A と誘導体をつくる試薬 B を過剰に加え，精製後その比放射能を測定する．
2　A と誘導体をつくる試薬 B の標識化合物の一定量を加え，精製後その比放射能を測定する．
3　非放射性の化合物 A の一定量を加え，精製後その比放射能を測定する．
4　A を精製した後，非放射性の化合物 A の一定量を加え，その比放射能を測定する．
5　A の試料を二等分し，一方に純粋の標識化合物 A の一定量を加え，精製後その比放射能を測定する．

問 3 標識化合物の保存法のうち，分解防止に有効でないものを 1 つ選びなさい．
1　水溶液にエタノールを加える．
2　ベンゼン溶液にする．
3　ガラス容器に入れて，凍結乾燥する．
4　窒素ガスとともにガラス容器に封入する．
5　ガラス容器に封入し，さらに鉛容器に入れる．

問 4 中性子放射分析に関する次の記述のうち，誤っているものを 1 つ選びなさい．
1　多くの元素が同時に定量できる．

2 核反応に基づく分析法であるため選択性が高い.
3 感度は一般に原子番号とともに高くなる.
4 多くの場合,化学分離せずに分析できる.
5 多くの場合,試薬からの汚染の影響を無視できる.

問5 次の核反応のうち,正しいものを2つ選びなさい.
1 $^{11}B(p, n)^{11}C$ 2 $^{16}B(d, n)^{18}F$ 3 $^{26}Mg(\alpha, p)^{28}Al$ 4 $^{48}Ti(\alpha, n)^{51}Mn$ 5 $^{64}Zn(n, \gamma)^{65}Zn$

問6 比放射能の高いトレーサ量の放射性同位元素に特有の挙動と直接関係ないものを1つ選びなさい.
1 容器内壁へ吸着する.
2 共沈しやすい.
3 標識化合物が自己分解する.
4 ラジオコロイドが発生する.
5 揮散する.

問7 放射性同位元素を利用した分析法に関する次の記述のうち,正しいものを2つ選びなさい.
1 同位体希釈法では,目的成分の定量的分離が必要である.
2 間接同位体希釈法は,非標識化合物の定量を行う同位体希釈法である.
3 放射分析では,放射性同位元素を試薬,指示薬として添加する.
4 中性子放射化分析では,生成核種のβ線スペクトルを測定し,多元素同時分析を行う.
5 サザンブロット法は,特定のDNA塩基配列を検出する方法である.

問8 放射性同位元素の化学分離に関する次の記述のうち,正しいものを2つ選びなさい.
1 目的の放射性同位元素の沈殿を防ぐために,スカベンジャを入れる.
2 同位体担体を加えた後の化学操作では,目的の放射性同位体の比放射能は変化しない.
3 同位体担体を加える場合は,目的の放射性同位元素と化学形をよく一致させる.
4 無担体での放射性同位元素の分離には溶媒抽出,イオン交換法が適している.
5 アルカリ性より酸性溶液でラジオコロイドが生成しやすい.

問9 ある混合物試料中の1成分を同位体希釈法で定量した.試料に標識したこの成分物質 30 mg(比放射能:2000 Bq・mg^{-1})を添加しよく混ぜたのち,成分の一部を純粋に分離した.その後,放射能を測定し,比放射能を求めたら 500 Bq・mg^{-1}であった.試料中のこの成分量(mg)として正しいものを1つ選びなさい.
1 60 2 70 3 80 4 90 5 100

解 答 問1:5 問2:3 問3:5 問4:3 問5:1と5 問6:2 問7:3と5
問8:3と4 問9:4

II 編

放射性医薬品

5
放射性医薬品

はじめに

　基礎科学研究や医薬品開発の分野のみならず，医療現場においても，放射性同位元素（放射性核種）は疾病の診断や治療に広く利用されている．このような目的で利用される放射性同位元素やその標識薬剤を，**放射性医薬品**（radiopharmaceuticals）と呼ぶ．

　ハンガリー出身のG.ヘベシー（Hevesy）は，放射性同位元素をトレーサとして最初に研究に利用した科学者で，1913年に天然の鉛の放射性同位元素を用いて鉛化合物の溶解度を測定するのに成功し，「放射性トレーサ法」の概念を確立した．1925年アメリカのハーバード大学教授だったH.ブルムガルト（Blumgart）は，^{218}Poを心疾患患者の片腕の静脈から投与し，対側の腕に検出器を当てて娘核種である^{214}Biの放射線を捉えて人体の循環時間を計測することに成功した．その後，人工放射性同位元素の供給が始まると，疾病の診断，治療に広く利用されるようになり，**核医学**（nuclear medicine）という新しい学問領域が確立された．特に，放射性同位元素を利用した画像診断の技術は，非侵襲的な診断法として近年めざましい発展を遂げている．この核医学画像診断法を支えているものが放射性医薬品と放射線測定機器の進歩である．適切な放射性医薬品の開発は的確な診断情報を提供するだけでなく，薬物作用の機序や疾病原因の分子論的な解明に寄与するところも多い．近年，放射性診断には単なる画像だけでなく，臓器の生理代謝や受容体密度などと結びついた機能診断法としての役割も求められるようになってきており，薬物作用理論に基づいた新しい放射性医薬品の開発が一層期待されている．

　最近では，核磁気共鳴イメージング（magnetic resonance imaging, MRI）や超音波，光イメージング，電子スピン共鳴（electron paramagnetic resonance, EPR）など放射線以外の検出手段を用いた画像診断法の発展も著しい．放射性同位元素を利用した画像診断も含め，生体内で発生した分子・細胞レベルでの現象を非侵襲的に検出し画像化する技術の開発ならびにそれらを利用する研究分野を広く包括した概念を**分子イメージング**（molecular imaging）と呼ぶ．分子イメージングとは，「生体内で起こっている生理的または病的な生命現象を体外から細胞レベル／分子レベルで捉えて画像化すること」「生化学・生物学・臨床診断もしくは治療に適用するために，分子や細胞のプロセスの空間的・時間的分布を直接的／間接的にモニターし，記録する技術」と定義されている．

　人に投与する放射性医薬品は放射線による内部被ばくを伴うことになる．画像診断の場合は体内（内部）被ばくの低減を考慮しなければならない．また，医療従事者の外部被ばくの低減も図る必要がある．放射性医薬品に用いられる放射性核種の性質を理解するとともに，それらの安全管理のた

めの法的規制も理解することが重要である．

5.1 放射性医薬品の定義と分類

5.1.1 定　　義

　放射性医薬品とは，一般的には疾病の診断または治療に用いるための非密封の放射性同位元素やその化合物および製剤のことと理解されているが，法的には薬事法第2条第1項に定められている「医薬品」のうち，原子力基本法第3条第5号に規定される「放射線」を放出するものであって，厚生労働省令の「放射性医薬品の製造および取扱規則」に掲げられているものと定義される．つまり，診療に用いられる放射性同位元素が含まれる非密封の化合物およびそれらの製剤で，
① 日本薬局方あるいは放射性医薬品基準に収載されている品目
② 診断または治療の目的で人体内に投与するものであって，厚生労働大臣の許可を受けた品目で，治験用医薬品や高度先進医療に用いられているものを含む
③ 人体に直接適用しないが，人の疾病の診断，治療に用いることが明らかな品目
が放射性医薬品である．

　放射性医薬品には一般医薬品とは異なる次のような特徴がある．

　1. 放射線を指標に当該医薬品の体内挙動や排泄挙動を調べるために使われるものであり，薬理作用を求めるものではない．また，放射性医薬品はその挙動が生体内プールなどの影響を受けないように高比放射能のものが利用されるので，投与量は放射能としては十分な量であっても物質量としては微量である．そのため，薬そのものの毒性発現や副作用が問題となる可能性は低い．

　2. 放射性医薬品には核種固有の物理的半減期があるので，有効期限の根拠が一般医薬品のものとは異なっている．

　3. 放射線自己分解による放射性医薬品の変質が起こりやすい．

　4. 放射線障害の発生に注意が必要である．また，特別な施設，設備が必要であり，法的な規制に従った廃棄物処理が必要となる．

　わが国においては，1950年に放射性同位元素が初めて輸入され，1959年に放射性医薬品が初めて厚生省（現厚生労働省）に承認された．

5.1.2 分　　類

　放射性医薬品は大別して診断用と治療用とに分類される．さらに，診断用放射性医薬品にはインビボ（in vivo）用診断薬とインビトロ（in vitro）用診断薬がある．インビボ用診断薬は生体内に投与されるものであり，インビトロ用診断薬は生体内には直接投与せずに，採取した血液中にごく微量存在するホルモンやビタミンの検出定量などに試験管内にて使用される．治療に用いられる放射性医薬品は生体に投与される非密封のものである（図5.1）．ラジウム針やコバルト管などの密封線源は，放射線を利用して治療に使われているが放射性医薬品には含まず，放射性物質診療用器具に分類される．

5.1.3 放射性医薬品に用いられる放射性核種

　インビボ用診断薬に用いる放射線は内部被ばくを少なくするため，原則としてα線やβ^-線のよう

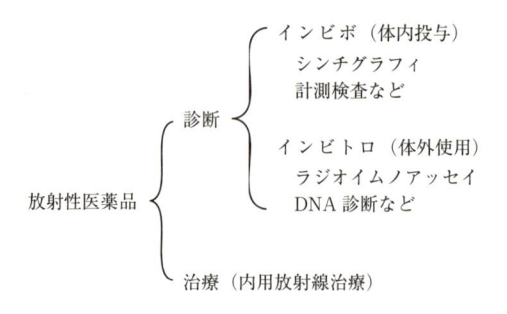

```
放射性医薬品 ┬ 診断 ┬ インビボ（体内投与）
              │      │   シンチグラフィ
              │      │   計測検査など
              │      │
              │      └ インビトロ（体外使用）
              │          ラジオイムノアッセイ
              │          DNA 診断など
              │
              └ 治療（内用放射線治療）
```

図 5.1 放射性医薬品の分類

な粒子線を放射しないもの，すなわち低〜中エネルギーの γ 線のみを放出する核種が用いられ，IT，EC または β^+ 壊変をするもので，基本的には半減期の短い核種が用いられる．主に後述する PET や SPECT など画像診断に用いられる（8 章参照）．

また，インビトロ用診断薬については人に投与しないので体内被ばくを考慮する必要がなく，γ 線を放出し半減期が長い核種がよく使われる．^{3}H や ^{125}I などで標識されたものが多く，血液中にごく微量存在するホルモンやビタミンの検出定量などに使用される．

一方，放射線治療薬については，悪性腫瘍や甲状腺機能亢進症の治療など少数例に限られているが，細胞や組織への放射線障害を利用して治療するため粒子線である β^- 線を放出し，かつ治療効果を期待できるある程度の半減期を有する核種が用いられる．放射性医薬品に用いられる主な放射性核種の種類と用途については，表 5.1 にまとめた．

放射性医薬品基準には，2006 年 4 月 1 日現在，日本薬局方に収載されている 10 品目（表 5.2）を含めて 48 品目が収載されているが，収載外のものも治験薬として多くの放射性医薬品が開発され臨床現場で利用されており，放射性診断がきわめて進歩の著しい分野であることを示している．

表 5.1 放射性医薬品に用いられる主な放射性核種の種類と用途

核種	主な壊変様式	主な放出放射線	半減期	用途
^{11}C	β^+ 壊変	β^+ 線（消滅 γ 線）	20 分	インビボ診断
^{13}N	β^+ 壊変	β^+ 線（消滅 γ 線）	10 分	インビボ診断
^{18}F	β^+ 壊変	β^+ 線（消滅 γ 線）	110 分	インビボ診断
^{51}Cr	EC 壊変	γ 線	28 日	インビボ診断
^{67}Ga	EC 壊変	γ 線	78 時間	インビボ診断
^{99m}Tc	IT 壊変	γ 線	6 時間	インビボ診断
^{111}In	EC 壊変	γ 線	3 日	インビボ診断
^{123}I	EC 壊変	γ 線	13 時間	インビボ診断
^{125}I	EC 壊変	γ 線	60 日	インビトロ診断
^{131}I	β^- 壊変	β^- 線，γ 線	8 日	インビボ治療および診断
^{133}Xe	β^- 壊変	β^- 線，γ 線	5 日	インビボ診断
^{201}Tl	EC 壊変	γ 線	73 時間	インビボ診断

5.1 放射性医薬品の定義と分類

表 5.2 第 15 改正日本薬局方収載放射性医薬品

塩化インジウム(^{111}I)注射液
塩化タリウム(^{201}Tl)注射液
過テクネチウム酸ナトリウム(^{99m}Tc)注射液
クエン酸ガリウム(^{67}Ga)注射液
クロム酸ナトリウム(^{51}Cr)注射液
ヨウ化ナトリウム(^{123}I)カプセル
ヨウ化ナトリウム(^{131}I)液
ヨウ化ナトリウム(^{131}I)カプセル
ヨウ化人血清アルブミン(^{131}I)注射液
ヨウ化ヒプル酸ナトリウム(^{131}I)注射液

甲状腺がん転移巣を発見するためのシンチグラムと甲状腺機能亢進症や甲状腺がんの治療が行えるヨウ化ナトリウム(^{131}I)カプセルのように，治療薬ではあるが放出されるγ線を検出することで診断も可能な放射性医薬品もある．また最近では，イブリツモマブチウキセタン（ゼヴァリン）のように，診断薬剤のとしてインジウム111標識ゼヴァリンを用いてシンチグラフィにより撮影し，異常な分布や反応が起きないことを確認した後に，治療薬剤としてイットリウム90標識ゼヴァリンを静注して内部照射による悪性リンパ腫の放射線治療を行う診断と治療の両方の機能を利用する放射性医薬品も登場している．

臨床に利用されている放射性医薬品を表5.3にまとめる．最近の分子メージング領域の急速な発展により，実際にはほとんど使用されなくなったものも多い．

表 5.3 臨床で利用されている放射性医薬品

(1) **フルデオキシグルコース(^{18}F)(^{18}F-FDG)**
　　腫瘍・炎症の診断，心筋シンチグラフィ，脳シンチグラフィ
(2) **クロム酸ナトリウム(^{51}Cr)**
　　赤血球寿命，循環血液量，夜間性血色素尿症，自己免疫性溶血性貧血
(3) **クエン酸第二鉄(^{59}Fe)**
　　鉄代謝，造血機能，貧血の診断
(4) **ヒト胃液内因子結合シアノコバラミン(^{57}Co)**
　　ビタミンB_{12}吸収不全，悪性貧血の診断
(5) **シアノコバラミン(^{58}Co)**
　　ビタミンB_{12}吸収不全，悪性貧血の診断
(6) **クエン酸ガリウム(^{67}Ga)**
　　腫瘍・炎症シンチグラフィ
(7) **クリプトン(^{81m}Kr)**
　　肺換気シンチグラフィ，局所肺血流検査，局所脳血流検査
(8) **塩化ストロンチウム(^{89}Sr)**
　　骨転移がんの疼痛緩和
(9) **塩化イットリウム(^{90}Y)**
　　リンパ腫の治療（イブリツモマブチウキセタン（ゼヴァリン）を放射性核種で標識し，イットリウム(^{90}Y)イブリツモマブチウキセタンとして）
(10) **エキサメタジムテクネチウム(^{99m}Tc)（ヘキサメチルプロピレンアミンオキシム）(^{99m}Tc-HMPAO)**
　　脳血流シンチグラフィ

(11) [N,N′-エチレンジ-L-システイネート(3-)]オキソテクネチウムジエチルエステル(^{99m}Tc) (^{99m}Tc-ECD)
脳血流シンチグラフィ

(12) 過テクネチウム酸ナトリウム(^{99m}Tc)
甲状腺摂取率,異所性胃粘膜疾患の診断,甲状腺シンチグラフィ,脳シンチグラフィ,唾液腺シンチグラフィ

(13) ガラクトシル人血清アルブミンジエチレントリアミン五酢酸テクネチウム(^{99m}Tc) (^{99m}Tc-GSA)
肝シンチグラフィ

(14) ジエチレントリアミン五酢酸テクネチウム(^{99m}Tc) (^{99m}Tc-DTPA)
腎シンチグラフィ

(15) ジメルカプトコハク酸テクネチウム(^{99m}Tc) (^{99m}Tc-DMSA)
腎シンチグラフィ

(16) テクネチウムスズコロイド(^{99m}Tc)
肝シンチグラフィ,脾臓シンチグラフィ,リンパ節シンチグラフィ

(17) テクネチウム大凝集人血清アルブミン(^{99m}Tc) (^{99m}Tc-MAA)
肺血流シンチグラフィ

(18) テクネチウム人血清アルブミン(^{99m}Tc) (^{99m}Tc-HSA)
肺循環機能,心拍出量,肺血液量の診断,心プールシンチグラフィ

(19) テトロホスミンテクネチウム(^{99m}Tc)
心筋シンチグラフィ

(20) 人血清アルブミンジエチレントリアミン五酢酸テクネチウム(^{99m}Tc) (^{99m}Tc-HAS-DTPA)
心プールシンチグラフィ

(21) ヒドロキシメチレンジホスホン酸テクネチウム(^{99m}Tc) (^{99m}Tc-HMDP)
骨シンチグラフィ

(22) N-ピリドキシル-5-メチルトリプトファンテクネチウム(^{99m}Tc) (^{99m}Tc-PMT)
肝・胆道シンチグラフィ

(23) ピロリン酸テクネチウム(^{99m}Tc) (^{99m}Tc-PYP)
心筋シンチグラフィ,骨シンチグラフィ

(24) フィチン酸テクネチウム(^{99m}Tc)
肝シンチグラフィ,脾臓シンチグラフィ,リンパ節シンチグラフィ

(25) ヘキサキス(2-メトキシイソブチルイソニトリル)テクネチウム(^{99m}Tc) (^{99m}Tc-MIBI)
心筋シンチグラフィ

(26) メチレンジホスホン酸テクネチウム(^{99m}Tc) (^{99m}Tc-MDP)
脳血流シンチグラフィ,骨シンチグラフィ

(27) メルカプトアセチルグリシルグリシンテクネチウム(^{99m}Tc) (^{99m}Tc-MAG$_3$)
腎シンチグラフィ

(28) インジウム(^{111}In)オキシキノリン
腫瘍・炎症シンチグラフィ(^{111}In 標識白血球に使用),血栓形成部位シンチグラフィ(^{111}In 標識血小板に使用)

(29) 塩化インジウム(^{111}In)
骨髄シンチグラフィ,リンパ腫の診断(イブリツモマブチウキセタン(ゼヴァリン)を放射性核種で標識し,イットリウム(^{90}Y)イブリツモマブチウキセタンとして)

(30) 抗ヒトミオシンマウスモノクローナル抗体(Fab)ジエチレントリアミン五酢酸インジウム(^{111}In)
心筋シンチグラフィ

(31) ジエチレントリアミン五酢酸インジウム (^{111}In) (^{111}In-DTPA)
脳脊髄液シンチグラフィ

(32) イオマゼニル(^{123}I)
脳疾患(てんかん)の診断

(33) 塩酸 N-イソプロピル-p-ヨードアンフェタミン(^{123}I) (^{123}I-IMP)
脳血流シンチグラフィ

(34) 3-ヨードベンジルグアニジン(^{123}I) (^{123}I-MIBG)
心筋シンチグラフィ,腫瘍・炎症シンチグラフィ

(35) ヨウ化ナトリウム(^{123}I)
    甲状腺摂取率,甲状腺シンチグラフィ
(36) ヨウ化ヒプル酸ナトリウム(^{123}I)(^{123}I-OIH)
    腎シンチグラフィ
(37) 15-(4-ヨードフェニル)-3(R,S)-メチルペンタデカン酸(^{123}I)(^{123}I-BMIPP)
    脂肪酸代謝シンチグラフィ
(38) 3-ヨードベンジルグアニジン(^{131}I)(^{131}I-MIBG)
    腫瘍シンチグラフィ
(39) ヨウ化ナトリウム(^{131}I)
    甲状腺摂取率,甲状腺機能亢進症などの治療,甲状腺がんおよび転移巣の治療,甲状腺がん転移巣の診断,甲状腺シンチグラフィ
(40) ヨウ化人血清アルブミン(^{131}I)
    循環血漿量,循環血液量,血液循環時間,心拍出量
(41) ヨウ化ヒプル酸ナトリウム(^{131}I)
    腎臓の血流量,尿細管分泌機能,腎からの尿排泄機能
(42) ヨウ化メチルノルコレステロール(^{131}I)(アドステロール)
    副腎シンチグラフィ
(43) キセノン(^{133}Xe)
    肺換気シンチグラフィ
(44) 塩化タリウム(^{201}Tl)
    腫瘍シンチグラフィ,副甲状腺シンチグラフィ,心筋シンチグラフィ
(45) セレノメチオニン(^{75}Se)
    膵シンチグラフィ

(45)以外は放射性医薬品基準収載品

5.2 測定・診断法

　放射性診断法には,生体内に直接放射性医薬品を投与して行うインビボ診断と,放射性医薬品を試験管内トレーサとして利用するインビトロ診断がある(図5.2).

　インビボ診断には,放射性医薬品を直接患者に投与して,体外からその放射性同位体の体内,組織内への集積や動態を測定して画像化し,臓器,組織の形態的または機能的な異常を調べる「体外計測法」によるものと,放射性医薬品を投与して一定時間後に血液や呼気,尿,糞中などを採取し,体外で放射能を測定して放射性医薬品の体内希釈や排泄の様子から臓器,器官の機能的な異常を間接的に調べる「試料計測法」によるものがある.体外計測法のうち,体内に投与された放射性医薬品から放出されるγ線を体外より測定して,画像化する診断技法を**シンチグラフィ**(scintigraphy)または**イメージング**(imaging)という.また,コンピュータ処理によって生体の断層画像(断層像)を得る撮影技法を**コンピュータ断層撮影法**(computed tomography, CT)という.

　単一光子放射断層撮影法(single photon emission computed tomography, SPECT)は,核異性体転移(IT)や電子捕獲(EC)核種から放出されるγ線を測定して投与した放射性同位元素の分布を断層画像にする画像化技法であり,**陽電子放射断層撮影法**(positron emission tomography, PET)は,β^+壊変核種から放出される陽電子(ポジトロン)が近くの電子と結合して消滅する際に放出される消滅γ線を測定する画像化技法である.

　一方のインビトロ診断は,患者から採血した血液などの生体試料中のホルモンやがん抗原,酵素

や薬物などの微量物質を，試験管内でその生体試料に体外診断用放射性医薬品を加えて反応させ定量を行い，その量的変動から疾病や臓器・組織の異常を診断する方法で，一般にラジオアッセイ（radioassay）と呼ばれている．ラジオアッセイの詳細については第7章を参照されたい．

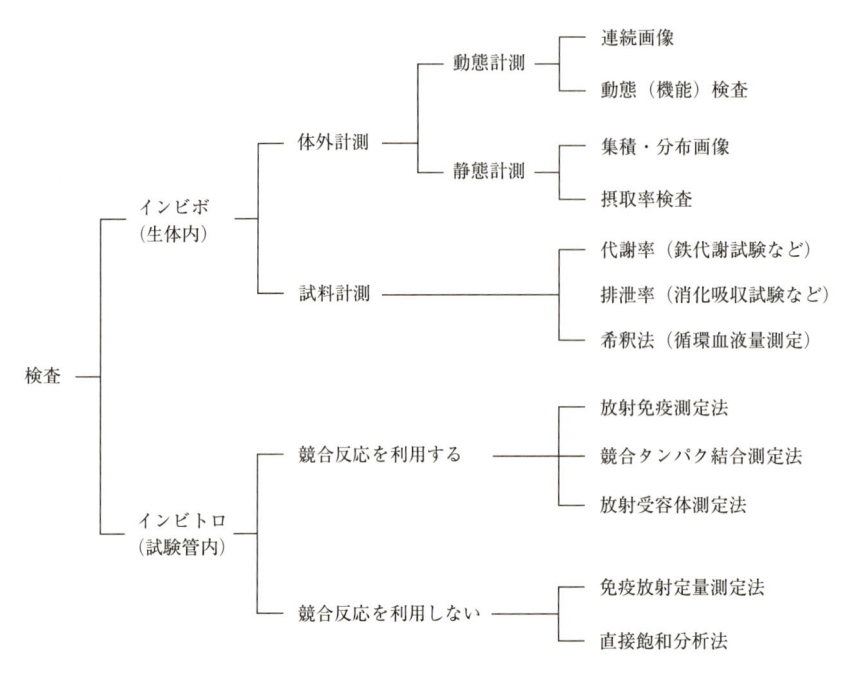

```
検査 ─┬─ インビボ ─┬─ 体外計測 ─┬─ 動態計測 ─┬─ 連続画像
      │ （生体内）  │             │            └─ 動態（機能）検査
      │            │             └─ 静態計測 ─┬─ 集積・分布画像
      │            │                          └─ 摂取率検査
      │            └─ 試料計測 ─┬─ 代謝率（鉄代謝試験など）
      │                         ├─ 排泄率（消化吸収試験など）
      │                         └─ 希釈法（循環血液量測定）
      └─ インビトロ ─┬─ 競合反応を利用する ─┬─ 放射免疫測定法
        （試験管内）  │                       ├─ 競合タンパク結合測定法
                     │                       └─ 放射受容体測定法
                     └─ 競合反応を利用しない ─┬─ 免疫放射定量測定法
                                              └─ 直接飽和分析法
```

図 5.2 検査・診断における放射性医薬品の利用形態

5.3 核医学診断用機器

体内に投与した放射性医薬品の放射能分布を，体外から検出器で測定して得られた画像は**シンチグラム**（scintigram）と呼ばれる．シンチグラフィは検査目的により，臓器の位置や形態・大きさ，病巣の有無や性状などの情報が得られる静態シンチグラフィ，経時的な撮像で血流や臓器の機能などの連続的な情報が得られる動態シンチグラフィ，全身の病巣を検索する全身シンチグラフィ，断層撮影により3次元的情報が得られるPET，SPECTなどに大別される．シンチグラムを得る装置として，シンチレーションカメラ（シンチカメラ，ガンマーカメラ）や，検出器を被験者の体軸周りを回転させて多方向からγ線を計測し，コンピュータ処理によって体軸断層像を再構成する装置がある．

シンチレーションカメラの検出器は，円筒型の鉛版で覆われたシンチレータの上に，光電子増倍管を配置した構造を有している．シンチレータは体内から放出されたγ線と相互作用してエネルギーの一部を光子として放出するもので，NaI（Tl）の単結晶が用いられることが多い．シンチレーションカメラの検出面の前には，散乱線など他の方向からのγ線の入射を防ぎ，特定の方向からのγ線のみを透過させるためのコリメータ（collimator）が置かれている．コリメータは，多数の孔が開いた鉛またはタングステンの板であり，一般的には平行多孔型（パラレルホールコリメータ）が

使われるほか，ファンビーム型，ピンホール型などいろいろな形状のものがある．コリメータの形状や厚さはγ線の検出感度やシンチグラムの空間分解能に大きく影響するため，放射線のエネルギーや画像解像度を考慮しながらコリメータを交換して撮像する．

光電子増倍管は真空管の一種で，シンチレータからの光信号を増幅する．増幅過程では感度の均一性が重要であるため，補正回路や光電子増倍管間の隙間を減らすような形状にしたり，補正回路を付けたりして工夫されている（図5.3，図5.4）．

シンチカメラは，大口径の検出器が使用されているため目的臓器とその周辺からのγ線を広範囲に検出できるほか，短時間で感度よく検出できることから，動きの速い血流トレーサの検出に向いている．しかしながら，撮像されたシンチグラムはγ線の検出が1方向であるために2次元的な集積分布像しか得られないことや，臓器深部からのγ線は組織の吸収を受けて減弱するため検出が困難であるなどの理由から，比較的表在性の放射能分布測定が中心となり，臓器深部の正確な放射能分布や小さな病変の観察には向いていない．

体内に投与された放射性医薬品からのγ線を，体軸の周りを一定回転角度ごとに計測し，集積した多方向からの投影データを画像再構成して放射能濃度の3次元分布を体軸横断または断層像として得る装置が汎用されている．

5.3.1 SPECT 装置

SPECT装置（図5.5）は，被験者の周りにシンチカメラの検出部分を回転させるもので，多方向

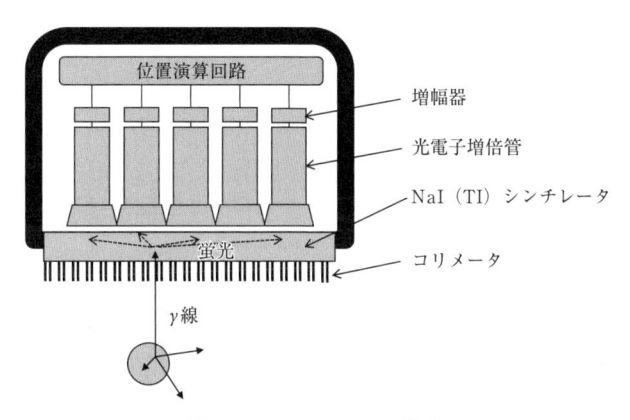

図5.3 シンチカメラの模式図

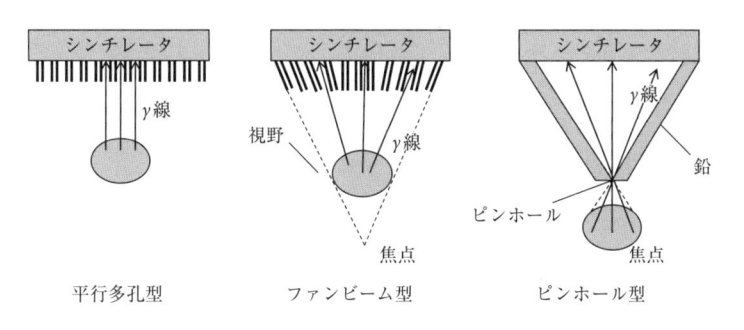

図5.4 コリメータの種類

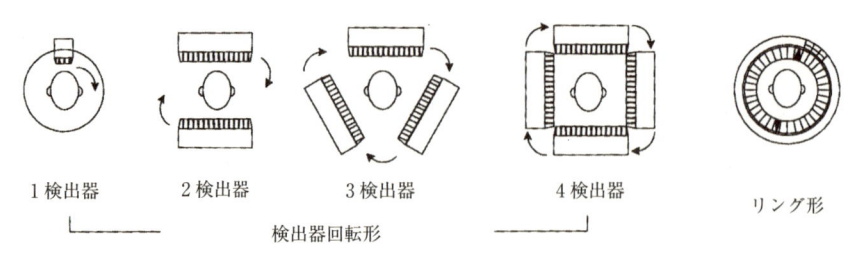

図 5.5 SPECT 装置（文献 4 より）

からデータを収集し，そのデータを基に断層画像を作成するものである．現在では，1 方向から撮像すればシンチカメラとして，多方向から撮像すれば断層画像として得られる多目的シンチカメラや，カメラをあらかじめ複数台，リング状に配して測定感度をあげた SPECT 専用装置などがある．

SPECT で用いられるコリメータは，平行多孔型が最も一般的で，心筋などの体幹部のような広い視野を撮像するのに適している．ファンビーム型は比較的小さな臓器を拡大撮像するために使用され，頭部撮像などに有効である．ピンホール型は，ピンホールカメラの原理で拡大撮像が可能なため，1 mm 以下の高解像度撮像に向いている．マウスやラットなど研究用小動物の撮像に用いる小動物用 SPECT 装置のほとんどは，ピンホール型コリメータを用いている．

収集された投影データは，画像再構成されて SPECT 画像となる（図 5.6）．SPECT 画像再構成法には，統計学に基づく逐次近似法である OSEM（ordered subset expectation maximization）法や，解析的なフィルタ補正逆投影法（filtered back-projection：FBP 法），重畳積分逆投影法などがある．再構成された画像は基本的には体軸横断像であるが，これらを組み合せることで任意の断層像を得ることができ，体軸横断像（transaxial image），矢状断像（sagittal image），冠状断像（coronal image）などが利用される．SPECT は原理的には後述の PET に比べると定量性の面で劣るが，被写体内での γ 線の吸収や散乱，画質劣化や幾何学を画像再構成過程に組み込むことで，定量的補正も可能となってきている．また，SPECT で使用する核種は特定のエネルギーの γ 線を有するので，複数の核種の同時投与によるデータ収集が可能である．

最近では，半導体検出器を利用したものや用途を特化した SPECT 装置も開発されてきた．半導体素子を用いた検出器は，エネルギー分解能，空間分解能，計数率特性に優れ，シンチレータの代替手段として研究されてきた．半導体の材料として，CdZnTe（CZT）や CdTe が使用されている．その特徴としては，光電子増倍管が不要なため小型・軽量化が可能となってきており，小動物用 SPECT などに使用されている．

1 つの装置にガンマーカメラと X 線 CT の機能が一体化したハイブリッド装置である SPECT/CT 装置も開発されている．1 回の検査で SPECT 画像と X 線 CT 画像を撮像でき，SPECT 画像の吸収補正を X 線 CT 画像からの吸収マップによって行ったり，両者の画像を重ね合わせることで放射性同位元素の集積位置の同定が容易である（図 5.7）．最近では，PET や MRI とも同時撮像できる SPECT/PET 装置や SPECT/MRI 装置も開発されている．

5.3.2 PET 装置

γ 線を測定し画像化する SPECT に対して，生体内に投与したポジトロン放出核種で標識した放射性医薬品から 180 度相反する方向に 2 本同時に放射される 511 keV の消滅放射線（annihilation

5.3 核医学診断用機器

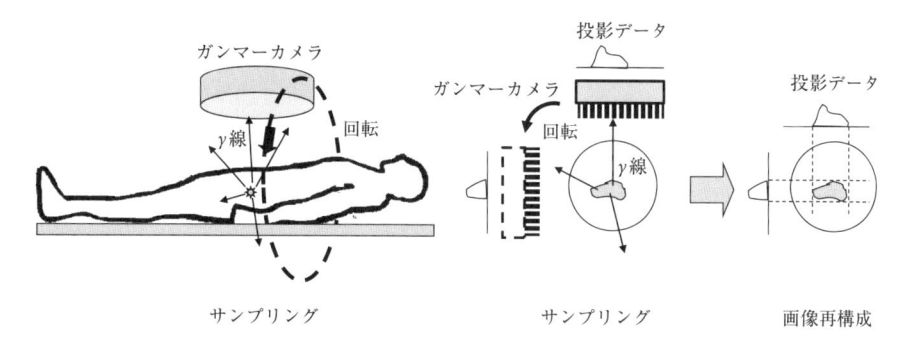

図5.6 SPECT の撮像原理（概念図）

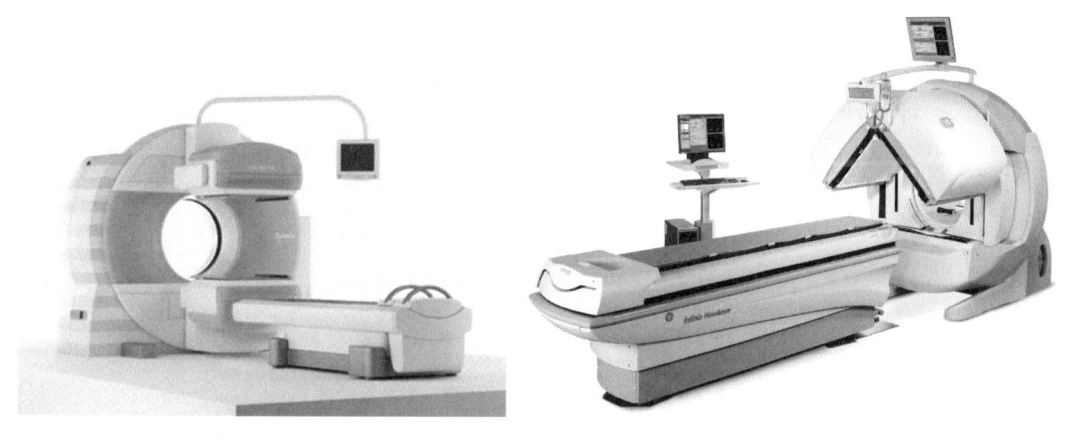

Symbia T
（シーメンス・ジャパン社提供）

Infinia Hawkeye4
（GE ヘルスケア・ジャパン社提供）

図5.7 SPECT/CT 装置

radiation）を同時計数回路により測定し，その分布を画像化する方法を PET と呼ぶ．PET の検出器としては高エネルギーの γ 線に対する検出感度が高い，ゲルマニウム酸ビスマス（$Bi_4Ge_3O_{12}$, BGO），ケイ酸ルテチウム（Lu_2SiO_5, LSO），ケイ酸ガドリニウム（Gd_2SiO_5, GSO）などの原子番号が大きいシンチレータが広く用いられ，多数の検出器を周密にリング状に配列したものが普及している．検出器の配列方式としてはリング型のほか，多角形型，ガンマーカメラ対向型，多層多角形型，多層リング型などがあり，放射線を有効に検出できる多層型が主流となってきている．

対向する複数個の検出器が同時計数回路で結ばれており，消滅放射線の数と発生位置が決定できる．この位置とカウント数の情報を再構成して断層画像を得る．同時計数を行うことでポジトロン核種の臓器内存在部位とそのカウント数が容易に決定でき，また対外計測に影響を与える γ 線の吸収補正も正確かつ容易に行えるため，SPECT に比べて検出効率が高く定量性にも優れている．また，コリメータを用いずに線源の方向を特定できるため，通常のガンマーカメラや SPECT に比べて感度や分解能の高い画像が得られる利点がある（図5.8）．

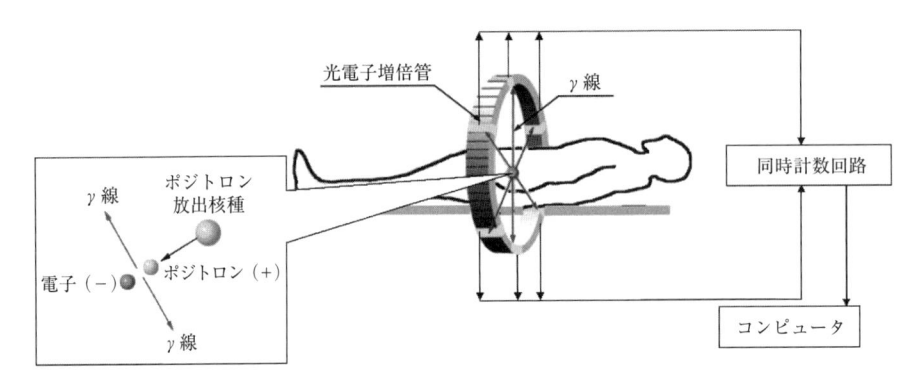

図5.8 PET の原理

　PET 装置と X 線 CT を一体化したハイブリッド装置として PET–CT 装置が開発されている．SPECT–CT 装置と同様，1 回の検査で PET 画像と CT 画像を撮ることができ，画像を重ね合わせることで形態学的情報に基づく機能画像情報を得ることが可能である（図5.9）．最近では，前述のSPECT/PET 装置や MRI も同時撮像できる PET/MRI 装置も開発されているほか，研究用に高解像度と高感度を有する小動物 PET 装置も開発されてきている（図5.10）．

5.3.3　その他の放射線測定機器

　インビボ検査で使われる放射線測定機器は NaI（Tl）シンチレーション検出器や液体シンチレーション計数器など，基礎科学の研究で利用されるものと同じ機器が利用される．診断用ではないが，放射性医薬品の管理や検定に医療現場で利用される機器にドーズキャリブレータまたはベクレルメータと呼ばれるものがある（図5.11）．放射性医薬品の放射能をバイアルや注射筒に入れたまま測定したり，ミルキングによって得られた核種の放射能を測定したりする目的に利用される．検出部は井戸型をした電離箱が用いられ，放射線による電離量から直接放射能を読み取ることができる．

5.4　放射性医薬品の管理と適正使用

　インビボ放射性医薬品は人体に直接投与されるので，一般医薬品に準じた滅菌，発熱物質試験などの品質管理が必要である．医薬品としての品質管理は**放射性医薬品基準**および**日本薬局方**で規定されている．この規格と試験法は一般医薬品の場合と同様であるが，一般医薬品の場合に加え，核種の確認，放射能の定量，放射化学的純度の確認，容器の遮へいなど放射性物質に由来する特有な項目も含まれている．さらに，投与剤形の種類に応じて pH，イオン強度，浸透圧，溶解度などの物理化学的性質の管理が行われる．放射性医薬品の品目の確認試験，純度試験および定量法などの品質に関する実質的な規定はすべて放射性医薬品基準に記載されている．市販の放射性医薬品製剤ではこれらの試験をメーカや受託試験機関が行っていることが多いが，キットの導入や短半減期核種の利用が増加したことから，病院など臨床現場での調製が必要となる場合もあり，人体への投与直前にこれらの試験を行う必要も生じている．

　放射性医薬品には，物理的半減期があることや放射線自己分解なども考慮しなければならないため，製剤中の放射能の検定は重要である．そのために，「製造日または日時」に加えて「検定日また

5.4 放射性医薬品の管理と適正使用

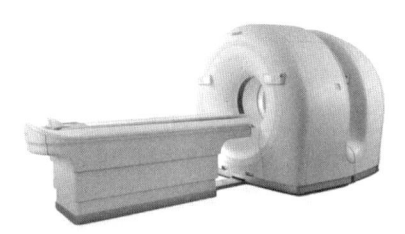

GEMINI TF（日立メディコ社提供）

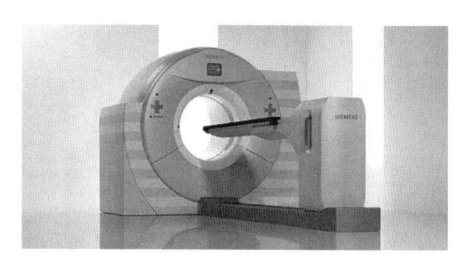

Biograph mCT
（シーメンス・ジャパン社提供）

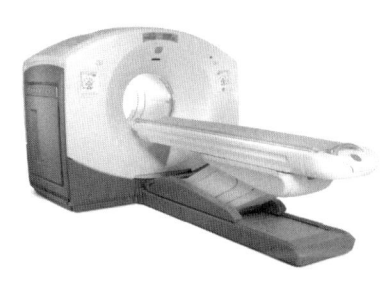

Discovery PET/CT 600
（GE ヘルスケア・ジャパン社提供）

Eminence-STARGATE
（島津製作所提供）

図 5.9 PET/CT 装置

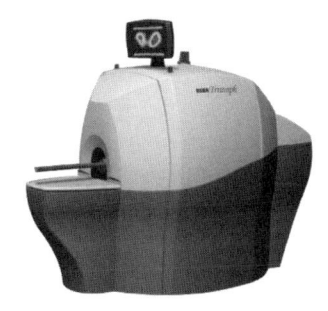

FX3000 Pre-Clinical Imaging System
（エスアイアイ・ナノテクノロジー社提供）

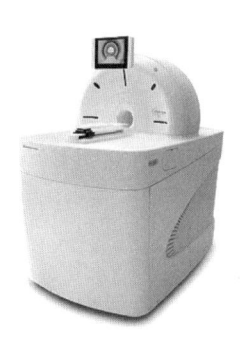

Clairvivo PET
（島津製作所提供）

図 5.10 小動物用 SPECT および PET 装置

図 5.11 ドーズキャリブレーター CRC-25R
（アクロバイオ社提供）

は日時」の規定がある．^{99m}Tc，^{81m}Krや^{123}Iのような，物理的半減期が比較的短い核種の放射性医薬品は「検定日時または製造日時」で規定し，物理的半減期が数日を超える比較的長い核種の医薬品については「検定日または製造日」としている．

5.4.1 確認試験

　確認試験は，放射性医薬品基準の通則で「医薬品に含まれる放射性核種を当該放射性核種により放出される放射線の性質に基づいて確認し，または医薬品をその特性に基づいて確認するために必要な試験である」と規定している．各条に規定してある確認試験は，医薬品に用いられる核種が主にγ線放出核種であるので，γ線スペクトロメトリによりエネルギーから核種を確認する方法が用いられ，必要に応じてクロマトグラフィや電気泳動によって物質の特性の確認も行われる．γ線の測定は安定性とエネルギー分解能のよいゲルマニウム半導体検出器によって行われるようになってきた．化学形については，純度試験により代用されることが多く，また微量なために確認試験の適用が困難であることが多いため，省略されることがある．

5.4.2 純度試験

　不純物の限度試験である純度試験では，放射性医薬品への放射化学的異物と異核種の混在がトレーサとしての機能を阻害するので，一般医薬品に適用される純度試験の内容に加えてそれらの検定が特に重要である．放射能に関する純度は，放射性核種純度と放射化学的純度とがある．

a. 放射性核種純度

　放射性核種純度は，標識に用いられた核種とは物理的性質が異なる放射性同位元素の混在すなわち放射性異核種に関する純度である．放射性異核種は，医薬品核種の製造の過程で理論的に副生が予想されるものや，何らかの原因でジェネレータから溶出した親核種などに起因する．医薬品各条では混入異核種のうち，目的放射性医薬品を標識した核種よりも物理的半減期が長く，内部被ばくに寄与すると考えられる異核種の限度を特に規定している．

b. 放射化学純度

　放射化学純度は，同じ放射性同位元素で標識された異種化合物すなわち放射化学的異物の混在に関する純度である．放射化学的異物は含有核種が同一であっても，放射性医薬品の活性成分とは化学形が異なったものであり，原料標識体の混入，放射性ヨウ素標識医薬品から遊離した^{123}Iや^{131}Iの例のような標識核種の脱離や合成副産物，放射線分解産物に由来するものである．

　微量濃度を対象とし，かつ短時間の分析を必要とするため，薄層クロマトグラフィや液体クロマトグラフィなどの各種クロマトグラフィや，電気泳動法，ろ過法，標識タンパク沈殿法など，放射性医薬品の特性によって異なる試験方法が用いられる．

5.4.3 定量法と検定

　一般医薬品と異なり放射性医薬品の定量は，含有放射能について行われる．放射能の定量法には，標準品との比較に基づいて算出する方法と，井戸型電離箱やベクレルメータまたはドーズキャリブレータを用いて直接的に測定する方法がある．放射性医薬品に含まれる放射性同位元素は，物理的半減期に従って減衰するため，製剤中の放射能含量は指定した日時における放射能が記載されている．担体を含んだものについては，比放射能や担体の限度試験が規定されている．

放射能は経時的に減衰するので，放射能の減衰計算を行い使用時の放射能検定を行う．

$$A = A_0 \times \left(\frac{1}{2}\right)^{\frac{t}{T}}$$

ここで，A：放射能，A_0：初期放射能，T：半減期，t：経過時間．

5.4.4 その他の試験

懸濁状製剤における粒度試験，体内分布試験，注射剤における無菌試験や発熱性物質試験がある．ただし，放射性医薬品は半減期が短いために，日本薬局方に規定される試験法をそのまま適用できない場合がある．このため「放射性医薬品基準」では，半減期240時間以内の放射性医薬品は，滅菌効果が確認されている方法で製造されていれば，無菌試験の完了以前に出荷ができることになっている．

発熱性試験に関しては日本薬局方ではウサギを用いて行われるが，放射線の影響を避けるために，放射能の減衰を待って試験を行うことができると規定されている．特に，ポジトロン放出核種などの超短半減期放射性医薬品の場合には，エンドトキシン試験をもって発熱性物質試験法に代えることができる．

5.5 放射性医薬品の保管

放射性医薬品の保管に関しては「放射性医薬品の製造および取扱規則」（2005年11月24日厚生労働省令第164号）第2条第4項第2号で規定されており，放射性医薬品は「薬局等構造設備規則」第9条第1項第3号に規定する設備において保管することとなっている．それによると，貯蔵設備には各種適合基準が定められており，放射性医薬品を他の物と区別して保管するための鍵のかかる設備または器具を備えていることとなっている．

5.6 廃　　　棄

5.6.1 医療用放射性汚染物の廃棄

放射性医薬品によって汚染された注射器，バイアル，ゴム手袋などの医療用放射性汚染物の廃棄に関しては，「医療法施行規則」第30条の14において，廃棄施設に廃棄しなければならないことになっているが，同第30条の14の2において，医療用放射性汚染物の廃棄を厚生労働省令で指定する廃棄業者に委託することもできることになっている．ただし，PET用放射性同位元素で汚染されたものの廃棄については別途規則が定められている．

5.6.2 PET用放射性同位元素（陽電子断層撮影診療用放射性同位元素）の廃棄

「放射線障害防止法施行規則」第19条に「固体状の陽電子断層撮影用放射性同位元素等の廃棄の基準」として，「陽電子断層撮影用放射性同位元素等以外の物が混入又は付着しないように封及び表示をして，原子の数が1を下回ることが確実な期間を超えて管理区域内で保管廃棄した後は，放射性同位元素等ではないとする．及び，その期間は7日間（告示第40号）とする」ことが規定されている．すなわち，PET用放射性同位元素を用いたシリンジ，ニードル，バイアルなどは保管廃棄し

てから7日間経過後には一般医療廃棄物として廃棄してよいことになっている．ただし，PET用放射性同位元素の1日最大使用数量は ^{11}C，^{13}N，^{15}O はそれぞれ1テラベクレル，^{18}F は5テラベクレルと決められている（「放射線障害防止法施行規則」第15条および告示第40号）．

5.7 放射線被ばく防護

放射性医薬品を投与する場合には，医療従事者や患者の放射線被ばくは避けられない問題である．しかしながら，ベネフィットとリスクとの対比を考え，なるべく被ばくを最少限に抑える必要がある．被ばく管理を行ううえで，医療従事者に対する教育訓練，投与量の決定，実効半減期の概念，そして被ばく線量の計算が大切である．

5.7.1 医療従事者の被ばく防護

放射性医薬品を扱う医療従事者は「放射線障害防止法」または「医療法」によって安全管理が行われているが，体外被ばくをできるだけ低く抑えるために放射線防護の3原則（放射線源からできるだけ**距離**をとる・作業**時間**の短縮を心掛ける・線源の近傍で**遮へい**をする）を守ることがなによりも重要である（第10章参照）．また，放射線業務従事者の放射線安全管理は，「労働安全衛生法」に基づく「電離放射線障害防止規則」によっても規定されている．

5.7.2 放射性医薬品の投与量

一般に，放射性医薬品は投与量が多ければ短時間の撮像で明瞭な画像が得られ，検査は容易となる．しかしながら，その反面，被験者の被ばく線量は多くなる．したがって，投与量は測定器の感度，測定に必要な時間，放射性同位体の種類，被験者の年齢や体重などを考慮して最少限に留めるべきである．実際には，用いる放射性医薬品ごとに標準投与量が示されるので，これを参考にして状況に応じて投与量を決定する．患者の内部被ばくを低減するためには，短半減期で β 線のような粒子線を放出しない核種の使用や，生物学的半減期の短い核種または医薬品，診断部位への特異的集積性が高い核種または医薬品の使用を考慮する必要がある．

小児は大人よりも放射線感受性が高いため，小児に対する投与量がしばしば問題となる．小児の場合，単位重量あたりの臓器の大きさが成人よりも大きいため，体重を基準に投与量を算出するのは問題がある．そのため，投与量の目安として下記の式が用いられる．

$$\text{小児投与量} = \text{成人投与量} \times \frac{\text{年齢}+1}{\text{年齢}+7}$$

5.7.3 実効半減期

投与された放射性医薬品の放射能が体内から消失する速度は，放射性核種固有の物理的半減期（T_p）による減衰と，物質としての医薬品のそのものが尿や糞，呼気，汗などを介して排泄される過程の生物学的半減期（T_b）で決まる．両者を考慮した実効半減期（T_e）は，次式で表される．

$$\frac{1}{T_e} = \frac{1}{T_p} + \frac{1}{T_b}$$

5.7.4 患者の被ばく評価

　生体内に投与された放射性医薬品により，被験者の組織・臓器が受ける内部被ばく線量の評価には，アメリカ核医学会の「内部被ばく検討委員会（Medical Internal Radiation Dose Committee）」で提案されたMedical Internal Radiation Dose（MIRD）法が採用されている．MIRD法は，ファントムを用いて個々の組織や臓器の被ばく線量を実際に算出する方法であり，放射性核種が分布している組織（線源臓器，sourse organ）だけでなく，その周辺すべてや全身の臓器組織を合算して標的組織（target organ）として考慮する．また，放射性同位元素からのβ，γ線だけでなく，オージェ電子や特性X線も含めて被ばく線量を算出するので，他の方法に比べてやや高い値となる特徴がある．このほか，国際放射線防護委員会（International Commission on Radiological Protection, ICRP）が公開したデータを用いる場合や，放射性薬品添付文書に公開している治験データを用いる場合もある．

5.7.5 放射性医薬品を投与された患者の医療機関からの退出

　放射性医薬品を投与された場合，患者自身の被ばくだけでなく，患者体内から発せられる放射線による介護者や家族，一般公衆への被ばくも可能な限り避けるべきである．診断レベルの投与放射能量であれば，短時間で減衰や排泄を待てば基準以下になるので，入院することなく医療機関から退出可能なため大きな問題になることはないが，治療に必要な放射能量であれば減衰や体外への排泄も相当の時間を要するため，第三者への被ばくの影響を十分考慮する必要がある．

　放射性治療薬を投与された患者の取扱いについては特別な考慮がされている場合がある．治療用の^{131}I，^{89}Srおよび^{90}Yを有する放射性医薬品については，投与された患者が医療機関から退出・帰宅するための基準が国によって定められており，「放射性医薬品を投与された患者の退出について（1998年6月30日医薬安発第70号厚生省（現厚生労働省）医薬安全局安全対策課長通知，2008年3月19日　医政指発第0319001号厚生労働省医政局指導課長通知）」によって，投与量，測定線量率，患者ごとの積算線量計算に基づく退出基準が示されている．たとえば，介護者被ばくが1件につき5 mSvを超えないこと，および退出記録を取り，それを2年間保存することとなっている．また，^{131}Iの安全管理に関しては日本核医学会から「バセドウ病および甲状腺がんの放射性ヨード内用療法に関するガイドライン」が出されている．

参 考 文 献

1) DD. Patton.：The Journal of Nuclear Medicine, 44, 1362-1365, 2003.
2) 佐治英郎，田畑泰彦 編：遺伝子医学MOOK9　ますます広がる分子イメージング技術，メディカルドウ，p.75-p.81, p.67-74, 2008.
3) 佐治英郎，前田　稔，小島周二 編：新放射化学・放射性医薬品学，南江堂，2006.
4) 宮崎利夫，堀江正信，五郎丸毅，小西徹也，森　幸雄 編：現代薬学シリーズ19　放射化学・放射性医薬品学，朝倉書店，1998.

演習問題

問 1 放射性医薬品に関する次の記述のうち，正しいものを 2 つ選びなさい．
1 放射性医薬品を病院で用いる場合，「放射性同位元素等による放射線障害の防止に関する法律」の規制を受ける．
2 放射性医薬品は，薬理活性を有する物質の場合でも，薬理活性は期待されない．
3 インビボ（in vivo）で用いられる放射性医薬品の有効期間は，放射性核種の半減期だけを考慮すればよい．
4 放射性医薬品は，人体に直接適用しないものも含む．
5 放射性医薬品は投与量が微量であっても毒性は無視できない．

問 2 放射性医薬品に関する記述のうち，正しいものを 1 つ選びなさい．
1 ^{99m}Tc 注射液ジェネレタは，^{99}Mo をモリブデン酸アンモニウムまたはモリブデン酸ナトリウムの形で，適当なカラムに充填したアルミナに吸着させた構造であればよい．
2 ^{99}Mo と ^{99m}Tc は過渡平衡が成り立つ．
3 ^{99m}Tc の半減期は 6.01 日である．
4 放射性ヨウ素の半減期の長さは ^{125}I＞^{123}I＞^{131}I の順である．
5 診断や治療に用いられる放射性同位元素およびその化合物は，すべて法律上も放射性医薬品と定義される．

問 3 放射性医薬品に関する次の記述のうち，正しいものを 2 つ選びなさい．
1 放射性医薬品は，放射性医薬品基準に規定されるとともに，すべて日本薬局方に収載されている．
2 放射性医薬品を薬剤部で管理する場合は，他の注射剤や経口剤と同様に保管すればよい．
3 人体に使用した放射性医薬品の廃棄物を，医療廃棄物として処理業者に引き渡している．
4 PET（positron emission tomography）では，半減期の短いポジトロン放出核種が用いられている．
5 ^{99m}Tc は半減期が短いので，医療機関で必要なときにジェネレータで調製して使用することができる．

問 4 放射性医薬品に関する次の記述のうち，正しいものを 2 つ選びなさい．
1 放射性医薬品は放射線のみが求められる．
2 ^{123}I は半減期が ^{131}I よりも長く，γ 線のみが放出されることから，甲状腺の機能検査と疾患の診断によく用いられている．
3 ^{131}I の大量投与は，甲状腺機能低下症やある種の甲状腺がんの治療に有効である．
4 ミルキングとは，親核種を吸着させたジェネレータから長半減期の娘核種を単離することである．
5 ^{99m}Tc-ヒト血清アルブミンは循環血漿量，血液量の測定や心拍出量の測定に用いられる．

問 5 放射性医薬品の一般注意事項と服薬指導に関する次の記述のうち，正しいものを 2 つ選びなさい．
1 授乳中の婦人には，診断上の有益性が被ばくによる不利益性を上回ると判断されても投与できない．
2 18 歳未満の患者には，診断上の有益性が被ばくによる不利益性を上回ると判断された際には投与できる．
3 MIRD 法では $β^-$ 線と γ 線に基づき被ばく線量を算出する．
4 用法および用量は必ず医師および薬剤師の指示に従う．
5 ヨウ化ナトリウム（^{123}I）注射液の使用に際しては，検査前 1～2 週間はルゴール液を使用しないよう服薬指導する．

問6 インビボ放射性医薬品に関する次の記述のうち，正しいものを2つ選びなさい．
1 放射性医薬品には，標識核種からの放射線のみが求められる．
2 医薬品自身が有する毒性は無視できる．
3 その有効性は実効半減期により決まる．
4 その使用は医療法のみにより規制される．
5 患者への投与は，医師の処方箋の交付を受けたときのみ可能である．

問7 内部被ばくに関する次の記述のうち，正しいものを2つ選びなさい．
1 α線は飛程が短いので内部被ばくを考慮する必要はない．
2 水に溶けない粒子状の線源は内部被ばくの原因とならない．
3 物理的半減期と生物学的半減期が極端に異なる場合，有効半減期は長いほうの半減期にほぼ等しくなる．
4 有効半減期の逆数は物理的半減期と生物学的半減期の逆数の和に等しい．
5 生物学的半減期は物理学的半減期とは無関係である．

問8 PET装置に関す次の記述のうち，正しいものを2つ選びなさい．
1 検出器には反同時計数回路が組み込まれている．
2 γ線を検出する．
3 1.02 MeVの消滅放射線を検出する．
4 SPECTと比較して線源の位置情報は劣る．
5 SPECTと比較して検出感度は優れている．

解 答　　問1：2と4　　問2：2　　問3：4と5　　問4：1と5　　問5：1と5　　問6：1と2
　　　　　問7：4と5　　問8：2と5

6
インビボ放射性医薬品

はじめに

第5章で述べたように,放射性医薬品基準には日本薬局方に収載されている10品目を含めて48品目が収載されているが,収載外のものも治験薬として多くの放射性医薬品が開発され,臨床現場で利用されている.

放射性医薬品は診断用と治療用とに大別され,さらに診断用放射性医薬品にはインビボ (*in vivo*) 用診断薬とインビトロ (*in vitro*) 用診断薬に分類される.インビボ用診断薬は生体内に投与されるものであり,また治療に用いられる放射性医薬品は生体に投与される非密封のものである.

本章では,患者に投与し臓器の形や病変部位を描画するイメージング法に用いられる放射性医薬品,投与した患者から得られた生体試料中の放射能を測定することにより代謝機能を調べる放射性医薬品,また治療目的で使用される代表的なインビボ放射性医薬品について述べる.

6.1 シンチグラフィに用いられる放射性医薬品

6.1.1 フルデオキシグルコース(^{18}F)注射液

フルデオキシグルコース(^{18}F)(^{18}F-FDG)は,陽電子放出断層撮影法(positron emission tomography,PET)によって画像情報を得るための放射性診断薬であり,グルコースの2位のヒドロキシル基を^{18}Fで置換したグルコース誘導体である.^{18}F-FDGは,グルコースと同様にグルコーストランスポータを介して細胞内に取り込まれ,ヘキソキナーゼによりリン酸化を受ける.しかし,グルコースと異なりその後の代謝を受けないことからリン酸化体として細胞内に貯留する(図6.1).腫瘍細胞,心筋虚血領域細胞および脳内のてんかん領域の細胞ではグルコースの取込みが正常細胞と比較して変化していることが知られているため,これらの病態はグルコース代謝異常を指標とするPETで画像描画するのに適している.たとえば,悪性腫瘍は細胞増殖が盛んな組織であるため,正常細胞に比べて3~8倍のグルコースを取り込むことが知られており,^{18}F-FDGは正常細胞よりも多く集積する.

^{18}Fは,β^+壊変によって陽電子(ポジトロン)を放出する半減期約110分の核種であるが,放射性医薬品に用いられる他の放射性同位元素に比べると半減期が短い.このため,^{18}F-FDGとしての有効期間も数時間となり,医薬品としては非常に短い.この短い半減期のため,^{18}F-FDGを用いたPET検査を行う場合には医療施設に^{18}F核種を製造する加速器であるサイクロトロンや,作業員の

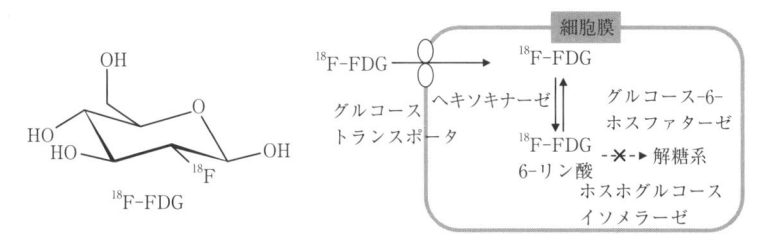

図6.1 ^{18}F-FDG の構造式と細胞集積機序

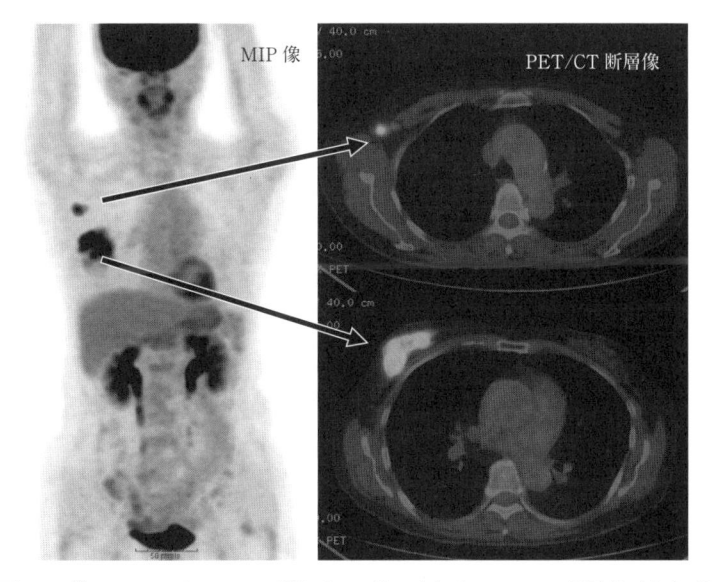

図6.2 ^{18}F-FDG による PET 画像（MIP 像：左）と PET/CT 断層像（右上下）
50代女性の乳がん症例で，右乳がんと右腋窩リンパ節転移が認められる．
（京都大学医学部附属病院放射線診断科　栗原研輔先生提供）

被ばくを防ぐとともに品質の一定した ^{18}F-FDG を製造するための放射性医薬品自動合成装置など，高額な設備などを兼備え，^{18}F-FDG を医療施設内で合成して用いる必要がある．最近では，^{18}F-FDG を用いた PET 診断（FDG-PET）が保険診療になったことに伴い，放射性医薬品メーカによる医薬品としての ^{18}F-FDG 製造販売が行われるようになってきた．^{18}F-FDG は，肺がん，乳がん，大腸がん，悪性リンパ腫などの悪性腫瘍，炎症，虚血性心疾患およびてんかんの診断を目的に用いられる（図6.2）．

6.1.2　クエン酸ガリウム(^{67}Ga)注射液

クエン酸ガリウム(^{67}Ga)注射液は日本薬局方収載品であり，シンチグラフィによって，悪性腫瘍の診断や腹部膿瘍，肺炎，塵肺，サルコイドーシス，結核，骨髄炎，びまん性汎細気管支炎，関節炎などの炎症性疾患における炎症性病変の診断を行う画像診断薬である．クエン酸ガリウム(^{67}Ga)の局所への集積機序に関しては解明されていない点が多いが，静脈投与された ^{67}Ga の大部分は血清タンパクであるトランスフェリンと結合するといわれており，トランスフェリン受容体を介して腫瘍細胞内へ取り込まれると理解されている．放射能の腫瘍集積性は悪性リンパ腫や未分化がんなど

図 6.3 ⁶⁷Ga 標識クエン酸ガリウムの構造式

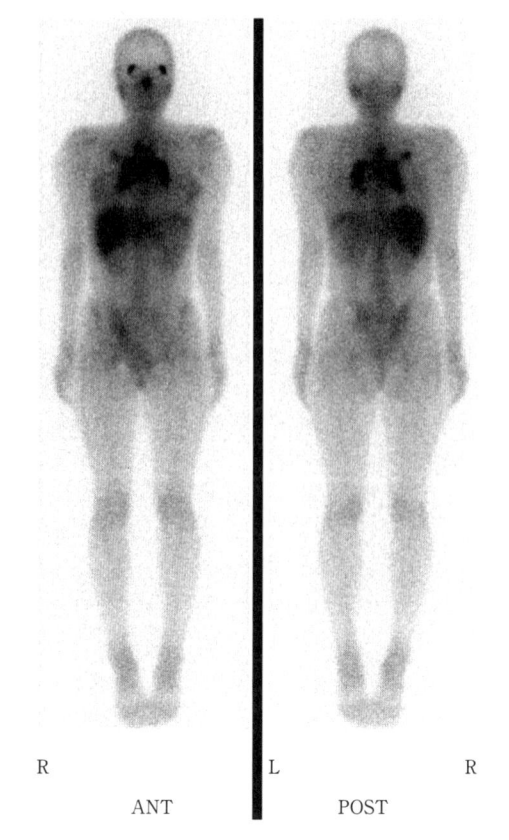

図 6.4 ⁶⁷Ga-クエン酸ガリウムによる腫瘍・炎症シンチグラフィのプラナー画像　30 代女性のサルコイドーシスの症例で，リンパ節と左肺浸潤が認められる．（京都大学医学部附属病院放射線診断科　栗原研輔先生提供）

の発育増殖の速い悪性腫瘍では高く，一方で分化がんや早期がんでは低い．大きく成長した腫瘍など中心部に壊死領域があれば，その領域には ⁶⁷Ga が集積せず，中心が陰性像（negative image）を与えることが多い．炎症への集積機序としては，クエン酸ガリウム（⁶⁷Ga）の多核白血球やラクトフェリンとの結合が推定されている．

　⁶⁷Ga は腸管内へ排泄されるため，腹部の病巣への集積と鑑別が困難となる場合がある．そのため，腹部診断の前処置に十分な浣腸を施行することがある．図 6.3，図 6.4 にそれぞれクエン酸ガリウム（⁶⁷Ga）の構造式と，腫瘍・炎症シンチグラフィの例を示す．⁶⁷Ga は EC 壊変により γ 線を放出し，半減期は約 78 時間である．

6.1.3　クリプトン（⁸¹ᵐKr）ジェネレータ

　クリプトン（⁸¹ᵐKr）ジェネレータは，ブドウ糖注射液または注射用水，あるいは酸素または空気を通じることによりクリプトン（⁸¹ᵐKr）注射液あるいは吸入用ガスを溶出することができる．ジェネレータの構造は，ルビジウム-81（⁸¹Rb）を水酸化ルビジウムの形で陽イオン交換樹脂カラムに吸着させ，溶出装置と遮へい装置を合わせた構造になっている．

　クリプトン（⁸¹ᵐKr）注射液は，シンチグラフィにより局所肺血流検査や局所脳血流検査に用い，クリプトン（⁸¹ᵐKr）吸入用ガスは，局所肺換気機能検査に用いる．⁸¹ᵐKr は IT 壊変形式の半減期約 13

秒のγ線放出核種である．

6.1.4 過テクネチウム酸ナトリウム(^{99m}Tc)注射液

　過テクネチウム酸ナトリウム(^{99m}Tc)注射液は日本薬局方収載品であり，画像診断を行うためのシンチグラフィ用診断薬である．過テクネチウム酸イオン(^{99m}TcO$_4^-$)は血液脳関門（blood brain barrier, BBB）を通過しないため，健常人では脳実質への放射能の集積がほとんどない．しかし，脳疾患などによりBBBに障害が生じている場合には脳実質へ放射能は移行し，病巣部位に高濃度に集積する．このことを利用して，脳腫瘍および髄膜腫，神経膠芽細胞腫，脳動静脈奇形，硬膜下血腫などの脳血管障害の画像診断を行う．甲状腺，唾液腺に取り込まれるため，甲状腺機能亢進症，甲状腺腫瘍，唾液腺疾患（図6.5），異所性胃粘膜疾患の診断にも用いられる．^{99m}TcはIT壊変によりγ線を放出し，半減期は約6時間である．

6.1.5 エキサメタジムテクネチウム(^{99m}Tc)注射液，[N, N′-エチレンジ-L-システネート(3-)]オキソテクネチウム(^{99m}Tc)ジエチルエステル注射液

　エキサメタジムテクネチウム(^{99m}Tc)注射液(^{99m}Tc-HMPAO，図6.6左）は，局所脳血流シンチグラフィに用いられる診断薬であり，エキサメタジムをジェネレータから溶出した過テクネチウム酸ナトリウム(^{99m}Tc)注射液に溶解して用時調製する．静脈内に投与後，速やかにBBBを通過して

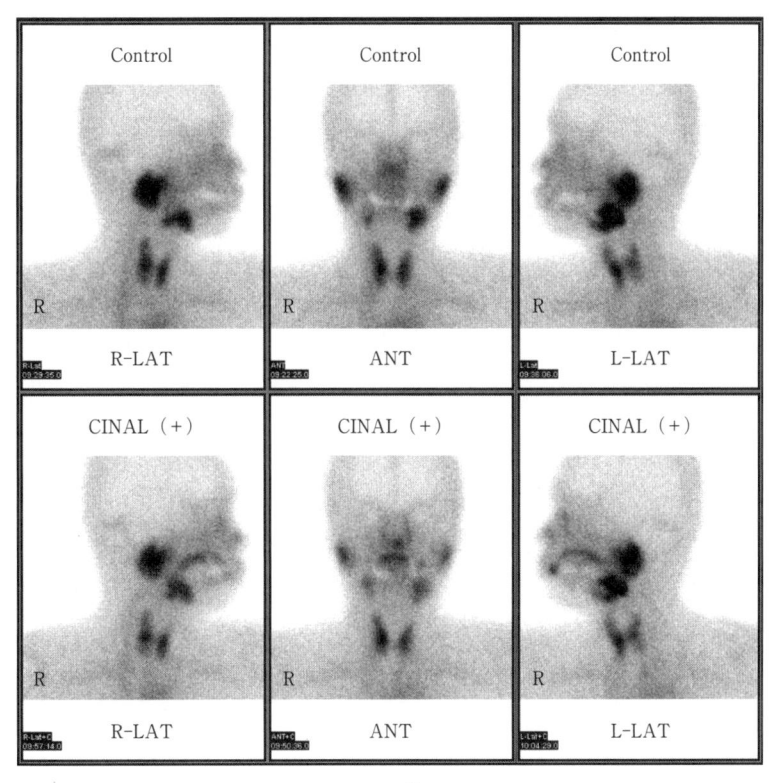

図6.5 過テクネチウム酸ナトリウム（^{99m}Tc）による唾液腺シンチグラフィ
60代女性の唾石による右顎下腺機能低下症例で，上段がコントロールで下段がビタミンCを負荷して排泄促進したシンチグラム．（京都大学医学部附属病院放射線診断科　栗原研輔先生提供）

図 6.6 ^{99m}Tc-HMPAO（左）および ^{99m}Tc-ECD（右）の構造式

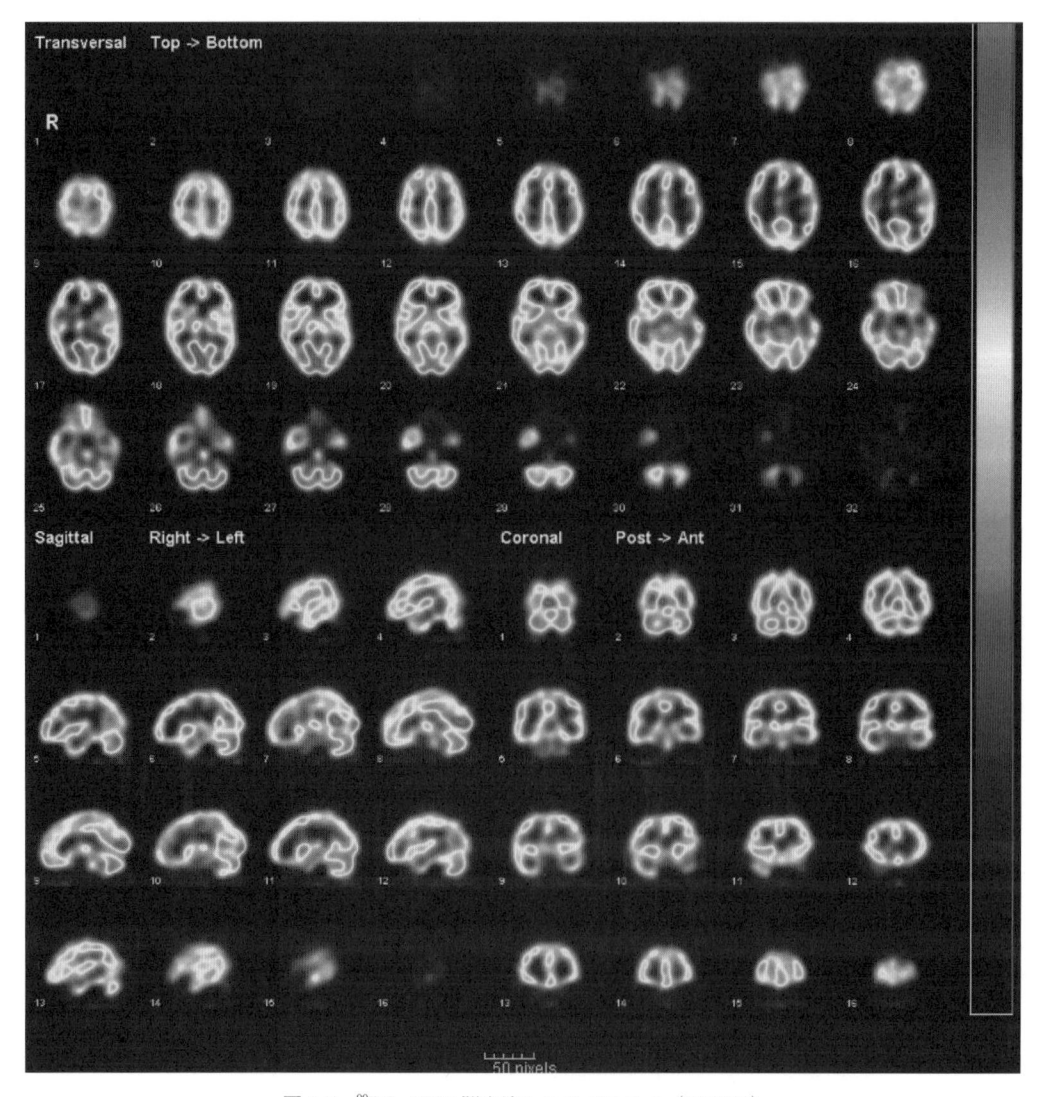

図 6.7 ^{99m}Tc-ECD 脳血流シンチグラフィ（SPECT）
30代女性の左側頭葉てんかん症例．病変部に脳血流低下が認められる．（京都大学医学部附属病院放射線診断科栗原研輔先生提供）

脳内に取り込まれる．脳内の放射能分布は局所脳血流に比例する．［N, N′-エチレンジ-L-システネート(3-)］オキソテクネチウム(^{99m}Tc)ジエチルエステル注射液(^{99m}Tc-ECD，図6.6右）も同様に局所脳血流シンチグラフィに用いられる（図6.7）．

6.1.6 ガラクトシルヒト血清アルブミンジエチレントリアミン五酢酸テクネチウム(^{99m}Tc)注射液

ガラクトシルヒト血清アルブミンジエチレントリアミン五酢酸テクネチウム(^{99m}Tc)注射液(^{99m}Tc-GSA）は，肝臓の機能および形態の診断を行うシンチグラフィ用の診断薬である．^{99m}Tc-GSAは肝細胞表面に存在しているアシアロ糖タンパク（ASGP）受容体と特異的に結合することで肝細胞量を画像化する．肝がん組織にはASGP受容体はほとんど存在せず，肝硬変では正常肝よりも少ないことが知られており，これによって肝機能を診断することができる（図6.8）．

6.1.7 ジエチレントリアミン五酢酸テクネチウム(^{99m}Tc)注射液

ジエチレントリアミン五酢酸テクネチウム(^{99m}Tc)注射液（^{99m}Tc-DTPA）は，腎シンチグラフィによる腎疾患の診断を行う診断薬である．^{99m}Tc-DTPAは静脈内に投与されたのち腎糸球体でろ過され，再吸収や代謝を受けることなく尿中に排泄される．画像を得ると同時に左右の分腎機能検査である時間-放射能曲線（レノグラム）を得ることができ，形態と機能を同時に診断可能である（図6.9）．

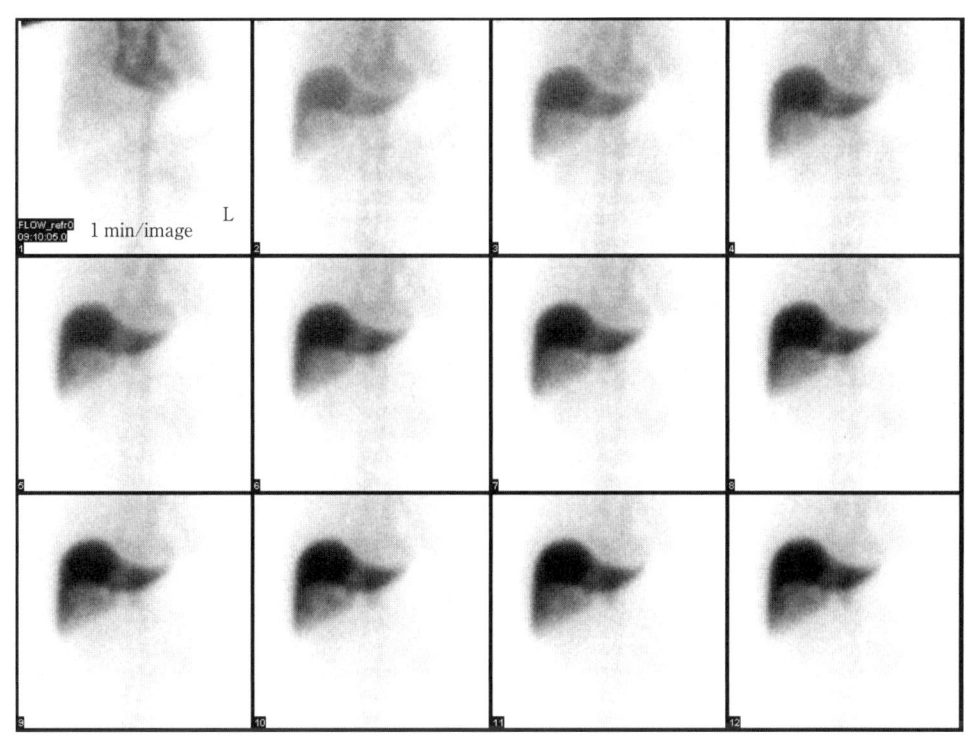

図6.8 ^{99m}Tc-GSAにより肝アシアロシンチグラフィ（プラナー像）
50代男性の胆管がん術前の症例．（京都大学医学部附属病院放射線診断科　栗原研輔先生提供）

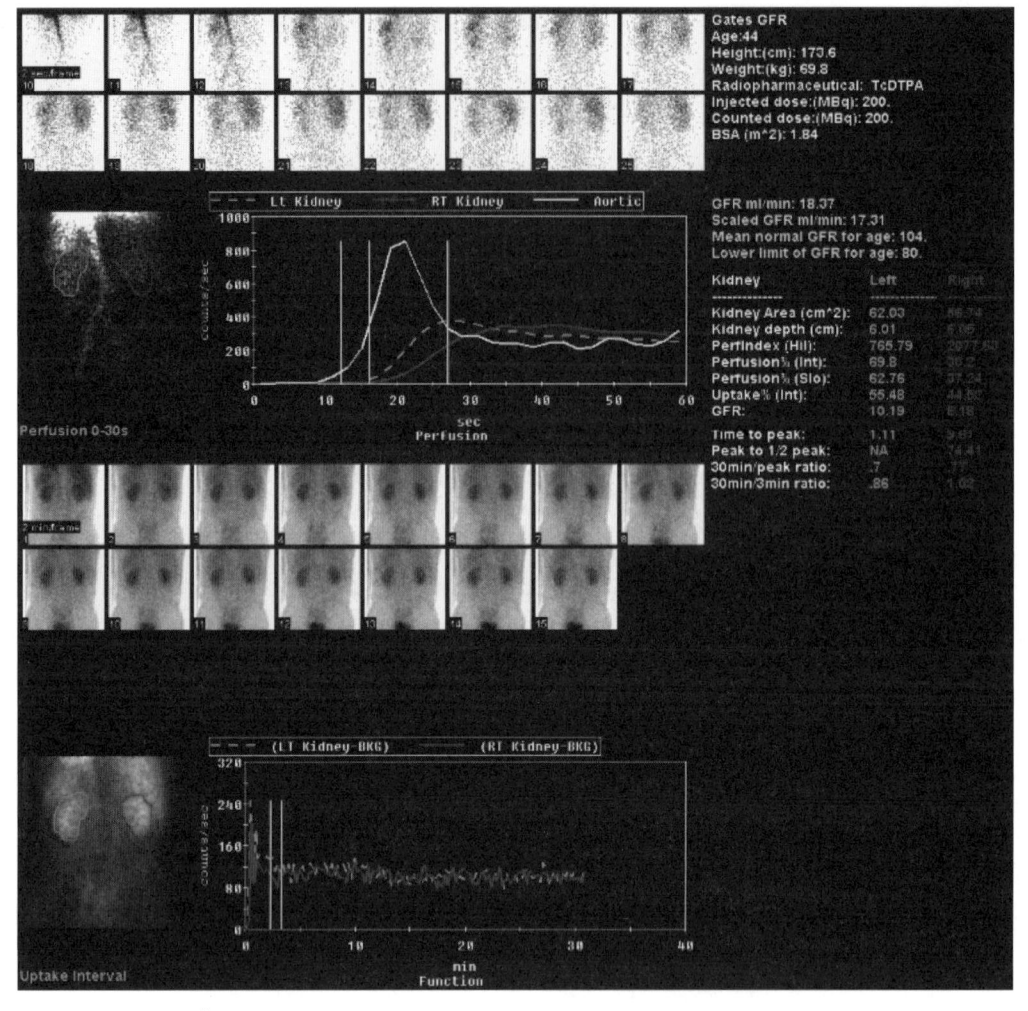

図 6.9 ^{99m}Tc-DTPA による腎動態シンチグラフィ（プラナー像）およびレノグラフィ
40 代男性の両側慢性腎不全の症例．（京都大学医学部附属病院放射線診断科　栗原研輔先生提供）

6.1.8 ジメルカプトコハク酸テクネチウム(^{99m}Tc)注射液

ジメルカプトコハク酸テクネチウム(^{99m}Tc)注射液（^{99m}Tc-DMSA）は，腎シンチグラフィによる腎疾患の診断を行う診断薬である（図 6.10）．静脈内投与された ^{99m}Tc-DMSA は，速やかに腎尿細管上皮細胞によって摂取されたのち腎皮質に集積し，長期間貯留される．のう腫や水腎あるいは腫瘍が存在する場合は欠損像として描画される．

6.1.9 テクネチウムスズコロイド(^{99m}Tc)注射液

テクネチウムスズコロイド(^{99m}Tc)注射液は，肝脾シンチグラムによる肝脾疾患の診断や乳がん，悪性黒色腫におけるセンチネルリンパ節のシンチグラフィ（図 6.11）を行うための診断薬である．肝への集積はクッパー細胞の異物貪食能によるもので，肝臓がんなどの腫瘍組織では網内系細胞がないため，欠損像として描画される．コロイド粒子の体内分布は網内系細胞の分布や臓器の血流量に左右され，粒子が小さいほど肝への集積が大きくなり，粒子が大きいほど脾臓への集積が大きくな

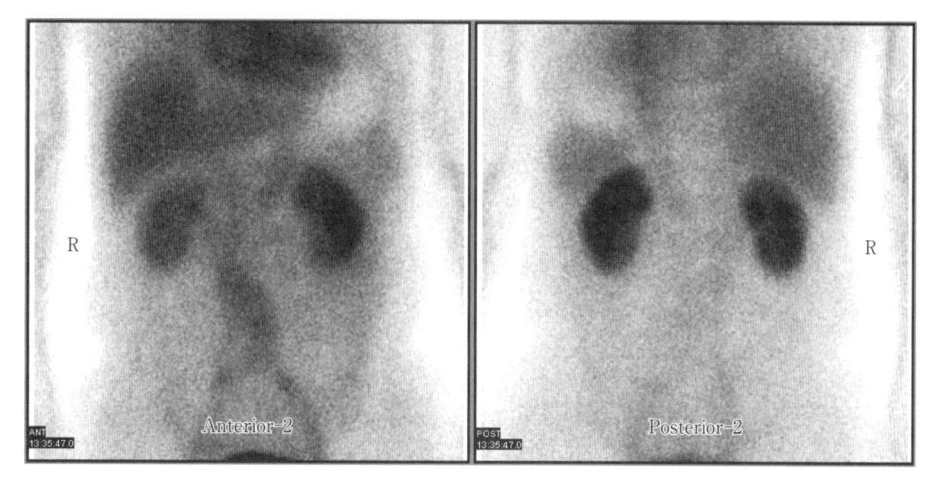

図 6.10 ^{99m}Tc-DMSA による腎静態シンチグラフィ（プラナー像）
70代男性の多発腎梗塞の症例．亜急性腎機能低下が認められる．（京都大学医学部附属病院放射線診断科　栗原研輔先生提供）

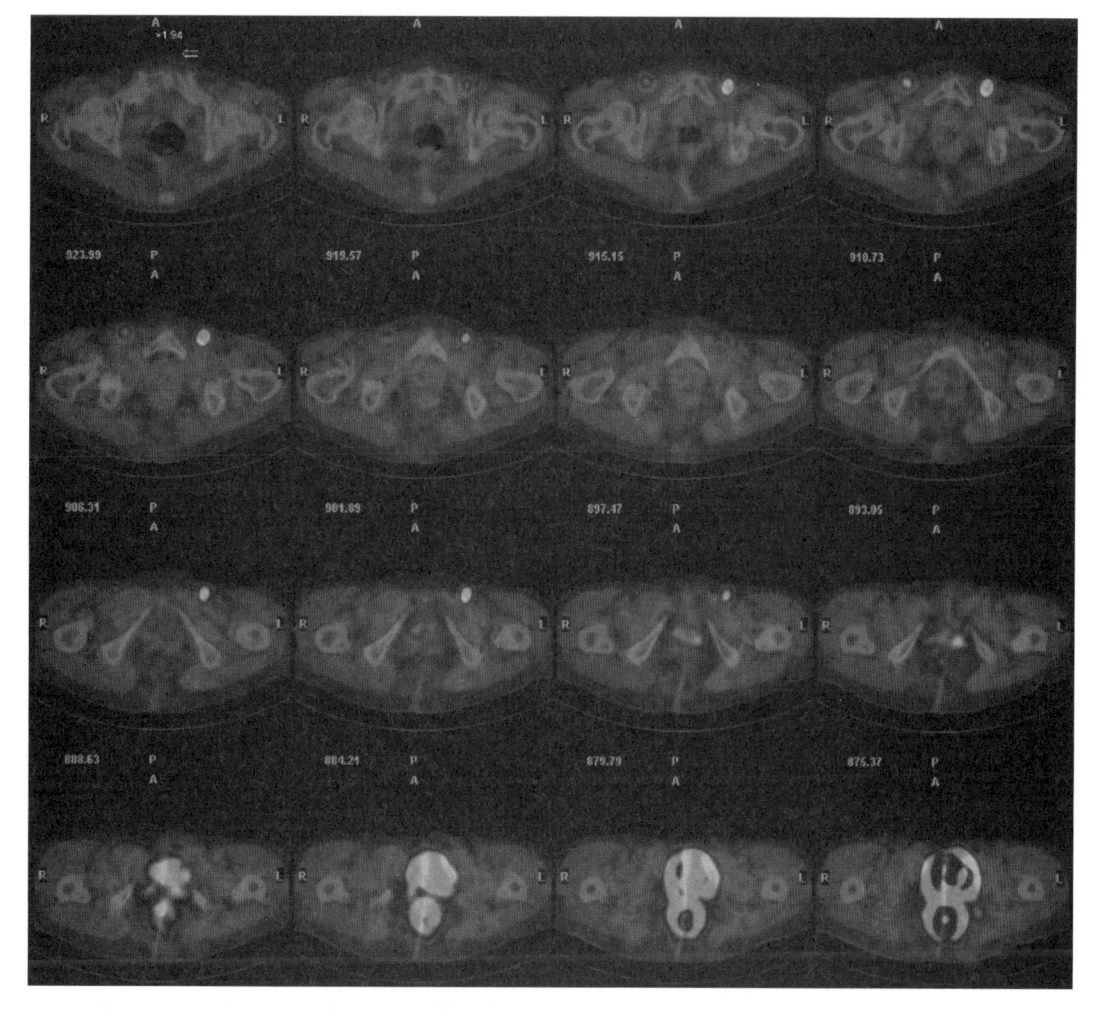

図 6.11 テクネチウムスズコロイド（^{99m}Tc）センチネルリンパ節シンチグラフィ（SPECT/CT 画像）
70代女性の外陰部パジェット病症例で，切除手術前にセンチネルリンパ節を検索する目的で撮像．（京都大学医学部附属病院放射線診断科　栗原研輔先生提供）

る．

6.1.10 テクネチウム大凝集ヒト血清アルブミン(^{99m}Tc)注射液

テクネチウム大凝集ヒト血清アルブミン(^{99m}Tc)注射液（^{99m}Tc-MAA）は，肺シンチグラフィによる肺血流分布異常部位の画像診断に用いられる．^{99m}Tc-MAAは粒子径が大きいため，肺細動脈の毛細血管に一過性の塞栓を生じる．このため，静脈投与後には毛細血管の多い肺に選択的に集積する．肺内分布は肺動脈血流量に比例するため，肺血流分布異常部位の検出が可能である（図6.12）．

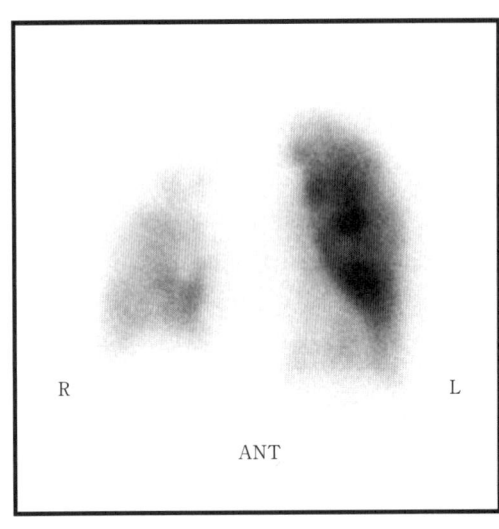

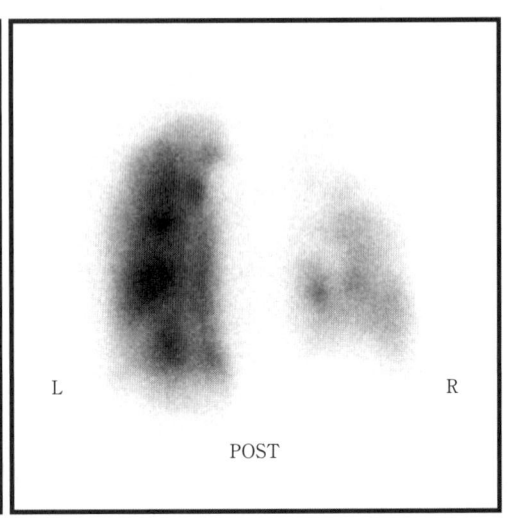

図6.12 ^{99m}Tc-MAAによる肺血流シンチグラフィ（プラナー画像）
60代男性の血管閉塞性肺高血圧症の症例で，小さな肺梗塞が多発し，楔状の集積欠損が散見される．（京都大学医学部附属病院放射線診断科　栗原研輔先生提供）

6.1.11 テクネチウムヒト血清アルブミン(^{99m}Tc)注射液

テクネチウムヒト血清アルブミン(^{99m}Tc)注射液（^{99m}Tc-HSA）は，RIアンギオカルヂオグラムおよび心プールシンチグラムによる心疾患の診断やタンパク質漏出シンチグラフィに用いられる．また，超音波ネブライザや圧搾空気によるジェットネブライザによりエアロゾルとして吸入させ，気管支や肺胞の沈着状態から局所肺機能を診断することもある．

6.1.12 テトロホスミンテクネチウム(^{99m}Tc)注射液，ヒト血清アルブミンジエチレントリアミン五酢酸テクネチウム(^{99m}Tc)注射液

テトロホスミンテクネチウム(^{99m}Tc)注射液は，心筋シンチグラフィによる心臓疾患の診断や初回循環時法による心機能の診断に用いられる．静脈投与後，心筋に急速に取り込まれたのちしばらく保持される．

ヒト血清アルブミンジエチレントリアミン五酢酸テクネチウム(^{99m}Tc)注射液（^{99m}Tc-HAS-DTPA）は，RIアンギオグラフィおよび血液プールシンチグラフィによる各種臓器・部位の血行動態および血管性病変の診断に用いられる．^{99m}Tcに強い配位能力を有するジエチレントリアミン五酢酸を介してヒト血清アルブミンに結合しているため，血中保持率が高く安定性が高い．

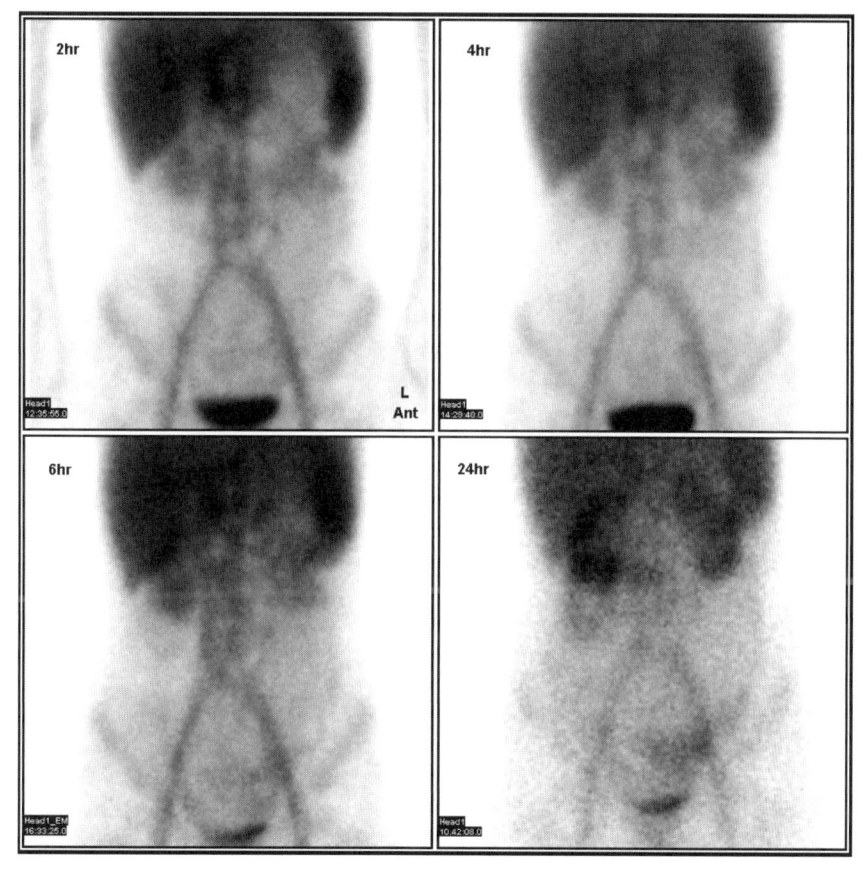

図 6.13　^{99m}Tc-HAS によるタンパク漏出シンチグラフィ（プラナー像）
30 代女性の低栄養症例で，経時的に左下腹部の集積が増加しており，腹水へのタンパク漏出が示唆される．
（京都大学医学部附属病院放射線診断科　栗原研輔先生提供）

6.1.13　ヒドロキシメチレンジホスホン酸テクネチウム(^{99m}Tc)注射液，メチレンジホスホン酸テクネチウム(^{99m}Tc)注射液

　ヒドロキシメチレンジホスホン酸テクネチウム(^{99m}Tc)注射液（^{99m}Tc-HMDP，図 6.14 左）は，骨シンチグラムによる骨疾患の診断に用いられる．投与された ^{99m}Tc-HMDP が骨に取り込まれる機構は，明らかになっていない．血流の増加がある病変部位に集積増加が認められ，また骨を構成するヒドロキシアパタイト結晶にイオン結合することにより，骨新生の部位に多く集まると理解されている．骨転移の画像診断が可能である（図 6.15）．

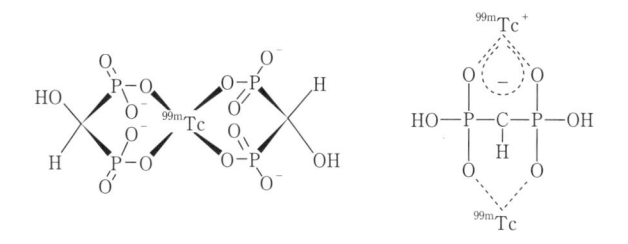

図 6.14　^{99m}Tc-HMDP（左）と ^{99m}Tc-MDP（右）の構造式

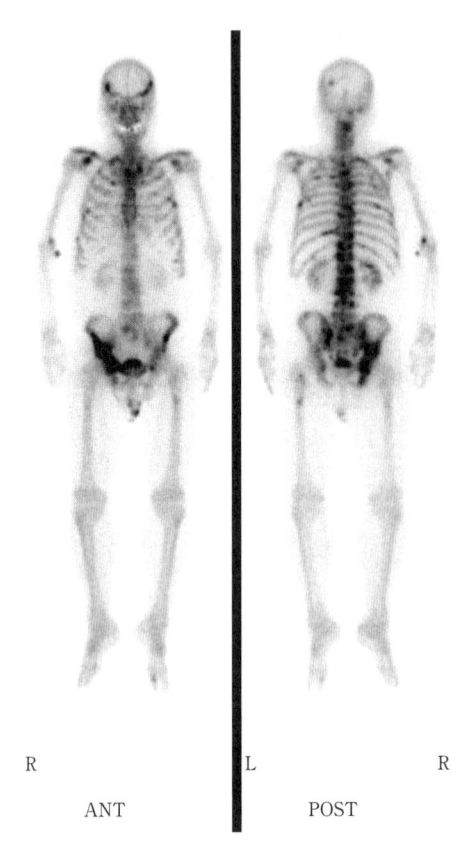

図 6.15 ^{99m}Tc-HMDP による骨シンチグラフィのプラナー画像
70代男性の前立腺がん多発骨転移症例で，頭蓋骨，肩甲骨，胸骨，肋骨，頚胸腰椎，腸骨，臼蓋，恥坐骨，大腿骨に骨転移が確認できる．（京都大学医学部附属病院放射線診断科　栗原研輔先生提供）

メチレンジホスホン酸テクネチウム(^{99m}Tc)注射液（^{99m}Tc-MDP，図6.14右）は，骨シンチグラフィによる骨疾患の診断や脳シンチグラフィによる脳腫瘍および脳血管障害の診断に用いられる診断薬である．^{99m}Tc-MDP を含め，^{99m}Tc-リン酸化合物の骨への集積機序や心筋梗塞や脳梗塞などの病巣に集積する機序については明らかになっていない．骨シンチグラムは骨のミネラルの動態を反映しており，骨以外の軟部組織への集積は非常に少ない．^{99m}Tc-HMDP 注射液とは，ほとんど同じ化学的特徴および臨床的有用性を有する．

6.1.14　N-ピリドキシル-5-メチルトリプトファンテクネチウム(^{99m}Tc)注射液

N-ピリドキシル-5-メチルトリプトファンテクネチウム(^{99m}Tc)注射液（^{99m}Tc-PMT）は，シンチグラフィにより肝胆道系疾患および機能診断に用いる診断薬である（図6.16）．^{99m}Tc-PMT は静脈内投与されると，肝・胆道系へ移行したのち小腸へ排出される．腸管からの再吸収（腸肝循環）はせず，尿中排泄は少ない．血清ビリルビンに対する低い拮抗性を有するため，黄疸の診断にも適用することができる．

6.1.15　ピロリン酸テクネチウム(^{99m}Tc)注射液

ピロリン酸テクネチウム(^{99m}Tc)注射液（^{99m}Tc-PYP）は，心シンチグラフィによる心疾患および

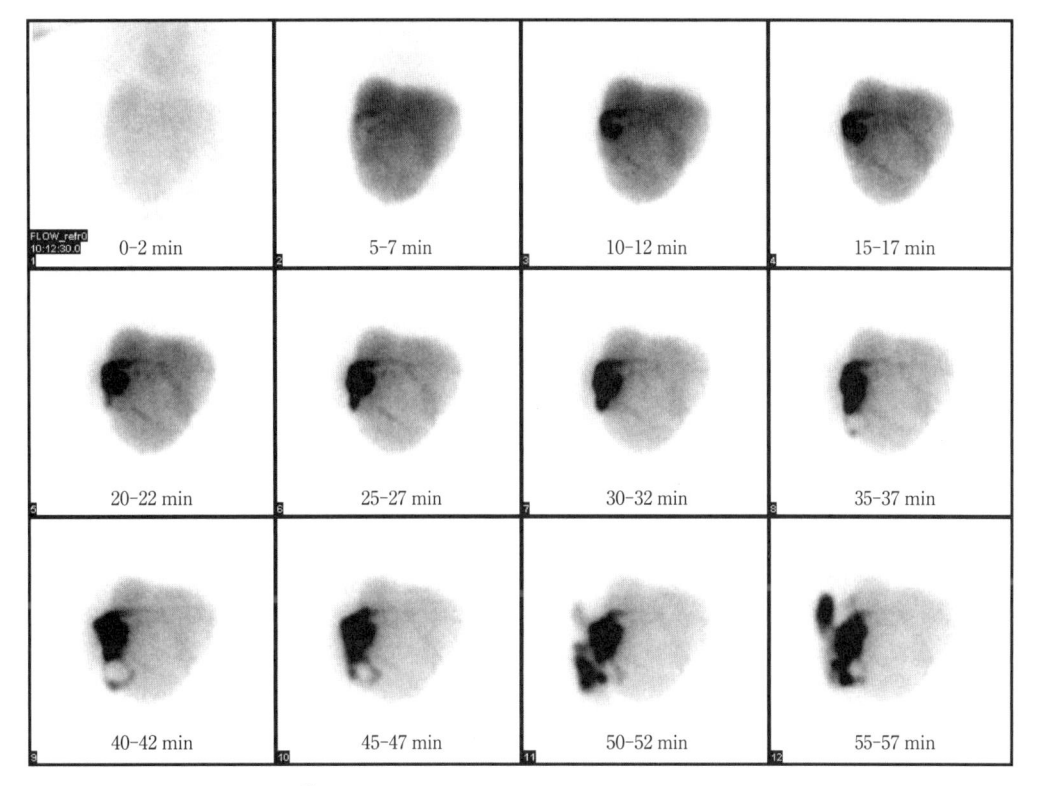

図 6.16 ^{99m}Tc-PMT による肝・胆道シンチグラフィ（プラナー像）
先天性胆道閉鎖症の 10 代女性の肝移植後症例で，胆汁排泄は問題なく良好であることが確認できる．
（京都大学医学部附属病院放射線診断科　栗原研輔先生提供）

骨シンチグラフィによる骨疾患の診断を行う診断薬である．^{99m}Tc-PYP は塩化スズ（Ⅱ）二水和物を添加したピロリン酸ナトリウムに，過テクネチウム酸ナトリウム（^{99m}Tc）注射液を加えて用時調製する．

心シンチグラフィを行う場合には，まず塩化スズ（Ⅱ）二水和物を添加したピロリン酸ナトリウムを投与した 30 分後に，過テクネチウム酸ナトリウム（^{99m}Tc）注射液を静脈投与する．つまり，Sn-ピロリン酸を投与し，赤血球表面に ^{99m}Tc との結合を可能とする準備状態をつくり，その後 ^{99m}TcO$_4^-$ を投与することにより放射標識される．

骨シンチグラフィを行う場合には，投与前に ^{99m}Tc-PYP を調製して用いる．^{99m}Tc-ピロリン酸の集積は，病変骨部は正常骨部に比して減少する．

6.1.16　フィチン酸テクネチウム（^{99m}Tc）注射液

フィチン酸テクネチウム（^{99m}Tc）注射液は，肝脾シンチグラムによる肝脾疾患の診断や乳がんおよび悪性黒色腫におけるセンチネルリンパ節の同定，およびリンパシンチグラフィに用いる診断薬である．

6.1.17　ヘキサキス（2-メトキシイソブチルイソニトリル）テクネチウム（^{99m}Tc）注射液

ヘキサキス（2-メトキシイソブチルイソニトリル）テクネチウム（^{99m}Tc）注射液（^{99m}Tc-MIBI，図

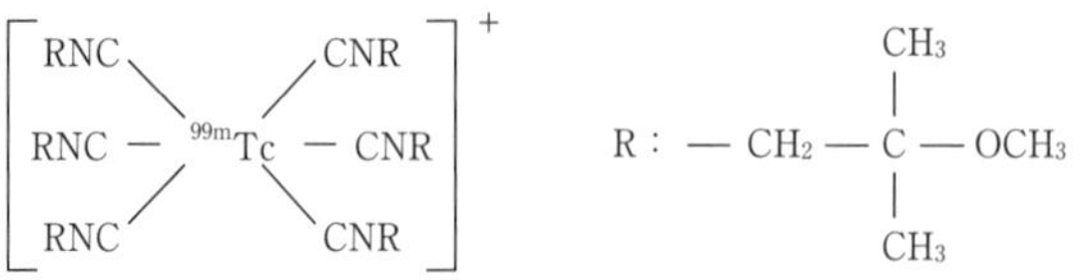

図6.17 ^{99m}Tc-MIBIの構造式

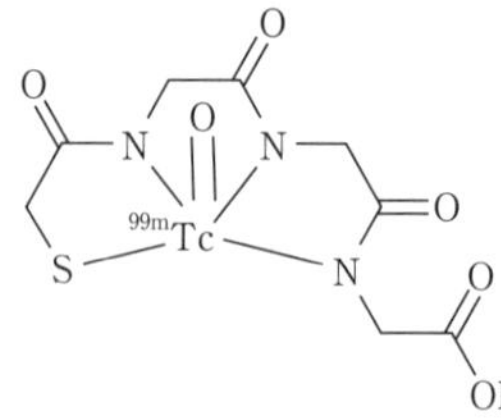

図6.18 ^{99m}Tc-MAG$_3$の構造式

6.17）は，心筋血流シンチグラフィによる心臓疾患や心機能の診断や副甲状腺シンチグラフィによる副甲状腺機能亢進症における局在診断を行う診断薬である．

^{99m}Tc-MIBIの心筋への集積は受動拡散によるものとされ，ATP-ase輸送系を介さないと考えられている．投与後，初期の分布は冠血流に比例し，心筋内に取り込まれると細胞内に長時間貯留する．

6.1.18 メルカプトアセチルグリシルグリシルグリシンテクネチウム(^{99m}Tc)注射液

メルカプトアセチルグリシルグリシルグリシンテクネチウム(^{99m}Tc)（^{99m}Tc-MAG$_3$）は，シンチグラフィおよびレノグラフィによる腎および尿路疾患の診断に用いられる診断薬である（図6.18, 図6.19）．静脈投与後，速やかに腎尿細管細胞へ集積し，尿細管細胞から選択的に分泌されて尿中へ排泄される．したがって，糸球体ろ過率は非常に低い．腎での摂取は有効腎血漿流量や血流量を反映するため薬物動態を経時的に撮像し，またレノグラムを解析することにより腎血流，腎機能，尿路の状態および腎の形態と機能を診断することができる．

6.1.19 インジウム(^{111}In)オキシキノリン液

インジウム(^{111}In)オキシキノリン液は，^{111}In標識血小板シンチグラフィによる血栓形成部位の診断や^{111}In標識白血球シンチグラフィによる炎症部位の診断に用いられる．採血した血液より遠心分離した血小板または白血球に本剤を合わせて，^{111}In標識血小板または^{111}In標識白血球を調製して用いる．^{111}In標識血小板も^{111}In標識白血球も大部分は脾臓および肝臓に分布し，その他の臓器への分布はほとんどない．また，糞尿中への排泄も遅く，^{111}In放射能は物理的半減期に従って体内から消失する．^{111}InはEC壊変によりγ線を放出し，半減期は約67時間の核種である．

6.1.20 塩化インジウム(^{111}In)注射液および塩化インジウム(^{111}In)溶液

塩化インジウム(^{111}In)注射液は日本薬局方収載品であり，骨髄シンチグラムによる造血骨髄の診断に用いられる．鉄イオンと類似した血中動態を示し，静脈投与後，血中のトランスフェリン（transferrin）と結合して幼若赤血球に取り込まれ，骨髄に集積する．再生不良性貧血などの骨髄性疾患の診断に用いられる．

一方で，塩化インジウム(^{111}In)溶液は，イブリツモマブチウキセタン（ゼヴァリン）を放射性核種で標識するための水溶液として，イブリツモマブチウキセタンとの静脈注射剤セットとして供給される．後述の放射性治療薬であるイットリウム(^{90}Y)イブリツモマブチウキセタンを用いて特定のリンパ腫の内用放射線照射治療を計画する際に，それに先立ってインジウム(^{111}In)イブリツモマブチウキセタンを投与し，リンパ腫への集積性や多臓器への分布をシンチグラフィで診断して，治療の適切性をあらかじめ確認するために診断薬として用いる．イブリツモマブチウキセタンは，マ

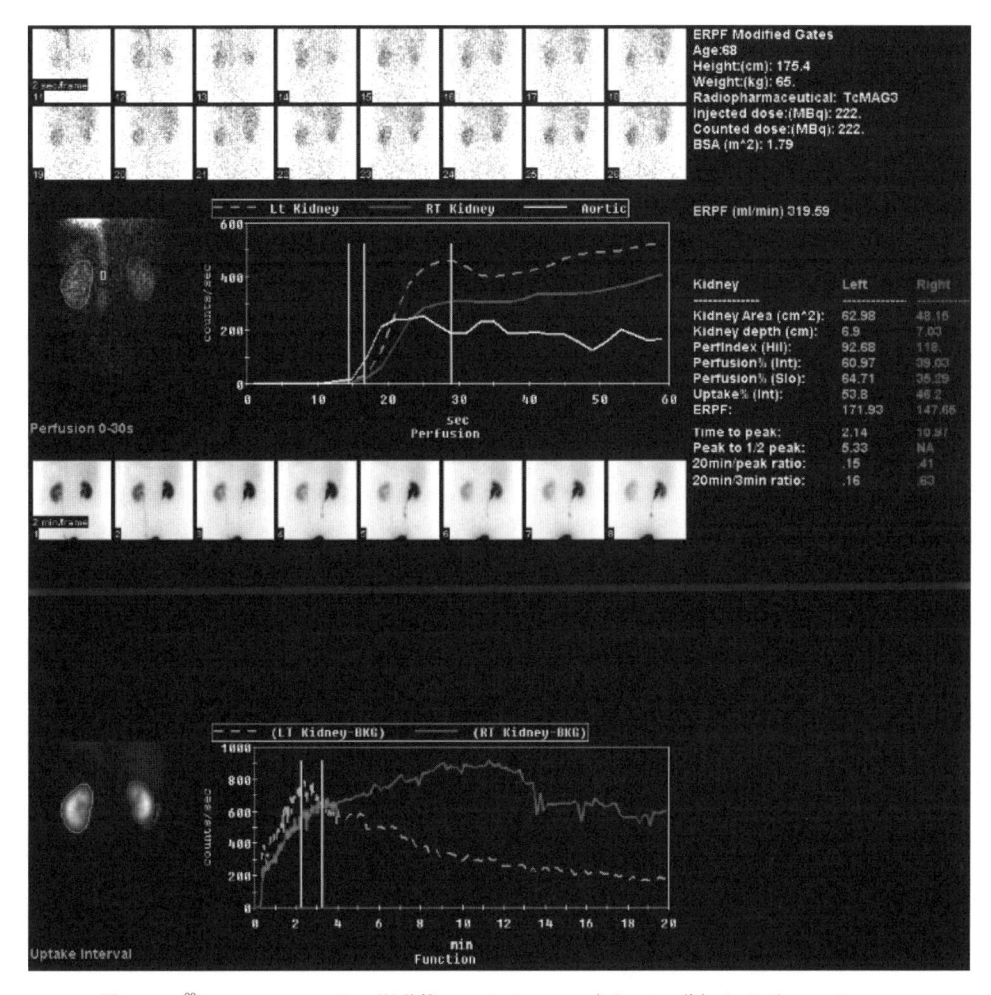

図6.19 ^{99m}Tc-MAG$_3$ による腎動態シンチグラフィ（プラナー像）およびレノグラフィ
60代男性の右腎不全症例．左は正常，右は右腎動脈狭窄による取込み遅延および排泄遅延が見られる．
（京都大学医学部附属病院放射線診断科　栗原研輔先生提供）

ウス-ヒトキメラ型抗CD20抗体であり，表面にCD20タンパクを有する特定の種類のB細胞非ホジキンリンパ腫にのみ結合するモノクローナル抗体である（図6.20）．

図6.20 イブリツモマブチウキセタンの構造式

6.1.21 ジエチレントリアミン五酢酸インジウム(^{111}In)注射液

ジエチレントリアミン五酢酸インジウム(^{111}In)注射液（^{111}In-DTPA）は，脳脊髄液腔シンチグラフィによる脳脊髄液腔病変の診断を行うための診断薬で，腰椎穿刺により脊髄液腔内に投与する．脳脊髄液は，その大部分が脳室系の脈絡叢から分泌され，脳室内を循環したのち，くも膜絨毛から脳静脈洞に還流することが知られている．^{111}In-DTPA は，脊髄液の流れに従い循環し吸収されるため，脳脊髄液の動態や脊髄くも膜下腔の形態を経時的に観察することが可能である（図6.21）．

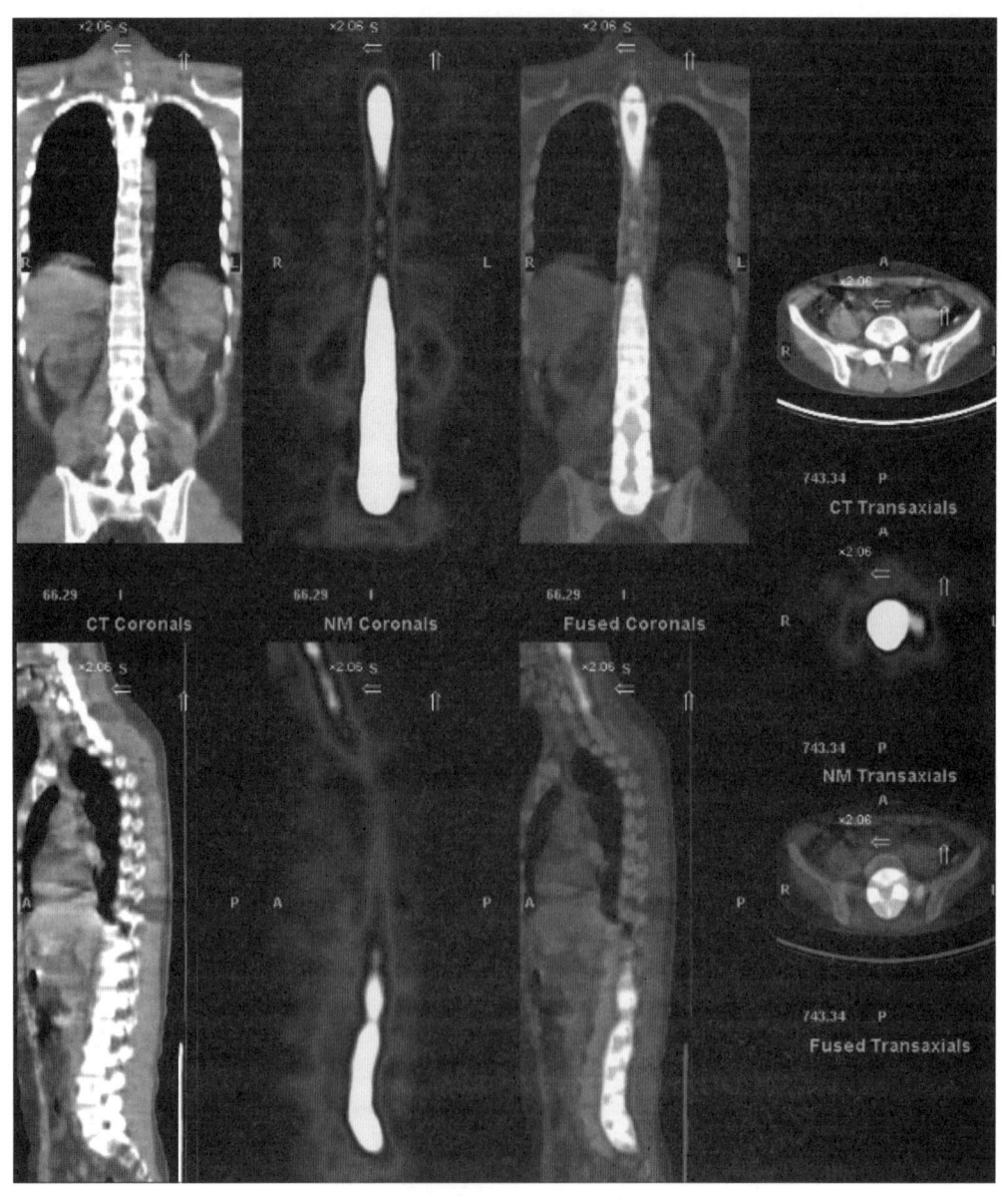

図 6.21 ^{111}In-DTPA 脳脊髄液シンチグラフィ（SPECT/CT 画像）
30代男性の交通事故後低髄圧症候群の症例で，下位腰椎，仙骨部左方に髄液漏が認められる．（京都大学医学部附属病院放射線診断科　栗原研輔先生提供）

6.1.22 イオマゼニル(^{123}I)注射液

　イオマゼニル(^{123}I)注射液は，脳・神経シンチグラフィにより，てんかんの診断に用いられる診断薬である（図6.22，図6.23）．イオマゼニル(^{123}I)は，中枢性ベンゾジアゼピン受容体（BZR）に高い親和性で結合するため，脳の中枢性BZR分布を画像化できる．中枢性BZRは，てんかん焦点において減少することが知られており，部分てんかん患者のてんかん焦点の検出および手術適応の判定に用いられる．^{123}Iは，EC壊変によってγ線のみを放出する半減期約13時間の核種である．

図6.22 イオマゼニル（^{123}I）の構造式

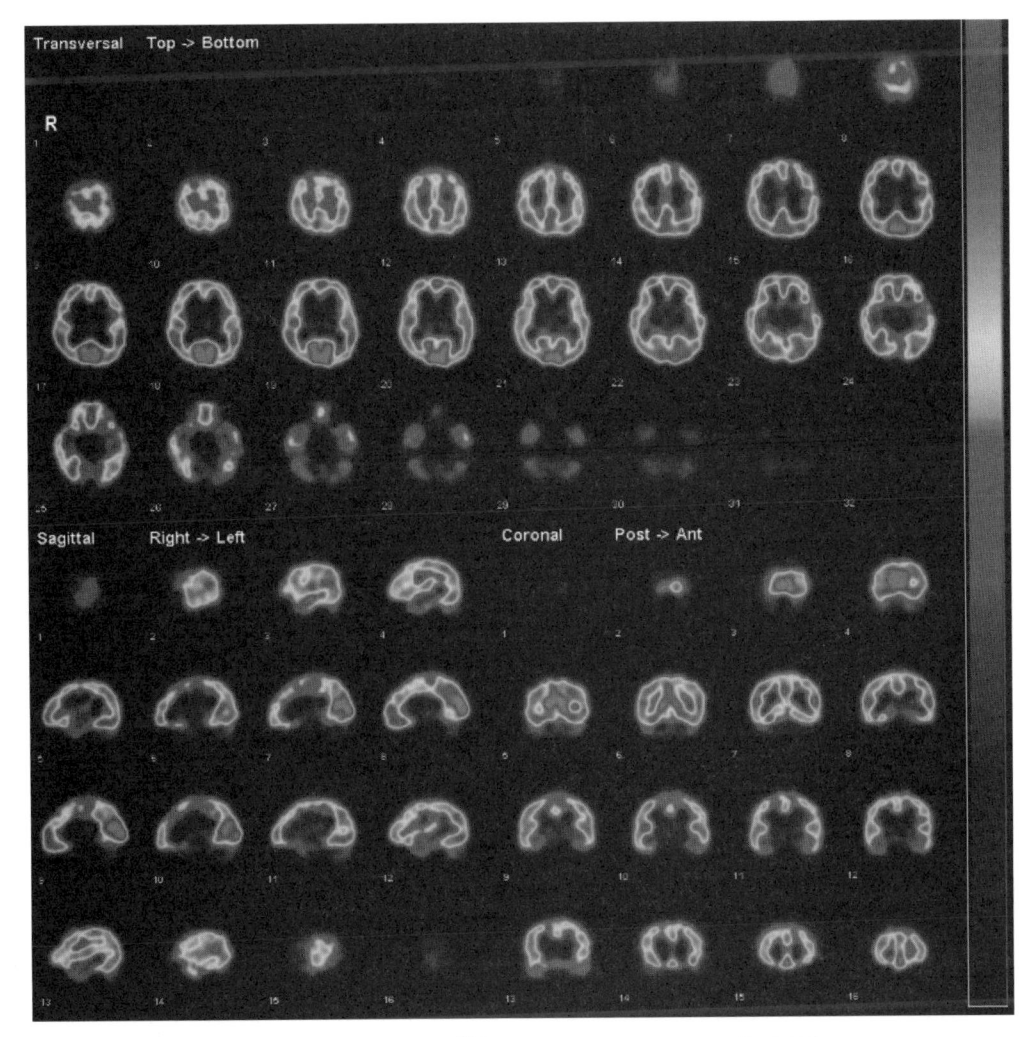

図6.23 イオマゼニル（^{123}I）による脳シンチグラフィ（SPECT）
20代女性の左前頭葉てんかん症例．（京都大学医学部附属病院放射線診断科　栗原研輔先生提供）

6.1.23　塩酸 N-イソプロピル-4-ヨードアンフェタミン(^{123}I)注射液

　塩酸 N-イソプロピル-4-ヨードアンフェタミン(^{123}I)注射液（^{123}I-IMP，図 6.24）は，局所脳血流シンチグラフィを行うための診断薬である（図 6.25）．^{123}I-IMP は中性かつ脂溶性の化合物であり，静脈内投与後はほとんどが肺に取り込まれる．その後，肺から動脈血中に放出され，容易に BBB を通過し脳内に取り込まれる．前述の［N, N′-エチレンジ-L-システィネート(3-)］オキソテクネチウム(^{99m}Tc)，ジエチルエステル注射液，エキサメタジムテクネチウム(^{99m}Tc)注射液，後述のキセノン(^{133}Xe)吸入用ガス，クリプトン(^{81m}Kr)ジェネレータと同効薬とされる．

図 6.24　^{123}I-IMP の構造式

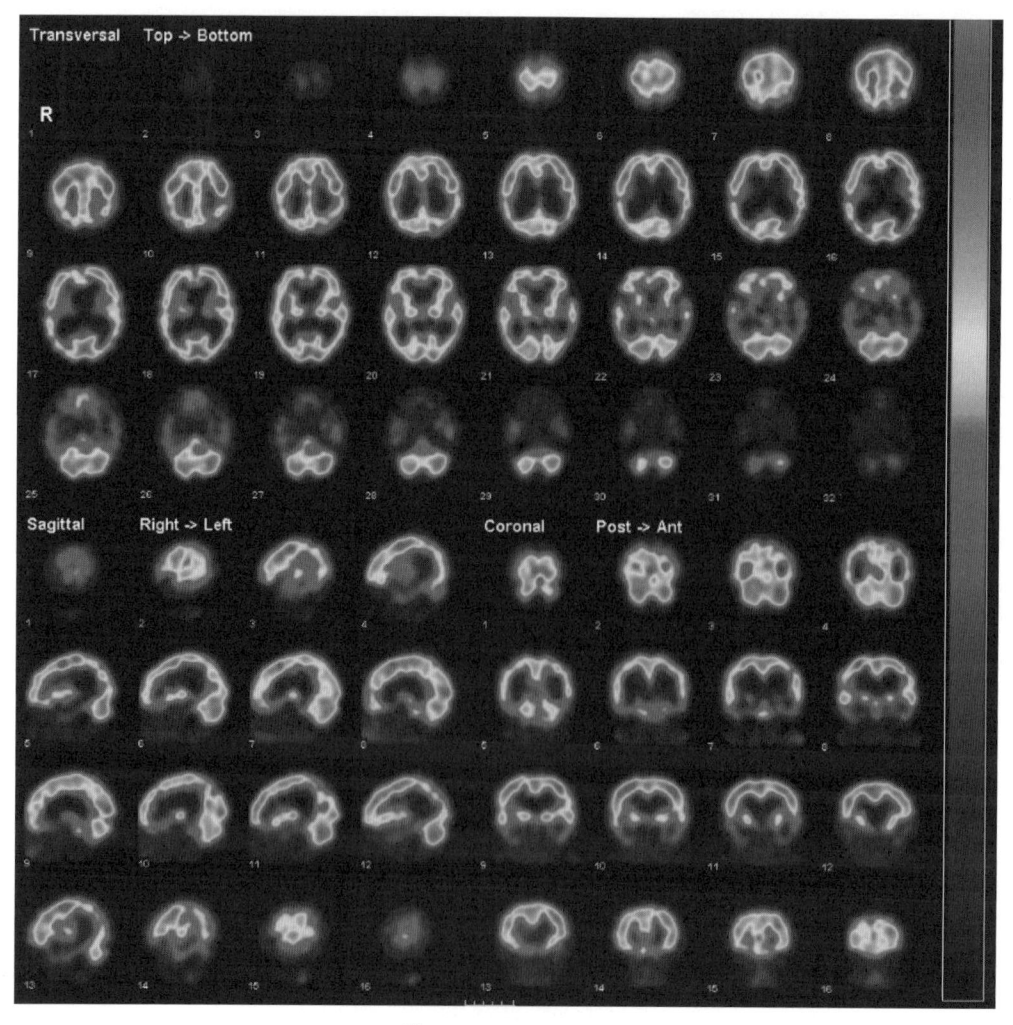

図 6.25　^{123}I-IMP 脳血流シンチグラフィ
70 代男性のアルツハイマー病症例．（京都大学医学部附属病院放射線診断科　栗原研輔先生提供）

図 6.26 ^{123}I-MIBG の構造式

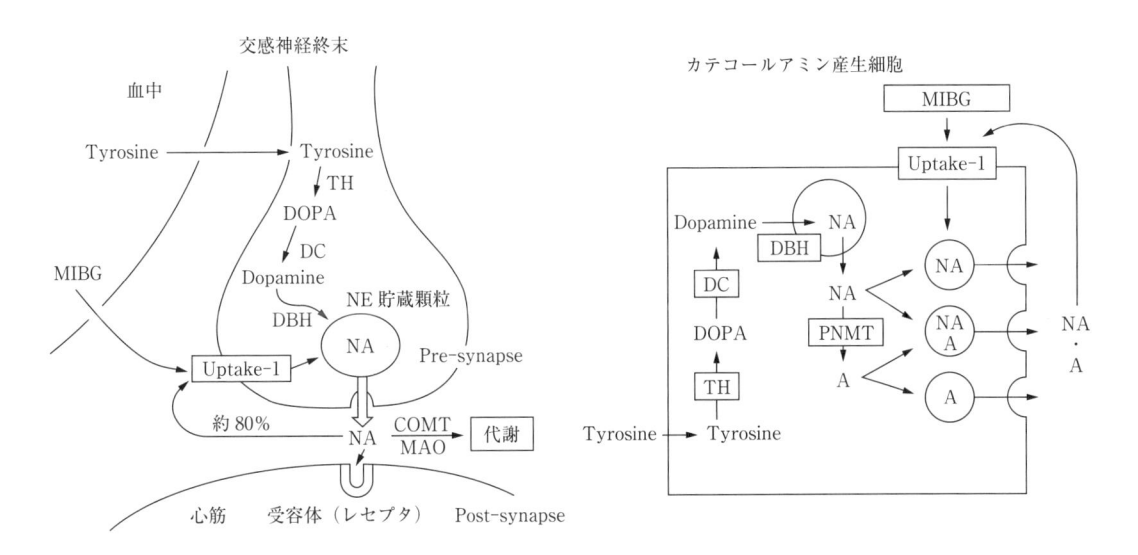

図 6.27 3-ヨードベンジルグアニジン（^{123}I）（^{123}I-MIBG）の作用機序
（富士フイルム RI ファーマ「ミオ MIBG-I123 注射液　インタビューフォーム」より）

A ：アドレナリン
NA ：ノルアドレナリン
TH ：チロシン水酸化酵素
DC ：ドーパ脱炭酸酵素
DBH ：ドーパミン-β-水酸化酵素
PNMT：フェニールエタノラミン-N-メチル転移酵素
COMT：カテコール-O-メチル転移酵素
MAO ：モアノミン酸化酵素

6.1.24　3-ヨードベンジルグアニジン(^{123}I)注射液

　3-ヨードベンジルグアニジン(^{123}I)注射液（^{123}I-MIBG）は，心シンチグラフィによる心臓疾患および腫瘍シンチグラフィによる神経芽腫の診断のための診断薬である．3-ヨードベンジルグアニジン（MIBG）は，ノルアドレナリン（NA）の類似化合物であり，主に NA の再摂取機構である Uptake-1 を介する経路で心臓の交感神経終末や副腎髄質細胞内に取り込まれ，NA 貯蔵顆粒に貯えられる（図 6.27）．神経芽腫などの神経堤由来の腫瘍にも同様の機序で取り込まれるため，^{123}I-MIBG を用いればガンマーカメラで腫瘍集積を画像化でき診断が可能である．

6.1.25　ヨウ化ナトリウム(^{123}I)カプセル

　ヨウ化ナトリウム(^{123}I)カプセルは，甲状腺シンチグラフィによる甲状腺疾患の診断や甲状腺機能の検査に用いられる（図 6.28）．経口投与により放射性ヨウ素は消化管から吸収され血中へ移行したのち，甲状腺に特異的に取り込まれ，甲状腺ホルモンであるトリヨードチロニン（T3）やチロキシン（T4）の合成に利用される．投与 24 時間後におけるヨウ素の甲状腺摂取率は，健常人の場合

で20～30%であるが，バセドー病や甲状腺腫など甲状腺機能が亢進されていると30～70%であることが知られており，シンチグラフィによってこれらの疾患が診断可能である．

図6.28 ヨウ化ナトリウム(^{123}I)による甲状腺シンチグラフィ（プラナー画像）
40代女性のバセドー病治療前検査の症例．（京都大学医学部附属病院放射線診断科　栗原研輔先生提供）

6.1.26　ヨウ化ヒプル酸ナトリウム(^{123}I)注射液

ヨウ化ヒプル酸ナトリウム(^{123}I)注射液（^{123}I-OIH）は，腎シンチグラフィにより腎動態検査に用いられる診断薬である．^{123}I-OIHは，主に尿細管から排泄されるため良好な腎動態画像および識別性の高いレノグラムが得られる．^{123}Iの放出γ線エネルギーは核医学イメージングに適しているが，^{99m}Tc製剤と比較すると投与量が少なく，腎血流情報を得るには不十分な場合が多い．そのため，腎・尿路機能の診断には^{99m}Tc標識製剤である前述の^{99m}Tc-MAG$_3$が新たに開発され使用されるようになってきた．

6.1.27　15-(4-ヨードフェニル)-3(R, S)-メチルペンタデカン酸(^{123}I)注射液

15-(4-ヨードフェニル)-3(R, S)-メチルペンタデカン酸(^{123}I)注射液（^{123}I-BMIPP，図6.29）は，脂肪酸代謝シンチグラフィによる心疾患の診断に用いられる診断薬である．脂肪酸（FFA）は，血中から心筋の細胞質内へ移行したのち，アシルCoA合成酵素によってFFA-CoAとなり，トリグリセリドなどの脂質プールへ移行したり，FFA-CoAはカルニチンシャトルを介してミトコンドリア内に移行し，β酸化を受けてアセチルCoAとなりクエン酸回路に入る（図6.30）．^{123}I-BMIPPはFFAと同様の体内動態を示し，トリグリセリドなどの脂質プールおよびミトコンドリア内に移行す

図6.29　^{123}I-BMIPPの構造式

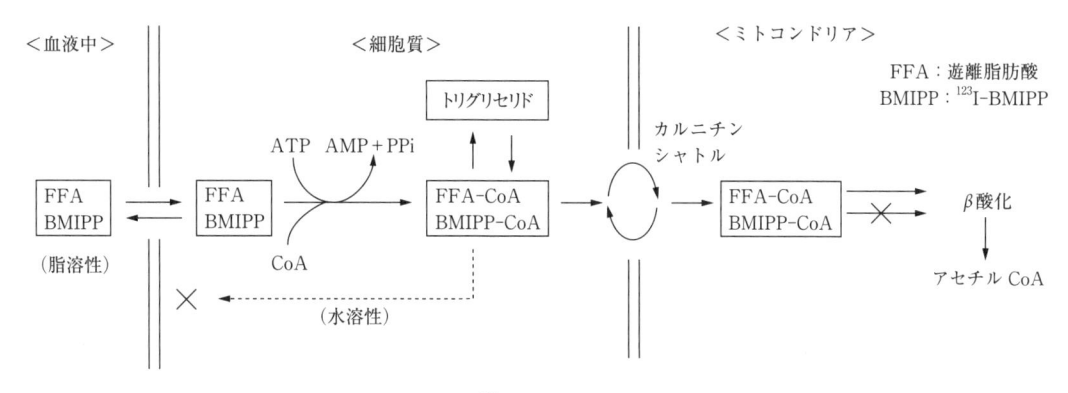

図 6.30 ^{123}I-BMIPP の集積機序
(日本メジフィジックス「カルディオダイン注 インタビューフォーム」より)

る.しかしながら,β 位にメチル基を有しているためミトコンドリア内での β 酸化を受けにくく,心筋内に永く貯留すると理解されている.

6.1.28 3-ヨードベンジルグアニジン(^{131}I)注射液

3-ヨードベンジルグアニジン(^{131}I)注射液(^{131}I-MIBG,図 6.31)は,シンチグラフィによる褐色細胞腫や神経芽細胞腫または甲状腺髄様がんの診断に用いられる診断薬である(図 6.32).体内ではカテコールアミンと同様の挙動を示し,カテコールアミン産生腫瘍である褐色細胞腫,神経芽細胞腫,甲状腺髄様がんなどに特異的集積性を示す.そのため,カテコールアミン産生腫瘍の全身検索に用いられる.前述の ^{123}I-MIBG と同様 ^{131}I-MIBG は心筋イメージングも可能だが,感度や解像度の点から ^{123}I-MIBG の画質のほうが優れている.^{131}I は $β^-$ 線,γ 線を放出し,半減期は約 8 日である.

褐色細胞腫,神経芽細胞などは,肺やリンパ節に転移すれば,手術や外部照射による放射線療法,化学療法が困難となることが多いため,^{131}I-MIBG の特異的集積性と β 線による細胞破壊性を利用して,カテコールアミン産生腫瘍の内照射治療にも用いることが可能である.

図 6.31 ^{131}I-MIBG の構造式

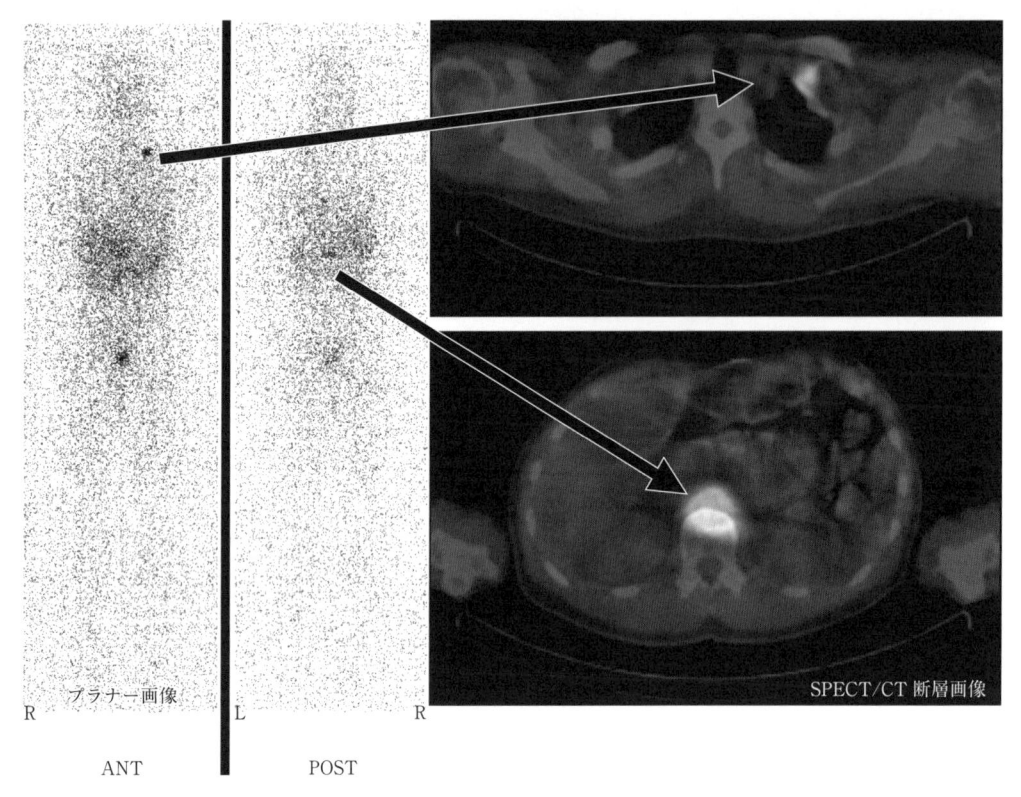

図 6.32 ^{131}I-MIBG による副腎髄質シンチグラフィ（プラナー画像）と SPECT/CT 断層画像
30 代男性の副腎原発褐色細胞腫術後再発症例で，左鎖骨上窩リンパ節と後横隔膜脚リンパ節に転移が見られる．
（京都大学医学部附属病院放射線診断科　栗原研輔先生提供）

6.1.29　ヨウ化ヒプル酸ナトリウム(^{131}I)注射液

ヨウ化ヒプル酸ナトリウム(^{131}I)注射液（^{131}I-OIH）は，レノグラフィや腎シンチグラフィにより腎機能や尿路疾患の診断を行う診断薬である．前述の ^{123}I-OIH と同様に主に尿細管から排泄される良好な腎動態画像および識別性の高いレノグラムが得られるが，^{131}I-OIH は ^{131}I の放出 γ 線エネルギーが高く核医学イメージングに適さないこと，また被ばく線量が高くなることから投与量が制限され良好な画像が得られないという欠点を有する．

6.1.30　ヨウ化メチルノルコレステノール(^{131}I)注射液

ヨウ化メチルノルコレステノール(^{131}I)注射液（アドステロール，図 6.33）は，副腎シンチグラムによる副腎疾患部位の局在診断を行うための放射性診断薬である（図 6.34）．静脈投与すると副腎皮質細胞の LDL（low density lipoprotein）受容体に結合したのち，細胞内でエステル化されプールを形成する．副腎皮質への集積は，副腎皮質刺激ホルモン（ACTH）と関連しているため，副腎皮質の機能と代謝を診断できる．

6.1 シンチグラフィに用いられる放射性医薬品

図6.33 ヨウ化メチルノルコレステノール(^{131}I)の構造式

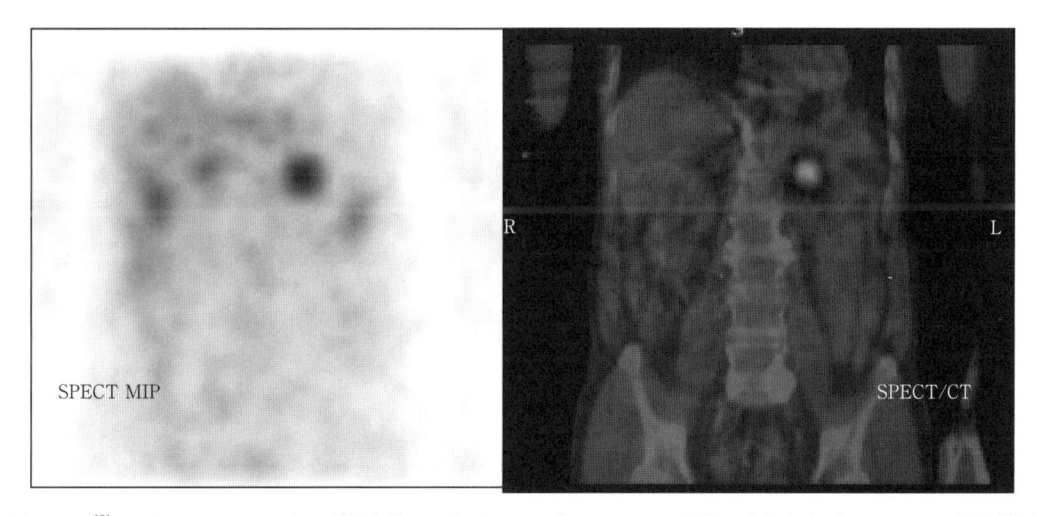

図6.34 ^{131}I-アドステロールによる副腎皮質シンチグラフィ(SPECT MIP 画像:左)およびSPECT/CT 冠状断層像(右)
60代男性の症例で,左副腎腺腫が認められる.(京都大学医学部附属病院放射線診断科　栗原研輔先生提供)

6.1.31 キセノン(^{133}Xe)吸入用ガス

キセノン(^{133}Xe)吸入用ガスは,肺シンチグラフィによる局所肺換気機能の検査,RI 局所脳循環血流測定装置を用いた局所脳血流の検査に用いられる(図6.35).^{133}Xe は,肺から血中に移行し各組織の血流量に応じて全身に取り込まれる.^{133}Xe を含んだ空気の吸入を中止すると,取込みとは逆の経路によって肺から排泄される.また,脂溶性が高いため血液脳関門を通過する.^{133}Xe は半減期約5日で β^- 壊変をする核種であり,β 線および γ 線を放出する.

6.1.32 塩化タリウム(^{201}Tl)注射液

塩化タリウム(^{201}Tl)注射液は,心筋シンチグラフィによる心臓疾患の診断,腫瘍シンチグラフィによる脳腫瘍,甲状腺腫瘍,肺腫瘍,骨・軟部腫瘍および縦隔腫瘍の診断,副甲状腺シンチグラフィによる副甲状腺疾患の診断に用いられる(図6.36).^{201}Tl$^+$ は K$^+$ と似た生体内挙動を示し,Na-K ATPase 系の働きにより細胞内に摂取され,特に K$^+$ 含量の高い心筋に集積する.心筋梗塞巣では局所的に血流が低下しており,欠損像として描画される.腫瘍への集積機序は明らかになっていない.^{201}Tl は EC 壊変により γ 線を放出し,半減期は約73時間である.

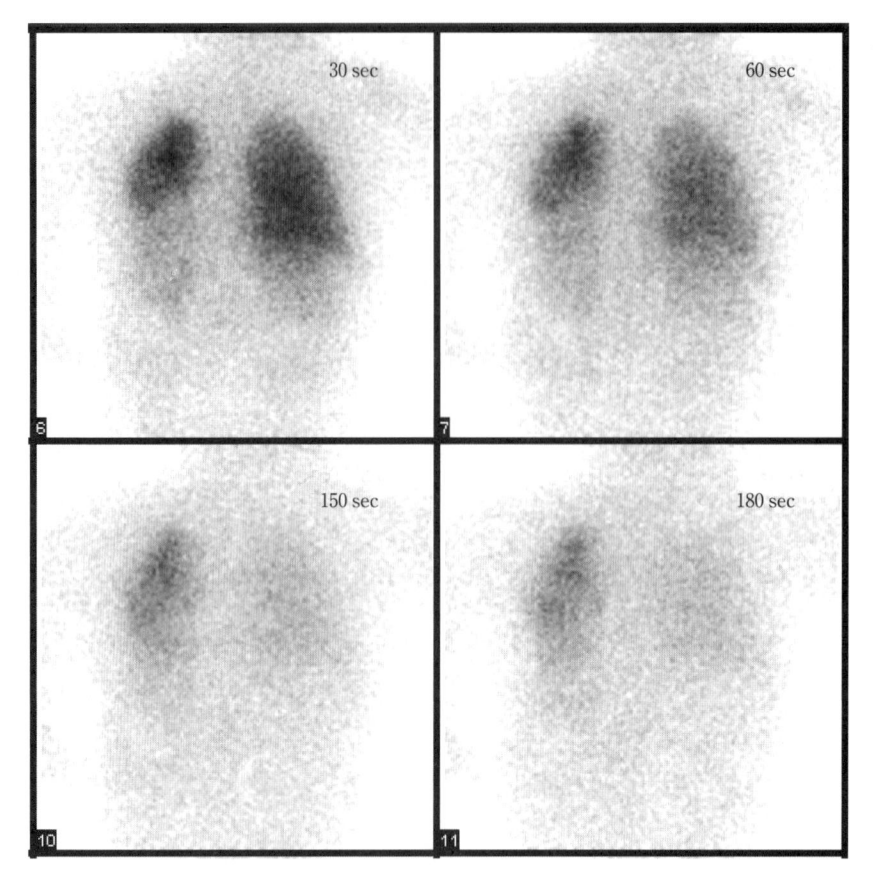

図 6.35 キセノン（^{133}Xe）吸入用ガスによる肺換気シンチグラフィ（プラナー画像）
（京都大学医学部附属病院放射線診断科　栗原研輔先生提供）

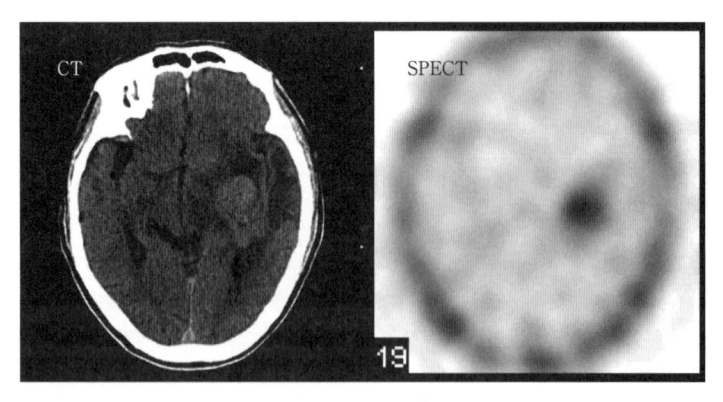

図 6.36 頭部 X 線 CT 画像と塩化タリウム（^{201}Tl）による腫瘍シンチグラフィ
60代男性の神経膠芽腫症例で，X 線 CT（左）の病変部分に SPECT（右）では ^{201}Tl の集積が認められる．
（京都大学医学部附属病院放射線診断科　栗原研輔先生提供）

6.2 試料計測法による診断

6.2.1 クロム酸ナトリウム(^{51}Cr)注射液

クロム酸ナトリウム(^{51}Cr)注射液は,循環血液量や循環赤血球量を測定したり,赤血球寿命を測定する目的で使用される診断薬である.6価クロムは赤血球膜を容易に通過し,血球内で3価に還元されグロビンと結合するが,この3価クロムは赤血球膜を通過できず血球が壊れるまで血球中に留まる.

循環血液量や循環赤血球量の測定法としては,本剤で標識した^{51}Cr標識血液または赤血球浮遊液を静脈より投与したのちに血液を採取する.標識血液または赤血球浮遊液と採取血液の計数率をそれぞれ測定し,次式により循環血液量を算出する.

$$循環血液量(mL) = \frac{^{51}Cr採取血液1mLあたりの赤血球計数率}{採取血液1mLあたりの赤血球計数率} \times 注入量$$

$$循環赤血球量(mL) = 循環血液量 \times 静脈ヘマトクリット値 \times 補正値$$

赤血球寿命の測定は,^{51}Cr標識液を静脈注射後に採血して計数率を測定し,次式による赤血球生存率を算出してグラフ上にプロットする.生存半減期をもって赤血球半寿命とする.

$$赤血球生存率 = \frac{静脈投与後任意の日の採取血液1mLあたりの計数率}{静脈投与後30分または24時間後の採取血液1mLあたりの計数率} \times 100$$

また,便中の^{51}Crの放射能を測定することで,腸からの異常出血の診断に用いられることもある.^{51}CrはEC壊変を行うγ線放出核種で,半減期は約28日である.

6.2.2 クエン酸第二鉄(^{59}Fe)注射液

クエン酸第二鉄(^{59}Fe)注射液は,血液疾患としての鉄代謝異常および造血機能診断を目的とする診断薬である.トランスフェリンと速やかに結合し,他の血漿タンパクとは結合しないため,直接静注することが可能である.血液中に投与された^{59}Feは,血漿から骨髄の赤芽球に取り込まれ,ヘモグロビン合成に用いられることにより標識赤血球として抹消血中に放出される.健常人の場合,血液中の^{59}Feの大部分は骨髄赤芽球のヘモグロビン生成能によって赤血球ヘモグロビンへ移行する.^{59}Feはβ^-壊変でβ線およびγ線を放出し,半減期は約45日である.

6.2.3 ヒト胃液内因子結合シアノコバラミン(^{57}Co)カプセル,シアノコバラミン(^{58}Co)カプセル

ヒト胃液内因子結合シアノコバラミン(^{57}Co)カプセルおよびシアノコバラミン(^{58}Co)カプセルは,いずれも悪性貧血などビタミンB_{12}(VB_{12})吸収不全の診断に用いられるカプセル剤である.食物中のVB_{12}は,胃粘膜で産生される内因子と結合して小腸-大腸(回腸)経由で吸収され血中に入る.数時間後には直接肝臓に蓄積されるか,結合タンパク質トランスコバラミンIIと結合して利用される.VB_{12}の欠乏は赤血球や大赤芽球の障害を起こし,悪性貧血を引き起こすことが明らかになっている.

健常人では直接の尿中排泄はないが,皮下または筋肉注射で大量のVB_{12}を投与すると,組織中および血漿中のVB_{12}結合能が飽和されるので,あらかじめ吸収されていたVB_{12}が洗い出されて,腎臓を経由して尿中に排泄される.実際の検査は市販されている[^{57}Co]VB_{12}カプセルを経口投与し,2時間以内に非放射性VB_{12}を注射して,24時間尿を集め,[^{57}Co]VB_{12}の尿中排泄率を求める.

$$\text{尿中}[^{57}\text{Co}]\text{VB}_{12}\text{排泄率}(\%) = \frac{\text{尿1 mL中の放射能} \times \text{全尿量(mL)}}{[^{57}\text{Co}]\text{VB}_{12}\text{投与放射能}} \times 100$$

正常値よりも極端に低い排泄率であれば，内因子欠乏か吸収障害かの鑑別が必要となる．その場合は，検査数日後に[^{57}Co]VB$_{12}$カプセルとヒト胃液内因子カプセルを同時に投与し，非標識VB$_{12}$で洗い出して再度尿中排泄率を測定する．この内因子負荷により排泄率の改善がない場合には，腸管機能不全や腸切除などによる吸収障害が疑われ，改善される場合には内因子欠乏に起因する悪性貧血や胃全摘などの原因が疑われる．^{57}CoはEC壊変でβ線を放出し，半減期は約272日，^{58}CoはEC壊変およびβ$^+$壊変でγ線を放出し，半減期は約71日である（図6.37）．

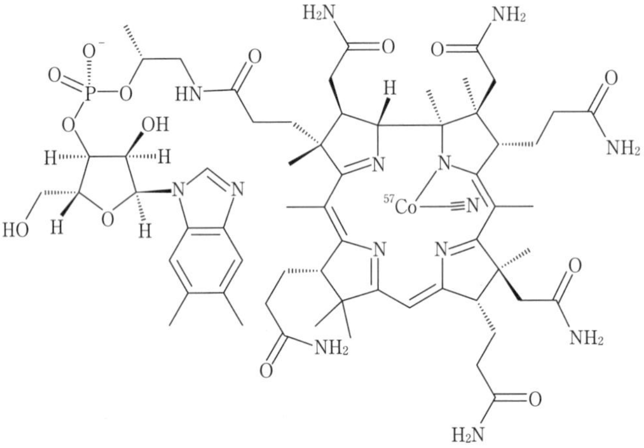

図 6.37 ^{57}Co標識シアノコバラミンの構造式

6.2.4 ヨウ化ヒト血清アルブミン(^{131}I)注射液

ヨウ化ヒト血清アルブミン(^{131}I)注射液は，循環血漿量，循環血液量，血液循環時間，心拍出量の測定に用いられる診断薬である．血中では血漿成分であるアルブミンと同じ挙動を示すことから，静脈投与をしたのち，採血し放射能やヘマトクリット値を計測して下記の式により循環血漿量と血液量を求める．

$$\text{循環血漿量(mL)} = \frac{\text{注射液を希釈mしたもの1 mLあたりの計数値}}{\text{注射後血漿1 mLあたりの計数値}} \times \text{希釈倍数} \times \text{注射量(mL)}$$

$$\text{循環血液量(mL)} = \frac{\text{循環血漿量}}{100 - \text{ヘマトクリット値(\%)}} \times 100$$

血液循環時間は，注射後にガンマーカメラや指向性シンチレーション検出器を測定部位に当て，放射能検出までの時間を測定する．

6.3 インビボ診断実施上の諸問題

核医学診断や内用放射線治療は，一定の生理条件で行う必要がある．生体内に投与された放射性核種や標識化合物の分布は，そのときの生理状態を反映して変化する．そこで，投与前の前処理として一定の条件づけが必要となる．また，不用な内部放射線被ばくを防ぐための処置も必要である．これらの前処理の主なものを以下にまとめる．

6.3.1 食　　　事

　食物摂取は消化管機能に影響したり，血中の糖，脂質，インスリン，電解質などの濃度を変化させる．このため，消化管，肝，胆道系の検査では検査前の食事制限が必要である．また，その他の臓器の検査でも定量性を問題にする場合には食事制限が必要である．たとえば，^{18}F-FDG の集積は血糖値の影響を受けるため投与前 4 時間以上は絶食し，糖尿病患者では血糖をコントロールするなど，適切に血糖値を安定化させることが必要である．

6.3.2 ヨウ素制限

　甲状腺はいったんヨウ素を取り込むと，その後のヨウ素接種能は著しく低下する．したがって，放射性ヨウ素を用いる甲状腺シンチグラフィでは，使用前にヨウ素摂取制限が必要である．つまり，コンブやワカメなど海藻類の摂取を禁止するとともに，ルゴール液や血管造影剤などのヨウ素含有薬剤の使用や甲状腺ホルモン，抗甲状腺剤の摂取は禁止される．

6.3.3 甲状腺ブロック

　甲状腺の検査以外の目的で放射性ヨウ素標識医薬品を用いる場合，体内で代謝分解され，遊離したヨウ素が甲状腺に摂取され，甲状腺に無用の放射線被ばくを与えることがある．甲状腺ブロックはこれを予防するために行うもので，ルゴール液などあらかじめ無機ヨウ素を与えて甲状腺のヨウ素摂取能を低下させておく必要がある．

6.4　治療用放射性医薬品

　放射性医薬品には，患部に集積させた放射性医薬品からの放射線によって細胞を殺傷し，がんなどを治療する目的に用いられ，治療用放射性医薬品あるいは内用放射線治療薬と呼ばれる．治療用放射性医薬品には，組織損傷性の高い β 線を放出する核種が用いられる．

6.4.1　塩化ストロンチウム(^{89}Sr)注射液

　塩化ストロンチウム(^{89}Sr)注射液は，痛みを伴う骨転移に対する疼痛緩和を目的としてわが国では 2007 年に薬事承認された治療用の放射性医薬品である．ストロンチウムはカルシウムと同属のアルカリ土類金属で，カルシウムと同様の体内挙動を示し，骨に集積する．

　疼痛緩和の正確な作用機序は詳細には解明されていないが，骨転移部位に集積した ^{89}Sr から放出される β 線の作用によりがん細胞が死滅し，腫瘍の増殖を抑えることで疼痛を軽減すると理解されている．また，β 線の作用によりプロスタグランジン E2（PGE2）の産生が亢進されコラーゲン合成が亢進したり，またインターロイキン 6（IL-6）の産生が亢進することで骨吸収を増加させる結果，骨転移部位における造骨と骨吸収の不均衡が原因と考えられる疼痛が，緩和されると考えられている．

　^{89}Sr は半減期は約 50.5 日である β 線放出核種であり，β 線の最大エネルギー 1.49 MeV で組織内飛程は平均 2.4 mm であるため，骨転移疼痛緩和治療に適した特性を有している．

6.4.2 塩化イットリウム(^{90}Y)溶液

塩化イットリウム(^{90}Y)溶液は，イブリツモマブチウキセタン（ゼヴァリン）を放射性核種で標識するための水溶液で，イブリツモマブチウキセタンとの静脈注射剤セットの医薬品として供給される．調製したイットリウム(^{90}Y)イブリツモマブチウキセタンを特定のリンパ腫の内用放射線治療薬として用いる．イブリツモマブチウキセタンは，マウス-ヒトキメラ型抗CD20抗体であり，表面にCD20タンパクを有する特定の種類のB細胞非ホジキンリンパ腫にのみ結合するモノクローナル抗体である（図6.20）．このため，治療に先立ちインジウム(^{111}In)イブリツモマブチウキセタンを用いてリンパ腫への集積や生体内分布をシンチグラフィで診断し，治療の適切性をあらかじめ確認してから投与を行う必要がある．^{90}Yは半減期約64時間のβ線放出核種である．

6.4.3 ヨウ化ナトリウム(^{131}I)カプセル

ヨウ化ナトリウム(^{131}I)カプセルは，バセドー病などの甲状腺機能亢進症の治療，甲状腺がんおよび転移巣の治療に用いられる日本薬局方収載の放射性医薬品である．また，シンチグラムによる甲状腺がん転移巣の発見に用いられる．

経口投与により選択的に甲状腺または甲状腺機能を持つ部位へ集まり甲状腺ホルモンであるチロキシンやトリヨードチロニンの合成に利用されるため，他器官，他組織への被ばくは少ない．選択

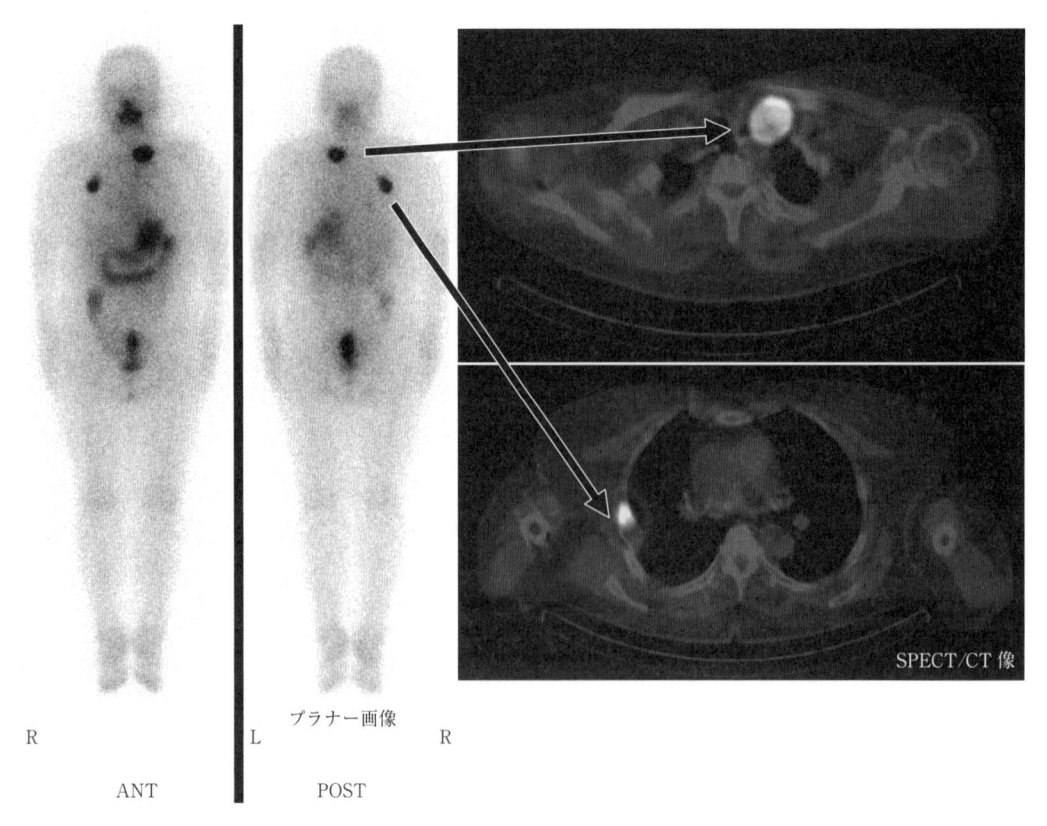

図6.38 ^{131}I-ヨウ化ナトリウム治療効果判定シンチグラフィ（プラナー像）とSPECT/CT像
60代男性甲状腺がん内照射療法後の撮像例で，左鎖骨上窩リンパ節と肋骨に転移巣が認められる．（京都大学医学部附属病院放射線診断科　栗原研輔先生提供）

的に取り込まれた ^{131}I から放出される β 線により，甲状腺機能亢進症や甲状腺がんおよびその転移巣の治療が行われる．分化型甲状腺がんはヨードを取り込む性質があり，甲状腺全摘後の症例では転移の診断も可能である（図 6.38）．

6.4.4　^{131}I 標識モノクローナル抗体（がん特異抗原に対する）によるがんの治療

がん細胞のモノクローナル抗体は，がん細胞（抗原）に対して特異的に結合するので，^{131}I 標識モノクローナル抗体による効率的な放射線内照射治療が期待できる．現在，多くのがん細胞に対するモノクローナル抗体が開発されており，^{99m}Tc や ^{111}In 標識したモノクローナル抗体を診断や治療に利用する研究開発が行われている．

6.5　医薬品開発のための放射性標識化合物

医薬品を開発する過程で候補化合物についての治験が行われているが，近い将来，この過程にマイクロドーズ臨床試験を導入することが検討されている．マイクロドーズ臨床試験とは，薬理作用を発現すると推定される投与量の 1/100 を超えない用量または 100 μg のいずれか少ない用量の被験物質を，健康な被験者に単回投与することにより行われる臨床試験のことである．

その目的は，候補化合物のヒトにおける薬物動態に関する情報を医薬品の臨床開発の初期段階に得ることにあり，吸収や血中動態，排泄特性，代謝物プロファイルなどを明らかにすること，分子イメージング技術を用いて被験物質の体内における分布や動態に関する情報を得ることにある．マイクロドーズ臨床試験における被験物質測定法として放射性同位元素を使用することもあり，^{14}C などの放射性同位元素で標識した被験物質を投与し，質量分析や血中放射能濃度を測定して，被験物質の代謝物や薬物動態学的情報を得たり，被験物質を ^{11}C，^{13}N，^{15}O，または ^{18}F などのポジトロン放出核種や，^{123}I，^{99m}Tc，^{111}In などで標識し，PET や SPECT を用いて，被験物質の臓器・組織での分布画像を経時的に測定する，といった方法がある．

いずれの場合も投与量としては微量ではあるものの，ヒトの投与するものであるため，可能な限り国が定めた治験薬品質基準である「治験薬の製造管理及び品質管理基準及び治験薬の製造施設の構造設備基準について（1997 年 3 月 31 日付薬発第 480 号）（治験薬 GMP，good manufactual practice）を遵守した放射性標識被検物質の品質管理が求められる．

これらの放射性標識化合物の利用は今後ますます盛んになると考えられ，従来の診断目的または治療目的の放射性医薬品いずれにも分類されない「医薬品開発のための放射性治験薬」といえる．

参 考 文 献

1) 日本メジフィジックス株式会社：医薬品インタビューフォーム．
2) 富士フイルム RI ファーマ株式会社：医薬品インタビューフォーム．
3) 佐治英郎ら：新放射化学　放射性医薬品学，南江堂，2006.
4) 宮崎利夫ら：現代薬学シリーズ 19　放射化学・放射性医薬品学，朝倉書店，1998.

演習問題

問1 インビボ放射性医薬品の主な用途について，正しいものを2つ選びなさい．
1 ^{11}C-2-デオキシグルコース：脳の代謝機能診断
2 ^{131}I-ヨウ化ナトリウム：甲状腺がんの治療
3 ^{99m}Tc-ジメルカプトコハク酸錯体：肺疾患の診断
4 ^{198}Au-金コロイド：心筋の血流測定
5 ^{133}Xe-キセノン：骨診断

問2 放射性医薬品に関する記述のうち，正しいものを2つ選びなさい．
1 過テクネチウム酸ナトリウム(核種：^{99m}Tc)注射液は，脳腫瘍および脳血管障害の診断に用いられる．
2 塩化タリウム(核種：^{201}Tl)注射液は，心筋シンチグラムによる心臓疾患の診断に用いられる．
3 ヨウ化ナトリウム(核種：^{123}I)カプセルは，甲状腺機能亢進症や甲状腺がんの治療に用いられる．
4 塩化インジウム(核種：^{111}In)注射液は，副甲状腺疾患の診断に用いられる．
5 吸入用のキセノン(核種：^{133}Xe)ガスは，咽頭がんの診断に用いられる．

問3 放射性医薬品に関する記述のうち，正しいものを2つ選びなさい．
1 クエン酸ガリウム(核種：^{67}Ga)注射液は，肺機能の診断に使用される．
2 ヨウ化ヒプル酸ナトリウム(核種：^{131}I)注射液は，脳腫瘍および脳血管障害の診断に使用される．
3 塩化タリウム(核種：^{201}Tl)注射液は，心筋シンチグラフィによる心臓疾患の診断に使用される．
4 塩化ストロンチウム(核種：^{89}Sr)注射液は，骨転移部位の疼痛緩和に使用される．
5 過テクネチウム酸ナトリウム(核種：^{99m}Tc)注射液は，腎および尿路疾患の診断に使用される．

問4 フルオロデオキシグルコース(^{18}F-FDG)に関する記述のうち，正しいものを2つ選びなさい．
1 グルコースの3位のOH基を^{18}Fで置換したものである．
2 グルコーストランスポータにより細胞内に取り込まれる．
3 グルコース-6-ホスファターゼにより代謝されない．
4 がん組織のみに特異的に集積する．
5 エネルギー代謝の盛んな腕筋組織にも高い集積性を示す．

問5 クエン酸ガリウム(^{67}Ga-citrate)に関する記述のうち，正しいものを2つ選びなさい．
1 肝臓内の腫瘍の検出は困難である．
2 がん組織のみに特異的に集積する．
3 リガンドと結合した状態でがん組織に取り込まれる．
4 リガンドがEDTAであってもがん組織への取込み率は変わらない．
5 GaはFeと類似した体内動態を示す．

解 答 問1：1と2　問2：1と2　問3：3と4　問4：2と3　問5：1と5

7

インビトロ放射性医薬品

　採取した血液,尿などの生体試料と,放射性同位元素で標識された物質とを反応させて,生体内の微量に存在するホルモン,生理活性物質,投与した薬剤などを定量分析する方法を,ラジオアッセイ法あるいは放射性体外(放射性インビトロ)診断法という.この検査法に用いられる放射性同位元素あるいはその標識化合物のうち,薬事法で規定されるもの(広義には法律に規定されていないものも含める)を**インビトロ放射性医薬品**と呼ぶ.

　ラジオアッセイ法は,その測定原理によって**競合反応を用いた方法**(**競合放射測定法**,competitive radioassay)と**競合反応を用いない方法**(**非競合放射測定法**,non-competitive radioassay)に大別される.競合放射測定法は,測定対象物質とその標識物質が,特異的結合物質(抗体,キャリアタンパク,受容体)への結合を競い合う(競合)現象を利用した測定法である.一方,非競合放射測定法は,標識化されたものを含む過剰の抗体やキャリアタンパクなどを,試料中の抗原や特異的結合タンパクと反応させて,その結合の度合いから試料中の抗原やキャリアタンパクの量を評価する測定法である(表7.1).

表7.1 ラジオアッセイ法の分類

大分類	小分類
競合反応を用いた方法 (競合放射測定法,competitive radio assay)	放射免疫測定法(ラジオイムノアッセイ):radio immunoassay(RIA)
	競合タンパク結合測定法,competitive protein binding assay(CPBA)
	放射受容体測定法,radio receptor assay(RRA)
競合反応を用いない方法 (非競合放射測定法,non-competitive radio assay)	免疫放射定量測定法(イムノラジオメトリックアッセイ):immuno radio metric assay(IRMA)
	直接飽和分析法,direct saturation analysis(DSA)

7.1 競合放射測定法

7.1.1 原理と測定系構成要素

　競合放射測定法は,リガンド(測定対象:抗原,キャリアタンパク結合物質,受容体結合物質)と放射性同位元素で標識されたリガンドが競合的に**特異的結合物質**(抗体,キャリアタンパク,受容体)と結合する反応(**競合反応**,competitive reaction)を利用して,試料中の微量な抗原,キャリアタンパク結合物質,受容体結合物質を定量する(表7.2).

表 7.2 競合放射測定法の種類

種類	標識リガンド（測定対象）	特異的結合物質
RIA	抗原 （ホルモン，ビタミンなど）	抗体
CPBA	キャリアタンパク結合物質 （ホルモン，ビタミン，小分子など）	キャリアタンパク
RRA	受容体結合物質 （ホルモン，神経伝達物質，薬剤など）	受容体

ここで，リガンドとリガンドに特異的に結合する物質の反応は可逆反応で，リガンドと特異的結合物質のモル濃度をそれぞれ $[L]$，$[R]$，k_1 を結合の速度定数，k_2 を解離の速度定数とすると，両者の結合体 $[LR]$ のモル濃度は式（7.1）で表される．

$$[L]+[R] \underset{k_2}{\overset{k_1}{\rightleftharpoons}} [LR] \tag{7.1}$$

さらに，平衡状態に達した際の K（親和定数，affinity constant）は式（7.2）で表される．

$$\frac{[LR]}{[L][R]}=\frac{k_1}{k_2}=K \tag{7.2}$$

ここでリガンド特異的結合物質の初期の総濃度を $[c_0]$ とすると，$[c_0]=[R]+[LR]$ となり，これを式（7.2）に代入すると，式（7.3）が得られる．

$$\frac{[LR]}{[L]}=K(c_0-[LR]) \tag{7.3}$$

式（7.3）より，$[LR]/[L]$ 比を縦軸に，結合体濃度 $[LR]$ を横軸にプロットすると，Scatchard plot と呼ばれる，傾き $-K$ の直線が得られる（図 7.1）．この傾きは，リガンドの特異的結合物質への親和性（急勾配なほど結合親和性が高い）を示し，直線のX軸との交点から，特異的結合物質の最大結合数 B_{max}（$[LR]_{max}$）を求めることができる．

式（7.2），式（7.3）で K と c_0 は一定の値をとるので，リガンド $[L]$ が増加すると結合/遊離 $[LR]/[L]$ 比は一定の関数のもと減少する．放射性同位元素で標識されたリガンド（L）を加えておけば，$[LR]/[L]$ 比を求めることができる．測定対象の標準品を用いて，$[L]$ と $[LR]/[L]$ 比の関係を求めて作成した標準曲線に，未知検体の $[LR]/[L]$ 比を外挿することで未知検体の濃度を求めることができる．

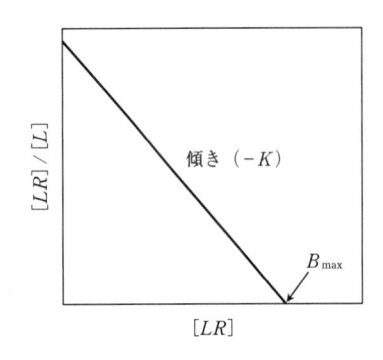

図 7.1 Scatchard plot

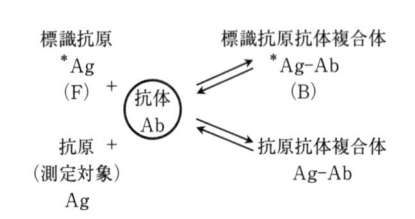

図 7.2 RIA 法の原理

7.1.2 ラジオイムノアッセイ（RIA）

RIA理論は，1959年にBersonとYalowによって確立された．これは，高検出能を有する従来の同位体希釈分析法に特異性の高い抗原抗体反応を組み合わせた巧妙な分析法で，抗原となるホルモン，生理活性物質などを極微量で精度よく定量することができる（図7.2）．

a. RIA法の歴史と発展

糖尿病の発症機序がよく理解されていなかった時代，その原因が血液中でのインスリンの分解にあるとする仮説が示されていた．BersonとYalowは，インスリン治療群と非治療群の糖尿病患者にそれぞれ ^{131}I-インスリンを投与して，インスリン治療糖尿病患者の血漿の ^{131}I-インスリン消失速度が遅延することを発見した．さらに，患者から採取した血漿と ^{131}I-インスリンをインキュベートした結果，インスリン治療を受けた糖尿病患者では，γグロブリン画分へ移行する ^{131}I の放射能が増加することをろ紙電気泳動で明らかにした．

彼らは，インスリン治療を受けた糖尿病患者にはインスリン抗体ができていると考え，^{131}I-インスリンを含むインスリン治療糖尿病患者血漿の系に，非放射性のインスリンを添加した．γグロブリン画分の ^{131}I の放射能はインスリンの添加で段階的に減少し，このことがRIA法の開発の着想につながった．

b. 測定原理

RIA法では，抗原抗体反応を利用して，試料中のホルモン，生理活性物質などを定量する．その構成要素は，測定対象の抗原（antigen, Ag），その標識抗原（labeled antigen, *Ag）と抗体（antibody, Ab）で，標識抗原の抗体への結合が，測定対象の非標識抗原によって阻害されることを基本原理とする（図7.2）．すなわち，この反応系に抗原が存在しなければ，抗体には標識抗原のみが結合するが，抗原の増加に伴って標識抗原の結合率は低下する．標識抗原と抗体を含む反応系に既知量の測定対象の抗原を添加して，標識抗原・抗体結合体（B）と遊離の標識抗原（F）との比の関係を求めて標準曲線を作成し，未知検体の B/F 比を外挿することで，未知検体の濃度を求めることができる．

一般に，遊離状態の抗原量を直接測定することは難しいので，B/F 比の代わりに添加した標識抗原との比（B/T），あるいは非標識抗原を添加していないときの B（$=B_0$）との比（B/B_0）と添加抗原の関係を求め，標準曲線を作成する（表7.3，図7.3）．

コラム

■ RIAの誕生秘話 ■

Yalowはこの業績により1977年にノーベル賞（生理学・医学部門）を受賞した．しかし，BersonとYalowの初めの投稿論文は不受理となった．1950年代中頃の免疫学者は，インスリンのような低分子に抗体ができるとは考えていなかった．のちに，論文は受理される．「インスリン抗体」の表記を「インスリン結合グロブリン」に書き換えてのことだ（編集者からの投稿論文不受理を知らせる手紙が，後日談とともに1978年のScience誌に掲載されている）．当時は，糖尿病患者のインスリン補充にブタのインスリンが用いられており，長期間の投与によってインスリン抗体ができていた．Yalowの共同研究者のBersonは，ノーベル賞を受賞することはなかった．彼は5年前にこの世を去っていたのである．ノーベル賞受賞講演の中でYalowは，「私たちはサイエンスアドベンチャーの旅に出てRIAを誕生させた．そして，幼いRIAを育み，独り立ちさせた．この瞬間を彼とともに迎えることができたなら…」と述べている．

表7.3 標準曲線の作成

標識抗原 *Ag	非標識抗原 Ag	抗体 Ab	抗原・抗体結合体 *Ag−Ab Ag−Ab	遊離抗原 *Ag Ag	抗原・抗体結合体/添加標識抗原 *Ag−Ab/*Ag (B=Bound/T=Total)
8個 (Total)	—	3	6個 (*Ag−Ab)	2個	$B/T=6/8=0.75$
8個	4個	3	4個	4個	$B/T=4/8=0.5$
8個	8個	3	3個	5個	$B/T=3/8=0.375$
8個	12個	3	2個	6個	$B/T=2/8=0.25$

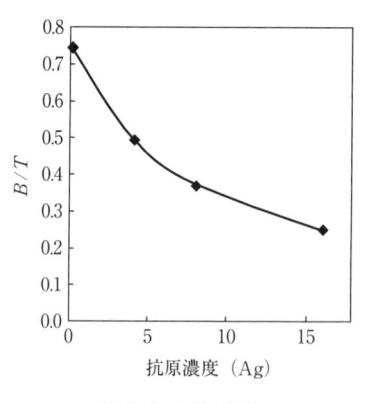

図7.3 標準曲線

c. RIAの成立条件

(1) 抗 原

RIAの構成要素として，純化された抗原が必要である．抗原は測定対象物の標準物質，標識抗原作製，抗体作製に用いられる．しかし，ホルモンなどの高分子生体成分の化学合成は多くの場合に確立していないため，臓器や血液から分離精製して得る必要がある．純度の低い抗原は，RIAの分析精度を低下させる．抗原抗体反応は，種特異性が強いので，ヒトより得た抗原を用いることが望ましいが，動物から得たものや合成品で代用することもある．近年は，遺伝子組換え技術の進歩によって，ヒトのインスリン，ACTHなどのペプチドホルモンの大量生産が可能になった（後述）．

(2) 抗 体

抗体には，抗原を免疫源として免疫した動物から得られ，多様な抗原認識部位を持つ抗体の集合体である**ポリクローナル抗体**（polyclonal antibody）を含む**抗血清**（antiserum）と，単一なクロー

ンの抗体産生細胞と腫瘍細胞の融合によって得られる単一な抗原のみを認識する**モノクローナル抗体**（monoclonal antibody）が用いられる．抗血清（antiserum）に含まれる抗体の種類や割合，抗体の反応性は多種，多様である．一般的には，段階的に希釈した抗血清をRIAの測定系に加え，B/F比が1になる抗血清の希釈倍率（＝**抗体価**）の抗血清が測定に用いられる．分子量の大きいタンパクやペプチド（分子量1,000以上）では，抗体産生と抗原抗体結合体の形成が比較的容易である．

しかし，低分子のペプチドホルモン，ステロイドホルモン，甲状腺ホルモンなどはハプテンと呼ばれ，特異抗体と反応はするが，単独では抗体を生産させる能力（抗原性）がない．これらの低分子は，アルブミンなどの高分子を化学的に結合させて，抗原抗体結合体の形成能と抗原親和性の高い抗体を含む抗血清を得る．抗体の抗原に対する親和性が高いほどRIAの測定感度は高くなるが，あまり高いと抗原濃度の測定レンジが狭くなる．抗原に対する親和性は，**Scatchard解析**（図7.1参照）より算出される**親和定数**（affinity constant）K（通常10^{11}〜10^{12} M^{-1}）から判断する．

(3) **標識抗原**

標識抗原の要件は，抗原に標識が可能であること，高い比放射能が得られること，標識後に抗原性が維持されること，非標識抗原との間で抗体に対して競合すること，である．標識は，γ線放出核種で測定が容易な^{125}I（半減期59.4日）が最もよく使われる．さらに，^{125}Iはβ線の放出がなく，内部転換で放射される電子線も低エネルギーであり，放射線分解が少なく，保存上の利点もある．^{131}I（半減期8.02日），^{3}H（半減期12.3年）も利用されるが研究目的が主である．

放射性ヨウ素による標識は，一般には親電子置換反応が用いられる．分子内にチロシンやヒスチジンを有するタンパクやペプチドは，直接放射性ヨウ素で標識する（**直接標識法**）ことができる（図7.4）．$Na^{*}I$をヨウ素源に用いる場合は，酸化剤で$^{*}I^{+}$にして標識に用いる（＊：放射性）．クロラミンTは高比放射能の標識体が簡便に得られるため，現在広く用いられている酸化剤の1つである．しかし，クロラミンTは強い酸化剤なので，酸化を受けやすい構造を持つタンパクやペプチドの標識の際には注意が必要である．酸化に対して不安定な物質には，比較的緩和な酸化条件が得られる疎水性酸化剤であるヨードゲンや過酸化水素/ラクトペルオキシダーゼが用いられる（8章参照）．

一方，ステロイドホルモン，薬剤などのハプテン性抗原にはこれらのアミノ酸残基がないので，直接標識することはできない．また，**抗原決定基（エピトープ）**にチロシンやヒスチジン残基を含む，あるいは近傍にそれらが存在する抗原では，放射性ヨウ素で直接分子を標識すると抗原抗体反応が妨げられるおそれがある．そのような抗原には，あらかじめ放射性ヨウ素で標識した化合物を作製しておき，これを被標識分子に結合させる**間接標識法**を用いる．**ボルトンハンター（Bolton-Hunter）法**は間接標識の例である（図7.4）．

トリチウム（^{3}H）は被標識分子の構成元素を標識することができるので，被標識抗原と相同性が高い標識抗原が得られ，特に，低分子抗原の標識に用いられる．トリチウム標識法には，トリチウムガス（$^{3}H_{2}$）による同位体交換反応であるWilzbach法，Ptなどの触媒存在下でトリチウムガスを用いて不飽和結合への付加反応を用いるトリチウムガス触媒還元法，ケトン，アルデヒド，アルコールなど還元可能な官能基をトリチウム標識の水素化ホウ素ナトリウム（$NaB^{3}H_{4}$）や水素化アルミニウムリチウム（$LiAl^{3}H_{4}$）で還元的に標識する金属水素化物還元法がある．しかし，^{3}Hの放射能測定には液体シンチレーションカウンタを用いるので，γ線計測の可能な放射性ヨウ素標識に比べて煩雑である．

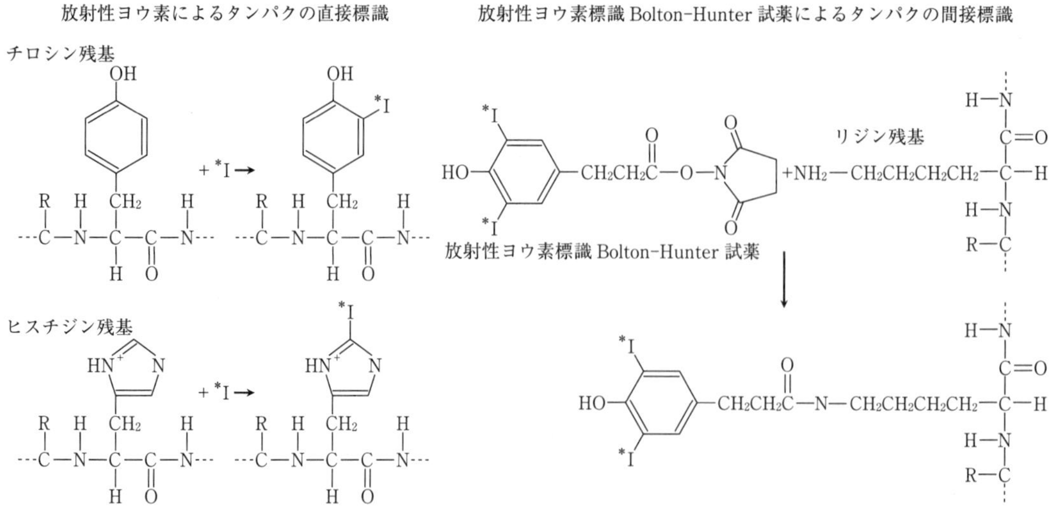

図 7.4 直接法と間接法によるタンパクの標識

d. 抗原・抗体結合体（B）と非結合体（F）の分離

RIA では抗原抗体反応後に抗原・抗体結合体（B）と遊離の抗原（F）を分離して，それぞれの画分の放射能を算定する必要がある．B と F 画分の分離は，RIA の精度に大きく影響する．これまでに以下に示す分離法が開発されている．臨床検査では高精度に加え，簡便，迅速，経済性が求められる．この点で優れている 2 抗体法は，測定対象物質に対する抗体（第 1 抗体）との反応終了後に，第 1 抗体に対する抗体（第 2 抗体）を加えると抗原－第 1 抗体－第 2 抗体結合体が生成する．キャリアタンパクが十分存在すればこの結合体は沈殿して，容易に分離できる（図 7.5）．

同様に固相法は，ポリスチレンやセファロース製のビーズ，またはポリエチレン製などの試験管に抗体を吸着あるいは化学結合させて，B と F 画分の分離を行う（図 7.6）．両者とも現在市販されているキットの多くに採用されている．

B/F 分離法
- クロマト電気泳動法
- ゲルろ過法
- 塩析法
- 吸着法
- ポリエチレングリコール法
- エタノール沈殿法
- 2 抗体法
- 固相法

7.1.3 競合タンパク結合測定法（competitive protein binding assay, CPBA）

RIA と同様に，競合反応を応用した測定法である．RIA の抗体に相当するリガンド特異的結合物質として，血液中に存在するキャリアタンパク（carrier protein）を用いる．表 7.4 に，測定対象とキャリアタンパクの組合せを示す．

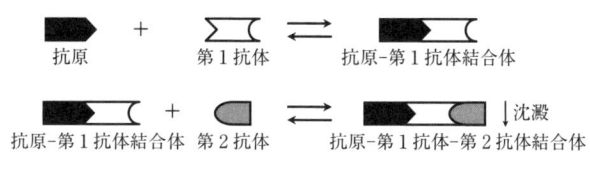

図7.5 2抗体法による B/F 分離

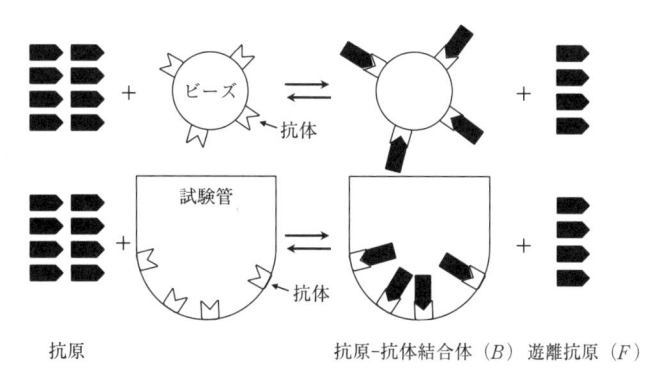

図7.6 固相法による B/F 分離

表7.4 競合タンパク結合測定法で測定できる物質とキャリアタンパク

測定対象物質	キャリアタンパク
サイロキシン	サイロキシン結合タンパク（TBG）
コーチゾール	コーチゾール結合タンパク（CBG）
ビタミン D, 25-OH-ビタミン D	ビタミン D 結合タンパク
ビタミン B_{12}	ビタミン B_{12} 結合タンパク
鉄	トランスフェリン
葉酸	葉酸結合タンパク（FBP）

7.1.4 放射受容体測定法（RRA）

同じく，競合反応を応用した測定法である．RIA の抗体に相当するリガンド特異的結合物質として，組織に存在する受容体（receptor）を用いる．この測定法では，単にホルモン，神経伝達物質，ビタミン，薬剤などの微量成分を定量するよりも，その**作用機構や薬剤応答につながる情報**が得られる．RRA の欠点としては，受容体を用いる点である．受容体は高分子タンパクで一般に不安定で保存が難しい．また，特にヒトの受容体を用いることは，倫理的な制約から困難である．

7.2 非競合放射測定法

競合反応を用いない非競合放射測定法では，反応系に存在する過剰量のリガンドあるいは特異的結合物質に測定対象のすべてを捕捉して評価する方法である．

コラム

■ **分子を抗体でみる RIA と受容体でみる RRA** ■

　成長ホルモン（Growth Hormone）（GH）は 191 個のアミノ酸からなり，成長と代謝を調節する作用を持つ．GH の直接の標的臓器は筋肉，骨組織で，これらの細胞膜上の受容体に GH が結合することで作用が発現する．異常な GH（スプライシングの異常から，C 末端側のペプチド鎖が欠落）を持つ自然発症矮小ラット（SDR）は，対象の SD ラットよりも体が小さい．受容体の結合をもってリガンド分子をみる RRA では，受容体に結合する能力がなく，生物活性を示さないリガンド分子の異常を捉えることができる．ところが，抗体でリガンド分子をみる RIA では，SDR の血液中の GH レベルに異常を検出できないことがある（表 7.5）．

表 7.5　成長ホルモン（GH）異常動物の GH 量（RIA と RRA の比較）

血中の GH 量	SD	SDR
（RIA による測定）	正常	正常（偽）
（RRA による測定）	正常	低下
GH の構造	正常	異常

7.2.1　イムノラジオメトリックアッセイ（IRMA）

　非競合反応を測定原理とする IRMA では，抗原に対して**過剰量の抗体**をあらかじめ固相体に結合させておき，これに抗原を加えて反応させ，抗原を固相体上の抗体に結合させる．ついで，**標識抗体**を加えると，固相抗体 − 抗原 − 標識抗体のサンドイッチ型の結合体を得ることができる．IRMA は，過剰な抗体で試料に含まれる抗原（測定対象）をすべて結合体として捉え，抗原を 2 種類のモノクローナル抗体でサンドイッチ型に検出するので，測定感度，特異性，B/F 分離性能がよい測定法である（図 7.7，表 7.6）．

a．IRMA 法の歴史と発展

　IRMA は 1968 年 Miles らにより考案された方法で，モノクローナル抗体（単クローン抗体）の技術の開発により確立した．測定対象の抗原で動物（マウス）を免疫して，得られた脾細胞と骨髄腫細胞を融合する．この融合によって得られた細胞は，抗体を産生する能力を持ち，かつ無限に増殖するという，きわめて都合の良い性質を持つことになる．クローニングによって，抗原と反応するクローンを選別して増やせば，1 つのエピトープに対する単一の分子種を持つ，モノクローナル抗体を大量に得ることができる．

　従来から行われてきた動物を免疫して得られる抗体は，ポリクローナル抗体である．ポリクローナル抗体は，性質の異なる単一な抗体の混合物である．しかし，抗血清中の抗体のうち，分子の特異的検知に役立つエピトープを認識する抗体の割合はごくわずかである．このことは，ポリクローナル抗体を用いた RIA の測定感度と抗体の特異性に影響を与える．この点，モノクローナル抗体で

コラム

■ モノクローナル抗体技術の開発によって確立した IRMA 法 ■

　モノクローナル抗体の作製技術は，1975 年に Köhler と Milstein によって開発された．彼らは，ヒツジ赤血球で免疫したマウスの脾細胞とマウスミエローマ細胞とを融合して得たヘテロハイブリドーマ細胞が，抗ヒツジ血球凝集素を産生，分泌しながら増殖することを示した．以来，この細胞融合の手法を応用したモノクローナル抗体の作製法が，さまざまな研究や医療に応用されるようになった．IRMA の開発もその応用例である．Jerne，Köhler と Milstein は，1984 年にノーベル賞（生理学・医学部門）を受賞した．

は，標的分子の特異的検知に役立つひとつのエピトープを認識できるので，前述の問題を解決することができる．過剰な抗体で試料に含まれる抗原をすべて結合体として，かつ抗原を 2 種類のモノクローナル抗体でサンドイッチ型に検出することで，測定感度，特異性，B/F 分離性能の向上を図る IRMA の確立にとって，モノクローナル抗体の作製技術は不可欠であった．

b. 測 定 原 理

　抗体と抗原の競合反応を利用した RIA では，**標識された抗原**の抗体への結合が，測定対象の非標識抗原によって阻害されることを測定原理とすることは先に述べた（図 7.1）．標識・非標識の抗原分子間で，抗体をめぐる**競合**を成立させるためには，抗体に対して抗原は過剰量である．一方，**非競合反応**を測定原理とする IRMA では，測定対象の抗原に対して抗体は大過剰に存在する必要がある．すなわち，抗原に対して過剰量の抗体をビーズや試験管に化学的に結合した**固相化抗体**と抗原を反応させ，抗原を固相体上の抗体に結合させる．

　ここで用いる抗体は，抗原の特定のエピトープを認識するモノクローナル抗体（第 1 抗体）である．これに別のエピトープを認識する**標識モノクローナル抗体**（第 2 抗体）を反応させると，固相抗体に結合した抗原に結合する．一連の反応の過程の結果，B と F 画分の分離が容易な固相抗体－抗原－標識抗体のサンドイッチ型の結合体ができる（図 7.7）．既知量の測定対象の抗原を添加して，固相抗体－抗原－標識抗体結合体（B）と遊離の標識抗体（F）との比の関係を求めて標準曲線を作成して，未知検体の B/F 比を外挿することで，未知検体の濃度を求めることができる．

　RIA では，標識抗原と非標識抗原の抗体に対する競合反応を利用するので，標識結合体の放射能は抗原の増加に伴って減少する．一方，IRMA では理論的にはすべての抗原が過剰量の標識抗体によって固相体に保持されるので，標識結合体の放射能は抗原の増加に伴って増加する（表 7.6）．このように，試料中の抗原のすべてを捕捉，標識して測定する IRMA の測定感度は，RIA より 1 桁以上高い．

c. IRMA の成立条件

(1) 抗　原

　抗原は測定対象物の標準物質とモノクローナル抗体作製に用いられる．標準物質としての抗原は高純度を要求されるが，モノクローナル抗体作製のためにマウスに投与する抗原は，クローニングを行い適当なクローナル抗体を選別するので，必ずしも高純度である必要はない．

(2) 抗　体

　RIA では，ポリクローナルまたはモノクローナル抗体を用いる．一方，IRMA では，2 種類のモノクローナル抗体を用いる．1 つは，ビーズや試験管に化学的に結合させた抗体（固相化抗体）（第

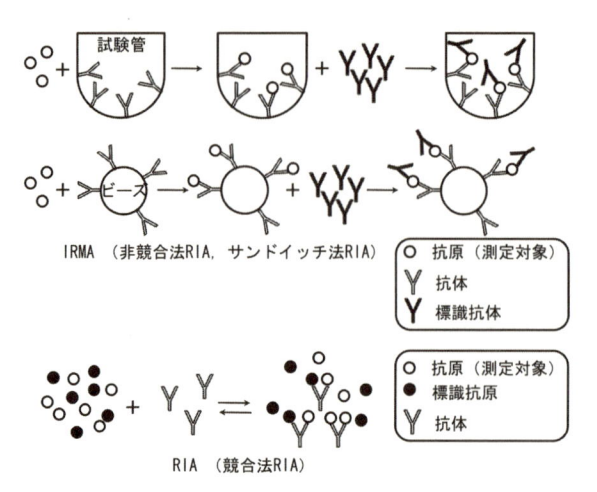

図7.7 IRMA法の原理（RIAとの比較）

表7.6 IRMA法の構成要素と成立条件（RIAとの比較）

	IRMA	RIA
反応形式	非競合	競合
標識体	抗体	抗原
測定対象	抗原	抗原
抗体	モノクローナル抗体 （固相化抗体）	ポリ・モノクローナル抗体 （固相化・非固相化抗体）
反応条件 （抗原抗体比）	抗体＞抗原	抗原＞抗体
標準曲線	（放射能 vs 抗原濃度：上昇曲線）	（放射能 vs 抗原濃度：下降曲線）

1抗体）であり，もう1つは，抗原のエピトープの中で，第1抗体とは別の部位を認識する標識抗体（第2抗体）である（図7.7）．IRMAでの抗体標識の場合も，RIAと同様に^{125}Iが一般的に用いられる．

(3) 特　徴

測定感度が高いという長所を持つ半面，過剰量の抗体で抗原のすべてを捕捉，標識して測定するため，大量の抗体を必要とする．また，IRMAは2種類の抗体が抗原の2つのエピトープを介してサンドイッチ状に挟み込むので，特異性の高い測定が可能であり，結合体（B）と標識遊離抗体（F）の分離が容易である．しかし，測定対象分子は少なくとも2つ以上のエピトープを持っている必要がある．したがって，ハプテン性の小分子への適用は困難な場合がある．抗原が不安定，あるいは^{125}Iによる標識が困難な物質（チロシン，ヒスチジン，システインなどのアミノ酸残基を持た

ない）の測定が行えることも，抗体が標識されている IRMA の長所である．

　一方，過剰の抗原が測定系に存在すると，標識抗体は固相化非標識抗体に結合できなかった遊離の抗原にも結合する．その結果，B/F 比は見かけ上減少して，抗原濃度の過小評価の原因になる．このような抗原過剰下での抑制現象を後地帯（ポストゾーン）現象と呼ぶが，IRMA のような固相免疫測定法では，標準曲線が抗原過剰域で逆に減少して「釣り針」のような形になることにちなみ，**フック現象**と呼ばれる．

7.2.2　直接飽和分析法（DSA）

　直接飽和分析法とは，標識体を含む過剰量のリガンドで試料中のリガンド特異的結合物質の未結合（未飽和）部分を飽和させ，測定した結合率（飽和度）からリガンド特異的結合物質の結合状態や内因性のリガンド量を類推する方法である．血清タンパク結合ヨウ素や血清鉄の測定は，本法の代表的な応用例である．

a.　T_3 摂取率（T_3 uptake）

　サイロキシン（T_4）とトリヨードサイロニン（T_3）は，代謝にかかわる甲状腺ホルモンである．T_3 の血液中濃度は T_4 の 1/100 と微量だが，生物学的活性は T_4 の 2 倍ほどである．血液中には T_4，T_3 の結合タンパク（キャリアタンパク）である血中サイロキシン結合グロブリン（TBG）が存在する．血中 T_4，T_3 は微量なので直接測定することは簡単ではない．標識 T_3（$^{131}I-T_3$）の TBG への結合性を利用して，血清 TBG の結合能のうち内因性の T_4 が未飽和になっている部分を飽和させ，$^{131}I-T_3$ の結合量を測定する．TBG 結合ヨウ素の主成分は T_4 なので，TBG の T_3 結合能を間接的に測定することで内因性 T_4 量を評価することができる．

　しかし，TBG に結合した標識 T_3 を反応系から分離して計測することは困難である．TBG の代わりにレジンスポンジや他の吸着剤への $^{131}I-T_3$ 結合から評価する方法が，1955 年 Hamolsky らによって開発された．この方法では，血清に $^{131}I-T_3$ を含む過剰量の T_3 を添加して，TBG の T_4，T_3 結合能（保持能）を超えた $^{131}I-T_3$ をレジンスポンジに保持する．反応系に加えた $^{131}I-T_3$ とレジンスポンジに保持された放射能から，T_3 レジンスポンジ摂取率を算出する（図 7.8）．血中高濃度 T_4，T_3 を示す甲状腺機能亢進症では，TBG の未結合部は減少しているので，T_3 のレジンスポンジ摂取率は増加する．一方，甲状腺機能低下症では，レジンスポンジ摂取率は減少する．TBG 量の変化する疾患では，T_3，T_4 濃度に無関係にレジンスポンジ摂取率が影響を受けるので注意が必要である．

b.　血清不飽和鉄結合能（unsaturated iron binding capacity，UIBC）

　鉄は体内でヘモグロビン鉄，貯蔵鉄，ミオグロビン鉄，血清鉄として存在する．食餌として摂取された鉄は腸管内で 2 価鉄（Fe^{2+}）に還元された後に吸収され，腸粘膜内で酸化されて 3 価鉄（Fe^{3+}）になり，アポフェリチンと可逆的に結合する．アポフェリチンから離れ血中に移行した 3 価鉄は，血漿中でトランスフェリン（鉄キャリアタンパク）に結合し，各器官の間を輸送される．トランスフェリンは鉄と特異的に結合する能力を持つ．トランスフェリンの鉄結合部位はすべてが飽和（鉄が結合）しているのではなく，飽和度は通常 1/3 程度である．鉄が不飽和（未結合）のトランスフェリン量を鉄の結合量で表したものが，不飽和鉄結合能（UIBC）である．UIBC と血清鉄を合わせて，トランスフェリンに結合することのできる鉄の総量を総鉄結合能（total iron binding capacity，TIBC）という．この値は血清中のトランスフェリン量を鉄量に換算して，間接的に表していることになる．すなわち，「TIBC＝UIBC＋血清鉄」，の関係が成り立つ．

検査には，鉄の検出が容易なγ線放出核種である^{59}Feを用いる．^{59}Feは過剰の鉄とともに血清に加えて，T_3摂取率と同様に，トランスフェリンの結合能（保持能）を超えた未結合の^{59}Feを鉄吸着剤に捕捉する．反応系に加えた総放射能から吸着剤に捕捉された^{59}Feの放射能を差し引き，添加鉄量と吸着率と合わせて，UIBCを算出する（図7.8）．この値と別に測定した血清鉄値を合算することで，TIBCを求めることができる．本法は鉄代謝の指標として，鉄欠乏貧血の鑑別，血液疾患，ある種の肝疾患の診断に役立つ．

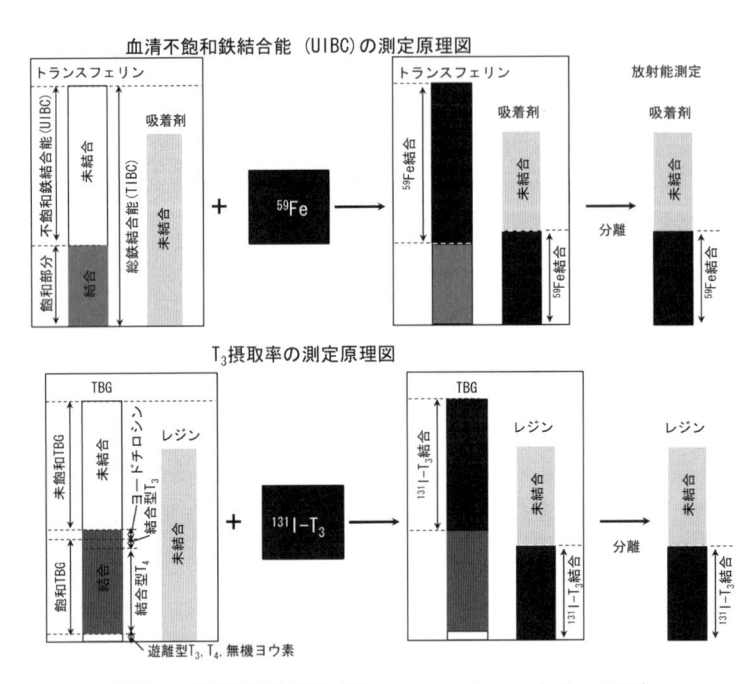

図7.8 直接飽和分析法（direct saturation analysis, DSA）

7.3 非放射性免疫測定法

BersonとYalowにより開発されたRIAは，血液中に微量しか存在しないために困難であったホルモンの測定に道を開き，内分泌学の発展に飛躍をもたらすとともに臨床診断の発展にも貢献した．当初RIAは，タンパク性のホルモンの測定に応用されていたが，分子量の小さいペプチド性のホルモンやステロイドホルモン，ビタミン，薬剤の測定にも応用されるようになった．RIAの開発がその後のラジオアッセイ，分析化学の発展に与えたインパクトは計り知れない．

RIAと同様に競合反応を利用するが，抗体とは異なる結合試薬を用いたCPBA，RRAの開発，RIAとは異なる測定原理（競合反応を利用しない）を用いたIRMA，DSAの開発が続いた．特に，非競合的免疫反応を測定原理とするIRMAでは，測定感度がRIAに比べて飛躍的向上し，特異性，操作性も良好で，次の飛躍的進歩につながった．以上述べてきたように，ラジオアッセイではIRMA，RIAを中心発展してきた．現在，インビトロ放射性医薬品で測定されている項目を臨床検査ごとに示した（表7.7）．

7.3 非放射性免疫測定法

表7.7 インビトロ放射性医薬品で測定される項目

検査種類	検査項目
下垂体機能	ACTH, AVP, FSH, GH, IGFBP-3, LH, Prolactin, Somatomedin-C, TSH
甲状腺機能	Free T_3, Free T_4, T_4, TBG, Thyroglobulin, Thyroglobulin-Ab, TPO-Ab, TS-Ab, TSH-Receptor Ab
副甲状腺機能	Calcitonin, Osteocalcin, PTH, PTH-rP, V-D_3
膵・消化管機能	Anti-GAD, CG, C-peptide, Gastrin, Insulin, anti-IA-2Ab, Insuin-Antibody
性腺・胎盤機能	17α-GAD, E_2, Free-Testosterone, Progesterone, Testosterone, β-HCG
副腎機能	Aldosterone, Androsteronedione, Cortisol, DHEA-S
腎・血圧調節機能	Renin, Renin Activity, hANP,
血液・造血機能	EPO, Ferritin, TIBC, UIBC
腫瘍マーカー	CA125, CA15-3, CA19-9, CA72-4, CEA, Cytokeratin-19, Elastase 1, NSE, PAP, SCC, SLX, Span-1, STN
酵素	2-5A, P-III-P, PLA_2, PSTI, TK, Trypsin
肝炎ウイルス特異性抗原・抗体	HCV-Core-Ab, HCV-Core-Protein
薬物	Cyclosporin
サイトカイン	C-AMP
その他	I CTP, IV-Collagen7S, anti-AchR-Ab, anti-DNA, Myoglobin, P I NP

日本アイソトープ協会のアイソトープ等流通統計2010より改変

近年，IRMA，RIAを基本原理にするものの放射性同元素を用いないさまざまな測定法が考案，実用化された．これに伴い，インビトロにおける放射性同位元素の利用は著しく減少した．日本アイソトープ協会のアイソトープ等流通統計2010によれば，2009年におけるインビトロ検査用の放射性医薬品の供給量は，2005年の60％程度にまで減少している．また，同協会が発行したイムノアッセイ検査全国コントロールサーベイ成績報告要旨によれば，イムノアッセイ検査のうち非放射性同位元素標識の割合は2008年時点ですでに90％に達している（図7.9）．

ラジオアッセイのこのような現状に対する要因として，①放射性同位元素を使用するため特別な施設，機器が必要，②特別な健康管理，被ばく管理，教育や訓練が必要，③放射性廃棄物の発生と

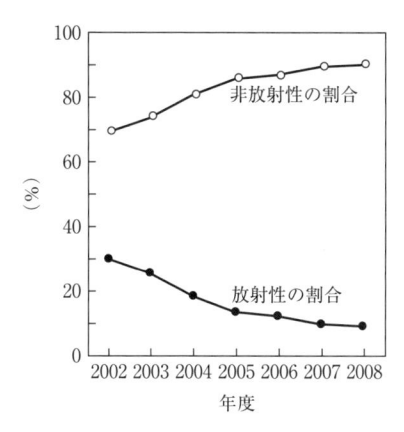

図7.9 イムノアッセイ検査のうち放射性同位元素，非放射性同位元素標識の割合の年次変化（イムノアッセイ検査全国コントロールサーベイ成績報告要旨2002〜2008年のデータから作図）

表 7.8 主な非放射性免疫測定法

方　法	標識物質	検出法
酵素免疫測定法	酵素	酵素活性
蛍光免疫測定法	蛍光物質	蛍光強度，蛍光偏光度
発光免疫測定法	化学発光物質	発光強度
スピン免疫測定法	遊離基（フリーラジカル）	電子スピン共鳴（ESR）
粒子免疫測定法	ラテックス，金コロイド	原子吸光，濁度，粒子の計数
メタロ免疫測定法	金属原子，イオン，Eu^{3+}キレート	原子吸光，時間分解蛍光強度

取扱い，廃棄の問題，④放射性同位元素の減衰に伴う有効期限の問題，⑤被ばくに対する不安，⑥高速自動化測定が困難，などが考えられる．

非放射性免疫測定法では，酵素，蛍光物質，発光物質，金属などが，放射性同位元素に代わり標識物質として用いられる．以下に，これまでに提案され，使用されている主な非放射性免疫測定法を標識体ごとに分類した（表7.8）．

非放射性免疫測定法の基本原理はRIA，IRMAにある．それらの原理を理解することは，今後ますます増えるに違いない非放射性同位元素標識による測定法の理解，さらに，新たな測定法の開発にも役立つと考えられる．

7.4　測定値の精度管理

ラジオアッセイのような臨床化学分析で信頼に値する測定値を得るには，特異性（specificity）と測定感度（sensitivity）が高くなければならない．そのうえで，測定値のばらつきが小さく，真の値に近いものでなければならない．測定値の信頼性を決定する精度には，正確度（確度）（accuracy）と精密度（precision）がある．正確度とは「かたより」で，精密度とは「ばらつき」と言い換えることができる．図7.10に，正確度，精密度ともに高い(a)，正確度は高いが精密度は低い(b)，正確度は低いが精密度は高い(c) 例を示した．

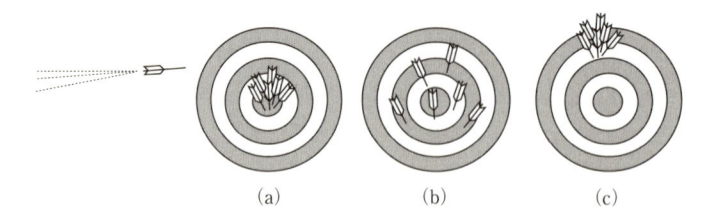

図 7.10　正確度と精密度の関係

7.4.1　正確度(確度)

正確度とは，測定値がどれだけ対象物質の真の値に近いかを示す尺度である．ラジオアッセイの場合は，標識体の特異的結合物質への結合状態から対象物を間接的に測定する．測定対象物を直接捉えない分，対象物質をどれだけ正しく測定できているか，測定値の正確度には注意を払う必要が

ある．正確度の評価法（validity test）には以下のようなものがある．

a. 希釈試験

　測定対象と標準物質との間に反応性に違いがないか，相加誤差（ゲタ），比例系統誤差の評価が行える．具体的には，血清（血漿）を測定用緩衝液で希釈して対照の測定を行う．希釈度と測定値の関係のグラフを作成して，希釈直線が原点を通る直線となるか確認する．直線にならない原因としては，試料中への測定妨害物質の混入を考えることができる．標識体の特異的結合物質への結合状態から，間接的に対象物を測定するラジオアッセイの場合は，測定対象物質と類似構造の内在性物質や自己抗体にも注意を払う必要がある．使用するリガンド特異的結合物質がいかに高い特異性を持って測定対象のリガンドを認識するかどうかは，測定の精度にかかわる重要因子である．

b. 添加回収試験

　測定試料にある量の標準品を加えて測定し，測定値から原試料の測定値を差し引いたとき，加えた標準品のどれだけの量が回収されるかを検討する．回収率は次式より求めることができる．

$$回収率 = \frac{添加試料値 - 無添加試料値}{添加量} \times 100 = \frac{回収量}{添加量} \times 100\%$$

c. 他のアッセイ系との相関性試験

　同一の試料をすでに確立されている他の測定法と検討中の測定系でそれぞれ測り，比較する．それぞれの測定法で求めた測定値を縦軸と横軸にとって相関図を作成する．両者の関係を示す回帰直線の勾配が1に近く，ばらつきがなく相関係数が1に近ければ，両方の測定法の測定精度は良好であるといえる．

7.4.2 精　密　度

　精密度とは，繰り返し測定が行われたときの測定値のばらつきの尺度である．同時再現性とは同一試料を繰り返し測定したときのばらつきの度合い，日差再現性は日を変えて同一試料の測定を行ったときのばらつきの度合いで，両方を合わせて精密度と呼ぶ．精密度の指標には以下のようなものがある．

a. 平均値，標準偏差，変動係数（再現性：reproducibility）

　同一試料を繰り返し測定すると，その分布は最頻度値を中心に正規分布を示す．完全な正規分布の場合，最頻度値は平均値（mean, M）に一致する．ばらつきの大きい測定値は扁平な正規分布となる．正規分布の両足の変曲点に位置する値を標準偏差（standard deviation, SD）という．SDは平均値からの分散の程度を示し，ばらつきの指標になる．平均値から±1SDに全体の68.3%，±2SDに95.4%，±3SDに99.7%の値が分布する．しかし，測定値の絶対値が大きくなればSDも大きくなる．各種の測定項目，測定法から求めた測定値を比較するために，標準偏差を平均値の百分率で表す指標，変動係数（coefficient of variation, CV）が用いられる．CVは次式より求めることができる．

$$変動係数(CV) = \frac{標準偏差(SD)}{平均値(M)} \times 100\%$$

　一般的には，CVの目標値は10%以下である．ばらつきの原因は，個々の試験管での試薬量と反応条件の違いがあげられる．ピペッティングと，沈殿と上清み分離の際の手技は，ばらつきの大きな原因になる．市販されているアッセイキットの多くは，測定者の手技の違いに影響されないよう

な工夫がなされている．また，放射能計測に十分な時間をかけない場合は，放射壊変のゆらぎの影響を測定値に持ち込むことになるので注意が必要である．放射能計測はこの点で蛍光計測とは異なる．

7.4.3 精度管理

日常検査を行う場合には，測定系，検査者はもとより，検体の採取，搬送，測定，データ解析，報告に至るまでの信頼性，安定性が保たれているか，全体システムの精度管理（quality control）が求められる．さまざまな検体を集めてつくった管理血清（プール血清）中の検体濃度は，平均化され，ほぼ同じ値を示すはずである．

プール血清あるいはリファレンス血清を用いて，毎回の測定値の再現性を検討する内部精度管理が行われる．その代表例は $\bar{X}$-R 管理図法で，定期的に測定した測定値の平均値（$\bar{X}$）と，最高値と最低値の差（R）を縦軸に打点し，その経日変化を観察する．その両方が狭い範囲に収まっていれば精度管理の良い状態といえる．

施設内の精度管理の向上，施設間格差の是正，標準化の達成を目的に，外部機関のコントロールサーベイなどに参加する外部精度管理も行われる．日本アイソトープ協会の医学・薬学部会インビトロテスト専門委員会，イムノアッセイ研究会の実施した「イムノアッセイ検査全国コントロールサーベイ」はこの例である．

演習問題

問1 次のラジオアッセイのうち，競合反応を利用しないものを2つ選びなさい．
1 放射免疫学的測定（RIA）法
2 免疫放射定量（IRMA）法
3 競合タンパク結合（CPBA）法
4 放射受容体結合（RRA）法
5 直接飽和（DSA）法

問2 免疫学的測定法に関する次の記述のうち，正しいものを2つ選びなさい．
1 測定に用いる抗体は，濃度が高いほど高感度となる．
2 標識は，抗原のみならず抗体にも導入する．
3 標識には，放射性同位元素または酵素のみが用いられる．
4 モノクローナル抗体を用いる系では，交差反応は認められない．
5 B（bound）/F（free）の分離操作を必要としない方法もある．

問3 イムノアッセイに関する記述のうち，正しいものを2つ選びなさい．
1 タンパク質のエピトープは，アミノ酸10〜15残基程度である．
2 抗体に用いられるのは，通常IgGである．
3 サンドイッチ法は競合法の一種である．
4 ラジオアッセイに用いられる放射性核種のうち，一般には ^{125}I は ^{3}H や ^{14}C より感度が高い．
5 エンザイムアッセイの標識酵素には，ペロキシダーゼおよびグルコースオキシダーゼが主に用いられる．

問4 イムノアッセイに関する記述のうち，正しいものを2つ選びなさい．
 1 紫外可視吸光度測定法と比べてばらつきが少なく，精度が高い定量法といえる．
 2 抗体の特異性が高いので，共存物の妨害を考慮しなくてよい．
 3 ポリクローナル抗体も使用できる．
 4 B/F 分離をしない方式がある．
 5 それ自身で免疫原性を有する高分子をハプテンという．

問5 免疫放射定量（IRMA）法に関する記述のうち，正しいものを2つ選びなさい．
 1 競合反応を測定原理とする．
 2 抗原を放射性同位元素で標識する．
 3 抗体としてはポリクローナル抗体を用いる．
 4 横軸を抗原濃度とした標準曲線は右上がりの曲線である．
 5 抗原に対して過剰の抗体の反応条件で測定する．

問6 直接飽和分析法に関する記述のうち，正しいものを2つ選びなさい．
 1 甲状腺機能亢進症では T_3 のレジンスポンジ摂取率は増加する．
 2 甲状腺機能亢進症では TBG への ^{131}I-T_3 結合率は増加する．
 3 3価の鉄はアポフェッリチンと特異的に結合する．
 4 2価の鉄はトランスフェリンと特異的に結合する．
 5 TIBC は UIBC と血清鉄の総量である．

問7 非放射性免疫測定法（NRI）に関する記述のうち，正しいものを2つ選びなさい．
 1 NRI の基本原理は RIA, IRMA と同一である．
 2 NRI は高速自動化測定が困難である．
 3 メタロ免疫測定法でのアッセイは ESR が用いられる．
 4 粒子免疫測定法では標識物質としてラッテクスが用いられる．
 5 スピン免疫測定法では時間分解蛍光強度測定を行う．

解　答　　問1：2と5　　問2：2と5　　問3：2と4　　問4：3と4　　問5：4と5　　問6：1と5
　　　　　問7：1と4

8

放射性医薬品の開発

 放射性医薬品の分類は第5章で述べられている．ここでは診断用と治療用のインビボ放射性医薬品に関して，利用される放射性核種とその特徴，放射性核種を用いた放射性医薬品の製造方法について概説する．そのうえで，インビボ放射性医薬品を体内挙動と標的臓器への集積原理の違いから分類して，最適なインビボ放射性医薬品の設計，開発の条件について述べる．

8.1 放射性医薬品に利用される核種

8.1.1 診断用インビボ放射性医薬品に利用される核種
 診断用インビボ放射性医薬品に用いられる放射性核種は，体外から放射線を計測することで，
① 精度の高い診断情報を取得することができること
② 放射線の体内被ばくをできるだけ軽減することができること
③ 放射線測定器の性能（高感度，高空間分解能）を十分引き出せること
を原則にして選択される．

a. 放射線の線質
 放射線の体外計測には，透過性を示す γ 線，X線などの光子線が用いられる．SPECTには，軌道電子捕獲（EC）や核異性体転移（IT）などにより単一光子（γ 線，X線）を放出する単光子（シングルフォトン）放出核種が用いられる（表8.1）．PETには，陽電子崩壊（β^+ 崩壊）により2本の消滅放射線（消滅光子線）を放出する陽電子（ポジトロン）放出核種が用いられる（表8.2）．無用な被ばくを防ぐ観点から，選択核種は α 線，β 線非放出核種であることを原則とする．

b. 放射線のエネルギー
 高精度の診断情報を取得するために，診断用インビボ放射性医薬品には高感度，高空間分解能が要求される．放射線のエネルギーは，体内からの放射線を体外で計測するために十分な透過が期待できる100 keV以上，検出感度とコリメータの特性から200 keV以下が望ましいとされる．

c. 半減期
 患者の被ばく軽減のために，短半減期（寿命）の放射性核種が望ましい．また，短寿命核種標識薬剤を用いれば，減衰を待って反復検査を行うことができ，診断情報量を増やすことができる．

d. 診断用インビボ放射性医薬品に用いられる核種の製造
 診断用インビボ放射性医薬品には，臨床の現場で放射性同位元素を原料に製造するものと，市販されているものの，2通りがある．市販のSPECT用放射性医薬品に用いられる核種は，**①原子炉**

8.1 放射性医薬品に利用される核種

表8.1 インビボ診断用放射性医薬品に用いられるシングルフォトン核種（SPECT核種）

核種（半減期）	崩壊形式（主な光子エネルギー）	親核種（半減期）	製造方法
^{67}Ga（78.2時）	EC（93, 185, 300）		サイクロトロン
^{81m}Kr（13秒）	IT（190）	^{81}Rb（4.58時間）	ジェネレータ
^{99m}Tc（6.01時）	IT（141）	^{99}Mo（65.9時間）	ジェネレータ
^{111}In（2.81日）	EC（171, 245）		サイクロトロン
^{123}I（13.3時）	EC（159）		サイクロトロン
^{131}I（8.04日）	β^-（364）		原子炉
^{133}Xe（5.24日）	β^-（81）		原子炉
^{201}Tl（72.9時）	EC（135, 167），Hg-X線（71, 80）		サイクロトロン

（光子エネルギーの単位はkeV）

で製造されるもの，②**サイクロトロンなどの加速器**で製造されるもの，③**ジェネレータ**により供給されるもの，である．^{131}I，^{133}Xeは原子炉で，^{67}Ga，^{111}In，^{123}I，^{201}Tlはサイクロトロンで製造される．現在，インビボ放射性医薬品に繁用されている^{99m}Tcは，ジェネレータにより供給される．ジェネレータによる供給は，短寿命の放射性核種を医療現場で利用する有用な方法である．**放射平衡**にある比較的半減期の長い放射性核種（親核種）から，その崩壊生成物である短半減期核種（娘核種）を，診断用インビボ放射性医薬品の製造用核種として供給することができる．親核種の存在する限り，乳牛（カウ）から乳搾りのように親核種から娘核種を何度でも取り出すことができるため，**ミルキング**と呼ばれる．これを装置化したものを**ジェネレータ**という（図8.1）．^{99m}Tcの親核種の^{99}Moは，原子炉における中性子照射^{98}Mo（n, γ）^{99}Moにより製造される．

PETに用いる4核種（^{11}C，^{13}N，^{15}O，^{18}F）は，医療現場に設置されたサイクロトロン（院内サイクロトロン）を用いて製造する（表8.2）．^{11}Cは，標的（ターゲット）内の高純度の^{14}N$_2$ガスを陽子で照射して製造する．ターゲット内には微量の酸素ガスが含まれるので，酸素分子とのホットアトム反応の結果，得られる^{11}Cの化学形は^{11}CO$_2$となる．^{13}Nの製造は，^{13}N$_2$を目的とする場合は炭酸ガスを含むヘリウムガスを重陽子で照射して，^{13}N-アンモニアを目的とする場合は水をターゲットに陽子を照射して行う．^{15}Oの製造は，^{14}N$_2$ガスを重陽子で，あるいは^{15}N$_2$ガスを陽子で照射して行う．^{18}Fの製造には，ネオンガスに重陽子を照射して，^{18}Fを^{18}F$_2$として回収する方法と，^{18}O-H$_2$Oに陽子を照射して，^{18}F$^-$イオンとして回収する2通りがある．

表8.2 インビボ診断用放射性医薬品に用いられるポジトロン核種（PET核種）

核種（半減期）	崩壊形式（主な光子エネルギー）	親核種（半減期）	製造方法
			サイクロトロン
^{11}C（20.4分）	β^+（511）	—	^{14}N（p, α）^{11}C
^{13}N（9.97分）	β^+（511）	—	^{16}O（p, α）^{13}N
			^{12}C（d, n）^{13}N
^{15}O（122秒）	β^+（511）	—	^{14}N（d, n）^{15}O
^{18}F（109.8分）	β^+（511）	—	^{18}O（p, n）^{18}F
^{62}Cu（9.74分）	β^+（511）	^{62}Zn（9.26時間）	ジェネレータ
^{68}Ga（67.6分）	β^+（511）	^{68}Ge（270.8日間）	ジェネレータ
^{82}Rb（1.27分）	β^+（511）	^{82}Sr（25.6日間）	ジェネレータ

（光子エネルギーの単位はkeV）

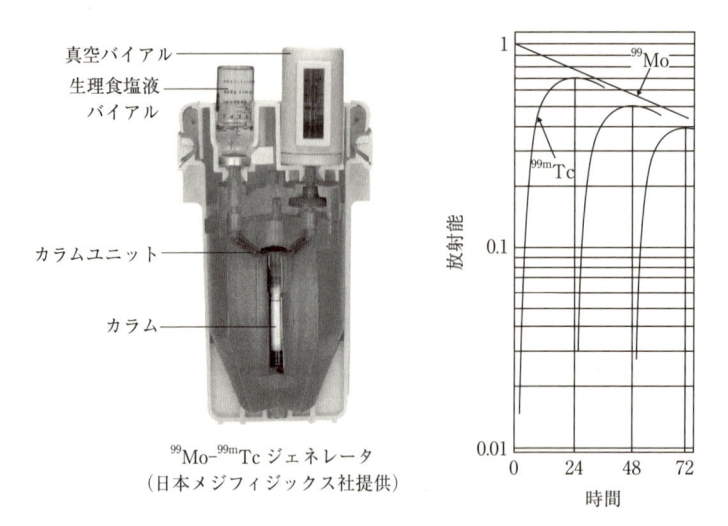

図 8.1 ^{99}Mo-^{99m}Tc ジェネレータの断面図と ^{99m}Tc 生成曲線

8.1.2 治療用インビボ放射性医薬品に利用される核種

治療用インビボ放射性医薬品の放射性核種から放出される放射線の細胞や組織に対する致死作用を応用する．したがって，放射線の影響の大きな α 線，β 線放出核種が選択される．組織破壊にはある程度の時間が必要なので，治療用インビボ放射性医薬品に用いられる核種には，診断用よりも半減期の長いものが選択される．β 線のエネルギーは，対象組織での治療効果と隣接部位への影響から決められ，0.6～2.3 MeV が選択される．治療用インビボ放射性医薬品に用いられる核種は限られている．今後，ジェネレータ核種の利用も期待される（表 8.3）．

表 8.3 インビボ治療用放射性医薬品に用いられる放射性核種

核種（半減期）	崩壊形式	β 線（最大エネルギー）	α 線（エネルギー）	製造方法
^{131}I （8.02 日間）	β^-	(0.606)		原子炉
^{90}Y （64.1 時間）	β^-	(2.28)		サイクロトロン
^{186}Re （90.6 時間）	β^-，EC	(1.07)		サイクロトロン
^{89}Sr （50.5 日）	β^-	(1.50)		サイクロトロン
^{177}Lu （6.73 日）	β^-	(0.498)		サイクロトロン
^{67}Cu （61.8 時間）	β^-	(0.391)		ジェネレータ
^{212}Pb （10.6 時間）	β^-	(0.574)		ジェネレータ
^{211}At （7.2 時間）	α，EC		(5.58)	サイクロトロン
^{212}Bi （1.0 時間）	α		(6.05)	ジェネレータ

（光子エネルギーの単位は MeV）

8.2 放射性医薬品の製造

8.2.1 診断用インビボ放射性医薬品の製造

診断用インビボ放射性医薬品は，放射性核種により SPECT 薬剤と PET 薬剤に分けられる．その化学形としては，それぞれに不活性ガス，イオン，コロイド・微粒子，血液成分（赤血球，白血球，

血小板など），金属錯体，代謝基質などがある．

a. SPECT 用放射性医薬品の製造法

(1) 無機放射性医薬品

Na^{99m}TcO$_4$（過テクネチウムナトリウム），Na^{123}I（ヨウ化ナトリウム），^{201}TlCl（塩化タリウム），^{81m}Kr（クリプトンガス），^{133}Xe（キセノンガス）は，サイクロトロンやジェネレータで製造される放射性核種に化学操作を加えることなくそのまま使用する．

(2) 金属放射性医薬品（Tc，Ga 錯体など）

^{99m}Tc，^{67}Ga，^{111}In，^{201}Tl の標識化合物が用いられる．これらの標識化合物を化学形から分類すると，金属イオン，金属コロイド，金属錯体，生体高分子，血液細胞となる．いずれの標識化反応も金属イオンを用いて行われる．この反応は単純で迅速に進行するので，標識操作はきわめて容易である．一方，放射性金属イオンは無担体で得られ，標識は極微量，低濃度下での反応になる．また，金属イオンは条件によって容易に錯体，水和物，コロイドを形成するので，試薬濃度，温度，pH などの反応条件を厳密に管理する必要がある．

(3) ^{99m}Tc 標識放射性医薬品

テクネチウム（Tc）は原子番号 43，第 7 族の遷移金属で，同位体は 20 以上あるが安定同位体は存在しない．そのうち ^{99m}Tc は，γ 線のエネルギー（141 keV），半減期（6.01 時間）で，ジェネレータ（図 8.1）からの供給が可能な臨床診断に最も適した核種である．放射性医薬品に用いられる Tc の酸化数は，+1，+3，+4，+5，+7 価である．Tc の化学形によって，以下の標識化合物が放射性医薬品として用いられる（図 8.2）．

ⅰ）**^{99m}Tc イオン** ジェネレータから供給されて，^{99m}Tc 標識に用いられる ^{99m}TcO$_4^-$（過テクネチウムイオン）の酸化数は 7 価である．^{99m}TcO$_4^-$ は I$^-$，ClO$_4^-$ の類似物質として，生理的に甲状腺，唾液腺，胃壁へ集積する性質を有し，甲状腺，唾液腺の核医学診断薬として用いられる．

ⅱ）**^{99m}Tc 錯体** ^{99m}Tc 標識体を作製するには ^{99m}TcO$_4^-$ を還元し，Tc の反応性をより高くする必要がある．この目的で SnCl$_2$（塩化第一スズ）が用いられる．Tc 錯体には，錯分子に Tc 1 個を含む単核錯体と複数含む多核錯体がある．単核錯体は，5 価の Tc では [Tc=O]$^{3+}$，[O=Tc=O]$^{2+}$，4 価の Tc では [Tc=O]$^{2+}$ を中心とするオキソコア錯体，1 価では Tc$^+$，3 価では Tc^{3+} を中心とする錯体が形成される．Tc に配位するドナー原子には，硫黄（S），窒素（N），酸素（O），炭素（C），リン（P）などがある．モノオキソコア錯体の代表的 ^{99m}Tc 標識体としては，^{99m}Tc-エキサ

```
                    ジェネレータ
              ⁹⁹ᵐTcO₄⁻（過テクネチウム酸イオン）
        ┌──────────────┼──────────────┐
      無処理            還元          原子化
                   ┌─────┴─────┐
                 加水分解      配位子
      ⁹⁹ᵐTc イオン  ⁹⁹ᵐTc コロイド  ⁹⁹ᵐTc 錯体  ⁹⁹ᵐTc ガス
```

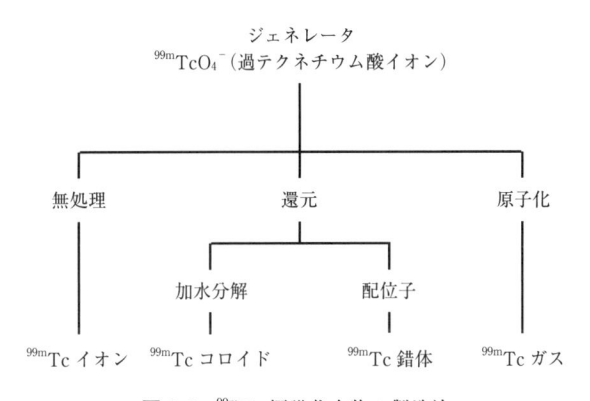

図 8.2　^{99m}Tc 標識化合物の製造法

メタジウムテクネチウム（^{99m}Tc-HM-PAO），^{99m}Tc-［N，N'-エチレンジ-L-システイネート（3-）］オキソテクネチウムジエチルエステル（^{99m}Tc-ECD），ジオキソコア錯体の例としては，^{99m}Tc-テトロホスミンテクネチウム（^{99m}Tc-テトロホスミン）がある．1価のTc$^+$を中心とする錯体の例として，ヘキサキス（2-メトキシイソブチルイソニトリル）テクネチウム（^{99m}Tc-MIBI）がある．タンパクやペプチドの^{99m}Tc標識化は一般には困難で，標識体も生体内で不安定である．そこで，金属性放射性同位元素と安定な錯体を形成する一方で，タンパクやペプチドとも結合する**バイファンクショナルキレート（二官能性キレート）**と呼ばれる，仲介の役目を持つ分子を用いる．これには，金属キレートのDTPAが用いられており，^{99m}Tcのほか^{67}Ga，^{111}In標識にも応用されている．

iii) **^{99m}Tcコロイド**　　+3〜5価のTcは水酸化物イオンの添加によって加水分解して，多核錯イオンを形成する．さらに加水分解が進むと，コロイドが形成される．^{99m}Tcコロイドは肝臓や脾臓の診断薬として用いられる．一方，多核錯イオンを形成した際，適当な配位子が存在すると1分子に複数のTcを含む多核錯体が形成される．^{99m}Tc多核錯体としては，^{99m}Tc-メチレンジホスホン酸テクネチウム（^{99m}Tc-MDP），^{99m}Tc-ヒドロキシメチレンジホスホン酸テクネチウム（^{99m}Tc-HMDP），^{99m}Tc-ジメルカプトコハク酸テクネチウム（^{99m}Tc-(III)-DMS）がある．

iv) **^{99m}Tc-ガス**　　原子化した^{99m}Tcを超微粒子炭素に標識した^{99m}Tc-ガスは，粒子径50〜150 nmのエアロゾールである．

(4) **放射性ヨウ素標識放射性医薬品**

タンパク，ペプチド，血液成分（赤血球，白血球，血小板など），神経受容体結合物質が放射性ヨウ素で標識され，診断用インビボ放射性医薬品として用いられる．ヨウ素の標識には，短寿命のγ線放出核種である^{123}Iが主に用いられるが，一部にはβ線放出核種であるが^{131}Iで標識されたものもある．放射性ヨウ素による標識には，求核置換反応，親電子置換反応，ハロゲン交換反応が用いられる．分子内にチロシンやヒスチジンを有するタンパクやペプチドは，放射性ヨウ素で直接標識することができる．放射性ヨウ化ナトリウムをヨウ素源に用いる場合は，クロラミンTなどの酸化剤でI$^+$にしてから標識に用いる．酸化に対して不安定な物質には，比較的緩和な酸化条件が得られるヨードゲンや過酸化水素/ラクトペルオキシダーゼが用いられる．一方，被標識物質にチロシンやヒスチジン残基がなく，直接標識することのできない場合には，**ボルトンハンター（Bolton-Hunter）試薬やウッズ（Wood）試薬**を用いる．あらかじめ放射性ヨウ素で標識した化合物を作製しておき，これを被標識分子に結合させる（多くはリジン残基の側鎖アミノ基），**間接標識法**を用いる．

(5) **血球，血小板標識放射性医薬品**

^{51}CrO$_4^-$の細胞膜透過性と細胞内還元によるトラップを応用した標識が行われる．同じオキソ酸アニオンである^{99m}TcO$_4^-$も血球，血小板標識に用いられるが，Crとは異なり細胞内で生理的還元を受けないため，還元剤を加えて人為的に還元する必要がある．脂溶性キレートの細胞膜透過性を利用した標識も行われる．^{67}Ga，^{68}Ga，^{111}Inオキシンキレートはその例である．

b. **PET用放射性医薬品の製造法**

PETに用いられる4核種（^{11}C，^{13}N，^{15}O，^{18}F）は，いずれも短寿命である．使用現場に設置されたサイクロトロンを用いて核種を製造し，標識化合物の合成，製剤化，放射性医薬品としての品質管理，患者への投与までを短時間のうちに行わなければならない．したがって，PET薬剤の製造には迅速かつ効率的な合成が要求される．また，短寿命放射性薬剤の合成に特有の合理性も求められる．すなわち，一般の化学合成の収量は反応時間の経過に伴い増加するのに対して，短寿命放射性

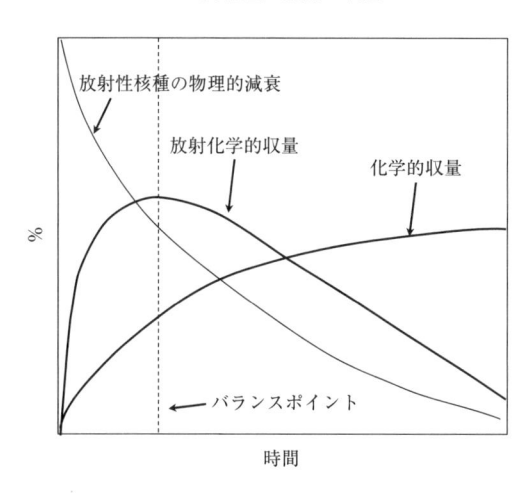

図 8.3 放射化学的収量と化学的収量の関係

核種の収量には核種の物理的減衰と化学合成の進行の関係から，最大収量を与えるバランスポイントが存在する（図 8.3）．

(1) ^{11}C 標識放射性医薬品

PET 核種の製造法で述べたように，^{11}C 標識化合物の合成のための 1 次生成物である $^{11}CO_2$ は，ガスターゲットからフローシステムにより供給される．$^{11}CO_2$ は簡単な化学反応を経て，最終生成物の標識に直接用いる 2 次生成物となる（図 8.4）．

2 次生成物としては，$^{11}CH_3I$，$^{11}CH_3OTf$，H^{11}CN，H^{11}CHO が用いられる．主な ^{11}C 標識反応を以下に示す．

i) グリニヤール反応を用いた ^{11}C 標識カルボキシ化合物の合成　　有機ハロゲン化合物とマグ

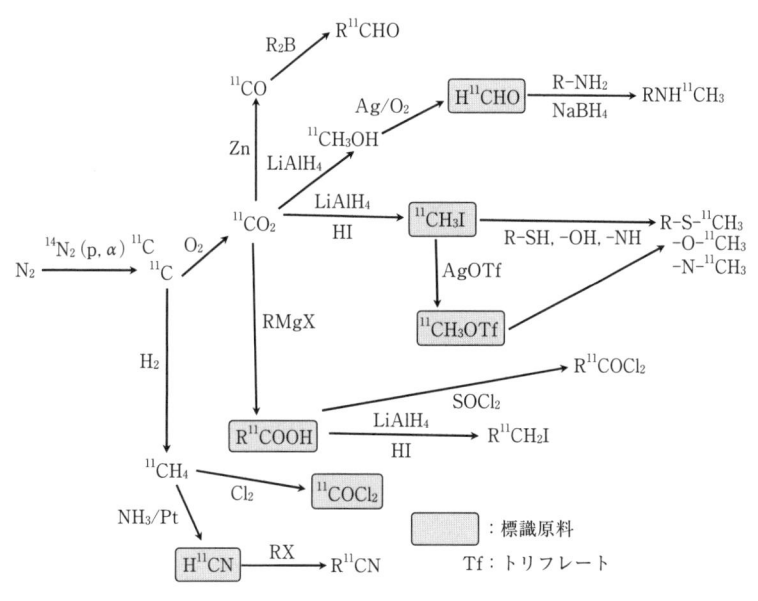

図 8.4 ^{11}C 標識化合物の製造法
（佐治英郎ほか：新放射化学・放射性医薬品 第 2 版，南江堂，2006 年より改変）

ネシウムから合成したグリニヤール試薬と $^{11}CO_2$ による反応で，^{11}C 標識のカルボキシ化合物を得ることができる（図8.5）．

グリニヤール反応を用いたカルボキシ化は，心筋の脂肪酸代謝機能診断薬である ^{11}C-パルミチン酸，^{11}C-ステアリン酸などの脂肪酸の標識に利用される．

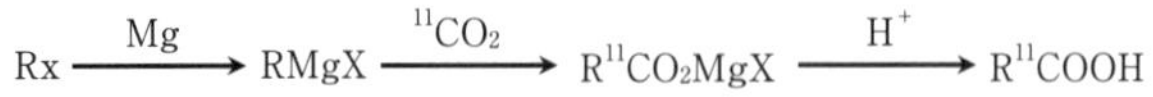

$$Rx \xrightarrow{Mg} RMgX \xrightarrow{^{11}CO_2} R^{11}CO_2MgX \xrightarrow{H^+} R^{11}COOH$$

図8.5 ^{11}C-標識カルボキシ化合物の合成

ii) ^{11}C-メチオニンの合成　　^{11}C-メチオニンの合成には，溶媒中で反応させる液相法，カラム内で反応させるオンカラム法，液体アンモニア中で反応させる方法がある．液相法は，L-ホモシステインチオラクトンと $^{11}CH_3I$ を水酸化ナトリウム存在下で反応させる（図8.6）．

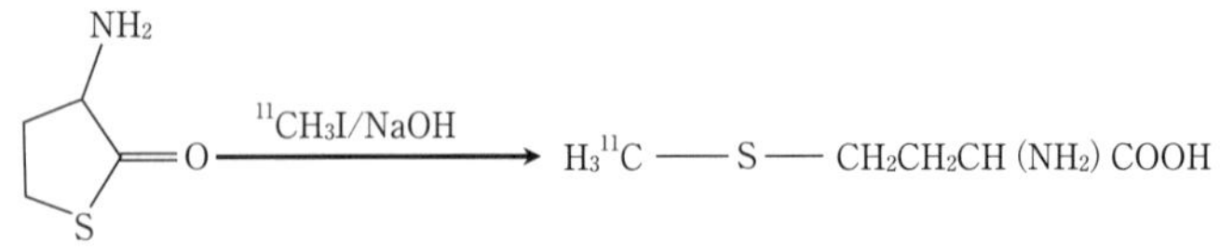

図8.6 ^{11}C-メチオニンの合成

iii) ^{11}C ヨウ化メチルによる標識　　^{11}C-ヨウ化メチル（$^{11}CH_3I$）はメチル化試薬として重要であり，窒素（R-NH$_2$），酸素（-OH），硫黄（-SH）などに放射性のメチル基を導入する．^{11}C 標識原料（2次生成物）として利用頻度が高く，さまざまな標識反応に利用される．受容体測定剤（レセプターリガンド）の多くが，$^{11}CH_3I$ によるメチル化反応で標識される．^{11}C-メチルスピペロン（3-N-^{11}C メチルスピペロン）は脳内の D_2 ドーパミン受容体測定剤であり，最も早く臨床利用が行われた PET 用レセプターリガンドである．^{11}C-メチルスピペロンの標識化反応には，溶媒中で反応させる液相法（図8.7），カラム内で反応させるオンカラム法，メチルトリフレートによる液相法がある．液相法では，^{11}C-メチルスピペロンを高速液体クロマトグラフィ（HPLC）で精製する（図8.8）．^{11}C メチルスピペロンを含む HPLC の溶出液はエバポレータで乾固し，界面活性剤を含む生理食塩水に溶解する．

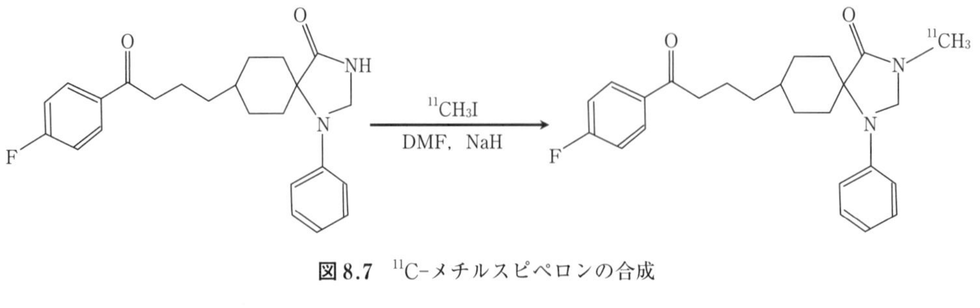

図8.7 ^{11}C-メチルスピペロンの合成

$^{11}CH_3I$ を用いた標識は，がん診断に用いられる ^{11}C-メチオニン，^{11}C-コリンや，^{11}C-メチルスピペロン，^{11}C-ラクロプライド，^{11}C-フルマゼニルをはじめとする各種レセプターリガンドの標識に利用されている．

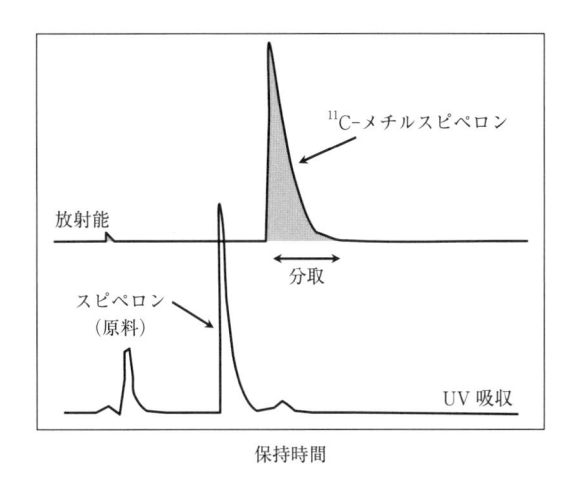

図 8.8 HPLC による ^{11}C-メチルスピペロンの精製

(2) ^{18}F 標識放射性医薬品

^{18}F 標識放射性医薬品の合成には，$^{18}F_2$ と $^{18}F^-$ が標識原料（1 次生成物）として用いられる．前者では，放射能回収効率を維持するために微量の非放射性フッ素ガスを添加される．そのため生成物の比放射能が低下する．これに対して，後者では無担体の ^{18}F を得ることができる．$^{18}F_2$ は，直接標識原料（2 次生成物）として使用されるほか，酢酸ナトリウムカラムを通すことで $^{18}F^-$-アセチルハイポフルオライト（$CH_3COO^{18}F$）に変換される．$^{18}F_2$ あるいは $CH_3COO^{18}F$ を用いた ^{18}F 標識反応としては（図 8.9），求電子置換反応，二重結合への付加反応，アルキルケイ素あるいはアルキルスズに対する金属置換反応などがある．$^{18}F^-$ の場合，ニトロベンゼンや N-トリメチルアンモニウム誘導体のニトロ基やトリメチルアンモニウム基との間で置換反応（求核置換反応）が行われる．また，トリフレートエステルやトシレートエステルとの反応により ^{18}F-フッ化アルキルを製造する方法もある．

i）^{18}F-フルオロデオキシグルコースの合成　^{18}F-フルオロデオキシグルコース，2-deoxy-2-^{18}F-fluoro-D-glucose（^{18}F-FDG）は，脳，心筋およびがんなどのグルコース代謝を診断する薬剤として，PET 用放射性医薬品としては最も利用されている．^{18}F-FDG は，アメリカのブルックヘブン研究所で開発され，当初は Ne ガスをターゲットとし，重陽子照射により得られた $^{18}F_2$ ガスを 3, 4, 6-トリ-O-アセチル-D-グルカール（TAG）に求電子的付加させて，アセチル基を加水分解することにより得ていた．その後，さまざまな改良がなされて，現在の標準的な ^{18}F-FDG 合成法である，$CH_3COO^{18}F$ を用いたアセチルハイポフルオライト法と $^{18}F^-$ を用いたフッ素イオン法が開発された（図 8.10）．

(3) ^{13}N 標識放射性医薬品

核種の寿命が短い（半減期 9.96 分）^{13}N の標識合成には，複雑な操作や精製などが必要な標識反応を用いることはできない．現在，臨床診断に用いられる ^{13}N 標識薬剤は ^{13}N-アンモニア（$^{13}NH_3$）のみである．^{13}N-アンモニアの合成法には，^{13}N 硝酸化合物（^{13}NOx）の塩化チタン（$TiCl_3$）による方法（還元法）（図 8.11）と，ターゲットとして水素ガスを飽和した蒸留水を用いて，還元的雰囲気下で陽子を照射することにより $^{13}NH_3$ を直接合成する方法（直接法）が用いられる．

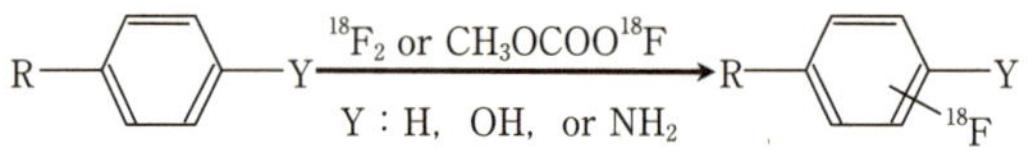

8 放射性医薬品の開発

^{18}F の求電子置換反応

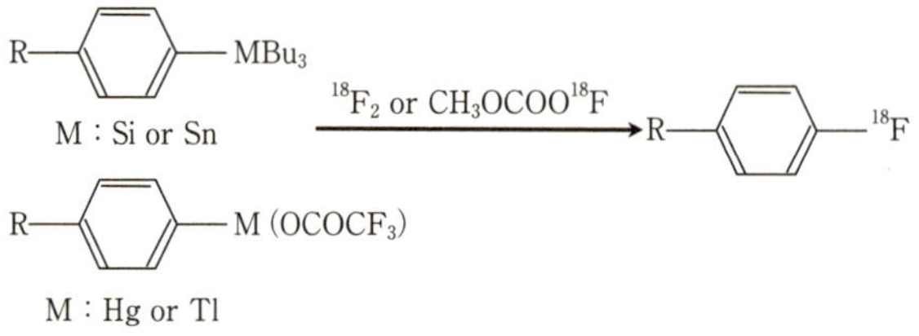

^{18}F の金属置換反応

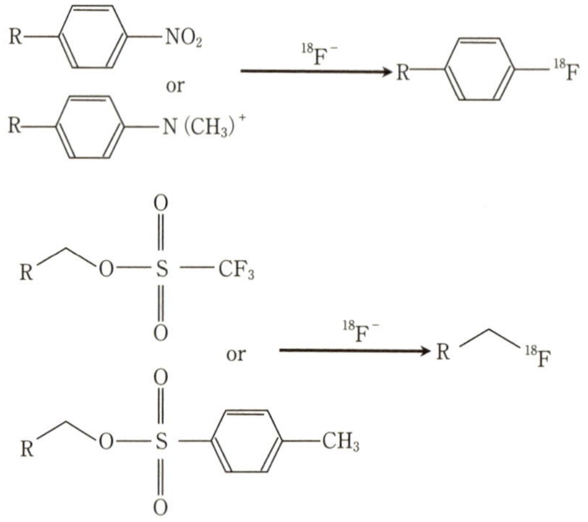

^{18}F の求核置換反応

図 8.9 ^{18}F 標識化合物の製造法

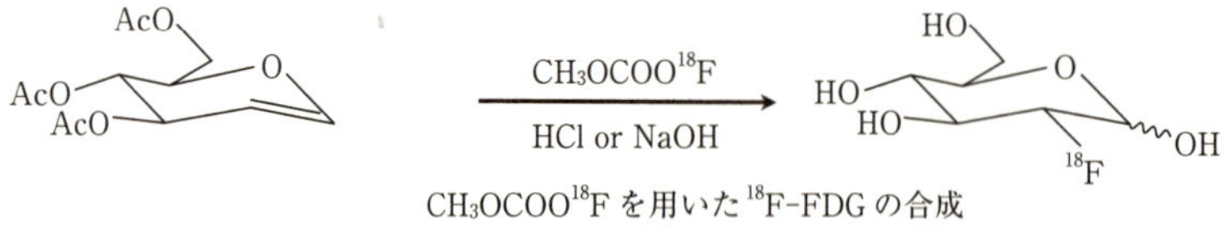

$CH_3OCOO^{18}F$ を用いた ^{18}F-FDG の合成
（求電子付加反応を用いた ^{18}F-FDG の合成）

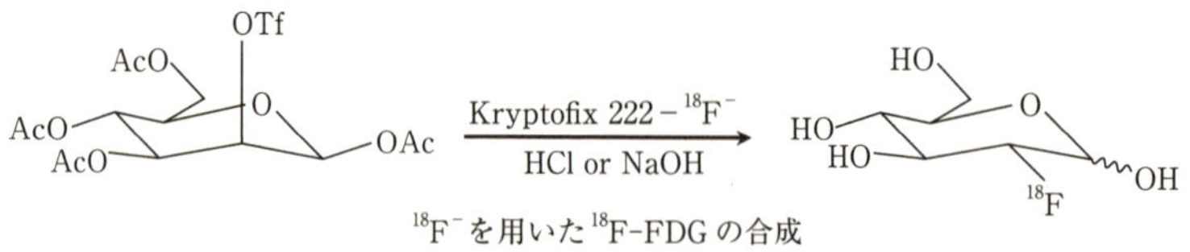

^{18}F$^-$ を用いた ^{18}F-FDG の合成
（求核置換反応を用いた ^{18}F-FDG の合成）

図 8.10 ^{18}F-FDG の合成法

8.2 放射性医薬品の製造　　157

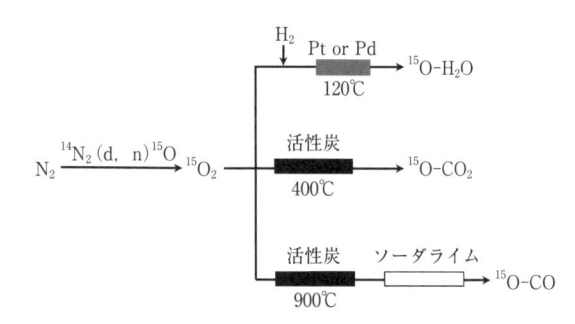

$^{13}NO_x \xrightarrow{TiCl_3/NaOH} {}^{13}NH_3$

図 8.11　還元法による^{13}N-アンモニアの合成法

$N_2 \xrightarrow{^{14}N_2(d, n)^{15}O} {}^{15}O_2$

H_2 → Pt or Pd 120℃ → ^{15}O-H$_2$O

活性炭 400℃ → ^{15}O-CO$_2$

活性炭 900℃ → ソーダライム → ^{15}O-CO

図 8.12　^{15}O 標識体の合成

(4) ^{15}O 標識放射性医薬品

^{15}O-酸素（^{15}O）は核種の寿命が非常に短い（半減期 2.07 分）ので，^{15}O はガスターゲットから ^{15}O ガス（$^{15}O_2$）の化学形でフローシステムにより供給され，簡単な化学反応を経て標識薬剤となる．オンライン製造によって標識される（図 8.12）．

(5) 自動合成装置

PET では短寿命の放射性核種標識薬剤が診断に利用される．短寿命核種の利用は，患者の被ばくの低減につながるが，薬剤合成を担当する作業者の被ばくは必ずしも減少しない．短寿命放射性核種による標識合成の場合，合成終了時に一定量の放射性薬剤を得るには，その開始時において相当量の標識原料が必要になる．また，日常的な臨床診断のための放射性薬剤の生産には，迅速化とともに安定した品質のための性能が求められる．そのためにはコンピュータ制御のもと，遠隔操作で自動的に薬剤合成を行うことのできる自動合成装置が開発されている．

8.2.2　治療用インビボ放射性医薬品の製造

^{131}I（β 線放出核種）は，治療用インビボ放射性医薬品として，臨床に繁用される．甲状腺のヨウ素代謝を利用して，^{131}I を甲状腺がん残存組織や甲状腺に集積させるもので，甲状腺がんの治療や甲状腺機能亢進症治療に用いられる．核医学の有用性が示された歴史的な治療法である．同様に，^{89}Sr-塩化ストロンチウムは +2 価のストロンチウムイオンが骨に集まる性質を利用したもので，がんの骨転移の疼痛緩和剤として利用される．その他の骨転移の疼痛緩和剤としては，^{153}Sm-EDTMP，^{117m}Sn-DTPA，^{186}Re-HEDP が開発されている．ノルエピネフリンの類似体が集積する性質を利用して，放射性ヨウ素で標識したノルエピネフリンの類似体である ^{131}I-3-ヨードベンジルグアニジン（^{131}I-MIBG）が悪性褐色細胞腫の治療に用いられる．

一方，標的であるがん組織の高発現分子や代謝亢進と，相互作用を行う領域と放射性核種と結合する領域を備えた分子を用いた医薬品開発が進められている．タンパクやペプチドを金属性放射性同位元素で標識する際に利用される，バイファンクショナルキレートと同様の原理に基づくものである．これには，放射性核種との結合部位に金属キレートの DTPA を用いた ^{90}Y-抗 CD-20 モノクローナル抗体があり，B 細胞性悪性リンパ腫の治療薬として用いられている．

8.3 放射性医薬品の体内挙動と標的臓器への集積原理

8.3.1 放射性医薬品の開発経過

 診療用インビボ放射性医薬品の開発の歴史は，半世紀前に遡る．当時は，^{131}I，^{67}Ga，^{99m}Tc 標識薬剤が開発の中心にあった．^{99m}Tc 標識薬剤は，薬剤の設計という合目的な開発が試みられていたが，その多くは生体内の生理的機能を表す放射性化合物を探索（選択）する，あるいは診断に有益な現象が偶然発見された放射性化合物を診断薬として利用する，という受動的な開発であった．1970年代後半になると，PET の臨床研究が行われるようになった．それまでの形態学的画像中心の診断から，核医学診断の得意とする代謝・機能診断へとシフトした．診療用インビボ放射性医薬品の動態解析が行われるようになり，その体内挙動と標的臓器への集積原理の理解が進んだ．これにより，診療用インビボ放射性医薬品を体系化することが可能となった．収集する生体情報の種類，臓器，放射性医薬品の体内挙動・標的臓器への集積原理からの分類である．

8.3.2 放射性医薬品の体内挙動，標的臓器への集積原理と生体情報の収集

 核医学をはじめとするインビボ診断では，特定の臓器や領域の生体情報（代謝・機能・形態学的情報）を，放射性薬剤の放射能とその時間的変化，空間的分布とその時間的変化から取得して，臨床診断，治療や研究に役立てる．放射性薬剤の空間的分布画像には，**陽性画像**と**欠損画像**がある．インビボ診断では陽性画像を基本とする．陽性画像を得るためには，放射性薬剤が周辺組織に比べて，標的組織に高い集積を示す必要がある．一方，生理的条件下（健常時）に集積する放射性薬剤では，放射能の低下部位（欠損画像）を検出することで，障害部位を特定することができる．欠損画像による診断は，生理的条件下における放射性薬剤の高い集積を基準に障害部位を評価するため，測定精度は陽性画像に比べて低い．ここでは，インビボ放射性医薬品を体内挙動と標的臓器への集積原理を利用して，どのように目的の生体情報を収集するのか，診断対象部位と機能ごとに概説する．

a. 組織への移行，組織からの移行過程

(1) 血流測定剤

 i) 拡散（拡散型血流測定剤）　生体膜を自由に透過することができる薬剤あるいは不活性の薬剤は，血流によって組織に運搬されたのち，拡散により組織に移行するが，保持機構が存在しないため，再び血液中に洗い出される（逆拡散）．このような薬剤は**拡散型血流測定剤**と呼ばれ，組織に移行，組織から血液中への洗い出し，あるいは組織の放射能レベルは血流を反映するため，血流の測定剤として用いられる．代表例には，^{15}O-水，^{133}Xe がある．

 ii) 蓄積（蓄積型血流測定剤）　血流により組織に運搬された薬剤は，高い細胞膜透過性に基づく拡散（図 8.13 の K_1）によって細胞内に移行して，細胞内因子との相互作用あるいは代謝・分解（図 8.13 の k_3）によって細胞内に保持される．この過程（k_3）は，測定薬剤の組織への拡散，血液への逆拡散（K_1, k_2）に比べて著しく速いので，測定薬剤の組織集積量を決定する律速段階は K_1, k_2 になり，その集積量から血流を評価することができる．このような薬剤を蓄積型血流測定剤と呼び，測定薬剤の保持にかかわる生体内因子の違いから，以下のようなものがある．6 章の図 6.6 と図 6.24 に代表的な蓄積型 SPECT 血流測定剤を示してある．

8.3 放射性医薬品の体内挙動と標的臓器への集積原理 159

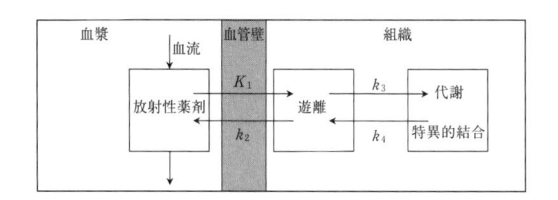

図 8.13 蓄積型血流測定剤の体内動態と集積機序

a) **細胞内代謝**

① ^{99m}Tc-[N, N'-エチレンジ-L-システイネート (3-)] オキソテクネチウム (^{99m}Tc-ECD)：脳の局所血流量に依存して脳組織に移行し，側鎖のエステル基が脳内のエステラーゼによって加水分解され，水溶性化合物として細胞内に貯留する．

② ^{13}N-アンモニア：心筋の局所血流量に依存して心筋細胞に移行し，心筋細胞内のグルタミンのアミノ基に固定される．

b) **細胞内分解**

① ^{99m}Tc-d, l-エキサメタジウムテクネチウム (^{99m}Tc-d, l-HMPAO)：^{99m}Tc-HMPAO は中性，低分子化合物である．脳の局所血流量に依存して血液脳関門（細胞膜）を透過し，脳組織に移行したのち，グルタチオンを主体とする還元物質により脳内で分解される．分解物は水溶性化合物で膜透過性が低く，組織から血液中への逆拡散の速度は著しく低いため細胞内に貯留する．^{99m}Tc-HMPAO には光学異性体が存在するが，血流測定に用いられるのは ^{99m}Tc-d, l-HMPAO である．^{99m}Tc-d, l-HMPAO は還元物質との反応性が高く，k_3 は脳組織への移行 (K_1)，組織からの逆拡散 (k_2) よりも大きい ($K_1, k_2 < k_3$)．したがって，律速段階が K_1, k_2 になるため，脳集積率は血流を反映する（図 8.13）．

c) **細胞内結合**

① ^{123}I-N-イソプロピル-p-ヨードアンフェタミン (^{123}I-IMP)：芳香族アミンの脳移行性を背景に，拡散により脳組織に移行して，脳内毛細血管内膜，脳細胞内の高濃度アミン結合部位への非特異的結合，脂溶性に基づく脳組織内脂質への集積，脳組織内におけるイオン型アミンへの変換による集積といった複合要因により細胞内に貯留する．

② ^{99m}Tc-ヘキサキス (2-メトキシイソブチルイソニトリル) テクネチウム (^{99m}Tc-MIBI)，^{99m}Tc-テトロホスミンテクネチウム (^{99m}Tc-テトロホスミン)：高い脂溶性を背景に，心筋の局所血流量に依存して拡散により組織に移行する．+1 価の陽イオンが，膜電位依存的にミトコンドリアに濃縮することにより，細胞内に貯留する．

d) **能動的輸送**

① ^{201}Tl-塩化タリウム (^{201}TlCl)：^{201}TlCl は血液中で ^{201}Tl$^+$ イオンとして，心筋血流に依存して組織に移行する．K$^+$ の類似物質として Na$^+$, K$^+$-ATP アーゼ（Na$^+$ を細胞外へ汲み出し，K$^+$ を細胞内へ能動的に輸送）する機構により細胞内に貯留する．

(2) **甲状腺機能**

① Na^{123}I (^{123}I$^-$)，Na^{131}I (^{131}I$^-$)，Na^{99m}TcO$_4$ (^{99m}TcO$_4^-$)：甲状腺は，甲状腺ホルモンの生合成のために，血液中から Na$^+$-I$^-$ 共輸送体により I$^-$ を能動的に取り込む．Na^{123}I, Na^{131}I はこの能動輸送によって甲状腺に取り込まれ，甲状腺ホルモンであるチロキシン，トリヨードチロニンあるいはそ

れらの前駆物質となる．同様に，陰イオンで，I^-とイオン半径の近い$^{99m}TcO_4^-$も，甲状腺に能動的に取り込まれるため，甲状腺機能の診断に用いられる．

(3) 腎糸球体ろ過機能

① ^{99m}Tc-ジメルカプトコハク酸テクネチウム（^{99m}Tc-DMSA）：^{99m}Tc-DMSA は腎皮質内に選択的に集積し，その一部が糸球体ろ過を経て尿路排泄される．尿中に排泄される量はごくわずかなので，糸球体ろ過機能ではなく，腎実質の静態イメージング剤として用いられる．

② ^{99m}Tc-ジエチレントリアミン5酢酸テクネチウム（^{99m}Tc-DTPA）：腎糸球体でろ過され，尿細管に分泌，代謝されることなく尿中に排泄される．本薬剤は，腎糸球体ろ過機能の評価に用いられる．

③ ^{99m}Tc-メルカプトアセチルグリシルグリシルグリシンテクネチウム（^{99m}Tc-MAG3）：糸球体ろ過を受けず，尿細管上皮細胞に摂取される．尿細管に分泌されたのち，再吸収を受けることはなく尿中に排泄される．本薬剤は，尿細管分泌機能の評価に用いられる．

(4) その他

① ^{99m}Tc-N-ピリドキシル5メチルトファンテクネチウム（^{99m}Tc-PMT）：胆道系の排泄の評価に用いられる．

② ^{99m}Tc-DTPA：脳槽・脊髄腔からの髄液への漏えいの評価に用いられる．

b．代　謝

(1) エネルギー代謝

a）ブドウ糖代謝

① ^{18}F-フルオロデオキシグルコース（^{18}F-FDG）：グルコースの2位の水酸基の代わりに^{18}Fを導入した^{18}F-FDGは，ATP非依存的なグルコーストランスポータによる促進拡散により細胞内に取り込まれ，ヘキソキナーゼによって6-リン酸化体まで代謝が進む．しかし，それ以上の代謝はグルコースとの構造相違性から進行せず，細胞内に滞留する．このように分子改変によって，生体内の代謝反応や分解反応がある段階で停止して，その状態で分子が細胞内に滞留することを"メタボリックトラッピング"という．^{18}F-FDGの脳集積量からグルコース代謝率を評価する．

b）酸素代謝

① ^{15}O-酸素ガス：ヘモグロビンに結合して組織に運搬されたのち，遊離，拡散によりミトコンドリアに到達する．電子伝達系の複合体IVによって，^{15}O-水に代謝される．

② ^{11}C-酢酸：モノカルボン酸トランスポータにより心筋細胞内に取り込まれ，^{11}C-アセチルCoAに変換される．TCAサイクルを経て，^{11}C-CO_2として体外へ排泄される．

(2) アミノ酸代謝

① ^{11}C-メチオニン：タンパク質合成能の評価を目的として開発された，天然型アミノ酸の診断薬である．中性アミノ酸の能動輸送により細胞内に取り込まれるが，その後はタンパク質合成よりは，メチル基の代謝系に入る．脳腫瘍の場合には，血液脳関門の障害による受動的な拡散も脳への取込みに関与する．

② ^{18}F-フルオロエチルチロシン：タンパク質合成には利用されない非天然型アミノ酸で，天然型アミノ酸と同様に，アミノ酸の能動輸送により細胞内に取り込まれると考えられている．

(3) 脂質代謝

① ^{11}C-パルミチン酸：血液中でアルブミンに結合して，心筋に運搬される．心臓由来脂肪酸結合

タンパクにより細胞内に取り込まれ，β酸化を受ける．

② ^{123}I-15-(p-ヨードフェニル)-3-(R, S)-メチルペンタデカン酸（^{123}I-BMIPP）：パルミチン酸を基本構造にして，ベンゼン環に放射性ヨウ素を結合させたp-ヨードフェニルをω位に導入するとともに，β位にメチル基を導入して，β酸化におけるメタボリックトラップを狙った薬剤である．実際に放射能は心筋に保持されるが，直接的なβ酸化の阻害によるものではなく，多くはトリグリセリドとして存在する．

(4) 核酸代謝

① 3′-デオキシ-3′-^{18}F-フルオロチミジン注射液（^{18}F-FLT）：ヌクレオシド能動輸送を介して細胞内に取り込まれたのち，チミジンキナーゼ1によりリン酸化を受けて細胞内に滞留する．この薬剤は，ホスホジエステルリン酸結合に必要な3′位が^{18}Fで置換されているため，DNAへ組み込まれない．

(5) その他

a) 心筋梗塞部位の代謝

① ^{99m}Tc-ピロリン酸テクネチウム（^{99m}Tc-PYP）：心筋梗塞部位の壊死細胞は，カルシウムがハイドロキシアパタイトの形でミトコンドリア内に沈着する．このハイドロキシアパタイトへの^{99m}Tcのリン酸化合物の結合が，^{99m}Tc-PYPの心筋梗塞部位への集積機序である．

b) ノルアドレナリン代謝

① ^{123}I-メタヨードベンジルグアニジン（^{123}I-MIBG）：心臓の血液循環機能を調節する交感神経系の機能を画像化する放射性医薬品である．本注射液は，能動的な取込み（Uptake 1）によって心臓の交感神経終末のノルアドレナリン貯蔵顆粒に取り込まれ，心筋内カテコールアミン動態を反映する．

c) 骨代謝

① ^{99m}Tc-メチレンジホスホン酸テクネチウム（^{99m}Tc-MDP），^{99m}Tc-ヒドロキシメチレンジホスホン酸テクネチウム（^{99m}Tc-HMDP）：骨の主成分の1つはリン酸である．これらの薬剤はリン酸との相同性から骨に集積する．

c. 酵素活性

① ^{11}C-メチルピペリジニルアセテート（MP4A）：この薬剤は脂溶性が高く，拡散により脳内に送達される．脳内では，アセチルコリン分解酵素であるアセチルコリンエステラーゼの基質として，水溶性化合物に代謝変換される．この代謝物は脳内に滞留するため，脳内放射能量はアセチルコリンエステラーゼの酵素活性を反映する．一種の**代謝蓄積型（メタボリックトラッピング）**の放射性薬剤である．

d. 組織成分との特異的結合

(1) 受容体

① ^{123}I-イオマゼニル ^{11}C-メチルスピペロンなど：受容体が細胞表面にある場合には，受動拡散により組織に送達された放射性薬剤は，細胞表面の受容体の濃度，リガンドとの親和性に応じて保持される．

(2) 輸送体

① ノルエピネフリントランスポーターリガンド（$^{123/131}$I-MIBG），ドーパミントランスポータリガンド（^{18}F-β-CFT）など：受動拡散により組織に送達された放射性薬剤は，輸送体の濃度，リガ

ントとの親和性に応じて保持される．

(3) 酵　素

①モノアミンオキシダーゼAリガンド（^{11}C-クロルジリン），モノアミンオキシダーゼBリガンド（^{11}C-デプレニル）など：受動拡散により細胞内に送達された放射性薬剤は，酵素の濃度，基質としての親和性に応じて保持される．

(4) その他

①^{67}Ga-クエン酸：血液中でトランスフェリンに結合して組織に送達される．トランスフェリン受容体を介して細胞内に取り込まれたのち，酸性ムコ多糖，フェリチンとの結合を経て，ライソゾームに集積する（詳細は6.1.2項参照）．

②^{99m}Tc-ガラクトシル人血清アルブミンジエチレントリアミン五酢酸テクネチウム（^{99m}Tc-DTPA-NGA），^{99m}Tc-ガラクトシル人血清アルブミン（^{99m}Tc-GSA）：血流で肝臓に送達されたのち，肝細胞膜上のアシアロ糖タンパク（ASGP）受容体に結合して，組織に保持される．ASGP受容体は肝実質細胞のみに存在するので，肝障害の指標に用いられる．

③^{99m}Tc標識アネキシンV，^{18}F-アネキシンA5：アポトーシスイメージング用放射性薬剤である．標識アネキシンは，血中から拡散により組織に送達されたのち，アネキシンVのホスファチジルセリンに特異的に結合する性質に基づき，アポトーシスを起こした細胞に保持される．

④^{18}F-フルオロミソニダゾール（^{18}F-FMISO）：低酸素による腫瘍動態イメージングである．標識ニトロイミダゾール化合物は血中から拡散により組織に達したのち，低酸素環境下で還元されて親水性化合物に変換され，組織内に保持される．

⑤^{11}C-PIB，^{18}F-FDDNP：アルツハイマー病などで脳内に認められる，βアミロイドのイメージング剤である．これらの薬剤は，血中から拡散により組織に送達されたのち，βアミロイドへの特異的結合に基づいて，組織に保持される．

e. 血液中滞留

①^{99m}Tc-標識赤血球，^{99m}Tc-標識アルブミン（^{99m}Tc-DTPA-HAS），^{11}C-一酸化炭素ガス（^{11}C-CO）：血液中から組織に移行しないので，組織血液量測定や心プールイメージング剤として用いられる．

演習問題

問1 放射性医薬品を標識する次の放射性核種のうち、ポジトロンを放出するものを2つ選びなさい．
1. ^{15}O
2. ^{67}Ga
3. ^{68}Ga
4. ^{99m}Tc
5. ^{123}I

問2 インビボ放射性医薬品の標的臓器への集積原理として能動輸送に基づくものを2つ選びなさい．
1. 塩化タリウム（^{201}Tl）注射液
2. ヨウ化ヒプル酸ナトリウム（^{131}I）注射液
3. キセノン（^{133}Xe）吸入ガス
4. フルデオキシグルコース（^{18}F）注射液
5. 過テクネチウム酸ナトリウム（^{99m}Tc）注射液

問3 タンパク質を放射性ヨードで標識すると、主としてヨードが導入されるアミノ酸を2つ選びなさい．
1. アラニン
2. メチオニン
3. チロシン
4. リジン
5. ヒスチジン

問4 次のPET用放射性医薬品のうち、ドーパミン系神経伝達医薬品を2つ選びなさい．
1. ^{11}C-フルマゼニル
2. ^{11}C-ラクロプライド
3. ^{11}C-α-メチル-L-トリプトファン
4. ^{11}C-メチルスピペロン
5. ^{11}C-ジプレノルフィン

解 答　　問1：1と3　　問2：1と2　　問3：3と5　　問4：2と4

9

放射線の生体への影響

はじめに

　ここまで放射線の物理的性質とそれに基づいた医療への応用について説明をしてきた．これまでの原爆被ばく者や原発事故などにおいて，放射線による生体への障害が大きいことは一般にもよく知られている．放射線は，生体に対しきわめて少ないエネルギーで大きな効果をもたらし，その生体影響は熱源などと比較して非常に大きい．しかし，あまり知られていないが，放射線を被ばくしていることをわれわれは感知できない．放射線によってさまざまな生体影響が現れるが，放射線はどのようにして生体に影響を及ぼすのであろうか？　本章では，放射線が生体に作用するときの機序とその生体への影響について解説する．まず，放射線の生物作用機序である直接作用と間接作用について理解し，細胞における放射線の影響について解説する．さらに，個体としての放射線被ばく影響である身体的影響と遺伝的影響について解説する．また，これらの生体への影響を修飾する要因について理解し，最後に現代の医療被ばくや日常での被ばくについて解説する．

9.1　放射線の生物作用の概要

　放射線は，DNAなどの生体分子に直接エネルギーを与えることによってDNA鎖切断などを引き起こす．さらに，水分子を電離し，非常に反応性の高いヒドロキシラジカルを生成させ，生体成分に障害を与える．そのため，放射線の持つエネルギーの直接的な付与とヒドロキシラジカルなどの高反応性酸素分子種（**活性酸素種**）によって細胞のタンパク質や脂質，核に存在するDNAは，著しいダメージを受ける．生体のなかでも特に放射線感受性の高い組織の細胞（造血系，消化器系など）は大きな障害を受けて**急性障害**が生じる．**急性障害**には，リンパ球の減少，放射線宿酔，紅斑，脱毛などがあり，高線量の被ばくでは，死に至る．また，白内障や発がんなど，放射線による障害は被ばく後数ヶ月から数年経ってから現れるものもある（**晩発性障害**）．さらに，生殖細胞が被ばくしたときには，**遺伝的影響**が生じることもある．

　この遺伝的影響は，「直線無しきい値仮説」に従うと考えられている．これは，原爆による高線量被ばく者における生体影響をもとに低線量領域に外挿して立てられた仮説であり，被ばく線量に応じて生物作用は直線的に増加していく．このとき，いかに低線量であってもしきい値はなく，低線量域でも高線量域で得られた直線を外挿した生物作用が認められるとしている．人において低線量域での被ばくによる影響は直接的なデータがないため，現在も研究が続けられており，人体にとっ

て安全な線量しきい値については今なお議論されている．最近の研究では，低線量放射線は，生体のストレス応答能を刺激することで有益な作用を示すという適応応答の概念と，低線量域ではバイスタンダー効果（後述）による放射線生体影響の増幅作用があるという概念が存在しており，現在，低線量域での生物作用が直線仮説に従うのか否かについても議論されているところである．

9.2　初 期 障 害

放射線の生物への作用は以下の過程を経て生じる（図9.1）．

(1) **物理的過程**（$10^{-18} \sim 10^{-15}$ 秒）

放射線による**水の電離と励起**，生体高分子によるエネルギー吸収．放射線が生体内の水分子にぶつかると電離と解離が生じ以下の反応が生じる．

$$H_2O \longrightarrow H_2O^+ + e^-$$
$$H_2O \longrightarrow [H_2O^*] \longrightarrow H\cdot（水素ラジカル）+ \cdot OH（ヒドロキシラジカル）$$

(2) **化学的過程**（$10^{-12} \sim 1$ 秒）

水の電離により生じたラジカル（主にOHラジカル）と水分子，酸素，生体構成成分との化学反応．

$$HO\cdot + \cdot OH \longrightarrow H_2O_2（過酸化水素）$$
$$H\cdot + O_2 \longrightarrow HO_2\cdot（過酸化水素ラジカル）$$
$$O_2 + e^- \longrightarrow O_2\cdot^-（スーパーオキシドアニオンラジカル）$$
$$e^- + nH_2O \longrightarrow e^-_{aq}（水和電子）$$

ラジカルの寿命は 10^{-10} 秒であり，これらの反応性の高いラジカル種が生体構成成分と反応する．

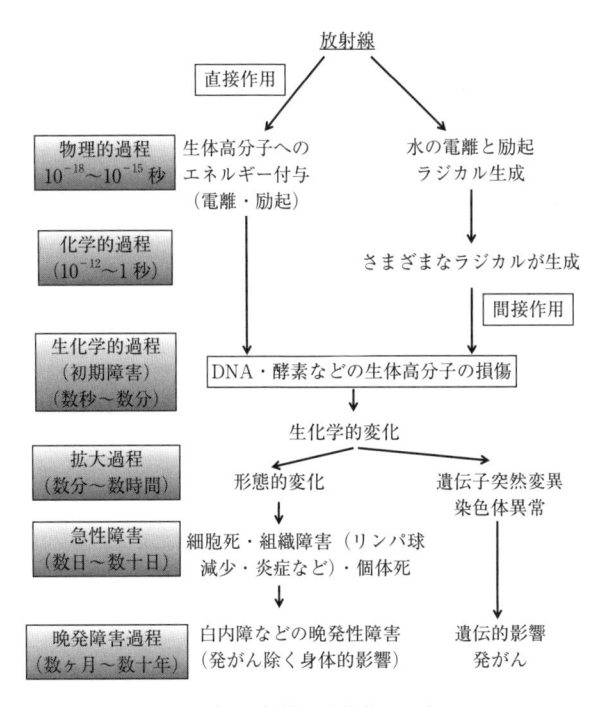

図 9.1　放射線の生物作用過程

また，過酸化水素自体はラジカル種ではないが，生体内には二価鉄イオン（Fe^{2+}）が存在し，過酸化水素と反応してヒドロキシラジカルを生成する（Fenton 反応）．また，過酸化水素は，スーパーオキシドアニオンラジカルとも反応してヒドロキシラジカルを生成する（Harber-Weiss 反応）．

$H_2O_2 + Fe^{2+} \longrightarrow Fe^{3+} + OH^- + \cdot OH$ （Fenton 反応）

$H_2O_2 + O_2\cdot \longrightarrow OH^- + \cdot OH + O_2$ （Harber-Weiss 反応）

これらのラジカル種と生体成分（RH）との反応は以下のようになる．

$RH + \cdot OH \longrightarrow H_2O + R\cdot$ （有機ラジカル）

$RH + \cdot H \longrightarrow R\cdot + H_2$

$R\cdot + O_2 \longrightarrow ROO\cdot$ （過酸化有機ラジカル）

$RO_2\cdot + RH \longrightarrow ROOH + R\cdot$

脂質（LH）は DNA やタンパク質と比べてラジカルとの反応性が高い．細胞膜は脂質二重膜からなっており，放射線によって生成したラジカル種の標的となりやすい．上記の反応と類似した反応でラジカルと脂質は反応して脂質ラジカル（$L\cdot$）や $LOO\cdot$（過酸化脂質ラジカル），$LO\cdot$（アルコキシラジカル）となる．

(3) **生化学的過程（初期障害）（数秒〜数分）** （9.4 節参照）
酵素などのタンパク質や DNA などの生体高分子の損傷．

(4) **拡大過程（数分〜数時間）**
初期障害が代謝回転によって増幅拡大する．

(5) **急性障害過程（数日〜数十日）** （9.5 節参照）
細胞障害，組織障害，個体死．

(6) **晩発障害過程（数ヶ月〜数十年）** （9.5, 9.6 節参照）
白内障，発がん，遺伝的影響，加齢促進．

9.3 直接作用と間接作用

放射線が生体に作用を及ぼすとき，その作用機序は，**直接作用**と**間接作用**に大別される．直接作用とは，放射線の持つエネルギーが直接生体高分子に付与され，電離あるいは励起し，生体高分子に損傷が生じることをいう．一方，間接作用は，放射線がまず水分子を電離し，生じたラジカル（$\cdot OH$ や $H\cdot$）と派生した活性酸素種が生体高分子を攻撃する機序をいう．

9.3.1 直 接 作 用

直接作用を統計的に理解したものに標的理論がある．

「細胞内には細胞の生存に重要で，かつ放射線感受性の高い場所，標的があり，この標的を放射線がヒットすることにより細胞が障害（死）を受ける」また，「ヒットは互いに独立して起こり，その確率が低いことからポアソン分布をする」という仮定に基づいている．

たとえば，「放射線粒子が核内 DNA にある 3 つの重要な場所（標的）にすべてに当たった場合，細胞は死ぬ」と仮定する．このとき 1 つや 2 つ標的に当たった場合には，細胞は生き残り，3 つすべて当たった細胞だけが死ぬ．このとき放射線粒子が標的に当たった数をヒットと呼ぶ．1 細胞あたりのヒット数は線量に応じて増加し，標的は一般には DNA のことと考えられている．標的が 1

つであり，また1つのヒットが致命的である場合，1標的1ヒットモデルとなる．

いま，ある線量 D の放射線により平均 m 個のヒットが標的に生じたとする．ポアソン分布では，平均 m 個のヒットが生じる場合，実際に標的に r 個のヒットが生じる確率は次式で表される．

$$P(r) = \frac{e^{-m} m^r}{r!} \quad （ただし，r は 0〜無限大）\tag{9.1}$$

本理論は，標的数とヒット数によっていくつかのモデルが存在するが，そのなかの**1標的1ヒットモデル**と**複数（多重）標的1ヒットモデル**について以下に解説する．

a. 1標的1ヒットモデル

「標的数が1つで，その標的は1ヒットで障害（死）を受ける」と仮定したものを1標的1ヒットモデルという．この場合，細胞が生き残るためにはヒット数は「0」でなければならない．そのため，生存率 (S) は，ヒットしない確率で表される．式 (9.1) の r に0を代入すると $m^0 = 1$, $0! = 1$ であるので

$$S = P(0) = e^{-m} \tag{9.2}$$

となる．本モデルにおいて平均致死線量を求めるためには，以下の要領で行う．標的に平均1つのヒットが生じる線量を D_0（平均致死線量）とした場合，ある線量 D でのヒット数は平均 D/D_0 個となる．式 (9.2) の m に D/D_0 を代入すると生存率 S は，

$$S = e^{-\frac{D}{D_0}} \tag{9.3}$$

となる．線量が平均致死線量のとき（$D = D_0$），生存率（S）は，

$$S = e^{-1} = 0.37 \tag{9.4}$$

となる．すなわち，線量が平均致死線量 D_0 のときは生存率が37%となる．そのため，この生存率が37%となる線量は**平均致死線量（LD37）**または**37%線量**と呼ばれる．この線量によって細胞の感受性が示され，D_0 が小さければ感受性が高く，大きければ抵抗性が高いことになる．

b. 複数（多重）標的1ヒットモデル

「細胞に複数個（n 個）の標的があり，それぞれの標的は1ヒットで障害（死）を受ける」と仮定したものが複数（多重）標的1ヒットモデルである．ある線量 D を細胞に照射したとき，その細胞が障害（死）を受けないためには，複数個ある標的のいずれにもヒットしてはいけないので，r は0であり，その確率は $P(0)$ で与えられる．反対に，障害（死）を受ける確率は，100%から障害を受けない確率 $P(0)$ を減じればよく，$1 - P(0)$ となる．各標的の障害は独立して起こるので，細胞内の n 個の標的がすべて障害を受ける確率は，$1 - P(0)$ を n 回かけて $\{1 - P(0)\}^n$ となる．そのため，生存率 S は100%から障害を受ける確率を減じて，

$$S = 1 - \{1 - P(0)\}^n \tag{9.5}$$

となる．

式 (9.5) に式 (9.3) $P(0) = e^{-D/D_0}$ を代入すると，

$$S = 1 - \{1 - e^{-\frac{D}{D_0}}\}^n \tag{9.6}$$

となる．横軸を線量 D，縦軸を生存率 S とし，自然対数で表示すると図9.2のような生存率曲線が得られる．

図9.2において，$n = 1$ とすると1標的1ヒットモデルになる．また高線量域では，式 (9.6) は

$S=ne^{-D/D_0}$ で近似され，図上では直線となり，直線を線量 0 まで延長することによって縦軸との交点（$D=0$）から標的数 n を示すことができる．すなわち，多重標的 1 ヒットモデルでの生存曲線では，高線量域の直線部分を線量 0 に外挿することにより標的数 n が求められ，平均致死線量 D_0 はその直線の傾き（$-1/D_0$）から求めることができる．また，この直線を伸ばして生存率 1 に相当する線量（D_q）は，**準(類)しきい線量**と呼ばれる．

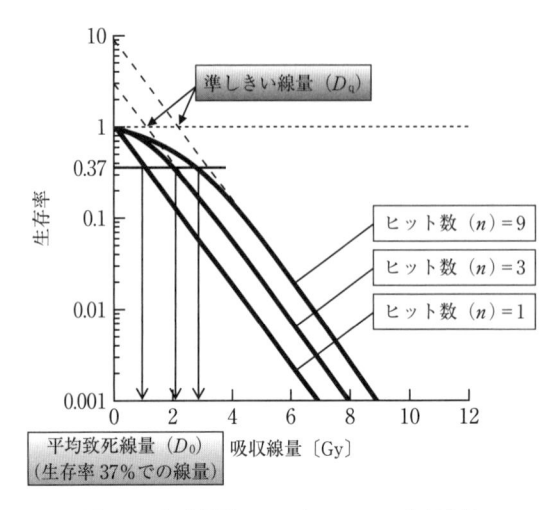

図 9.2 多重標的 1 ヒットモデルの生存曲線

9.3.2 間接作用

　間接作用には，**希釈効果**，**酸素効果**，**温度効果**，**保護効果**が存在する．ただし，このうち希釈効果が最も間接作用に特徴的であり，それ以外の 3 つの効果は直接作用においても検出される．間接作用は，特に低 LET 放射線において重要な作用機序である．たとえば，X 線の本体である光子 1 つのエネルギーは小さいため，直接生体分子に付与するエネルギーは小さいが，透過性が高いため水中を長い距離飛行する．そのときに粒子の周りの水分子を電離し，スプールを形成する（飛跡周辺へのラジカルの発生）．また，α 線などの高 LET 放射線に比べて低 LET 放射線では同一線量での粒子数が圧倒的に多くなる．そのため，数多くのスプールが形成され，高 LET 放射線に比べて多くのラジカルが発生する．そのため，低 LET 放射線による生物作用においてラジカルを介した放射線影響（間接作用）は，重要なメカニズムであると考えられている．

a．希釈効果

　一定量の放射線が水中に照射された場合，電離によって生じるラジカルの数は一定である．そのため，水溶液中に存在する溶質のうち，生成したラジカルと反応する数は一定である．このときに溶質の濃度を増加させるとラジカルと反応しない溶質分子の数が増加する．逆に濃度を低下させるとラジカルと反応しない分子の数は減少する．そのため，ラジカル反応溶質分子（一定）：ラジカル未反応溶質分子（増減）の比のうち，ラジカル未反応溶質分子のみが変化する．すなわち，ラジカル反応溶質分子割合は，溶質濃度の希釈により増加する．このラジカル反応溶質分子を酵素とし，ラジカルによって不活性になるとした場合には，ラジカル反応溶質分子割合は「不活性化率」と置き換えることができる．

一方，直接作用の場合を考えてみると，放射線粒子が酵素（生体高分子）に直接作用するので，溶質濃度を増加すると放射線と作用する分子数もこれに伴い増加する．そのため，不活性化率は濃度によらず一定となる．

b. 酸素効果

酸素は2つの不対電子を持つジラジカルであり反応性が高い．酸素は，放射線による水分子の電離によって生じた水和電子，水素ラジカル，ヒドロキシラジカルと反応してさまざまな酸素ラジカル種（スーパーオキシドアニオンラジカル，ヒドロキシルラジカル，過酸化水素）を生成する．これら酸素ラジカル種は一般に**活性酸素種**と呼ばれ，酸化的障害を引き起こすことが一般に知られている．これらのラジカル分子はこの反応は間接作用に特徴的な反応である．また，酸素は，2次的に生成したラジカルとも反応し，有機ラジカルが過酸化物となることもある．ただしこの現象は間接作用に限らず，直接作用においても認められる．これらの要因から，酸素分圧の低い条件に比べ高い条件で照射するとより大きな生物効果が得られることが知られ，この現象は生体高分子，細胞，組織，個体レベルで認められる．

通常，生体内では，十分な酸素分圧があるが，がん組織の中心部では血管が十分にいき渡っていないため，低酸素領域が形成されている．この低酸素領域は，放射線による殺がん効果が弱いことが知られており，放射線増感剤（ニトロイミダゾール誘導体など）が使用される．高LET放射線では，直接作用の寄与が大きいため，酸素効果はあまり関係ないが，間接作用の寄与の大きい低LET放射線による生体影響を考えるうえで非常に重要な概念である．

酸素効果の程度は，**酸素増感比**（oxygen enhancement ratio, OER）によって表される．

$$\text{OER} = \frac{\text{無酸素状態である効果を引き起こすのに必要な線量}}{\text{酸素存在下で同じ効果を引き起こすのに必要な線量}}$$

OERは，高LET（100 keV/μm以上）放射線では1に近くなるが，低LET放射線では2.5〜3である（すなわち，酸素が存在しないと約3倍放射線効果は弱くなる）．なお，通常組織では十分な酸素分圧があるため，それ以上酸素分圧を上げても効果はないが，前述のようにがん組織など低酸素領域に低LET放射線を照射すると放射線の効果は減弱される（図9.3）．

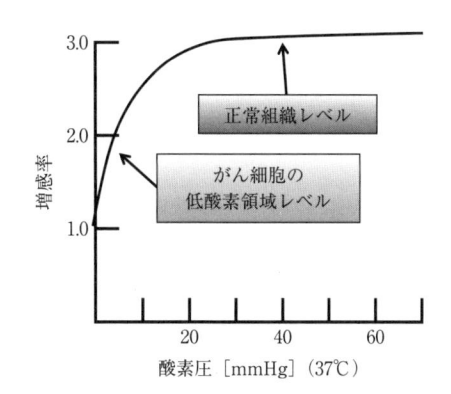

図9.3 酸素分圧変化による放射線感受性の変化
（文献1の図10.5を改変）

c. 温度効果

放射線による作用は低温状態では低下し，高温状態では促進する傾向がある．低温・凍結により，

溶媒の運動性が減少し，ラジカルの拡散が妨げられることによって間接作用の効果が減弱する．一方，細胞を40℃以上に加熱すると放射線による細胞致死効果が相乗的に強くなることも知られている（**温熱処理，ハイパーサミア**）．前述の低酸素領域の放射線抵抗性のがんに対する放射線治療の場合にも有効であり，放射線感受性の低いS期の細胞にも有効である．

間接作用はラジカル反応が根源である．ラジカル反応においても周囲から得られる自由エネルギーが高ければより反応性は高くなるが，逆に低温であれば得られる自由エネルギーが少ない（奪われる）ため，反応性は低くなっている可能性も考えられる．

d. 化学的防護効果（保護効果）と増感効果

放射線によって生じたラジカルが間接作用の原因であるのであれば，ラジカル捕捉剤によってその作用は減弱される可能性がある．実際にシステインなどのラジカル捕捉剤の存在下では，放射線による生体分子への影響が減弱されることが知られている．この現象を利用して放射線防護剤が開発されている．逆に，放射線の効果を増強する増感効果のあるものには，酸素や5-ブロモデオキシウリジンがあり，殺がん効果を増加させるために，ニトロイミダゾール誘導体などが増感剤として検討されている．

コラム

■ バイスタンダー効果 ■

間接作用とは，ラジカル生成を介した作用であるが，近年，照射された細胞から種々の因子が放出され，周囲の照射されていない細胞に作用することで周囲の非照射細胞にも放射線影響を与えることがバイスタンダー効果（道連れ効果，傍細胞効果）（図9.4）として知られるようになった．そのバイスタンダー効果を担う因子には，照射後，細胞内で2次的に産生された活性酸素種や一酸化窒素，サイトカイン類，ATPなどがある．また，細胞と細胞をつなぐ細胞間のギャップ結合の小さな孔を介して情報が伝わっている可能性も示唆されている．具体的には，高LET放射線で低線量照射を行うと一部の細胞にしかヒットしないが，実際にはそのヒット確率以上の割合で細胞障害が認められるようになる．この要因としてバイスタンダー効果が考えられている．

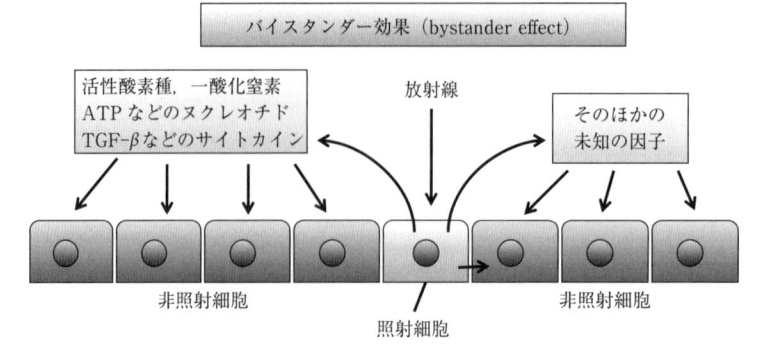

図9.4 放射線バイスタンダー効果
照射細胞からさまざまな因子が放出されて，周囲の非照射細胞へ放射線影響が伝わる．

9.4 細胞に対する放射線の作用

細胞における放射線障害が生体影響の基本となっている．ここでは，放射線が細胞に照射された場合における細胞内での変化について解説する．

9.4.1 細胞周期（図9.5）

細胞は，分裂して増殖するが，細胞が分裂してから次の分裂までには，決まったサイクルを繰り返す．細胞が2つに分裂するためにはDNAが複製される必要がある．細胞は分裂を終えると，次のDNA複製に向けて準備を行う．このDNA合成準備期を G_1 期（Gはgapの意味で分裂期とDNA合成期の間ということ）と呼ぶ．DNA合成の準備が完了するとDNA合成期のS期（synthetics stage）に入り，核内でDNAが複製される．この間にDNA量は2倍になるため，S期でのDNA量は2倍体（$2n$）〜4倍体（$4n$）の間になる．続いて細胞分裂のための準備（タンパク質合成）に入るが，この細胞分裂準備期を G_2 期と呼ぶ．細胞分裂の準備が整った細胞は分裂期であるM期（mitotic stage）に入る．分裂すると1細胞あたりのDNAの量は再び2倍体（$2n$）に戻る．分裂した細胞は，G_1 期へと移行するか，あるいは細胞増殖を停止して静止状態になることもある．この静止状態のときは，細胞周期のサイクルからはずれており休止期（G_0 期）と呼ばれる．

9.4.2 放射線による細胞死と分裂遅延

放射線がDNAに照射されると，DNAはさまざまな損傷を受ける．損傷には，1本鎖切断，2本鎖切断，酸化的障害などが生じる．これらの損傷は，細胞内に存在する修復系によって修復される．DNAが損傷したまま細胞分裂してしまうと間違った遺伝情報（エラー）が次の細胞に伝わってしまうため，DNA合成あるいは細胞分裂の前に損傷を修復する必要がある．そこで，細胞は細胞周期を G_1 期あるいは G_2 期で一時停止し，DNAの修復を行う．これを G_1 期チェックポイント（G_1 ブロック），あるいは G_2 期チェックポイント（G_2 ブロック）という．これらの要因から，細胞が放射線を照射されるとDNA損傷回復のために，分裂遅延が生じる．

放射線感受性（放射線による生存率低下）は，各ステージで異なりM期は最も感受性が高く（最

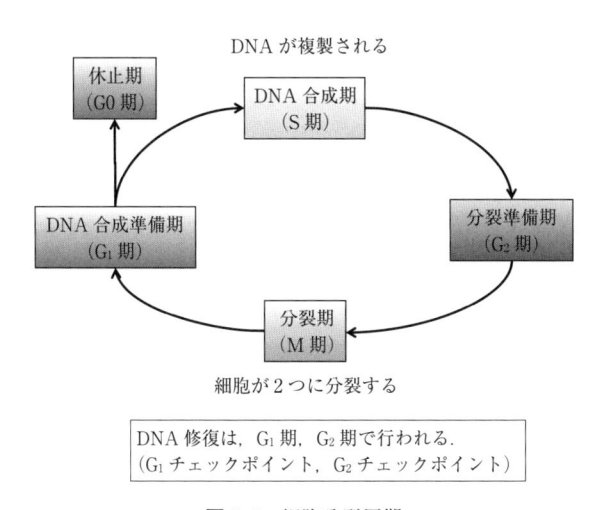

図9.5 細胞分裂周期

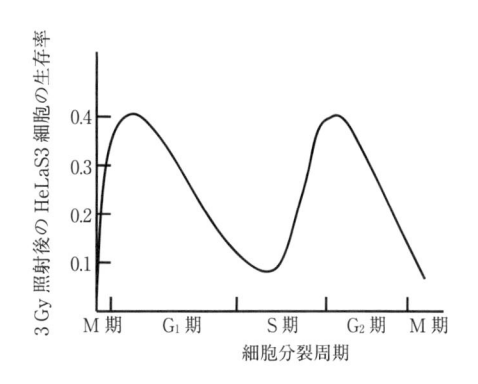

図9.6 細胞周期と放射線感受性（文献6および文献3のp.229の図12を改変）

も死にやすい），G_1 期に入ると急激に感受性が低下する．G_1 後期から S 期初期にかけて再び感受性は高くなるが，S 期後期が最も感受性が低くなる．G_2 期から M 期にかけて高感受性となる（図 9.6）．

9.4.3 細胞死

生体内では，細胞分裂と同じくらいに細胞死が誘導されている．生物学では，一般に細胞死の形態としてアポトーシス（プログラム細胞死）とネクローシス（壊死）に大きく分類されることが多い．しかし，細胞が放射線により著しいダメージを受けた場合，細胞は死ぬこととなるが，その形態は他とは異なった独特の形態をとることが知られている．

a. 増殖死

放射線照射によるダメージを受けた細胞が数回（1 回以上）分裂したのちに増殖能を失って（分裂不可能となり）起こる死を**増殖死**という．分裂回数は線量に依存し，数 Gy 以下の放射線による細胞死の大部分はこの増殖死である．この場合の標的は DNA 分子の障害と考えられているが，なかには DNA 合成やタンパク合成は行えても，細胞分裂最終過程の分裂機序に障害が生じ，細胞が分裂できずに巨大細胞となることもある．巨大細胞も最終的には死に至る．生体では，増殖能の高い細胞再生系（クリプト細胞など）で生じやすい．

b. 間期死

間期死とは，放射線照射後，分裂をせずにそのまま死ぬ場合のことをいう．リンパ球や若い卵母細胞のように分裂能力が限られている場合には，$0.2～0.5$ Gy の小線量で間期死が生じる．このときの形態はアポトーシス様の形態をとる．また，成人の神経細胞や筋肉細胞のように細胞分裂を起こさない細胞（非分裂系）では，数十～数百 Gy の照射によって起こる．一方，増殖活性のある細胞再生系でも，大線量の放射線を照射された場合には間期死が生じる．その感受性は，リンパ球＞＞細胞再生系＞非分裂系である．

9.4.4 DNA 損傷修復機序

放射線が核酸に当たると各所にラジカルを生じ，塩基の変化，水素結合の開裂，DNA 鎖の切断，分子内・分子間・核タンパク質との架橋が生じる．放射線エネルギーの直接的付与や生成したラジカルによって DNA 分子の結合（リン酸基の切断，塩基-糖グリコシド結合の破壊，脱アミノ化，環の開裂など）が壊されて DNA 鎖の切断が生じる．DNA 鎖は二重らせん構造をとっているが，この 2 本の DNA 鎖のうち 1 本あるいは 2 本が切断される．1 本鎖切断に比べて 2 本鎖切断に必要となるエネルギーは 10 倍大きく，1 本鎖切断よりも 2 本鎖切断は生じにくい．

1 本鎖切断（single strand break，SSB）の場合には，修復過程は速やかに進行するが，**2 本鎖切断**（double strand break，DSB）では修復が困難であり，損傷が修復不可能な場合には上述のように細胞死が誘導される．また，遺伝子の損傷を完全に修復できない場合や修復エラーが生じた場合には，機能性タンパク質の欠損，異常タンパク質の生成，生殖細胞遺伝子における変異を通し，晩発効果や遺伝的影響をもたらすことになる．

放射線によって障害を受けた DNA 鎖は細胞に存在する修復酵素によってその損傷部位を修復される．代表的な修復機序を以下に示す．

a. 相同組換え修復（homologous recombination）（図9.7）

切断されたDNA二重鎖に対し，損傷を受けていない相同的なもう一組のDNA二重鎖と組換えを起こし，正しい配列に基づいてDNAを複製する方法．修復エラーは起きない．相同的なDNA鎖が必要であるため，S期とG_2期に行われる．

b. 非相同末端結合修復（non-homologous end joining）

相同DNAを用いず，いくつかのタンパク質によって切断端損傷部を切り出した後，直接ヌクレオチドが挿入され，再結合により修復が完了する．主にG_1期において行われ，修復エラーは起きやすい．

c. 塩基損傷回復

非電離放射線の紫外線によってピリミジン塩基（チミン，シトシン）が2量体を形成しピリミジンダイマーを形成することはよく知られている．このピリミジンダイマーは，光回復酵素の働きで可視光照射によってダイマーが開裂しモノマーに戻る．ただし，光回復能力は大腸菌から鳥類まで備わっているが，人を含む哺乳動物の細胞とウイルスには存在しないため，ヒトでは光回復は起こらない．

d. 塩基除去修復

損傷部の塩基やヌクレオチドがエンドヌクレアーゼ（塩基やヌクレオチドを除去する酵素）によって切り出され，その後これらが相補的に合成される．この修復機構は大腸菌から哺乳動物までに共通している．ヒトの遺伝病の1つである**色素性乾皮症**（xeroderma pigmentosum，XP）では，エクトヌクレアーゼを欠損しており，紫外線によるピリミジンダイマーを修復することができないため，紫外線に高感受性を示し皮膚がんが多発する．

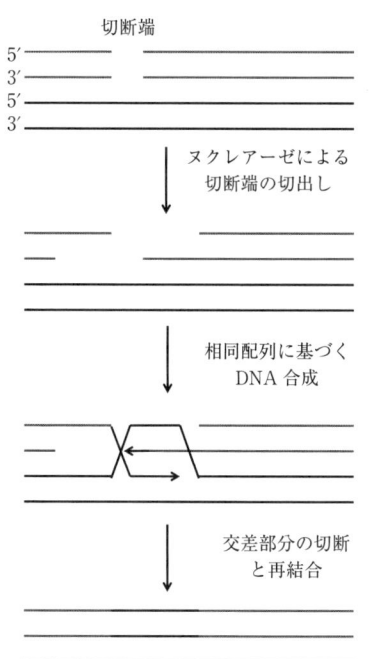

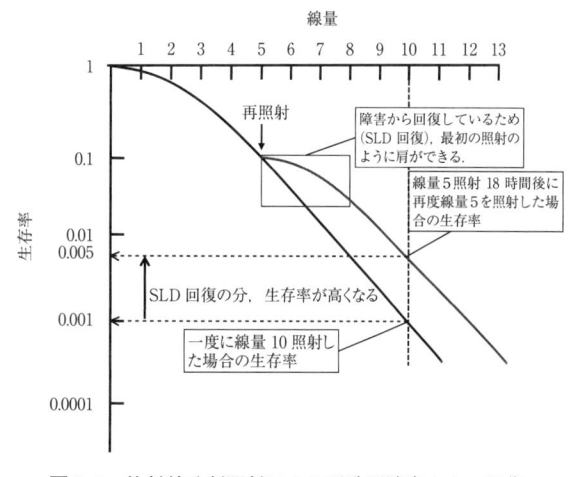

図9.8 放射線分割照射による亜致死障害からの回復
（文献7より改変）

図9.7 相同性組換えによるDNA2本鎖切断の修復モデル
（文献3のp.228の図10を改変）

9.4.5 亜致死損傷（SLD）回復と潜在的致死損傷（PLD）回復

細胞が照射を受けたときに，障害は受けているが死には至らない細胞は，照射後に修復・回復し分裂を再開する．1959年にエルカインドとサットンは，チャイニーズハムスター卵巣細胞（CHO細胞）を用いて分割照射実験，すなわち同一線量（線量10とする）を1回で照射した場合と2回に分けて（線量5ずつ）照射した場合で比較し，このことを証明した（図9.8）．線量10の単一照射の際，生存曲線（縦軸に生存率の対数，横軸に照射線量）は，低線量域では肩のある曲線で生存率は低下し，その後照射線量に応じて直線的に生存率が低下した．このとき，ヒット数は約5であるが，小線量域では細胞によってヒット数にばらつきがあるため肩のある曲線ができる．一方，高線量域では大部分の細胞でヒット数が4になっており，その後1ヒットで死ぬ状態であるため（1ターゲット1ヒットモデルと同様），線量に応じて直線的に生存率は低下する．

2回分割照射の際には，直線的になる線量5を1回目に照射し，その後，2回目に線量5を照射した．この場合，ヒット4の状態が残っていれば，そのまま直線的に生存率は低下すると予想される．事実，照射間隔が短い場合には，2回目の照射によって線量に依存して直線的に生存率は低下した．しかし，照射の12～18時間後に照射を行った場合には，1回目の照射と同様に肩のある曲線を描いた．このことは，照射と照射の間にヒットされた細胞が回復し，ヒット数が0に戻ったことを意味している．このような回復を**亜致死損傷**（sub-lethal damage，SLD）**からの回復（SLD回復）**またはElkind（エルカインド）回復という．そのため，同一線量で考えた場合，分割照射に比べて単一照射のほうが，その生体影響は大きい．線量率での影響を考えた場合には，高線量率で短時間照射された場合のほうが，低線量率で長時間（分割）照射された場合に比べて生物効果は大きい．なぜなら，低線量率で長時間照射されている間にも回復が生じるからである．これを**線量率効果**と呼ぶ．このSLD回復は，低LET放射線照射によって生じやすい．その理由としては，低LET放射線は，間接効果が主作用となるため，一つ一つの損傷は回復できる範囲だが，その損傷の集積によって大きなダメージが与えられることと関係があると思われる．また，細胞周期では，S期後半（放射線感受性が低い）にはSLD回復が大きく，M期（放射線感受性が高い）では回復が少ない．

一方，照射後に置かれた環境によって生存率が高くなることがある．本来死ぬはずの損傷を受けているにもかかわらず死から免れるため，この現象を**潜在的致死損傷**（potentially lethal damage，PLD）**回復**と呼ぶ．この現象を誘発する要因としては，低酸素，低栄養，低pH，定常増殖期，接触障害による細胞増殖停止状態のような細胞増殖に有利でない条件で起こりやすい．このPLD回復も低LET放射線で生じやすい．

これらのSLD回復やPLD回復は，生体の正常細胞やがん細胞においても見られ，SLD回復は，細胞分裂を行っている細胞（がん細胞など）に対する分割照射のときに認められる現象であり，PLD回復は，増殖を止めている細胞，低酸素性細胞（がん組織など）において認められる現象である（分割照射とは無関係）．

9.4.6 生物学的効果比

放射線の生体への影響の度合いは，たとえ同じ吸収線量であっても放射線の線質（LETの違い）によって異なる．その線質による違いは，基準放射線としてX線（250 keV）あるいはγ線を用いて以下の式で表される**生物学的効果比**（relative biological effectiveness，RBE）によって比較する．

$$\mathrm{RBE} = \frac{\text{ある生物効果を引き起こすのに必要な基準放射線の吸収線量}}{\text{基準放射線と同一の生物効果を引き起こすのに必要となる対象の放射線の吸収線量}}$$

RBE は，指標の取り方や条件によって変化する．指標を生存率で考えた場合，LET が 100 keV/μm 付近までは RBE は増加する（図 9.9）．これは一般的には高 LET 放射線のほうが生物効果は大きいことを意味している．しかし，その後 LET の増加によって RBE は低下する．これは，細胞を殺すのに必要以上のエネルギーを与えてしまうため，無駄になるエネルギーが多く，線量で比較したときの致死効果が小さくなるためである（overkill）．

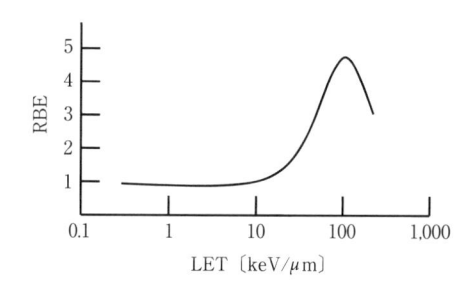

図 9.9 培養細胞の致死効果における LET と RBE の関係
（文献 1 の図 10.3 を改変）

9.4.7 ベルゴニー・トリボンドーの法則

哺乳動物の細胞の放射線感受性は，細胞の種類と状態によって異なることが知られていたが，1904 年にベルゴニーとトリボンドーは，ラット精巣に ^{226}Ra からの γ 線を照射し，精細管内の各種細胞の変化の程度の比較をした．精細管の中では，分化の最初の段階にある細胞の障害が最も大きく，その後分化するにつれて障害は軽くなることを見い出した．この結果から彼らは 3 つの一般則を導いた．

① 細胞分裂頻度の高い細胞ほど放射線感受性は高い．
② 将来行う細胞分裂の回数が多い（細胞分裂過程の長い）細胞ほど放射線感受性が高い．
③ 形態・機能の未分化な細胞ほど放射線感受性が高い．

つまり，未分化で細胞分裂が盛んな細胞，すなわち幹細胞に放射線障害は強く現れることを示している．ただし，リンパ球は，例外で分裂能はほとんどないが放射線感受性は高い．

9.5 身体的影響

9.5.1 体内（内部）被ばくと体外（外部）被ばく

人は自然界からも常に放射線（**自然放射線**）を浴びている．自然放射線には，宇宙線，空気中のラドンなど，地殻からの放射線，食品中のカリウム（^{40}K）などがある．これらのほか，人が放射性同位元素を扱うとき，あるいは医療として X 線レントゲン検査，がん治療を行うとき，原子爆弾による被害を受けるときなどに放射線を浴びて被ばくする．

被ばくの様式には，**体外被ばく**と**体内被ばく**がある．体外被ばくは，放射線源が体外に存在し，放射線を体の外側から浴びる．一方，体内被ばくは，放射線源を体内に摂取した場合であり，体の

内部にある放射線源から放射線を浴びることになる．体外被ばくのときに問題となるのは透過力の強いγ線源や^{32}Pなどの強いβ線源である．α線源は飛程が非常に短く，また遮へいも紙1枚でできることから，体外被ばくではそれほど問題にはならない．一方，体内被ばくは，飛程が短くエネルギーを体内で放出してしまうα線，β線が問題となる．α線核種は，飛程が短く，細胞径程度の飛程しかないため，エネルギーを細胞内に付与してしまい，取り込んだ細胞に強い損傷を与える．β線は飛程が組織中まで及ぶため，沈着した周囲の細胞・組織にも損傷を与える．

一方，γ線は透過性が高いため，エネルギーの一部だけが組織に吸収される．また，体内被ばくの場合には，放射性同位元素が体内に留まっている時間的長さ（貯留性）や線源の半減期も重要なファクターとなる．体内に存在する放射性同位元素が体外へ排泄されて半分になるまでの時間を**生物学的半減期**（T_b）といい，放射性壊変による半減期は**物理学的半減期**（T_p）という．体内で放射能が半分になる時間（**有効半減期**または**実効半減期**，T_e）は，両者を考慮して以下の式で表される．

$$\frac{1}{T_e} = \frac{1}{T_p} + \frac{1}{T_b}$$

$$T_e = \frac{T_p \times T_b}{T_p + T_b}$$

となる．

また，生物学的半減期は，その物質の化学的性状によっても変化する．体内に放射性物質を取り込む経路としては，経皮，経気道，経口の3経路がある．また，取り込まれた物質は体内で一様に分布し，代謝，排泄されるが，同位元素の種類によって特徴的な場所に集積される場合がある（表9.1）．たとえば，HやCは全身に分布するが，ヨウ素（^{125}Iなど）は甲状腺に集積し，Srは骨に集積する．骨に集積する核種を**向骨性元素**といい，P，Ca，Sr，Ra，Puなどがある．体内にRIを摂取してしまった場合には，なるべく速やかに体外に排泄・除去する必要がある．そのための処置としては，同種あるいは同族の非放射性物質を多量に投与すること，適当なスカベンジャを投与することがあげられる．Caに類似した2価陽イオンの向骨性元素の場合には，2価陽イオンをキレートするEDTAなどのキレート剤が用いられる．

では，人体が被ばくしたときには，どのような障害が顕れるのであろうか？前述のように，放射線の感受性は細胞，組織によって異なってくる．まず大きく違うのは，生殖腺か体細胞かの違いである．生殖腺における被ばくは**遺伝的影響**を与える．一方，体細胞では**身体的影響**を生じる．まず，身体的影響について説明する．

表9.1　RIの集積組織と有効半減期

核種	^{3}H	^{14}C	^{32}P	^{90}Sr	^{226}Ra	^{131}I	^{137}Cs	^{59}Fe
集積組織	全身	全身	骨	骨	骨	甲状腺	筋肉	脾臓
物理的半減期	12年	5,700年	14日	29年	1,600年	8日	30年	45日
生物学的半減期	12日	40日	1,155日	50年	45年	138日	70日	600日
有効半減期	12日	40日	14日	18年	44年	8日	70日	42日

（文献3のp.246の表8を改変）

9.5.2 身体的影響

a. 組織分類と放射線感受性の差異

放射線の感受性は，細胞分裂と密接な関係があり，細胞分裂の程度から以下のように3つに分類される．

(1) 細胞再生系（分裂系）

細胞分裂の回数が多く，絶えず新しい細胞がつくられている組織で，放射線感受性が高い．骨髄（造血組織），腸，皮膚，毛のう，水晶体，精巣（睾丸）などがある．これらの組織には，幹細胞が存在するが，放射線による損傷を受けて分裂できなくなると，その組織は再生，増殖ができなくなり著しい障害を受ける．

(2) 潜在的再生系（休止系）

通常状態では，細胞が増殖を起こしていないが，損傷，刺激などに応じて細胞増殖を起こす組織であり，再生能力が高い．肝臓，腎臓，膵臓，甲状腺などがこれにあたり，放射線感受性は中程度である．

(3) 非再生系（非分裂系）

神経や筋肉など成長する時期を過ぎると分裂能を失っているような細胞で放射線に対して抵抗性が高い．

b. 造血組織（骨髄，リンパ球および末梢血球）

血液中のリンパ球，血小板などの血球成分は，骨髄でつくられ末梢に移行する．末梢のリンパ節，脾臓，胸腺も造血系に含まれ，リンパ球は放射線感受性が高い．

血球のうち，末梢リンパ球は放射線感受性が高く，0.25～0.5 Gyで間期死を起こすため，小線量の被ばくで血中のリンパ球は減少する．胸腺，脾臓，リンパ節ではリンパ球が多く存在するため，障害を受けやすい．

骨髄のうち特に造血系幹細胞が存在する骨髄を**赤色骨髄**と呼ぶ．造血機能を持たない骨髄を**白色骨髄**と呼ぶ．放射線感受性が高いのは赤色骨髄である．幹細胞の感受性としては，赤血球系（赤芽球）＞白血球系（リンパ芽球）＞血小板系（巨核芽球）の順になる．放射線を骨髄が数Gy浴びると幹細胞の増殖が停止する．この影響は，しばらく経ってから血液中の血球数に現れてくる．なぜなら，末梢の血球（リンパ球以外）は成熟しており，放射線に抵抗性であるため，血球の寿命が尽きたときに骨髄からの補充がないために血球数は減少する．それぞれの血球の寿命は，リンパ球（数時間から4ヶ月），顆粒球（6～10日），血小板（10日），赤血球（4ヶ月）である．これらすべての要因から，数Gyの放射線被ばく後，まず急激にリンパ球（数時間後）が減少し，顆粒球（1～2日後），血小板（6～12日後），赤血球（2～3週間後）の順に減少する（図9.10）．白血球（リンパ球，顆粒球）の減少による免疫能の低下，赤血球減少による貧血，血小板減少による出血傾向が生じる．3～10 Gyの放射線により造血系障害による死（**骨髄死**）が生じるが，骨髄死の直接的な死の要因は血小板の減少とされている．致死線量の放射線被ばくの対処法として，ほかの健常個体から採取した骨髄細胞を移植することによって新しい血球を体の中に根づかせようとする方法があり，これを**放射線キメラ**という．

c. 消化管

消化管の放射線感受性は，小腸（特に十二指腸）が最も高く，続いて，大腸＞胃＞食道・口腔・咽頭となる．放射線による消化管の障害は直接的な死の要因となる．消化管粘膜（消化管上皮）は，

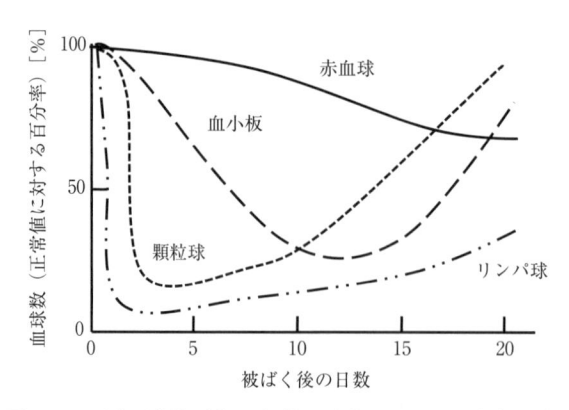

図9.10 亜致死線量（数 Gy）被ばく後における血球成分（末梢血中）の減少パターンの差異（文献8より改変）

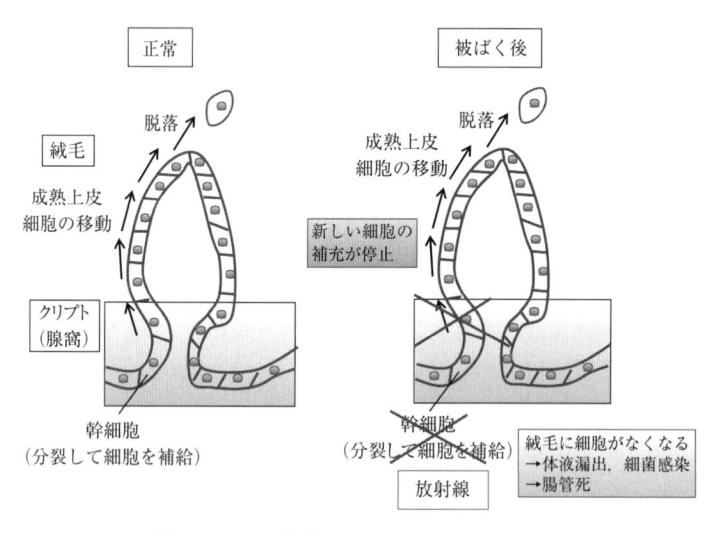

図9.11 小腸絨毛クリプト細胞の放射線障害

細胞再生系であり幹細胞が存在する．小腸の絨毛の下（絨毛基底部）には，**クリプト（腺窩）**が存在しここに幹細胞が存在する（図9.11）．クリプトの幹細胞は，絨毛上皮細胞の補充を行っている．このクリプト細胞が障害を受けると上皮の補充ができず腸内壁を上皮で覆うことができなくなる．その結果，体液の漏出，脱水症状，腸内細菌の体液中への侵入などによって個体が死に至る（**腸管死**）．胃腸障害は 3 Gy 以上，腸管死は 10 Gy 以上で生じる．

d. 皮　膚

皮膚の障害は，被ばく線量に応じて障害の度合いが悪化する．急性皮膚炎は，一度に高線量を被ばくしたときに生じ，3 Gy では脱毛，5 Gy では紅斑および色素沈着，7 Gy では水疱形成，10 Gy では潰瘍形成が生じる．一方，小線量を長期間被ばくした場合には慢性皮膚炎になる．重度によって，乾性皮膚炎，角皮形成，湿性皮膚炎，慢性潰瘍などが生じる．慢性皮膚炎は皮膚がんの発生につながることが多い．

e. 生殖腺

(1) 精巣（睾丸）

精子形成過程は以下のようになっている．

　　精原細胞 ⟶ 精母細胞 ⟶ 精細胞 ⟶ 精子

精原細胞が幹細胞であり，精母細胞，精細胞を経て精子まで分化・成熟する．放射線感受性は，幹細胞である精原細胞が最も高く，分裂を停止している精母細胞，精細胞と感受性は低下する．精子が最も感受性が低い（抵抗性である）．放射線により精原細胞が死ぬと精子の供給が低下し，被ばくから日数が経過して精子数が減少する．すべての精原細胞が死した場合，永久不妊となる．0.15 Gy 以上で1次不妊，3.5〜6 Gy 以上で永久不妊となる．

(2) 卵巣

卵子形成過程は，卵原細胞から卵母細胞になり卵となる．ただし，胎児期に卵原細胞は卵母細胞になるため，出生後には卵母細胞のみとなっている．卵母細胞は卵子に分化するだけなので，増殖はしない（非再生系）．しかし，若い卵母細胞ほど放射線感受性は高い．卵母細胞の数は年齢とともに減少するため，永久不妊になる線量は更年期に近づくにつれて低くなる．0.65〜1.5 Gy 以上で1次不妊となり，2.5〜6 Gy 以上で永久不妊となる．

f. 各臓器の感受性

眼の水晶体は，放射線感受性が高く，**放射線白内障**が晩発影響として生じる．発症までの潜伏期が長く，平均2〜3年とされている．白内障発症は，しきい値（高 LET 放射線で5 Gy 以上）がある確定的影響である．

潜在的再生系の組織である肝臓と腎臓は，放射線感受性比較的低く，30〜40 Gy で肝炎と腎炎が生じる．

肺は低感受性の組織であるが，放射線治療直後の肺炎や数ヶ月後の肺線維症が起こる．

甲状腺は放射線抵抗性が高いが，幼少期や甲状腺機能亢進症の場合などは，放射線感受性が高くなる．また，ヨウ素の特異的集積器官である．晩発障害として甲状腺腫瘍やがんが原爆被ばく者や頸部への放射線治療によって発生率が高くなることが知られている．

骨は，感受性が低いが，骨が成長する胎児期や成長期の場合，感受性が高く，骨の1次的な成長抑制が起こる．また向骨性元素の集積により**骨腫瘍**の発生率が増加する．

中枢神経系は，非再生系のため感受性は低い．しかし，成体後の被ばくによる脊髄炎，脳壊死が晩発性障害として報告されている．

g. 急性放射線死

動物が大線量の放射線を被ばくすると個体は死に至るが，その致死要因は，被ばく線量によって異なる．線量の低い場合から順に，**骨髄死**，**腸管死**，**中枢神経死**，**分子死**が生じる（図9.12）．

(1) 骨髄死

マウスが5〜10 Gy を全身被ばくすると，末梢血のリンパ球に加えて骨髄の造血系幹細胞が死滅し，末梢血中の顆粒球，血小板，赤血球数が著しく減少し個体も死亡する．直接的な原因は，血小板減少によるとされている．健常個体からの骨髄移植によって防ぐことができる（**放射線キメラ**）．被ばく後10〜15日にピークがあり，30日以内に骨髄死は生じる．ヒトの場合，2.5〜3 Gy の被ばくでは約4週間で大部分が死亡する．

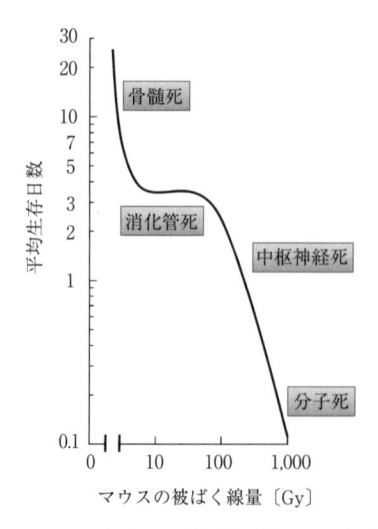

図 9.12 マウスにおける放射線被ばくによる急性個体死

(2) 消化管死

マウスが 10〜100 Gy を被ばくした場合，消化管の**クリプト細胞**が死滅してしまい，消化管上皮の形成ができなくなり，胃腸系の障害（下痢など）が生じて死亡する．マウスの場合の平均生存期間は 3.5 日である．腸管絨毛細胞の寿命に依存しているので，クリプト細胞を死滅させられる線量以上に被ばく線量が増加しても平均生存期間は絨毛細胞の寿命より短くなることはない．腹部だけを照射しても生じることから**腸管死**と呼ばれる．ヒトの場合，5〜20 Gy の被ばくにより 1〜3 週間で生じ，被ばく後数時間で強い嘔吐，下痢，1〜2 日後にはいったん症状は軽くなるが，2 日以降，再び嘔吐，下痢，発熱を起こし，2 週間以内に全員死亡する．

(3) 中枢神経死

100 Gy 以上の放射線を被ばくした場合，放射線感受性の低い神経細胞も障害を受けて死滅するため，被ばくの 1〜2 日後に神経系障害（興奮状態，異常行動，てんかん様発作，昏睡など）が生じて死亡する．頭部のみ照射しても生じることから**中枢神経死**と呼ばれる．

(4) 分子死

1,000 Gy 以上の大線量放射線を被ばくした場合には，体内の生体高分子の構造が変化し不活性化してしまう．被ばく中あるいは直後に死亡する．これを分子死と呼ぶ．

9.5.3　放射線感受性の違いの比較

種によって放射線感受性は異なり，種間の比較を行うときには，照射 30 日以内に照射個体の半数が死亡する線量（**半致死線量**；LD50/30）を用いる．これは，最も生存期間の長い骨髄死のリスクがほぼ終了する 30 日における生存率を考慮している．高等動物になるにつれて放射線感受性は高くなる．

a. 急性放射線障害（表 9.2）

(1)　0〜0.25 Gy　　臨床症状なし
(2)　0.25〜0.5 Gy　リンパ球の一時的減少
(3)　1〜2 Gy　　　放射線宿酔（悪心，吐き気，嘔吐），リンパ球減少

9.5 身体的影響

表 9.2 全身被ばくによる急性放射線障害

線量〔Gy〕	症　状
～0.25 Gy	臨床的症状なし
0.25～0.5 Gy	リンパ球の一時的減少
1～2 Gy	放射線宿酔（吐き気，嘔吐など）
4 Gy	骨髄死（ヒトの半数致死線量）
7 Gy	ヒトの100％致死線量
10～50 Gy	腸管死（2週間以内100％死亡）
100 Gy	中枢神経死（1～2日100％死亡）

（文献 1 より改変）

(4) 3～6 Gy　　　　（ヒトのLD50（60）は4 Gy）

急性放射線症

前駆期：被ばく数時間後に放射線宿酔，精神不安など自覚症状が生じる．外見上の変化はない．

潜伏期（数日～10日間）：リンパ球，顆粒球の減少．自覚症状はなくなる．

増悪期（発症期）（10日～数週間）：紅斑，脱毛，胃腸障害（食欲不振），全身倦怠，口内炎，咽頭炎，下痢，出血，極度の全身衰弱，感染（敗血症）など．死に至ることもある．

回復期（数ヶ月以上）：増悪期を過ぎるとしだいに回復するが，回復には長期間かかり，また晩発性障害が発生する可能性がある．

(5) 7 Gy　　　　　　100％のヒトが骨髄死

(6) 10～100 Gy　　　消化管死

(7) 100～数百 Gy　　中枢神経死

(8) 数百 Gy 以上　　分子死

b. 晩発性放射線障害

放射線被ばくによる急性致死を免れた個体は，その後，数ヶ月から数十年後に晩発性障害として発がん，寿命短縮，白内障，再生不良性貧血などを生じる．

(1) 発がん

発がんは確率的影響であり，放射線被ばくによって発がんの危険性が増加するが，放射線によってのみ誘発されるがんはなく，自然発症率が被ばくによって増加する．これは確率的影響でありしきい値は存在しない（10章参照）．

ⅰ）**放射線疫学**　　放射線被ばくによる発がんの危険性について以下のような方法で調査を行う．

① 予後調査法：照射された人々あるいは照射されていない人々の中から一定数だけ無差別抽出を行い，その予後調査を行う．この方法によって線量効果関係を求めることができる．小児胸腺部照射による予後調査の結果，甲状腺がんと白血病の増加が2 Gy以上で認められた．

② 既往調査法：ある悪性腫瘍に罹患している人々と罹患していない人々に対して被ばく歴があるか否かを調査し，被ばくと悪性腫瘍の相対危険率を推定する．

これらの方法は，あくまで統計学的な方法であるため，その因果関係を表す1つのカギでしかないことに注意が必要である．問題点として，被ばく以外の点で対照群と同一ではないということ，

発がんのように被ばく後に時間がかかる場合には，その頻度の他に時間的分布も変わるということなどがある．

ii) 放射線発がん

① 骨腫瘍：1910～20年代に難治性疾患（高血圧，痛風，リウマチ，多発性硬化症，てんかんなど）をRaにより治療した患者や時計に夜光塗料としてRaを文字盤に塗っていた時計盤工（Raのついた筆をなめるために体内摂取していたといわれている）に骨腫瘍の増加が認められた．

② 甲状腺腫瘍：サイロキシンという甲状腺ホルモンは，チロシンにヨウ素が付加した構造をしている．そのため，甲状腺では，ヨウ素の取込み活性が非常に高く，体内にヨウ素（放射性，非放射性問わず）が取り込まれた場合には，甲状腺に集積する．^{131}Iは，医療分野で用いられるほか，原子炉事故で放出される可能性があるため，甲状腺がんへのリスクが示唆されている．放射性ヨウ素による発がんは，動物実験では認められているが，ヒトにおいては十分に証明されていない．一方で，外部照射による甲状腺がんの発生は線量的にもよく調べられている．原爆被ばくの場合には，爆心地に近いほど甲状腺がんの発生頻度が高く，特に女性で顕著であった．

③ 白血病：広島・長崎の原爆被ばく生存者において白血病による死亡率は，被ばく線量0.5～9 Gyの範囲でほぼ直線的に増加する．ただし，原爆被ばく者の調査から，慢性リンパ性白血病だけはリスクが増加しないとされている．そのほか，アメリカの放射線科医やイギリスにおける放射線治療（脊椎照射）を受けた硬直性脊椎炎患者においても相対危険率の増加が示唆されている．

iii) 潜伏期

被ばくから発がんまでの潜伏期は，数年から40年以上にわたり，平均10年以上のものが多い．白血病は，被ばく後2～3年から発症し始め，7～8年でその発生はピークに達し，以後，次第に発生率は減少する．白血病以外のがんでは潜伏期が10年以上を必要とする．

動物実験の結果では，潜伏期と被ばく線量の関係に関して，①潜伏期が線量に比例する場合，②線量の増加によって発生率は変化せずに潜伏期が短くなるという場合，③線量によらず潜伏期が一定の場合など，さまざまな場合が存在する．一方，ヒトではデータがきわめて少ないため，線量と潜伏期の関係に関しては確実なことはわかっていない．

iv) 放射線発がんの機構

古典的発がん機構として①DNAが損傷することによるinitiationと，②損傷からがん化するpromotionの2つの過程によりがん化するという2段階発がん説がある．現在では，がん抑制遺伝子の変異やがん遺伝子の活性化などの変化や細胞内シグナルの活性化による複数の遺伝子発現変化が相まって発がんするという多段階発がん説も提唱されている．また，長期の炎症（慢性炎症）も発がんを引き起こし得る．

放射線による発がんと通常の発がんでは，差異は認められていないため，放射線によって発がん機構の一部が活性化されている可能性が高い．現在でも放射線発がん機構は完全にわかっていないが，DNA損傷の誤修復による遺伝子変異，細胞内シグナル・遺伝子発現の変化などは発がんに関与している可能性がある．

(2) 早期老化

これまでに動物実験によって，放射線照射した動物では，線量に比例して平均寿命が短縮することが認められている．このときの死亡は自然のものとよく似た形を示し，特別な変化は認められないことから，放射線による寿命短縮あるいは老化促進（早期老化）としている．動物では，一般に被ばく線量が大きいほど，また被ばく年齢が若いほど，寿命短縮率は大きい．

人類について横軸を年齢，縦軸を年齢別死亡率（対数）にとってプロットしたとき，ある年齢以

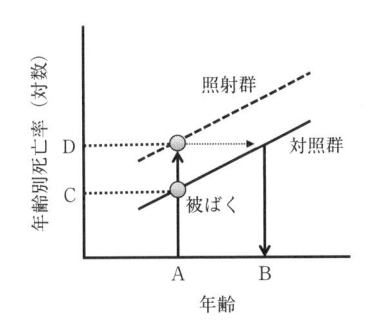

図9.13 Gompertsの関数と被ばくによる寿命短縮
年齢Aで被ばくすると年齢別死亡率はCからDへと増加する．対照群の年齢別死亡率がDの年齢はBであり，被ばくによって年齢がA歳からB歳へと老化したことを示している．

上ではほぼ直線になることがゴンペルツ（Gompertz）によって見い出されて以来，広く用いられている（Gompertzの関数）．放射線被ばくによってこの直線は上方に平行移動することが示唆されている（図9.13）．照射群の年齢別死亡率が同年齢の場合と比べてより高い年齢の場合の死亡率と同じになる．これはいい換えると，老化が加速したことになる．

ヒトにおいても寿命短縮を示唆する報告がいくつかあるが，その仮説を否定する報告もなされており，未だヒトにおいては，放射線発がんによる寿命の短縮以外の理由で寿命短縮が生じたことを示す根拠は乏しい．動物において年齢により生理機能は必ず変化し，高齢になるにつれて機能の低下が生じるのは間違いがない．しかし，各個人の生理的機能の度合いは著しく異なっているため，1つの生理機能が加齢あるいは被ばくによって低下しているかどうか同一年齢の複数人において比較評価することは難しい．近年，老化における活性酸素種の関与が示唆されている．全身被ばくは，被ばく箇所すべてに活性酸素種を発生させるので，被ばくによって老化が進む可能性は十分にある．そのため，抗酸化能の種差，個体差によって放射線による老化促進が変化する可能性がある．

(3) **白内障**

眼の水晶体上皮が損傷を受けると水晶体の混濁を生じ，視力障害が生じる．水晶体上皮は細胞再生系であり放射線感受性が高い．白内障は，確定的影響でありしきい値が存在する．低LET放射線の1回照射では2〜5 Gy，高LET放射線で5 Gy以上の線量により生じる．数ヶ月にわたる分割照射ではより多くの線量が必要となる．白内障のしきい値は年齢依存的であり，低い年齢ではしきい値が低くなる．白内障の潜伏期は，ヒトでは6ヶ月〜35年（平均2〜3年）で線量に依存し，高線量ほど潜伏期は短くなる．中性子線の場合には0.5 GyというX線やγ線よりもはるかに低い線量で発症し，白内障に対する中性子線のRBEは非常に高い（RBE＝10〜20）．

(4) **再生不良性貧血**

低線量の放射線を長期間にわたって被ばくすると，骨髄幹細胞の障害により造血機能が低下し，末梢の赤血球が減少するため再生不良性貧血を生じる．これは確定的影響でしきい値がある晩発性障害の1つである．

9.5.4 胎内被ばく

胎内で受精卵から分裂を繰り返して個々の組織・器官に分化し，1つの個体に成長する時期を胎児期といい，この時期は分裂を盛んに行っているため放射線感受性が高い．ヒト妊娠中に母体とと

表9.3 マウス胎児への放射線被ばくの影響

被ばくの時期	胎児の障害	しきい値	分類
着床前期（受精から8日後まで）	胚死亡	しきい値 0.1 Gy 以下	確定的影響
器官形成期（着床～妊娠8週）	奇形・発育異常	しきい値 0.1 Gy	確定的影響
胎児期（妊娠8週～出生）	発がん	なし	確率的影響
	遺伝的影響	なし	確率的影響
	発育遅延	0.5～1 Gy	確定的影響
特に妊娠8～25週	精神遅滞（神経発達遅延）	0.12～0.2 Gy	確定的影響
全期間	小児がんの発生	なし	確率的影響
	遺伝的影響	なし	確率的影響

（文献1の表7.1，および文献3のp.240の表6より改変）

もに胎児が被ばくする場合を胎内被ばくという．受精後の発生の段階のどの時期（着床前期，器官形成期，胎児期）に被ばくするかに応じて障害の現れ方は異なる．（表9.3）

a. 着床前期（受精後8日まで）

受精から着床する前までの期間を着床前期と呼ぶ．この時期は放射線感受性が高く（0.1 Gy がしきい値），しきい値以上被ばくした受精卵は死亡する．死亡しなかった場合には，正常に発育し出生し奇形などの障害は起きない．

b. 器官形成期（着床から妊娠8週）

着床後，神経や骨格，その他さまざまな器官が形成される時期であるため，この時期での被ばくでは奇形が発生することが多い．一部の細胞は死滅するが胚自体は生き残る．小頭症，無脳症，小眼症，四肢異常など脳，眼，骨格の奇形が多いのがこの時期の特徴である．重症の奇形の場合には出生後に死亡することも多い（**新生児死亡**）．しきい値は0.1 Gy（確定的影響）である．

c. 胎児期（妊娠8週～出生）

個体が形成されてきているため奇形は生じず，放射線感受性は低下するが，成人よりも放射線感受性は高い．1 Gy以上の被ばくによって発育遅延，寿命短縮，発がん，遺伝的影響などが生じ，特に白血病の発症率が高くなる．**精神遅滞**（しきい値0.12～0.2 Gy）や**発育遅延**（しきい値0.5～1 Gy）は確定的影響である．妊娠8～15週で大脳の神経芽細胞が移動するため，この時期での被ばくは重度の精神遅滞を生じやすい．精神遅滞は，感受性の高い妊娠8～25週の被ばくでは特に起こりやすい．

このように，少量の被ばくでも胎児に影響を与える可能性があるため，妊婦は医療上の被ばくも注意する必要がある．また，妊娠可能な女性に対するX線検査など被ばくを伴う検査は，月経開始後10日以内（妊娠の可能性がない）に行うべきである（10日ルール）．

9.5.5 ヒトの放射線障害に対する医学的処置

a. 放射線防護の方法

放射線障害はほとんど治療法がないのと同じなので，放射線を浴びないことが何より重要である．放射線の防護の3原則は，**時間，距離，遮へい**である．実験などで被ばくする可能性がある場合には，時間を極力短くするために放射性同位元素を使わない予備実験（cold run）を行い，線源からの距離を少しでも離し（放射線量は距離の二乗に反比例する），適切な遮へい剤を用いて実験を行

う．遮へいのときには，γ線源であれば鉛ブロック，β線源であればアクリル板で遮へいする．α線源は，紙でも遮へいできるが，飛程が短いため距離をとるのがよい（10章参照）．

b. 医学的処置

放射線障害に対する一般的な医学的処置としては，安静，細菌感染の防止，造血機能再生の促進があげられるが，骨髄死に相当する線量で免疫細胞の大部分が死滅した場合で，かつ，ほかの臓器の障害が致死的でない場合には，健常人の骨髄を移植することによって新たな造血系を補充する．しかし，元々の自己の免疫細胞と移植された免疫細胞が共存してしまう（**放射線キメラ**）．ただし，必ずしも移植細胞が生着するわけではなく，助かるとは限らない．

9.6 遺伝的影響

細胞の遺伝子はDNAに記録されており，この2本鎖DNAの二重らせん構造がヒストンなどの核タンパク質と結合し，スーパーコイル構造で小さく折りたたまれたものが染色体である．DNAはS期で倍加し，M期で2つの細胞に分配される．DNAの突然変異は通常の環境でも起こっており，これを自然突然変異という．放射線によって遺伝子の損傷が起こり，**突然変異**が生じる．このとき，放射線によってのみ生じる突然変異はなくその突然変異の確率が増加する．このとき変異の確率が自然突然変異に比べて2倍になる線量を**倍加線量**という．

突然変異には，体細胞に生じるもの（**体細胞突然変異**）と生殖細胞に生じるもの（**生殖細胞突然変異**）がある．体細胞における突然変異は発がんの原因となり，生殖細胞における突然変異は子孫に伝わるため**遺伝的影響**となる．上述のように，突然変異は変異確率の増加のため，発がんと遺伝的影響は確率的影響となる（10章参照）．

9.6.1 遺伝子突然変異について

遺伝情報は，DNA（アデニン（A），チミン（T），シトシン（C），グアニン（G））の配列によって決定されている．遺伝情報とは，すなわちタンパク質をつくる設計図である．これら4種のDNAはつながって1本の鎖を形成する．DNAによって構成される配列は，メッセンジャーRNA（mRNA；チミンの代わりにウラシル（U）になる）に変換され，3つのRNAが一組（コドン）で1つのアミノ酸が決定されている（遺伝暗号）．たとえば，GCUはアラニン，CGUはアルギニンのようにコドンの違いによって異なったアミノ酸が翻訳される．このアミノ酸の連続的な鎖がタンパク質となり，生命活動に重要な働きを担っている．このDNA配列のうち1つのDNAが突然変異し，本来とは異なったDNAになってしまうと，正しい遺伝情報（タンパク質の設計図）が変わってしまい，異常なタンパク質が合成される，あるいはタンパク質が生成されない．この遺伝子突然変異（**点突然変異**）は，自然にも生じ，修復酵素によって通常修復されているが，放射線被ばくによって突然変異の頻度（誘発率）は線量依存的に増加する．遺伝子突然変異は，後世に引き継がれるため，遺伝的影響において重要である．

9.6.2 染色体異常

染色体は，G_1期では2本一組からなるが，S期に複製されてG_2期では4本一組の状態になる．M期では4本一組から2本二組へと分かれて2つの娘細胞に分配される．放射線がG_1期に照射され，

染色体（2本一組）に障害が現れた場合には，複製前なのでその障害も一緒に複製され，4本二組すべてに障害が起こる．これを**染色体型異常**という（図9.14）．このとき，複製前に生じた染色体切断や再結合は，2本の娘（姉妹）染色体の対応する同一位置で切断や再結合が起こっている．一方，複製の終わった G_2 期に照射された場合には，4本二組中のうちの2本一組に障害が出る．これを**染色分体型異常**という（図9.14）．

末梢のリンパ球では，造血系幹細胞から分化しているため，G_0 期にあり，原則として染色体型異常となる．染色体型異常には，その生成機構により逆位，環状染色体，転座，二動原体染色体などが観察される（図9.15）．染色体の1個所の切断でも生じるものには，**欠失，逆位，転座**がある．また，2個所の切断と再結合から生じるものには，**環状染色体**や**二動原体染色体**があり，これらが生じると細胞分裂のときにうまく両極に分かれることができないため細胞が死んでしまい，これらの染色体異常は比較的早期に消失してしまう．そのため，これらは**不安定型の異常**といわれる．

一方，逆位や転座などは細胞分裂後も引き継がれ，長期にわたり存在することから**安定型の異常**

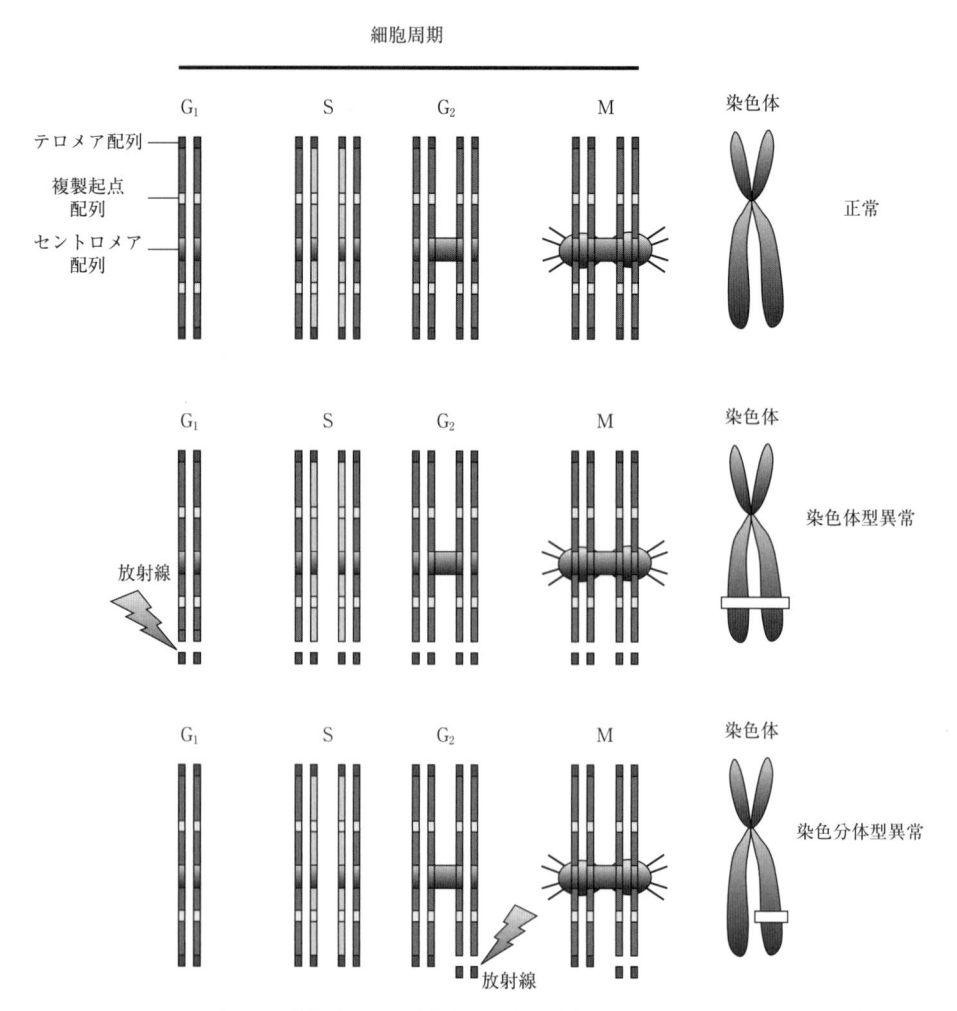

図9.14 放射線による染色体型異常と染色分体型異常の形成
（文献3のp.243を改変）

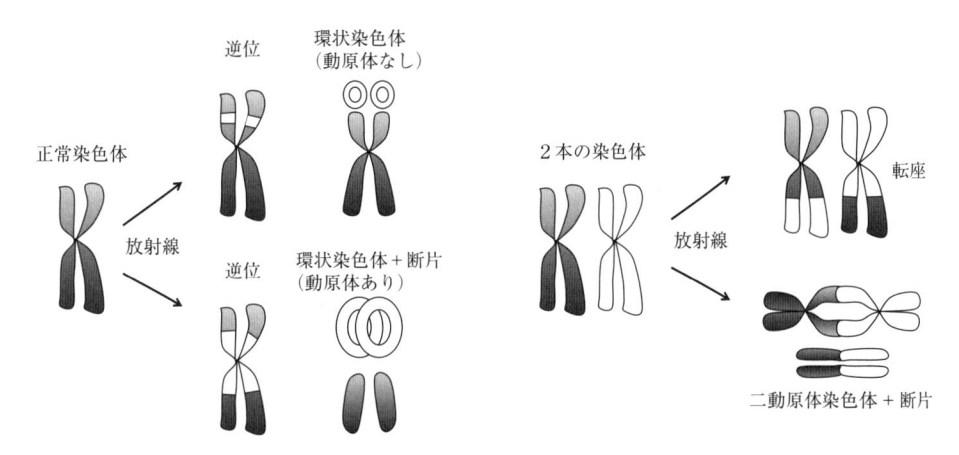

図 9.15 染色体型異常の種類（文献 3 の p.244 の図 23 を改変）

といわれる．染色体は，分裂中期および分裂後期に観察されるので，染色体異常もそのときに観察する．リンパ球の被ばく線量の推定には，その観察のしやすさから，環状染色体や二動原体染色体を計数することが多いが，被ばく年数が長い場合には，安定型の異常を観察することもある．染色体異常は，細胞に与える影響が大きく，細胞が死滅することが多いため，その変異が後世に伝わりにくい．

9.6.3 遺伝有意線量

放射線による遺伝的影響は，生殖腺の被ばく線量（**生殖腺線量**）に依存する．また，遺伝子を次世代に伝える場合に影響が出るため，被ばく後に産むと予想される子供の人数（**子供期待数**）にも依存する．すなわち，個人の年間生殖腺線量に子供期待数と集団の人数を乗じ，それを年齢，被ばくの種類で合計し，その値を集団全体の子供の総数で割った値が**年間遺伝有意線量**となる．妊婦が被ばくした場合には，母親のみならず胎児に対する遺伝有意線量を考慮する必要がある．

$$D = \frac{\sum_j \sum_k (N_{jk}^{(E)} W_{jk}^{(F)} d_{jk}^{(F)} + N_{jk}^{(M)} W_{jk}^{(M)} d_{jk}^{(M)})}{\sum_k (N_k^{(F)} W_k^{(F)} + N_k^{(M)} W_k^{(M)})}$$

ここで，D：年間遺伝有意線量，N_{jk}：年齢 k 群で j だけ被ばくした年間人数，N_k：年齢 k の人の総数，W_{jk}：年齢 k 群で j だけ被ばくした人の子供期待数，W_k：年齢 k の人の平均子供期待数，d_{jk}：年齢 k で j だけ被ばくした人の生殖腺線量．

集団の遺伝有意線量は，年間遺伝有意線量（D_g）に子供を持つ平均年齢（30歳）を掛けたものである．つまり $30 D_g$ を**集団の遺伝有意線量**という．

9.7 放射線の生物作用に関与する要因

9.7.1 物理学的要因と化学的要因

放射線の種類（LET の違い）によって作用効果が異なるが，RBE によって比較できる．また，細胞は障害から回復するため（**SLD 効果**），分割照射は単回照射に比べて効果は小さくなる．障害の

回復は線量率の違いによる生体影響にも重要で，低線量率は照射中に回復するため，高線量率に比べて作用は弱くなる．また，生成されたラジカルとの反応性やラジカル生成は高温で有利であるため，高温条件では生物効果も大きくなる．このことを利用したものが腫瘍の**温熱療法（ハイパーサミア）**である．また，α線や重粒子線などのブラッグピークを示す線質の場合には，**ブラッグピーク**付近の組織で大部分のエネルギーを放出させる．そのほか，前述のように**酸素条件，防護剤，増感剤**などの存在により生体影響は増減する．

9.7.2 生物学的要因

被ばくする生物側の要因としては，**年齢，性別，種，遺伝的要因，生理的条件**がある．年齢は，若いほど放射線感受性は高く，その後，一時感受性が低下するが老齢になると再び高くなる．また，男性に比べて一般に女性のほうが感受性は低い．また，一般に高等動物になるにつれて感受性は高くなる．遺伝的素因として修復酵素や抗酸化系の発現様式も異なる可能性が高く，動物種，人種，細菌の株により感受性は異なってくる．個体についても遺伝的背景が異なり，感受性に幾分の差があると思われる．また，乾燥状態の種子に比べて湿った状態の種子のほうが活動が盛んであるため，感受性が高い．

9.8 医療被ばく

医療被ばくとは，健常人の検診や患者の検査・治療の目的で生じる医療に伴った被ばくのことをいう（表9.4）．医療被ばくの被ばく線量は各国で異なっており，日本の医療被ばくは，国民1人当

表9.4 年平均医療被ばく線量と診断1回あたりの被ばく線量（単位：mSv）

診断内容	年平均被ばく線量	診断部位	診断1回当たりの被ばく線量
		頭部	0.13
		胸部	0.07
		胃	2
X線診断	1.5	腰椎	1.5
X線CT	0.5	股関節	0.35
消化器（集団検診）	0.15		
胸部（集団検診）	0.06	胸部（集団検診）	0.4
		胃（集団検診）	3
		頭部	0.3
		胸部	2.5
		胃	3
		腰椎	3.5
		股関節	2.3
歯科	0.04	口内法	0.03
		パノラマ	0.04
核医学	0.03	診断	4
合計	2.28		

（文献3のp.269の表9より）

たり年平均約 2.3 mSv とされ，諸外国の 0.4～1 mSv と比べて大きい．検査件数の多い順に，X 線胸部診断，胃の透視・撮影，集団検診の胸部撮影，上部消化器検診，歯科における口内法の撮影となる．年平均被ばく線量は，多いほうから順に，X 線診断（1.5 mSv），X 線 CT（0.5 mSv），消化器（集団検診）（0.15 mSv），胸部（集団検診）（0.06 mSv），歯科（0.04 mSv），核医学診断（0.03 mSv）であり，合計 2.28 mSv である．

9.9 日常生活における放射線被ばく

私たちは，日常生活において常に自然放射線を浴びている．**自然放射線**による被ばくには，宇宙からの宇宙線による被ばく（0.37 mSv），地殻・土壌からの放射線による被ばく（0.41 mSv），空気中のラドンなどからの被ばく（1.3 mSv），^{40}K からの被ばく（0.18 mSv），食物からの被ばく（0.17 mSv），医療被ばく（1.0 mSv），産業活動による被ばく（0.1 mSv）がある（表 9.5）．自然放射線源からの世界的な平均年実効線量は 2.4 mSv であると推定されている．

宇宙線は高エネルギーであり，多くの粒子種から構成されるが，その大部分は荷電粒子である．宇宙飛行士は，宇宙航行中に一般公衆の約 100 倍の被ばく線量（約 1 mSv/日）を受けており，対策が課題となっている．旅客機乗務員も成田-ニューヨーク間（平均 12 時間）で 40～45 μSv の被ばくが確認されている．季節，航路，飛行高度により被ばく線量は異なるが，1 人年間 2.6～3.2 mSv の業務上被ばくが考えられる．

土壌・地殻には，^{238}U，^{232}Th，^{40}K など地球創成期から存在する長寿命核種およびその娘核種（^{226}Ra など）が存在し，これらから永続的に放射線が放出されている．空気中には，ラドン（^{222}Rn，^{220}Rn など）が存在するが，これは土壌中のウラン系列核種，アクチニウム系列核種およびトリウム系列核種の放射平衡娘核種として放出されているためである．ラドンは空気中に存在するため，呼吸により体内に取り込まれる．ラドンは α 線放出核種であるため，内部被ばくが生じる（年間 1.3 mSv）．また，放射性同位元素が環境中に放出された時点で濃度が低い場合であっても食物連鎖によって放射性同位元素は生物濃縮され，濃縮された状態で摂取することになる．

表 9.5 日常生活における年間被ばく線量

		単位：mSv/年
自然放射線（約 2.4 mSv）	宇宙放射線による被ばく	0.37
	土壌からの放射線による被ばく	0.41
	空気中のラドンなどからの被ばく	1.3
	^{40}K からの被ばく	0.18
	食物などからの被ばく	0.17
医療被ばく		1
産業活動による被ばく		0.1
合計		3.53

（文献 3 の p.267 の図 6 を改変）

9.10 非電離放射線

これまで γ 線や X 線など，波長が 0.2 μm 以下で大きい電離作用を有する放射線（電離放射線）の

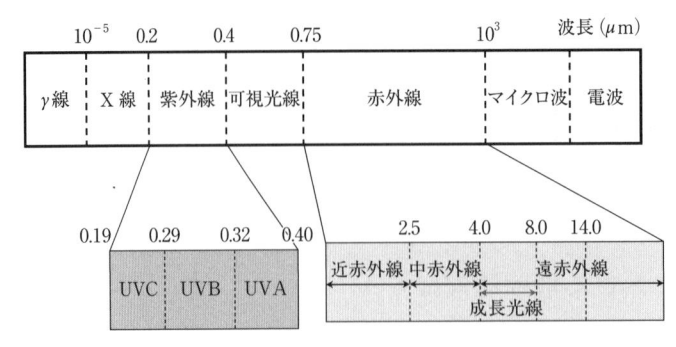

図 9.16 非電離放射線の波長による分類

特性や生体に対する影響を扱ってきた．電離放射線は体を通過できることから，生体影響は大である．0.2 ミクロン以上の電離作用の小さい放射線は非電離放射線と呼ばれる．図 9.16 に示すように，波長が 0.2〜0.4 μm，0.4〜0.75 μm および 0.75〜1,000 μm の電磁波が，それぞれ紫外線，可視光線および赤外線であり，さらに波長が大きいものがマイクロ波，電波である．赤外線については，さらに近赤外線（0.75〜1.5 μm），中赤外線（1.5〜3.0 μm）および遠赤外線（3.0〜1,000 μm）に細分される．非電離放射線は体を通過できないため，電離放射線と比較して生体に対する影響も小さい．本項では紫外線，可視光線および赤外線の生体影響について述べる．

9.10.1 紫外線の生体影響

通常，紫外線は波長域により下記のように 3 つに分類される．

① 波長 320〜400 nm（UVA）：太陽紫外線の 90％ を占める．350 nm 前後のものは化学反応効果が大きく，メラニン合成に寄与，また対流圏での光化学反応に関与する．

② 波長 290〜320 nm（UVB）：太陽紫外線の 0.6％ を占める．300 nm 前後のものはドルノ線（健康線）とも呼ばれ，体内でビタミン D の生成に寄与する．

③ 波長 190〜290 nm（UVC）：250 nm 前後のものは殺菌線とも呼ばれ，殺菌効果が大である．太陽光中に含まれる UVC は成層圏に存在するオゾン層により吸収され，ほとんど地上に届かない．

紫外線の人体への影響はいずれも主として皮膚を介して生じ，主なものとしては日焼け（サンバーン，サンタン），皮膚がん，免疫抑制など悪影響が多い．

a. サンバーンとサンタン

紫外線の皮膚への影響としてよく知られているものとして，サンバーンとサンタンがある．サンバーンは主として UVB により引き起こされ，夏期の海水浴で皮膚が赤くなってひりひり痛む状態（皮膚紅斑）で，より重症の場合は水ぶくれを生ずる．皮膚は角質層で覆われており，角質層にはトランス型のウロカニン酸が含まれており，UVB を吸収することによりシス型に異性化する（図 9.17）．この結果，末梢血中の単球や角化細胞でのプロスタグランジ E2 合成が誘導され，皮膚での炎症が惹起される．

一方，サンタンは主として波長が長く，皮膚透過性が大きい UVA により生じ，メラニンなどの色素（黒色）沈着を起こした状態である．この現象は紫外線の皮膚深部への侵入を防ぐための生体の防護反応である．

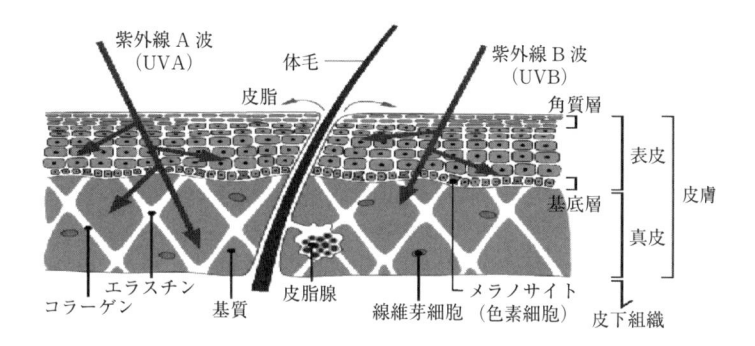

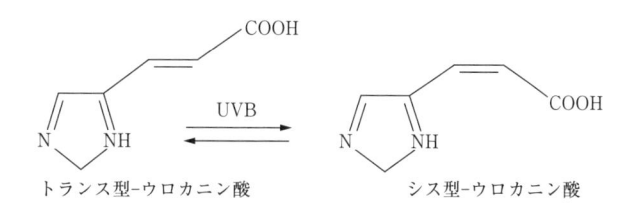

図 9.17 人の皮膚表皮の構造とウロカニンの UVB による異性化

b. 免疫能の抑制

皮膚に少量の紫外線を浴びると皮膚の免疫能が低下，大量の場合には全身の免疫能が低下する．皮膚表皮には抗原提示細胞の 1 つであるランゲルハンス細胞が多数存在するが，紫外線に対する感受性が非常に高く，サンタンを起こす線量の 1/2 以下の少量の被ばくによっても，容易に細胞数の減少と失活が生ずる．この結果，ランゲルハンス細胞内にある IL-10，IL-1，TNFα などのサイトカインが遊離され，免疫抑制に働いている制御性 T 細胞を介して免疫能が低下する．この免疫能の抑制に作用する紫外線は UVB のみならず，より皮膚深部（真皮）にまで到達する UVA にもよる．真皮には末梢血管が分布しており，がんの細胞免疫に作用する NK 細胞も循環しているが，この細胞は UVA に対する感受性が高く，ウイルスの侵入やがんの発生につながる．

c. 眼の傷害

紫外線の皮膚障害に続くものとして目の水晶体の混濁（白内障）がある．白内障には水晶体混濁の存在箇所により，皮質内白内障，核白内障および後嚢下白内障の 3 種がある（図 9.18）．

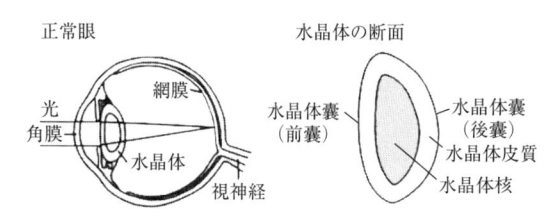

図 9.18 ヒトの眼の構造

皮質内白内障は主として，水晶体嚢直下，前嚢側皮質部の混濁である．紫外線の作用機構としては，トリプトファンが UVB ばく露によりキヌレニンに変化する．キヌレニンが UVA を吸収することにより活性酸素を発生し，水晶体の皮質内部のナトリウム/カルシウムイオンの異常蓄積（混濁）

が生ずると考えられている．

核白内障は水晶体内部で起こる混濁である．すなわち，UVB より深部まで到達する UVA に被ばくすることにより，水晶体内に水不溶性タンパク質アルビノイド塊が増加することにより混濁が生じ，放置すると失明するといわれている．

d. DNA 損傷

UVB は皮膚角質層を通過し，基底膜付近まで到達する．この間，各種皮膚細胞の核 DNA に吸収され種々の光産物が生成される．特徴的な光産物としては，DNA 構成塩基のうちシトシン（C）やチミン（T）などのピリミジン塩基からなるものである．たとえば，DNA 上で隣り合った 2 つのチミンが供給結合によりシクロブタン型のリングを形成し二量体（ダイマー）となる（図 9.19）．この二量体は，通常光修復酵素により認識，その後の 320〜410 nm の光照射により活性化され修復されるが，この異常が残った場合には，皮膚がんの発症のような異常な生命活動につながることもある．

紫外線による DNA 損傷は UVB の直接的な吸収のみならず，UVA のフラビン系色素（リボフラビンなど）による吸収，その後の活性酸素の遊離を介した間接的な作用によっても生ずる．また，UVC によっても UVB と同様な機構で DNA 損傷が生じ，同一線量で比較した場合の損傷率は UVB より大きく，この作用は殺菌に利用される．

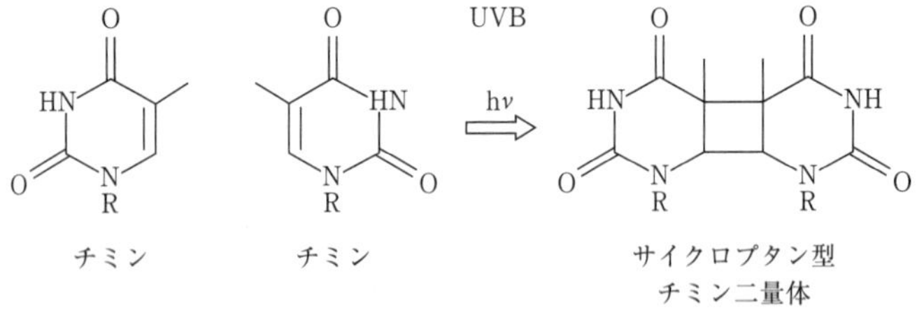

図 9.19 UVB によるピリミジン（チミン）二量体の形成

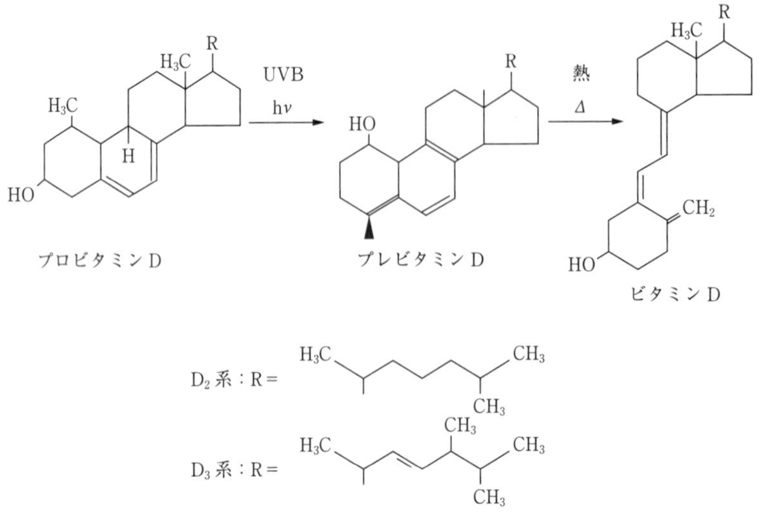

図 9.20 人皮膚の UVB 照射によるビタミン D の合成

e. ビタミン D 合成

ビタミン D_3（7-デヒドロコレステロール）は皮膚で合成される．すなわち，皮膚に UVB が照射されると皮膚内のプロビタミン D_3 はプレビタミン D_3 となり，さらに熱によりビタミン D_3 に（コレカルシフェロール）に変換する（図 9.20）．ビタミン D の主な役割はカルシウム代謝の調節で，不足すると骨から溶け出すカルシウムが増加し，骨が弱くなり骨折する危険性が増す．

9.10.2 赤外線の生体影響

赤外線はすでに述べたように，波長により，近赤外線，中赤外線および遠赤外線に分類される．近赤外線は，可視光線（赤）に近い電磁波である．可視光線に近い性質を有し，通信やセキュリティ用 CCD カメラの夜間光源などに利用されている．遠赤外線は電波に近い性質を有する．遠赤外線領域を検知するカメラを用いると，熱源となる物体や生物の存在を検知できる．また，遠赤外線の強度を解析することで温度分布を知ることができ，この原理を用いた装置がサーモグラフィである．

赤外線は，大気中の水蒸気や二酸化炭素に吸収され一部が地上に届く．

赤外線の生体影響は主に熱作用によりもたらされ，照射による温度上昇が体温付近のときには生体を刺激したり，一時的に加温するに留まる．温度上昇が 60～65℃ まで高められると，タンパク質の不可逆的変性が起こり，組織構造が破壊される．

参 考 文 献

1) 日本アイソトープ協会編：放射線取扱の基礎，第 5 版，丸善，2007.
2) 菅原 努，上野陽里：放射線基礎医学，第 4 版，金芳堂，1979.
3) 佐治英郎，前田 稔，小島周二編：新放射化学・放射性医薬品学，第 2 版，南江堂，2006.
4) 馬場茂雄編：薬学生の放射化学，改稿版，慶川書店，1988.
5) 日本アイソトープ協会編：ラジオアイソトープ 基礎から取扱まで，第 2 版，丸善，1990.
6) Terashima T., et al.：*Biophys J.* **3**；11-33, 1963.
7) Elkind MM., et al.：*Nature*, **184**；1293-1295, 1959.
8) Casarett AP.：Radiation Biology, Prentice-Hall, Inc., p181, 1968.
9) Hamada N., et al.：*J Radiat Res*（Tokyo），**48**(2)；87-95, 2007.
10) Tsukimoto M., et al.：*Radiat. Res.* **173**(3)；298-309, 2010.

演習問題

問1 放射線に関する記述のうち，正しいものを2つ選びなさい．
1 紫外線は，赤外線より皮膚の透過力が強い．
2 赤外線の反復ばく露は，白内障を生じることがある．
3 電離放射線の α, β, γ 線の中で，生体の透過力が最も強いのは α 線である．
4 生体への影響を考慮した電離放射線の実効線量当量の単位は，シーベルト（Sv）である．
5 X線は紫外線よりエネルギーが小さい．

問2 生体に対する放射線作用の初期過程に関する次の記述のうち，正しいものを2つ選びなさい．
1 低LET線の生物作用の大部分は放射線により生ずるラジカルによる．
2 高LET線の生物作用は，主に放射線により生ずる過酸化水素による．
3 放射線により生ずるラジカルはDNAと特異的に反応し，損傷を引き起こす．
4 放射線の直接作用では，主にミトコンドリア呼吸系分子に作用して損傷を起こす．
5 中性の水分子をX（γ）線照射した場合，ヒドロキシルラジカルと水和電子のG値が最も大きい．

問3 放射線の作用に関する次の記述のうち，正しいものを2つ選びなさい．
1 細胞に対する作用形式には間接作用と直接作用があるが，照射によって現れた効果でそれぞれの作用が果たした割合がほぼ推定できる．
2 細胞に対する作用では間接作用のほうが大きな役割を演ずる．
3 間接作用には酸素効果や温度効果がある．
4 間接作用はLETの低い放射線ほど大きい．
5 間接作用の発現には酸素と水素の存在が不可欠である．

問4 放射線と細胞周期に関する次の記述のうち，正しいものを2つ選びなさい．
1 S期の終わりは放射線に対する致死感受性が低い．
2 細胞周期の中で，G_1 期が放射線に対する致死感受性が最も高い．
3 細胞周期は，G_1 期，G_2 期，M期，S期の順に進行する．
4 照射により，G_2 期で細胞周期の停止が起こる．
5 末梢血中のリンパ球は G_2 期にあり，放射線感受性が高い．

問5 γ 線を全身に10 Gy照射された純系のマウスに救命効果が期待できる処置として最も有効なものを選びなさい．
1 システアミンを投与する．
2 抗性物質を投与し，無菌的に飼育する．
3 異系マウスの骨髄細胞を投与する．
4 同系マウスの血小板を投与する．
5 同系マウスの骨髄細胞を投与する．

問6 生体に放射線照射したときに起こり得る現象として，正しいものを2つ選びなさい．
1 生体の持つ免疫能は，放射線照射により抑制される．
2 γ 線でも速中性子線でも総線量が同じならば，現れる障害の程度は同じである．
3 分割照射による障害からの回復の程度は，γ 線のほうが速中性子線の場合より大きい．

4 照射直後に SH 基のある化合物を与えると，障害は著しく回復する．
5 線量率効果は，通常高 LET 線でみられる．

問 7 次の組織の放射線に対する感受性の大きさの順序を正しく示しているものを 1 つ選びなさい．
1 骨　髄　＞　皮　膚　＞　脂肪組織
2 骨　髄　＞　脂肪組織　＞　皮　膚
3 皮　膚　＞　脂肪組織　＞　骨　髄
4 脂肪組織　＞　骨　髄　＞　皮　膚
5 脂肪組織　＞　皮　膚　＞　骨　髄

問 8 胎内被ばくに関する次の記述のうち，正しいものを 2 つ選びなさい．
1 人の胎内被ばくで奇形が生じやすい時期は，受胎後 3 週間から 3 ヶ月である．
2 胎内被ばくによって起こる障害は，遺伝的影響である．
3 胚の発生のある時期より後の被ばくでは，奇形は生じない．
4 期間形成期以降の被ばくでは，知能の発達遅延は起こらない．
5 胎内被ばくによる障害には，しきい値はないと仮定されている．

問 9 放射性核種に関する記述のうち，正しいものを 2 つ選びなさい．
1 食品中に含まれる ^{40}K は，核分裂に由来する．
2 自然環境中での ^{222}Rn による体内被ばくは，呼吸に由来する．
3 ^{131}I は，肺に蓄積する．
4 ^{90}Sr は，筋肉に蓄積する．
5 吸収された $^{239}PuO_2$ は肺に蓄積する．

問 10 内部被ばくに関する次の記述のうち，正しいものを 2 つ選びなさい．
1 胎児への放射性物質の主な進入経路は，母体から羊水を経て入る経路である．
2 ^{226}Ra は向骨性元素の代表的なものの 1 つである．
3 内部被ばくへの影響の大きい放射線は，飛程の短い α 線や β 線でなくエネルギーの高い γ 線である．
4 体内に入った放射性核種からの γ 線は，そのエネルギーが大きくなるほど生体に吸収される線量の割合は小さくなる．
5 放射線障害の種類は放射性核種の化学形に依存しない．

問 11 放射性核種に関する次の記述のうち，正しいものを 2 つ選びなさい．
1 食品中に含まれる ^{40}K は主として ^{235}U の核分裂によって生成したものである．
2 ^{131}I は甲状腺に集積しやすいので，甲状腺被ばくが問題となる．
3 γ 線を放出する核種は，内部被ばくが特に問題になる．
4 放射線荷重係数は，α 線より γ 線のほうが大きい．
5 原子力発電所の事故で飛散した ^{131}I は，畜産食品の汚染原因となることがある．

問 12 遺伝的影響に関する次の記述のうち，正しいものを 2 つ選びなさい．
1 生殖細胞突然変異率は，精子形成の過程を通して大きな変動はない．
2 線量の増加とともにその重篤度は増す．

3 線量率が低くなるにつれ，その発生頻度も低くなる．
4 しきい値はないと考えられている．
5 高 LET による突然変異率は低 LET と比較して，一般に低くなる．

問 13 放射線誘発染色体異常に関する次の記述のうち，正しいものを 2 つ選びなさい．
1 染色体分析には末梢血中の顆粒球が最も適している．
2 2 動原体染色体は不安定型の異常である．
3 環状染色体は，安定型の染色体異常である．
4 欠失は早期に消失する．
5 細胞が G_1 期に被ばくすると，染色体型の異常が生ずることがある．

問 14 わが国の一般公衆の放射線被ばくに関する次の記述のうち，正しいものを 2 つ選びなさい．
1 医療被ばくの比率は，諸外国と比べて高い．
2 大地からの自然放射線量には，地域差はない．
3 気密性のよいコンクリートの家屋では，ラドンによる被ばくが無視できない．
4 平地における環境放射線による外部被ばくのほとんどは，宇宙線による．
5 環境放射線による内部被ばくは ^{40}K の寄与が大部分である．

問 15 紫外線に関する記述のうち，正しいものを 2 つ選びなさい．
1 生体に対する影響は波長が長い紫外線ほど大きい．
2 UVA は UVC に比べて，オゾン層で吸収されやすい．
3 UVB は UVC に比べて，殺菌作用が強い．
4 UVA は，皮膚でのビタミン D_3 の合成を促進する．
5 UVA は UVC に比べて，皮膚の深部まで透過しやすい．

問 16 非電離放射線に関する記述のうち，正しいものを 2 つ選びなさい．
1 二酸化炭素による温暖効果は，主に紫外線の吸収によりもたらされる．
2 紫外線により DNA 中にチミンダイマーが形成されることがある．
3 紫外線は，皮膚におけるプロビタミン D_3 の水酸化反応を促進する．
4 波長が 320 nm 以下の紫外線は角膜や結膜などに吸収され，これら部位の炎症の原因となる．
5 大気中の窒素酸化物，酸素と炭化水素が紫外線の働きで反応すると，ジクロロフェン等の化合物が生成される．

解　答　問 1：2 と 4　　問 2：1 と 5　　問 3：3 と 4　　問 4：1 と 4　　問 5：5　　問 6：1 と 3
　　　　　　問 7：1　　問 8：1 と 3　　問 9：2 と 5　　問 10：2 と 4　　問 11：2 と 5　　問 12：3 と 4
　　　　　　問 13：2 と 5　　問 14：1 と 3　　問 15：4 と 5　　問 16：2 と 4

10
放射線安全管理

はじめに

　放射線や放射性同位元素の利用は，私たちに多くの利益をもたらす一方で，取扱いを誤ると放射線被ばくをもたらしたり，一般環境を汚染してしまう危険性を持っている．そのような危険性を最小限にするために，「原子力基本法」や「放射性同位元素等による放射線障害の防止に関する法律（障害防止法）」といった多くの法令が制定されている．法令では，放射性物質を取り扱う施設や設備，人や実際の取扱いなどに関連した最小限の基準を定めており，被ばくによる放射線障害の防止や一般公衆の安全の確保を図っている．

　放射線や放射性同位元素を安全に取り扱うためには，放射線障害の防止に関する法令はもちろんのこと，人体に対する影響についての知識，取り扱う放射線や放射性同位元素の特性，汚染防止のための手段や放射性廃棄物の処理方法，事故や危険時の対処法などの基本的な事柄を理解しておく必要がある．本章では，これらについて概説する．

10.1　放射線障害防止法の制定とその精神

　放射線や放射性同位元素は，ともすると人体や環境に対して有害な因子のひとつとなる．自然放射線による被ばくは，生物が生活していくうえで避けることができないが，病気の診断などで患者が受ける被ばくや放射線施設などで放射性同位元素などを取り扱う際に受ける被ばくは，工夫することによって最小限にすることができる．放射線障害の防止に関する法令は，医学，薬学を含め，あらゆる分野において放射線や放射性同位元素を利用するうえで最小限守らなければならない事項を定めており，放射線や放射性同位元素を利用するにあたり，法令を十分に理解し，遵守しなければならない．

10.1.1　原子力基本法

　原子力基本法（1955年12月制定）は，わが国における原子力の利用を平和目的に限定する憲法として位置づけられる法律であり，「原子力の研究，開発および利用は平和の目的に限り，安全の確保を中心にして，①民主的な運営の下に，②自主的にこれを行うものとし，③その成果を公表し（これを民主・自主・公開の3原則という），進んで国際協力に役立てるものとする（第2条）」という基本方針を立てている．この法律に基づき，「核原料物質，核燃料物質および原子炉の規制に関する

法律（原子炉等規制法）」および「放射性同位元素等による放射線障害の防止に関する法律（障害防止法）」が1957年6月に制定された．

10.1.2 放射性同位元素等による放射線障害の防止に関する法律（障害防止法）

障害防止法の目的は，「原子力基本法の精神にのっとり，放射性同位元素の使用，販売，賃貸，廃棄その他の取り扱い，放射線発生装置の使用及び放射性物質によって汚染されたものの廃棄等を規制することにより，これらによる放射線障害を防止し，公共の安全を確保すること（第1条抜粋）」である．放射線や放射性同位元素を有効に使う上で，放射線を取り扱う人々や一般公衆の被ばく量を最小限にして，障害から防護することが最も重要である．

10.1.3 放射線障害防止に関係する法令

放射性同位元素などによる放射線障害の防止に関する法令には，障害防止法のほかにもさまざまな法令がある．薬学に関連する法令を表10.1に示す．たとえば，放射性同位元素や放射線発生装置の使用については障害防止法の規制を受けるが，診療目的での使用の場合は医療法でも規制される．サイクロトロン装置を用いてPET用放射性製剤を製造して検査に用いる施設では，PET用製剤である陽電子断層撮影診療用医薬品を院内製造するまでは障害防止法の規制を受け，核医学検査では医療法の規制対象となり，どちらも薬事法の規制を受けることになる．

表10.1 放射線障害防止に関する法令（薬学関連）

法　規	行政官庁	規制対象
1) 薬事法，同施行令，放射性医薬品製造規則，薬局等構造設備規則，告示	厚生労働省	放射性医薬品の製造および取扱い 放射性医薬品の品質基準として放射性医薬品基準，日本薬局方がある
2) 医療法および同施行規則	厚生労働省	放射性医薬品などの使用
3) 労働安全衛生法に基づく電離放射線障害防止規則	厚生労働省	放射性物質およびX線の使用
4) 人事院規則	人事院	国家公務員によるX線の使用
5) 作業環境測定法，同施行令，同施行規則	厚生労働省	作業環境の測定，作業環境測定士の資格・登録
6) その他 　放射性同位元素等車両運搬規則，危険物船舶運送および貯蔵規則，航空法施行規則および告示	国土交通省	放射性同位元素などの運搬
消防法に基づく火災予防条例	地方自治体	火災にかかわる事項

10.2　ICRP 勧告

国際放射線防護委員会（International Commission on Radiological Protection, ICRP）は，放射線防護，放射線医学，生物学，物理学などの世界の専門家から構成され，人体を放射線の被ばくから防護するための方策の基本的な考え方を提示する国際学術組織である．主委員会と，放射線の影響，体内（内部）被ばく，体外（外部）被ばく，勧告の適用および環境への防護についての5つの専門委員会からなり，放射線防護の基本的な考え方，放射線防護のための数値基準，放射線防

護の手段・方法などについて勧告という形で公表している．この勧告は，放射線防護の基礎となるもので，わが国をはじめ世界各国はICRP勧告を尊重し，法令などに積極的に取り入れている．現行の障害防止法は，ICRPの1977年勧告を根拠にしており，2001年の法改正で1990年勧告を導入している．

2007年になって放射線防護に関する新しい基本勧告が公表された．この2007年ICRP勧告では，放射線被ばく線量の算出に用いられる放射線荷重係数と組織荷重係数が，生物学，物理学の最新の科学的見知に基づいて見直された．2007年勧告の翻訳では，「荷重係数」は「加重係数」という表記になった．現在，新勧告の国内制度への取入れについて，検討が始まっている．

10.2.1 ICRP勧告の概要

放射線防護の基本的な考え方は，「放射線による被ばくは人体に対して有害な要因である．それでも放射線や放射性同位元素を利用するのは，利用することにより利益が生まれるからである．したがって，放射線や放射性物質の利用による利益が，被ばくによる害を常に上回るような形でなければ，これらを利用してはならない．これを利用する人や人々の被ばくを最小限にすることが重要である」というものである．

ICRPは放射線防護の目標を次のように述べている．
① 利益をもたらすことが明らかな放射線被ばくを伴う行為を不当に制限することなく，人の安全を確保すること．
② 個人の確定的影響の発生を防止すること．
③ 確率的影響の発生を減少させること．

この目標にある**確定的影響**とは，ある線量（しきい線量）を超えなければ障害が現れないような影響のことであり，白内障，皮膚損傷，血液失調，不妊などが該当する．一方，**確率的影響**はしきい線量がなく，遺伝的障害と発がんが該当する．したがって，被ばく線量を低く抑えてしきい線量を超えないようにすれば，確定的影響の発生を防ぐことはできるが，たとえ低い線量であっても被ばくすれば，確率的影響が起こる可能性があり，放射線を取り扱う作業では，絶対に安全であるという線量範囲は存在しないことになる．これらを踏まえて，ICRPは次のような**放射線防護体系**を勧告している．

① **行為の正当化**：放射線被ばくをもたらすどのような行為も，放射線を利用することによるプラスと被ばくによるマイナスを考えて，正味でプラスの利益を生むものでなければ導入してはならない．
② **防護の最適化**：正当な行為で用いられる線源から受ける個人の被ばく線量，被ばくする人数，実際に起こるかどうか確かでない被ばくの可能性のすべてを，経済的および社会的要因を考慮に入れながら，合理的に達成できる限り低く保たなければならない．この最適化は，as low as reasonably achievableの頭文字から，**ALARAの法則**と呼ばれる．
③ **個人の被ばく線量限度**：個人に対する線量は，ICRPがそれぞれの状況に応じて勧告する限度を超えてはならない．

10.2.2 ICRP勧告での放射線被ばくの分類

ICRPでは，放射線被ばくの区分を，防護されるべき人の立場によって，①職業被ばく，②医療

被ばく，③公衆被ばくの3種類に分類している．

職業被ばくは，放射線を利用した業務を行う者が，その作業時に受ける被ばくをいい，医療被ばくおよび自然放射線源による被ばく（一部を除く）を含まない．ICRPは表10.2に示すものを職業被ばくの範囲として勧告している．

表10.2 職業被ばくの範囲

線　源	内　容
人工放射線源による被ばく	医療被ばくおよび規制を除外または免除された線源からの被ばくを除く
自然放射線源による被ばく	① 規制機関がラドンに注意を払うように決めた場所での操業 ② 自然の放射性物質を有意に含み，規制機関によって特定された物質の取扱いおよび貯蔵 ③ ジェット機の乗務（添乗員および乗務員） ④ 宇宙飛行

医療被ばくは，患者が自分自身の病気の診断や治療の際にやむを得ず受ける被ばくである．そのため，被ばくに対して特に規制はなく，被ばく量に上限値が定められていない．患者が幼児や高齢者で介護を必要とする場合には，母親や介護者が付き添い一緒に被ばくすることになる．このような被ばくも医療被ばくに含まれる．

公衆被ばくは，職業被ばくおよび医療被ばく以外の被ばくをいう．ただし，自然放射線による被ばくは含まない．

ICRPでは，放射線防護の観点から，職業上放射線被ばくを受ける業務の従事者や一般公衆が受ける被ばくの上限値を定めており，この値を**線量限度**という．この限度値は，確定的影響の発生を防止するためにしきい線量よりも十分低く，確率的影響の発生率が一般社会で容認できる程度である線量に設定されている．

放射線被ばくによる影響を評価するための量として**等価線量**と**実効線量**があり，それぞれについて限度値が勧告されている．表10.3に等価線量と実効線量の限度値を示す．

表10.3 ICRPの線量限度

適　用	線量限度	
	職業被ばく	公衆被ばく
実効線量	5年間の平均線量が，20 mSv/年[*1]	1 mSv/年[*2]
妊娠中の女性	妊娠期間中，腹部表面で，2 mSv	−
等価線量		
眼の水晶体	150 mSv/年	15 mSv/年
皮膚	500 mSv/年	50 mSv/年
手先および足先	500 mSv/年	−

[*1]：ただし，50 mSv/年を超えてはならない．
[*2]：特殊な状況ではこれを超えることが許されるが，5年間の平均が1 mSv/年を超えてはならない（ICRP Pub. 60）．

等価線量は，被ばくしたそれぞれの組織・臓器ごとの被ばく線量であり，**確定的影響**を防止するために用いられる量である．人の組織や臓器は，放射線の種類やエネルギーによって影響が異なるため，組織や臓器が受けた吸収線量を**放射線加重（荷重）係数**で補正して等価線量とする．放射線

加重係数（表 10.4）は，放射線の種類とエネルギーに応じて定められている補正係数である．たとえば，α線，β線および γ 線の放射線加重係数はそれぞれ 20, 1, 1 であり，同じ吸収線量であっても α 線は被ばくした臓器・組織に対して，β線，γ 線の 20 倍の影響力があることになる．

表 10.4 放射線荷重係数（ICRP Pub. 60）

放射線の種類およびエネルギー	放射線荷重係数
光子（すべてのエネルギー）	1
電子，ミュー粒子（すべてのエネルギー）	1
中性子　　　　　　$E<10$ keV	5
10 keV $\leq E \leq$ 100 keV	10
100 keV $< E \leq$ 2 MeV	20
2 MeV $< E \leq$ 20 MeV	10
20 MeV $< E$	5
陽子（反跳陽子を除く）　$E>2$ MeV	5
α 粒子，核分裂片，重い原子核	20

組織・臓器の等価線量 H_T は，組織・臓器の吸収線量 $D_{T,R}$ に放射線加重係数 w_R を乗じたものであり，式（10.1）で表される．

$$H_T = \sum_R w_R \cdot D_{T,R} \tag{10.1}$$

式中の $D_{T,R}$ は，組織 T が放射線 R を受けたときの吸収線量（単位：グレイ，Gy）であり，等価線量 H_T の単位はシーベルト（Sv）である．

実効線量は，被ばくしたそれぞれの組織・臓器に対する影響を全身的な影響として評価し，**確率的影響**の発生を制御するために用いられる量である．実効線量 E は，各組織・臓器の等価線量 H_T に，組織の相対的な感受性を表す**組織加重（荷重）係数** w_T（表 10.5）を乗じて，全組織について合算したものであり，式（10.2）で表される．

$$E = \sum_T w_T \cdot H_T \tag{10.2}$$

表 10.5 組織加重（荷重）係数（1990 年勧告）

組　　織	組織荷重係数
生殖腺	0.20
赤色骨髄・結腸・肺・胃	0.12
膀胱・乳房・肝臓・食道・甲状腺	0.05
皮膚・骨表面	0.01
残りの組織	0.05

なお，組織加重係数は全身が均一に被ばくしたときの確率的影響の全身のリスクを 1 として，各組織・臓器の放射線感受性の違いに応じて分配した値であるが，被ばくが全身に均一であるなしに関係なく用いられる．たとえば，生殖腺は 0.20，赤色骨髄は 0.12 であり，皮膚は 0.01 である．等価線量および実効線量の SI 単位はシーベルト（Sv）である．

10.3 障害防止法における放射線，放射性同位元素の定義

障害防止法では「放射線」および「放射性同位元素」を実用上の観点から定義しており，物理学的または放射化学的に考えられているものすべてが規制対象になるわけではない．規制対象となる放射線および放射性同位元素などを表10.6に示す．

表10.6 障害防止法の規制対象

用語	定義	規制の対象	適用除外
放射線（法2条1項）	電磁波または粒子線のうち直接または間接に空気を電離する能力を持つもの	1. α線，重粒子線，陽子線その他の重荷電粒子線およびβ線 2. 中性子線 3. γ線および特性X線（軌道電子捕獲に伴って発生する特性X線に限る） 4. 1 MeV以上のエネルギーを有する電子線およびX線	
放射性同位元素（施行令1条）	放射線を放出する同位元素およびその化合物ならびにこれらの含有物で，放射線を放出する同位元素の数量および濃度がその種類ごとに原子力規制委員会が定める数量（下限数量）および濃度を超えるもの	国際原子力機関（IAEA）などの国際機関が共同で策定した「国際基本安全基準」で提唱されている免除レベルを下限数量として導入．規制対象となる数量 [Bq] および濃度 [Bq/g] の下限値は線量基準（通常の使用：年間 10 μSv，事故時 1 mSv）とさまざまな被ばく経路を設定し，核種ごとに設定される．規制対象下限値は告示で規定される．	1. 核燃料物質，核原料物質（ウラン，トリウム，プルトニウム） 2. 放射性医薬品など 3. 放射性物質診療用器具であり，人の疾病治療の目的で人体内に挿入されたもの（人体内から再び取り出す意図がないヨウ素125または金198を装備しているものに限る） 4. 法定量以下のもの
表示付認証機器	設計認証機器	ガスクロマトグラフ用エレクトロン・キャプチャ・ディテクタ（^{63}Ni装備機器）	
放射線発生装置	荷電粒子を加速することにより放射線を発生させる装置	1. サイクロトロン 2. シンクロトロン 3. シンクロサイクロトロン 4. 直線加速装置 5. ベータトロン 6. ファン・デ・グラーフ型加速装置 7. コッククロフト・ワルトン型加速装置 8. 変圧型加速装置 9. マイクロトロン 10. プラズマ発生装置	装置表面から 10 cm 離れた位置での線量率について 600 nSv/h 以下であるもの

下限数量以下の放射性同位元素は，法律の規制を受けない．この下限数量は，「国際基本安全基準」で提唱されている免除レベル（basic safety standard，BSS）を取り入れて定められたが，この安全基準で定められていない核種については，イギリス放射線防護庁が算出した免除レベルを用いている．文部科学大臣が定めた規制対象となる数量および濃度の下限値の例を表10.7に示す．

下限数量を超えているかどうかを判断するための単位が，表10.8のとおり告示されている．核種が2種類以上のときは，核種ごとの数量の規制対象下限値（表10.7の第2欄の数量）に対する割合の和が1を超えてしまうと，下限数量を超えているとして規制対象になる．

表 10.7 放射線を放出する同位元素の種類（抜粋）

第1欄		第2欄	第3欄
放射線を放出する同位元素の種類		数量 (Bq)	濃度 (Bq/g)
核種	化学形など		
^{3}H		1×10^{9}	1×10^{6}
^{11}C	一酸化物および二酸化物	1×10^{9}	1×10^{1}
^{11}C	一酸化物および二酸化物以外のもの	1×10^{6}	1×10^{1}
^{14}C	一酸化物	1×10^{11}	1×10^{8}
^{14}C	二酸化物	1×10^{11}	1×10^{7}
^{14}C	一酸化物および二酸化物以外のもの	1×10^{7}	1×10^{4}
^{13}N		1×10^{9}	1×10^{2}
^{15}O		1×10^{9}	1×10^{2}
^{18}F		1×10^{6}	1×10^{1}
^{32}P		1×10^{5}	1×10^{3}
^{60}Co		1×10^{5}	1×10^{1}
^{90}Sr	放射平衡中の子孫核種を含む	1×10^{4}	1×10^{2}
^{125}I		1×10^{6}	1×10^{3}
^{137}Cs	放射平衡中の子孫核種を含む	1×10^{4}	1×10^{1}

（数量告示別表第1より抜粋）

表 10.8 下限数量を超えているかどうかを判断する単位

	数　量	濃　度
密封された放射性同位元素	線源1個（通常，1式または1組で用いるものは，1式または1組）	線源1個
密封されていない放射性同位元素	事業所全体	容器1個

（数量告示第1条第2項）

10.4 障害防止法の構成

障害防止法は，その目的を達成するために，次のような4つの大きな骨組みで構成されている．
① 使用の許可・届出
② 使用施設の基準適合と管理区域
③ 放射線取扱主任者の選任と放射線障害予防規程の作成
④ 放射線安全管理基準

「障害防止法」を円滑に履行するために，法律の下に「施行令」，「施行規則」ならびに「告示」があり，これら一連の法律，政令，規則，告示の総称として「障害防止法」と呼ぶことが多い．

法令では，放射線や放射性同位元素を使用しようとする場合には，図10.1に示すような手続きが必要である．

a. 使用の許可・届出

障害防止法では放射線や放射性同位元素について，一定数量以上，一定濃度以上のものを規制の対象としている．放射性同位元素であってその種類もしくは密封の有無に応じて政令で定める数量を超えるもの，または放射線発生装置の使用や装備をしようとする者は，原子力規制委員会の許可

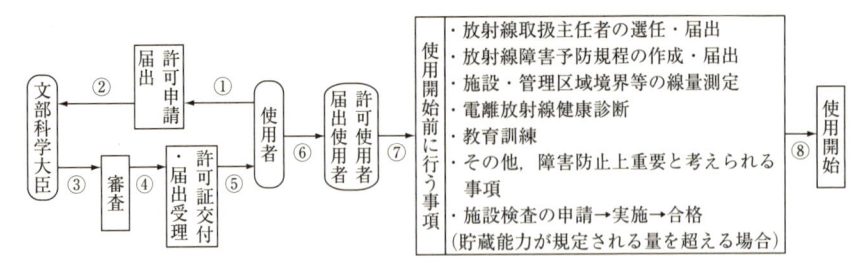

図 10.1 放射性同位元素などの使用開始までの手続き

を受けなければならない．これら以外の放射性同位元素の使用をしようとする者は，あらかじめ原子力規制委員会に届け出なければならない．

放射性同位元素などを許可または届出によって使用しようとする者を**許可・届出使用者**または単に**使用者**と呼ぶ．

b. 使用施設の基準適合と管理区域

放射線や放射性同位元素を利用するための放射線施設は，法に定められた基準に適合し，この基準を維持することができなければならない．放射線施設の位置，構造，設備に関する基準を表10.9に，放射線施設の基本的な構成を図10.2に示す．施設の貯蔵能力が次のいずれかの条件を満たす場合には，定期的に原子力規制委員会または登録検査機関の検査（施設検査）を受けなければならない．

表 10.9 放射線施設の位置，構造，設備に関する基準

使用施設	貯蔵施設	廃棄施設
地崩れ，浸水のおそれが少ない場所に設置		
実効線量限度以下とするために必要な遮へい壁・遮へい物の設置		
管理区域へ人がみだりに立ち入らないため，柵，とびらなどを設置		
耐火構造/不燃材料づくり	耐火構造	耐火構造/不燃材料づくり
作業室の汚染防護	貯蔵容器および受皿など	排気設備
汚染検査室	閉鎖のための設備または器具	排水設備
自動表示装置	標識	焼却炉など（廃棄作業室に設置）
インターロック		固型化処理設備
標識		保管廃棄設備
（適用除外あり）		標識

（大学等放射線施設協議会「大学等における放射線安全管理上の要点とQ＆A―新版―」編集委員会編：大学等における放射線安全管理の要点とQ＆A―新版―, p.44, (株)アドスリー, 2007より）

① 密封線源の許可使用者：線源1個あたりの数量が 10 TBq 以上
② 非密封線源の許可使用者：貯蔵能力が下限数量の 10 万倍以上の貯蔵施設
③ 放射線発生装置の許可使用者：放射線発生装置の使用施設すべて

管理区域は，放射線や放射性同位元素の取扱いにより放射線被ばくを受けるおそれのある区域であり，一般区域から物理的に隔離される．障害防止法では，線量，空気中の放射性同位元素の濃度および表面密度のうちどれか1つでも以下の①から③の条件に該当する場所を管理区域に設定することを定めている．

① 外部放射線による線量については，実効線量が3ヶ月間につき 1.3 mSv を超える．
② 空気中の放射性同位元素の濃度については，3ヶ月間についての平均濃度が空気中濃度限度

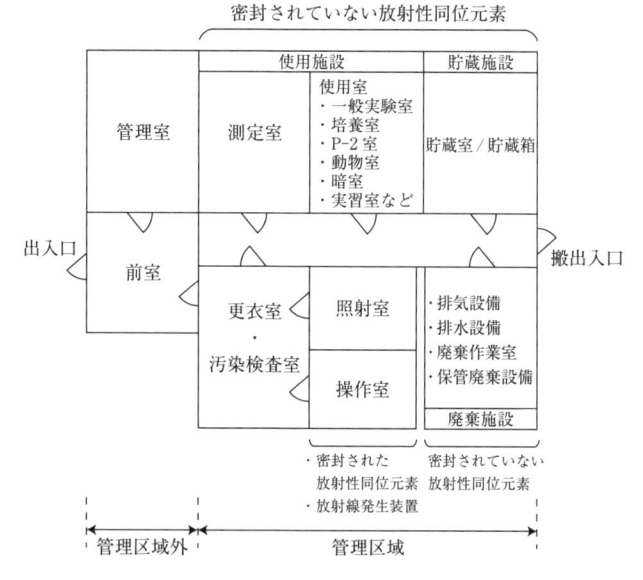

図 10.2 放射線施設の基本的な構成

（表 10.10, 第 4 欄）の 10 分の 1 を超える．

③ 放射性同位元素によって汚染される物の表面の放射性同位元素の密度については，表面密度限度の 1/10（表 10.11）を超えるおそれがある．

ただし，外部放射線による被ばくと，空気中の放射性同位元素の吸入摂取による被ばくが複合するおそれがある場合には，線量限度と濃度限度に対する比の和が 1 を超える場所を管理区域とする．

放射線施設内の人が常時立ち入る作業室などについては，実効線量が 1 週間につき 1 mSv 以下，空気中放射性同位元素の 1 週間の平均濃度が空気中濃度限度以下，室内の備品や床などの表面汚染が表面密度限度以下で規制される．

事業所の境界は，実効線量が 3 ヶ月間につき 250 μSv 以下，排気口の出口の放射性同位元素濃度は 3 ヶ月間の平均濃度が排気中の濃度限度以下で規制される．基準となる放射性同位元素の濃度は，表 10.10 に示すように文部科学省の告示に定められている．

c. 放射線取扱主任者の選任と放射線障害予防規程の作成

(1) 主任者の選任

放射線や放射性同位元素の許可・届出使用者（以下，「使用者」）は，放射線障害の防止について監督を行わせるために，放射線取扱主任者免状を持つ者のうちから主任者を選任しなければならない．ただし，例外として放射性同位元素または放射線発生装置を診療に用いる場合には医師または歯科医師を，放射性同位元素または放射線発生装置を医薬品や医療機器などの製造所で使用するときは薬剤師を放射線取扱主任者として選任してもよいことになっている．主任者選任後，30 日以内に原子力規制委員会に，その旨を届け出なければならない．

放射線取扱主任者免状には表 10.12 に示すように，第 1 種，第 2 種および第 3 種があり，事業所の区分に応じて必要な免状が決まっている．第 1 種および第 2 種主任者免状は，原子力規制委員会が行う主任者試験に合格し，指定の講習を修了した者に対して交付される．第 3 種主任者免状は，原子力規制委員会または登録資格講習機関が行う第 3 種主任者講習を修了した者に対して交付され

表 10.10 放射性同位元素の種類が明らかで,かつ 1 種類である場合の空気中濃度限度など

第1欄		第2欄	第3欄	第4欄	第5欄	第6欄
放射性同位元素の種類		吸入摂取した場合の実効線量係数 (mSv/Bq)	経口摂取した場合の実効線量係数 (mSv/Bq)	空気中濃度限度 (Bq/cm^3)	排気中または空気中の濃度限度 (Bq/cm^3)	排液中または排水中の濃度限度 (Bq/cm^3)
核種	化学形など					
^{3}H	元素状水素	1.8×10^{-12}		1×10^4	7×10^1	
^{3}H	メタン	1.8×10^{-10}		1×10^2	7×10^{-1}	
^{3}H	水	1.8×10^{-8}	1.8×10^{-8}	8×10^{-1}	5×10^{-3}	6×10^1
^{3}H	有機物(メタンを除く)	4.1×10^{-8}	4.2×10^{-8}	5×10^{-1}	3×10^{-3}	2×10^1
^{3}H	上記を除く化合物	2.8×10^{-8}	1.9×10^{-8}	7×10^{-1}	3×10^{-3}	4×10^1
^{14}C	蒸気	5.8×10^{-7}		4×10^{-2}	2×10^{-4}	
^{14}C	有機物[経口摂取]		5.8×10^{-7}			2×10^0
^{14}C	一酸化物	8.0×10^{-10}		3×10^1	1×10^{-1}	
^{14}C	二酸化物	6.5×10^{-9}		3×10^0	2×10^{-2}	
^{14}C	メタン	2.9×10^{-9}		7×10^0	5×10^{-2}	
^{32}P	Sn のリン酸塩以外の化合物	1.1×10^{-6}	2.4×10^{-6}	2×10^{-2}	1×10^{-4}	3×10^{-1}
^{32}P	Sn のリン酸塩	2.9×10^{-6}	2.4×10^{-6}	7×10^{-3}	4×10^{-5}	3×10^{-1}
^{123}I	蒸気	2.1×10^{-7}		1×10^{-1}	5×10^{-4}	
^{123}I	ヨウ化メチル	1.5×10^{-7}		1×10^{-1}	7×10^{-4}	
^{123}I	ヨウ化メチル以外の化合物	1.1×10^{-7}	2.1×10^{-7}	2×10^{-1}	1×10^{-3}	4×10^0
^{125}I	蒸気	1.4×10^{-5}		1×10^{-3}	8×10^{-6}	
^{125}I	ヨウ化メチル	1.1×10^{-5}		2×10^{-3}	1×10^{-5}	
^{125}I	ヨウ化メチル以外の化合物	7.3×10^{-6}	1.5×10^{-5}	3×10^{-3}	2×10^{-5}	6×10^{-2}
^{131}I	蒸気	2.0×10^{-5}		1×10^{-3}	5×10^{-6}	
^{131}I	ヨウ化メチル	1.5×10^{-5}		1×10^{-3}	7×10^{-6}	
^{131}I	ヨウ化メチル以外の化合物	1.1×10^{-5}	2.2×10^{-5}	2×10^{-3}	1×10^{-5}	4×10^{-2}

(数量告示別表第 2 より抜粋)

表 10.11 表面密度限度

区　分	密度 (Bq/cm^2)
アルファ線を放出する放射性同位元素	4
アルファ線を放出しない放射性同位元素	40

(数量告示別表第 4)

る.選任された放射線取扱主任者は,事業所での放射線管理や放射線障害の防止に関するすべての事項を監督する.放射線施設に立ち入る者は,主任者の安全管理にかかわる命令あるいは指示に従わなければならない.また,事業主などの使用者は放射線障害の防止に関し,主任者が必要と判断して提言した意見を尊重しなければならない.一方,選任された放射線取扱主任者は,その技術的能力の維持と向上のために,原子力規制委員会の登録を受けた登録定期講習機関が行う講習を,定

表10.12 放射線取扱主任者免状と事業所区分

主任者免状	密封線源の使用者	その他の使用者
第1種	施設検査対象者（10 TBq以上）	非密封線源の使用者 放射線発生装置の使用者 許可廃棄業者
第2種	許可使用者（10 TBq未満）	–
第3種	届出使用者 下限数量の1,000倍まで	届出販売業者 届出賃貸業者
不要	表示付認証機器	

期的に受けることが義務づけられている．

(2) 放射線障害予防規程の作成

障害防止法は，放射線や放射性同位元素の使用に関して体系的に細目にわたり定めているが，事業所の規模，組織および放射性同位元素などの使用方法などは事業所によってそれぞれ異なる．そこで，各事業所の実状に応じた放射性同位元素などの使用方法や障害防止の方法を定め，「予防規程」として原子力規制委員会に届け出ることになっている．

d. 放射線安全管理基準

障害防止法では，放射線障害を防止するために「使用」，「保管」，「運搬」，「廃棄」，「測定」，「教育訓練」，「健康診断」および「記帳義務」の放射線安全管理に関する基準を定めており，許可・届出使用者はこれらを守らなければならない．

10.5　放射性同位元素の取扱い上の安全管理基準

障害防止法では，放射線や放射性同位元素を使用する施設や設備について一定の基準を設け，その基準への適合を義務づけている．同様に，放射線や放射性同位元素の取扱いについても基準が具体的に示されており，使用上の行為を規制している．

a. 放射線業務従事者

放射性同位元素を使用しようとする者は，事前に放射線に関する教育訓練を受講し，電離放射線についての健康診断を受診したのち，**放射線業務従事者**として登録される．放射線業務従事者は，放射性同位元素の取扱い，または管理の目的で管理区域に立ち入る者であり，立入りによって受けた被ばくは**職業被ばく**として評価される．ICRP勧告に基づき，わが国では放射線業務従事者に対する**線量限度**を表10.13のように定めている．

b. 教育訓練

「使用者」は，放射線施設に立ち入る者に対し，予防規程の周知を図るほか，放射線障害を防止するために必要な教育および訓練（教育訓練）を実施しなければならない．障害防止法では，初めて管理区域に立ち入る者に対して，表10.14に示した4項目について合計6時間以上，立ち入った後では，1年を超えない期間ごとに再教育を行うことが定められている．再教育では項目の一部を省略することができる．

c. 健康診断

健康診断は放射線業務従事者に対して，初めて管理区域に立ち入る前と，その後は1年を超えな

表10.13 放射線業務従事者の実効線量限度および等価線量限度

区　分		実効線量限度	等価線量限度
業務従事者		① 100 mSv/5 年間 ② 50 mSv/年	③眼の水晶体：150 mSv/年 ④皮膚：500 mSv/年
	女子[*1]	5 mSv/3 ヶ月間	
	妊娠を申告した女子[*2]	内部被ばくについて 1 mSv	③，④および腹部表面について 2 mSv

*1：妊娠不能と診断された者，妊娠の意志のない旨を使用者などに書面で申し出た者および妊娠中の者を除く．
*2：本人の申し出などにより使用者などが妊娠の事実を知ったときから出産までの間について適用する．

表10.14 教育訓練の項目と時間数

項　目	時間数
放射線の人体に与える影響	30 分
放射性同位元素または放射線発生装置の安全取扱い	4 時間
放射性同位元素および放射線発生装置による放射線障害の防止に関する法令（障害防止法）	1 時間
放射線障害予防規程	30 分

い期間ごとに行う．ただし，放射性同位元素を誤って吸い込んだり，飲み込んだり，皮膚が表面密度限度を超えて汚染されて容易に汚染を除去できないとき，実効線量限度または等価線量限度を超えて被ばくしたり，またはそのおそれがあるときは遅滞なく健康診断を受診させることが定められている．健康診断の方法は，問診および検査または検診である．検査項目・部位について，表10.15に示す．健康診断の結果は記録し，永久保存する．また，記録の写しは健康診断のつど受診者に交付する．

表10.15 健康診断実施要領

対　象	診断項目	初めて管理区域に立ち入る前	管理区域に立ち入った後
放射線業務従事者（一時的に管理区域に立ち入る者を除く）	1. 問診 　被ばく歴の有無など 2. 検査または検診 　部位・項目 　①末梢血液中の血色素量またはヘマトクリット値，赤血球数，白血球数および白血球百分率 　②皮膚 　③眼 　④その他原子力規制委員会が定める部位および項目	診断項目 1 および 2 について行う ただし，2-③については，医師が必要と認めた場合に限る	1 年を超えない期間ごとに行う ただし，診断項目 2-①～③の部位または項目については，医師が必要と認める場合に限る

d. 使用・保管

実験を行う際には，事業所での使用が認められた核種，数量の範囲内で放射性同位元素を入手する．放射性同位元素は，常時放射線施設内の貯蔵室に保管し，必要量を実験室（使用室）に運搬して使用する．入手した放射性同位元素は，どれほどまでに希釈または減衰して放射能が少なくなっても障害防止法で規制されるので，施設内で取り扱う必要がある．

e. 廃　棄

　放射性同位元素で汚染された廃棄物は，放射性廃棄物として施設内の廃棄物保管室に一時的に保管し，廃棄業者（(社) 日本アイソトープ協会）に引き渡す．

f. 測　定

　「使用者」は，放射線障害のおそれのある場所について，放射線の量および放射性同位元素による汚染の状況を一定期間ごとに測定し，そのつど結果を記録し，5 年間保存する義務がある．また，管理区域に立ち入った者について，その者が受けた放射線の量および汚染の状況を測定し，その結果を記録し，一定期間ごとに集計して永久保存しなければならない．

g. 記　帳

　「使用者」は，帳簿を備えて，次の事項について記帳しなければならない．
① 放射性同位元素の使用，保管または廃棄に関する事項：使用目的，核種，使用数量，残量，保管廃棄数量，実験場所の汚染の状況など
② 放射線発生装置の使用に関する事項
③ 放射性同位元素によって汚染された物の廃棄に関する事項
④ その他放射線障害の防止に関し必要な事項

帳簿は 1 年ごとに閉鎖し，閉鎖後 5 年間保存する．

h. 原子力規制委員会への管理状況報告

　「使用者」は，毎年 4 月 1 日からその翌年の 3 月 31 日までの期間について，放射線管理状況報告書（施設点検の実施状況，年度末での放射性同位元素および廃棄物の保管状況，放射線業務従事者数，個人被ばく線量分布などを記載）を作成し，原子力規制委員会に提出しなければならない．

10.6　確定的影響と確率的影響

　放射線防護の観点から，放射線の生体への影響は確定的影響と確率的影響に分類される．以下にそれぞれの概要を述べる．

a. 確定的影響

　確定的影響には，**しきい線量**（しきい値）が存在する．しきい値とは，それ以下の被ばく線量では何も影響が出ないという線量である．確定的影響は被ばく者本人にのみ現れる影響で，急性障害が主である．しきい値を超えた被ばく線量に比例して，障害の程度が悪化する（図 10.3）．たとえば皮膚障害であれば，発赤→脱毛→潰瘍というように障害の程度が悪化する．確定的影響には造血

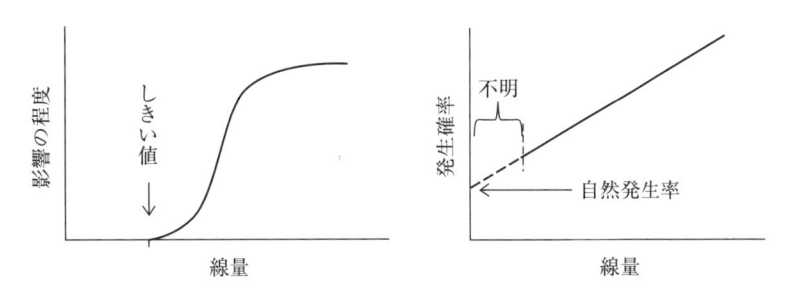

図 10.3　確定的影響と確率的影響

表10.16 しきい値の例

障害		しきい値
全身被ばく	リンパ球減少	0.25 Sv～
	放射線宿酔	1.5 Sv～
局所被ばく	脱毛	1～3 Sv
	不妊　女性（一過性）	0.6 Sv～
	女性（永久）	2.5～6 Sv
	男性（一過性）	0.1 Sv～
	男性（永久）	3.5～6 Sv
	白内障　中性子線による	2 Sv～
	X線による	5 Sv～

表10.17 被ばく線量と死亡原因の関係

死亡原因	被ばく線量
骨髄障害死（1週間～1ヶ月で死亡）	3～10 Sv
消化管障害死（3～5日で死亡）	10～100 Sv
中枢神経障害死（2日以内で死亡）	100 Sv～

器障害，胃腸障害，皮膚障害，白内障などがある．白内障だけは晩発性である．しきい値の例を表10.16に示す．

　放射線致死線量（全身被ばく後30日以内）についてはLD_{50}が約4 Sv，LD_{100}が約7 Svといわれている．広島の原爆での被ばく線量と死亡原因の関係は表10.17のように推定されているが，これらの被ばく線量の差異は各組織の放射線感受性の相違を表している．

b. **確率的影響**

　確率的影響にしきい値は存在しない．確率的影響は被ばく者本人およびその子孫に影響が及ぶ．影響は晩発性であり，被ばく線量に比例して発生確率が増加する（図10.3）．確率的影響には発がんおよび遺伝的障害がある．これらはあくまでも確率であって，発がんの場合も，同じ被ばく線量であっても発がんする人もいればしない人もいるということである．ただし，その確率は被ばく線量に比例して大きくなる．発がんや遺伝的障害は放射線被ばくがなくても自然発生率があるので，発生確率は被ばく線量ゼロからスタートはしない．また，低線量被ばくではその発生確率がはっきりとしないばかりか，ある被ばく線量までは自然発生率と変わらない可能性がある．

　放射線被ばくによる発がんリスク係数は5×10^{-2}/Sv（5%/Sv）といわれている．すなわち，100人が等しく1 Svずつ全身被ばくすると，その内の5人が致死性がんになる危険性がある．確率的影響は晩発性であるので，放射線被ばくから発がんまでには一定の潜伏期間がある．白血病は約14年，甲状腺がんは約20年，皮ふがんは約25年といわれているが，子供が被ばくした場合は，この潜伏期間はかなり短くなる傾向にある．広島にある「原爆の子の像」のモデルの佐々木貞子さんは2才の時に爆心から1.7 kmのところで被ばくし，11才で白血病を発症し，12才で亡くなっている．佐々木貞子さんが回復の願いを込めて作った千羽鶴は薬包紙で折られていた．

10.7 放射線源の安全取扱い（被ばくの管理）

放射性同位元素を取り扱うにあたり，放射線業務従事者の個人被ばく線量を可能な限り低く抑え，同時に一時立入者や一般公衆の被ばくを防止するために必要となる基本的事項について述べる．

放射線による被ばくは，使用する放射性同位元素の量だけでなく，放射される放射線の性質・特徴にも左右される．その人体への影響は，被ばくが体外での被ばくなのか体内での被ばくなのかによっても大きく異なる．α線やβ線の電離作用はγ線より大きいが，反対に透過力はγ線よりはるかに小さいので，体外被ばくよりも体内被ばくが問題となる．高エネルギーのβ線は**制動放射線**（X線）を放出しやすいので，体外被ばくの危険性があり注意が必要であるが，α線や低エネルギーのβ線は体外被ばくを考慮する必要はない．γ線やX線の電離作用はβ線より小さいが，透過力は反対にβ線よりはるかに大きいので，体外被ばくに注意する必要がある．

10.7.1 体外（外部）被ばくの防護

体外（外部）被ばくは，身体の外にある放射線源から放出された透過性を持つ放射線によって起こる被ばくである．この被ばくの防止には，**距離**（線源からできるだけ離れる），**遮へい**（放射線源と身体の間に遮へい物を置く），**時間**（作業時間をできるだけ短くする）の3原則を考えることが有効である．この方法は，**放射線防護の3原則**と呼ばれる．

a. 距離

放射線の線量率は，線源からの距離の二乗に反比例して減少する（逆二乗の法則）ので，線源から離れて作業することが被ばく線量の低減につながる最も容易な方法である．線源からの距離をとる方法として，ピンセット，トング（長柄挟み）などが使用される．α線やβ線は空気層による吸収が起こるので逆二乗の法則が成り立ちにくいが，γ線は透過力が大きく，空気層による吸収をほとんど無視できるので，広範囲にわたって線量率と距離との間に逆二乗の法則が成り立つ．

点状線源の強さを I_0 とすると，線源からの距離 r での線量率 I は，

$$I = \frac{I_0}{r^2} \tag{10.3}$$

で表される．

たとえば，図10.4に示すように，距離 r での線量率を I とすると，距離 $2r$ での線量率 I' は，

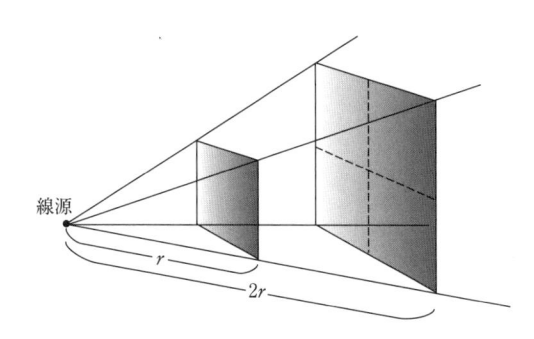

図10.4 逆二乗の法則
線源からの距離 $2r$ での線量は，距離 r での線量の $1/2^2$ になる．

$$I' = \frac{I}{(2r)^2} = \frac{I}{4r^2}$$

となり，距離 r での線量率の1/4になる．

b. 遮　へ　い

(1) α線に対する遮へい

α線は透過力が小さく，線源から数 cm の空気層で完全に吸収されるので，遮へいする必要はない．

(2) β線に対する遮へい

β^- 線の遮へいは，ガラス，プラスチック，アクリル板などが用いられる．しかし，^{32}P などの高エネルギー β 線を放出する核種には，制動放射線（X線）に対する遮へいを考慮する必要がある．制動放射線は遮へい体の原子番号と β^- 線のエネルギーに比例して発生するので，高エネルギー β^- 線源は，まずプラスチックなどの原子番号の小さい物質で覆って β 線を遮へいし，その外側を鉄や鉛など原子番号の大きな遮へい体で囲んで，制動放射線を遮へいする．

β^+ 線の遮へいは β^- 線の遮へいと同様であるが，β^+ 粒子が消滅して生じる 0.511 MeV の消滅放射線（γ・X 線）に対する遮へいを考慮しなければならない．

(3) γ・X 線に対する遮へい

γ・X 線源と検出器の間にさまざまな厚さの遮へい体を置くと，遮へい体透過前の γ・X 線の強度（I_0）と透過後の強度（I）との間には，次の式（10.4）が成り立つ．ただし，この式は図 10.5 (a) に示すような遮へい体に狭い線束が通過した場合に成り立つもので，遮へいによる散乱線を考慮していない．

$$I = I_0 e^{-\mu x} \tag{10.4}$$

μ は遮へい体の入射 γ・X 線に対する**線減弱係数**（単位：cm^{-1}），x は遮へい体の厚さ（単位：cm）を示す．また，γ 線の強度を最初の1/2に減弱させる遮へい体の厚さ（単位：cm）を**半価層**（$D_{1/2}$）

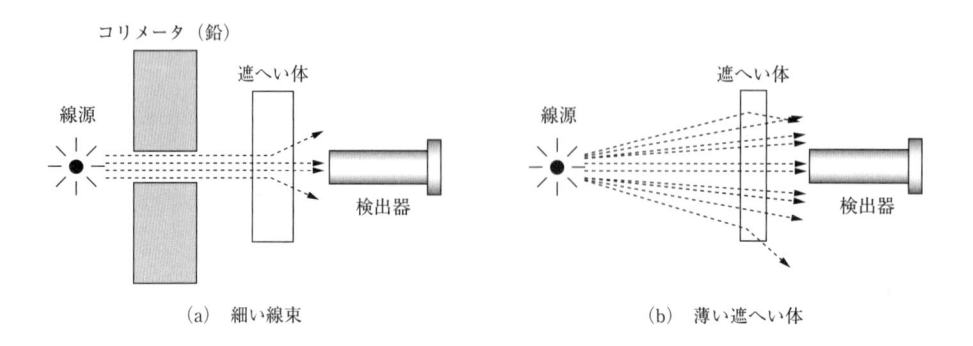

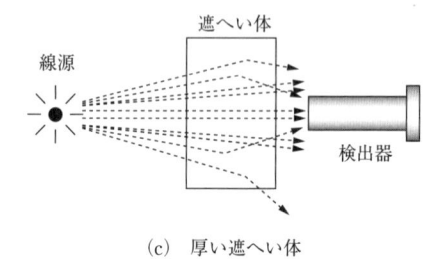

(a) 細い線束

(b) 薄い遮へい体

(c) 厚い遮へい体

図 10.5　線束と遮へい体

といい，式 (10.4) より，

$$D_{1/2} = \frac{\ln 2}{\mu} = \frac{0.693}{\mu} \tag{10.5}$$

の関係式が成り立つ．この半価層を用いると，I は次の式 (10.6) で表される．

$$I = I_0 \left(\frac{1}{2}\right)^{\frac{x}{D_{1/2}}} \tag{10.6}$$

また，図 10.5 (b) に示すように，広い線束でも薄い遮へい体では物質中での散乱が少ないため，ほぼ式 (10.4) で近似できる．

一方，図 10.5 (c) に示すような厚い遮へい体では，物質中での散乱が増大するため，散乱線が検出器に入る確率が大きくなりこの式は成り立たない．この場合は散乱線の寄与を考慮して，次の式 (10.7) が用いられる．

$$I = I_0 B e^{-\mu x} \tag{10.7}$$

B は**再生係数（ビルドアップ係数）**と呼ばれ，散乱線の寄与による線量の増加についての補正係数である．一般に，$\gamma \cdot X$ 線のエネルギーが高いほど，遮へい体が厚いほど，材質の原子番号が小さいほど，再生係数は大きくなる．おおよその目安として，

$\mu x < 1$ のとき，$B = 1$

$\mu x > 1$ のとき，$B = \mu x$

を用いる．$\gamma \cdot X$ 線のエネルギーが 2 MeV 以上，あるいは鉛のように原子番号が大きい遮へい体の場合には，全エネルギーにわたって安全側に見込んで，

$B = \mu x + 1$

とする．

(4) **中性子線に対する遮へい**

中性子線は物質と弾性散乱や非弾性散乱を起こすので，水やパラフィンブロックなど水素を多く含む物質を用いて減速させる．熱中性子を吸収させるために ^{10}B を含むホウ素を組み合わせて用いる．中性子は原子核に捕獲されて γ 線を放出する可能性があるので，遮へいのために鉛などの原子番号の高い物質を併用する．

c. **時　間**

個人の外部被ばく線量は，放射線の線量率と作業時間の積で表されるので，作業時間はできるだけ短くする．時間短縮のために綿密な実験計画を立て，コールド・ランを行って実験操作を習熟するなどの準備が必要である．

10.7.2　体内（内部）被ばくの防護

放射性同位元素を体内に取り込んで起こる被ばくを**体内（内部）被ばく**という．放射性同位元素が体内に摂取される経路としては，①呼吸による経気道摂取，②経口摂取，③経皮膚または経傷口摂取が考えられる．管理区域では専用の実験衣，ゴム手袋を着用し，必要に応じてマスクや帽子を着用することにより，体表面および体内汚染の防止に努めなければならない．

a. **吸入摂取に対する防護**

気体状，揮発性または飛散性の放射性同位元素を取り扱うときは，フードやグローブボックスで行うなどして，吸入の防止に努めなければならない．特に，放射性のヨウ素（I_2）や $^{14}CO_2$ を取り扱

う場合などは，可能な限り吸収剤などを用いて捕集する．また，粉末状の放射性物質は飛散を抑え，換気の良い実験室で取り扱う．

万一，放射性同位元素を吸入した際には，速やかに新鮮な空気を吸入して換気するなど，応急措置をして放射性同位元素を希釈する．

b. 経口摂取に対する防護

非密封の放射性同位元素を使用する場所では，実験器具に口を触れてはならない．使い捨てチップを用いるピペットを用いるか，安全ピペッターを用いて作業する．また，管理区域内での喫煙，飲食，化粧を禁止する．

放射性同位元素を口に入れてしまった場合は，直ちに口をすすぎ，飲み込んでしまった場合は，速やかに胃洗浄を行い，消化管からの吸収を抑制する処置を行う．摂取した放射性同位元素は種々の臓器に蓄積されるので，希釈，排泄させるために同種，同属の非放射性元素を多量に投与するなどの処置を行うが，効果は少ない．

c. 経皮膚摂取に対する防護

一般に，皮膚は角質層で覆われており，放射性同位元素が付着した際には，速やかに洗浄，除去することで，体内侵入を最少に抑えることができる．しかし，皮膚が傷ついていると，傷口から放射性同位元素が体内に摂取される可能性が高くなる．したがって，身体の露出部に創傷がある際には，放射性同位元素を取り扱う作業を行わない．

10.7.3 作業環境および個人被ばく線量の測定

放射性物質を取り扱う作業をすると多かれ少なかれ放射線被ばくを受けることになる．したがって，不必要な被ばくを避け，被ばく線量をできる限り少なくするために，作業環境と個人レベルでの放射線に対する適切な管理が必要である．そのために放射線などを測定し，結果の判定や解析を行い，放射線防護上の措置に結びつけることを**放射線モニタリング**という．放射線モニタリングは測定対象により図10.6のように区分される．

作業環境の放射線量測定は，一般にエリアモニタを用いて連続的にするかあるいはサーベイメー

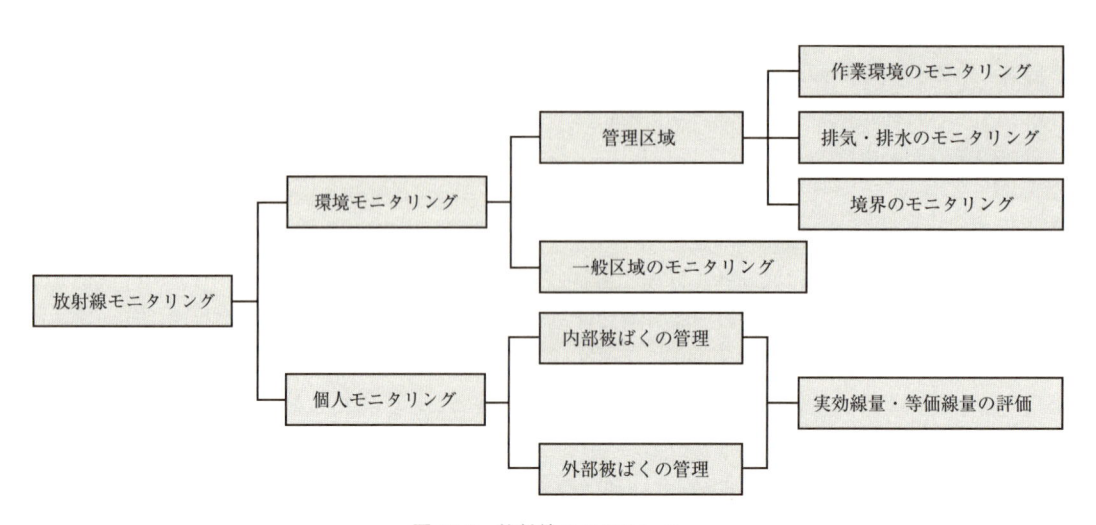

図10.6 放射線モニタリング

タを用いて定期的に行われる．

a. エリアモニタ

放射線施設の環境放射線量の連続測定には，据置型のモニタが用いられる．作業場所の空間線量や線量率の連続監視にはエリアモニタ，空気中の放射性物質濃度の測定にはダストモニタ，ガスモニタ，排水中の放射性物質濃度測定には水モニタが用いられる．これらのモニタは，RI管理室に設置された中央監視装置により制御され，設定値を超えるなどの異常を検出すると，自動的に警報や表示により管理者に通知する．

b. サーベイメータ

放射線防護を目的とする放射線の線種，線質および強度の調査，放射性物質による物の表面汚染あるいは水や空気の汚染の有無や程度を調べることを**サーベイ**といい，放射線のサーベイのために用いる可搬式の放射線測定器を**サーベイメータ**という．一般に，表10.18に示すようなサーベイメータが用いられており，指示値は計数率や線量率になっている．放射線管理では，法令に定められている放射線施設の放射線の量の測定などに用いられる．線量率を測定する際には，サーベイメータの感度，測定範囲，エネルギー依存性，方向依存性などを考慮し，測定対象となる放射線のエネルギーや線量に適したサーベイメータを用いる．γ・X線の測定に汎用されるサーベイメータには次

表10.18 環境の被ばく管理に用いられるサーベイメータとモニタ例

機器名	検出器	測定線種	測定範囲	特徴・用途等
電離箱式サーベイメータ	電離箱	γ線，X線	1 μSv/h～10 mSv/h 0.3～10 μSv	エネルギー特性に優れており，環境放射線の測定に用いる β線カットキャップをはずすとβ線の検知が可能 線量率測定用
GMサーベイメータ	GM管	β線，(γ線)	0～1,000 cps 0.3～300 μSv/h	ハロゲンガス封入型サーベイメータ
	GM管	β線，(γ線)	30～100 kcps	大口径（2インチ）サーベイメータで，有機ガスを封入している 警報付き 表面汚染測定用
シンチレーション式サーベイメータ	NaI(Tl)	γ線	0～30 μSv/h	エネルギー補償型で1 cm線量当量率が測定できる．線量率測定用
	NaI(Tl)	γ線	0～10 kcps 30～10 kcps	^{125}Iなどの低エネルギー核種用や中エネルギー核種用がある 表面汚染測定用
	プラスチック	β線，(γ線)	0～100 kcpm	中エネルギー以上のβ線を検出する．表面汚染測定用
	ZnS(Ag)	α線	0～100 kcpm	大面積シンチレータを使用するなどして，α線の検出感度を上げている．表面汚染測定用
比例計数管式サーベイメータ	PRガス，ガスフロー型	β線	0～100 kcpm	^{3}H以上のエネルギーを持つβ線測定用であり^{3}Hの検出効率がよい．表面汚染測定用
	^{3}He比例計数管	中性子	0.01～9,999 μSv	^{3}He(n, p)^{3}H反応を利用 線量率測定用
可搬性エリアモニタ	シリコン半導体	γ線	0.1～1,000 μSv 0.001～100 mSv	γ線使用施設での作業環境監視用 警報付き　線量率測定用

(1) エネルギー依存性

サーベイメータでγ線，X線を測定して得られた線量率の真の線量率に対する比は，放射線のエネルギーの大きさにより変化する．これを**エネルギー依存性**という（図10.7）．電離箱は，約30 keVから600 keVの範囲で，真の線量率にほぼ等しい値を指示する．GM計数管式サーベイメータは約70 keV以上のエネルギーで線量率を過大評価し，NaI(Tl)シンチレーション式サーベイメータは約60 keVから600 keVの範囲で線量率を過大評価する．この過大評価された線量率を放射線のエネルギーごとに補正して表示するように設計されたものがエネルギー補償型サーベイメータであり，従来型のNaI(Tl)シンチレーション式サーベイメータに比べ，エネルギー依存性が改善されている．

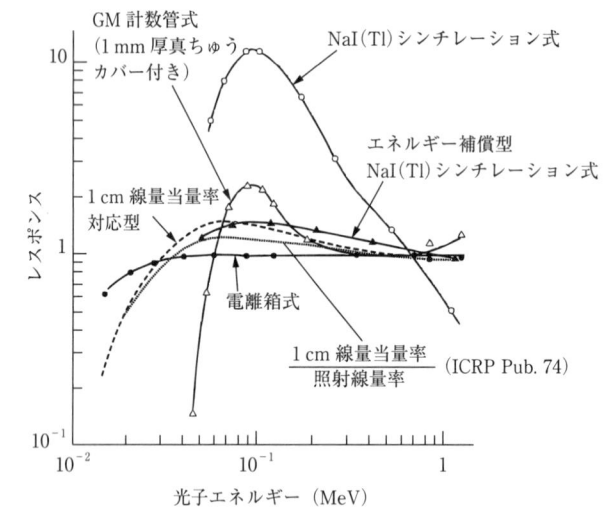

図10.7 サーベイメータのエネルギー依存性の例
（参考：JIS Z 4333 X線およびγ線用線量当量率サーベイメータ，他）

(a) 電離箱式サーベイメータ　　(b) NaI(Tl)シンチレーション式サーベイメータ

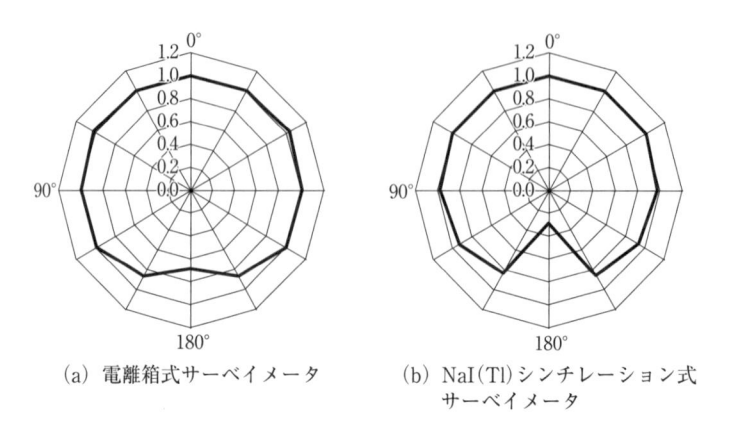

図10.8 サーベイメータの方向依存性の一例
（資料提供：(株)アロカ）

(2) 方向依存性

放射線がサーベイメータ検出部に入射するとき，入射方向によって検出器の感度が異なる．これを**方向依存性**あるいは方向特性という（図10.8）．サーベイメータの方向依存性は前方 2π 方向ではほぼ等しいが，後方に対してはサーベイメータの種類によって異なるので，散乱放射線が発生する場所では注意が必要である．

(3) 感　度

$\gamma \cdot X$ 線に対するサーベイメータの感度は，NaI(Tl) シンチレーションサーベイメータ＞GM サーベイメータ＞電離箱式サーベイメータの順によい．また，方向特性もこの順によい．したがって，作業場所の線量率測定には，一般に 360° どの方向から放射線がきても，比較的効率よく測定できる電離箱式サーベイメータや GM サーベイメータが使用される．線量率が低いときには GM サーベイメータを，高いときには電離箱式サーベイメータを利用する．ただし，GM サーベイメータは検出器の分解時間が長いため，線量率が高い場合には「窒息現象」により指示値が低下するので注意が必要である．

c. 作業環境のモニタリング

電離放射線や放射性物質を利用する場所では，利用の状況に応じて，作業環境中での線量，表面汚染密度，空気中濃度を測定する作業環境モニタリングと管理区域からの排水，排気のモニタリングを行う．

作業環境の空間線量の測定には，エリアモニタ，サーベイメータなどが用いられる．

作業環境の表面汚染の測定には，サーベイメータ，フロアモニタによる測定とスミア法が用いられる．**スミア法**は，遊離性表面汚染の程度を測定評価する方法で，直径 $2 \sim 3 \mathrm{~cm}$ のろ紙片で目的表面の一定面積（$100 \mathrm{~cm}^2$ 程度）を拭き取り，ろ紙に付着した放射性物質をサーベイメータや液体シンチレーションカウンタなどの測定器で測定する．サーベイメータでは検出しにくい $^3\mathrm{H}$，$^{14}\mathrm{C}$ などの軟 β^- 線放出核種による汚染は，通常，スミア法を用いて測定評価する．また，人体表面や衣服などの汚染検査には，ハンドフットクロスモニタが用いられる．

作業環境の空気中放射性物質濃度の測定は，作業による放射性物質の吸入摂取量の推定などに必要である．測定対象は，微粒子状の放射性物質とガス状で存在する $^3\mathrm{H}$，$^{14}\mathrm{C}$，$^{35}\mathrm{S}$，$^{125}\mathrm{I}$，$^{131}\mathrm{I}$ などの放射性核種である．測定方法として，ダストサンプラやガスサンプラを用いて捕集した試料を測定器で測定する方法と，ダストモニタやガスモニタで連続的に測定する方法がある．

管理区域から出る排水は，一般下水に排出する前に排水モニタあるいはサンプリングにより放射能濃度を測定し，規制値以下であることを確認する．

d. 個人モニタリング

放射線を取り扱う業務を行う作業者個人の被ばく線量を測定し，評価することを**個人モニタリング**という．個人モニタリングでは，外部被ばくによる実効線量と内部被ばくによる実効線量の和および等価線量により被ばく管理を行う．個人モニタリングは，放射線業務従事者の被ばく線量が実効線量限度および等価線量限度を超えていないことの確認，被ばく線量の解析による放射線防護の最適化などの評価への活用，事故や過剰被ばく時の資料とするなどを目的にして行われる．

(1) 体外（外部）被ばくの測定

放射線取扱業務における被ばく形態では，外部被ばくの占める割合が大きい．一般に，外部被ばくの測定には種々のバッジシステムや電子式ポケット線量計などの個人被ばく線量測定器が用いら

― コラム ―

■ 2007 年 ICRP 勧告での被ばく線量評価 ■

ICRP の放射線防護に関する新しい基本勧告が 2007 年に公表された．今後，国際的な放射線防護基準などに取り込まれることになる．この勧告では，実効線量などの防護量の評価について，1990 年勧告からいくつかの変更が行われた．被ばく線量に関する変更点は次のとおりである．

a. 臓器線量を評価するための人体モデル

人体の各臓器の吸収線量を計算するために，従来人体を数式で表現し，男女に共通して用いられる MIRD 型ファントムと呼ばれる人体モデルが使われてきた．2007 年勧告では，新たに人の医療画像を基に臓器形状を詳細に表現したボクセルファントムと呼ばれる男女別の人体モデルを利用して各臓器での吸収線量を計算し，これに基づいて男女別に等価線量，実効線量が計算される．

b. 放射線加重係数

表 10.19 に新勧告での放射線加重係数を示す．1990 年勧告に対して，2007 年勧告では中性子および陽子の値が見直され，荷電 π 粒子（宇宙線が大気中で引き起こす核反応によって生じ，航空機搭乗時などでの被ばく源となる）に値が定められた．一方，光子，電子および μ 粒子，α 粒子，核分裂片および重イオンの値は変更されなかった．

また，1 MeV 以下の中性子の放射線加重係数は 1990 年勧告に比べて小さくなり，特に 10 keV 以下で顕著である．これは，生体内では低エネルギーの中性子は水素原子に捕獲され，γ 線を放射することにより影響を与えることを考慮したためである．50 MeV 以上の中性子についても，計算による全身での平均線質係数（放射線加重係数に相当する係数）の解析により値が見直されている．一方，陽子については，動物実験による解析から係数が引き下げられた．

表 10.19 放射線加重係数（2007 年勧告）

放射線の種類	1990 年勧告	2007 年勧告
光子，すべてのエネルギー	1	1
電子，μ 粒子	1	1
陽子	5	2
荷電 π 粒子	―	2
α 粒子，核分裂片，重イオン	20	20
中性子エネルギー	$E<10\,\mathrm{keV}:5$ $10\,\mathrm{keV}\leq E\leq 100\,\mathrm{keV}:10$	$E<1\,\mathrm{MeV}:$ $2.5+18.2e^{-[\ln(E)]^2/6}$
	$100\,\mathrm{keV}<E\leq 2\,\mathrm{MeV}:20$ $2\,\mathrm{MeV}<E\leq 20\,\mathrm{MeV}:10$	$1\,\mathrm{MeV}\leq E\leq 50\,\mathrm{MeV}:$ $5.0+17e^{-[\ln(2E)]^2/6}$
	$20\,\mathrm{MeV}<E:5$	$50\,\mathrm{MeV}<E:$ $2.5+3.25e^{-[\ln(0.04E)]^2/6}$

c. 組織加重係数

表 10.20 に組織加重係数を示す．2007 年勧告では，生殖腺，乳房および残りの組織に対する値が見直された．また，脳および唾液腺に対して値が定められた．これらの見直しは，1990 年勧告以降に行われた原爆被爆者の追跡調査と，新たな知見に基づく遺伝的影響に対するリスク評価の結果によるものである．

加重係数の一部が見直された一方で，線量限度値は 1990 年勧告のまま新勧告に取り込まれた．

表 10.20　組織加重係数（2007 年勧告）

組　　織	1990 年勧告	2007 年勧告
生殖腺	0.20	0.08
赤色骨髄・結腸・肺・胃	0.12	0.12
乳房	0.05	0.12
膀胱・肝臓・食道・甲状腺	0.05	0.04
皮膚・骨表面	0.01	0.01
脳・唾液腺	–	0.01
残りの組織	0.05	0.12

れる．通常の測定部位は胸部または腹部であり，妊娠可能な女子は腹部である．以下の個人被ばく測定器が一般的に用いられる．

①　蛍光ガラス線量計（radiophoto luminescence dosimeter, RPL）：銀活性リン酸塩ガラスに放射線が当たると銀イオンに化学変化が起こり，蛍光中心といわれるものが生成する．これに紫外線を照射するとオレンジ色の蛍光を発光する．この発光量は 1 μSv～10 Sv，100 mSv～100 Sv などの一定範囲にわたり被ばく線量に比例するので，発光量から実効線量を求めることができる．主にガラスバッジの名称で γ （X）線の測定に用いられている．

②　光刺激ルミネセンス線量計（optically stimulated luminescence dosimeter, OSLD）：酸化アルミニウムなどのある種の物質に放射線が当たると蛍光を発するが，短時間のうちに減衰して弱くなる．この蛍光がほとんど減衰した物質に，蛍光よりも長波長の光を当てると，再び強い蛍光を発することがある．この現象を光刺激ルミネセンス（OSL）と呼び，OSL を用いたものが光刺激ルミネセンス線量計である．OSL の発光量ははじめに当たった放射線量に比例するので，実効線量を算出することができる．主にルクセルバッジの名称で γ （X）線，β 線の測定に用いられている．

③　熱ルミネセンス線量計（thermoluminescence dosimeter）：LiF，CaF_2 などの結晶に放射線が当たると，結晶原子の電子は励起されてより高いエネルギー準位に移動するが，これらの電子の一部は結晶中の不純物に捕獲されて準安定状態となる．捕獲された電子は，結晶を加熱すると基底準位まで落ちるが，その際に特定の波長の光を放出する．これが熱ルミネセンス反応であり，放出される可視光領域の光の量は結晶に当たった放射線量に比例する．主に γ （X）線，β 線の測定に用いられている．

④　電子式ポケット線量計（electric pocket dosimeter）：半導体検出器を小型化した測定器であり，被ばく線量を随時直読できるようにしたデジタル表示の線量計である．測定対象放射線種は，X 線，γ 線，中性子線であり，γ 線に対する感度が異なるものやアラーム付きのモデルがある．

(2) **体内（内部）被ばくの測定**

呼吸，飲食，皮膚からの浸透，傷口からの進入などにより，身体内部に入り込んだ放射性物質により受けた被ばくが体内被ばくであり，比電離能が大きく，飛程の短い α 線や β 線のほうが，γ・X 線よりも人体に対する影響が大きい．体内に取り込まれた放射性物質の種類と量の推定は，主として排泄物（尿や糞など）や生体試料中の放射性物質を分析し，体内量を間接的に見積もる**バイオアッセイ法**と，γ・X 放射体による被ばくが疑われる場合には，**ヒューマンカウンタ**または**全身カウン**

<可燃物>
・十分乾燥する．
・破砕，圧縮，焼却，乾燥などの前処理は行わない．
・敷きわら・おがくず類では，糞尿を分離できないものは＜動物＞廃棄物に分類する．

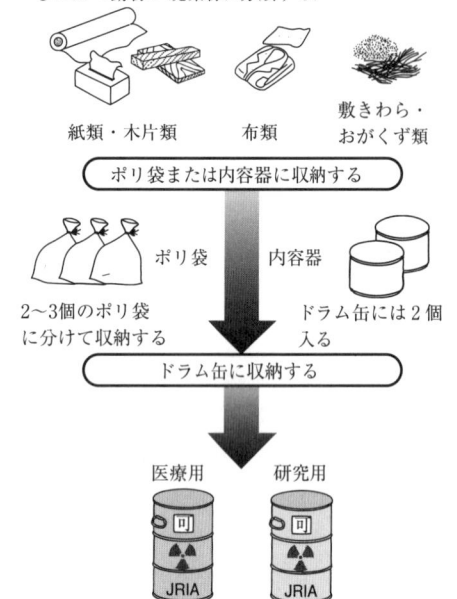

紙類・木片類　布類　敷きわら・おがくず類

ポリ袋または内容器に収納する

ポリ袋　内容器
2～3個のポリ袋に分けて収納する　ドラム缶には2個入る

ドラム缶に収納する

医療用　研究用

<難燃物>
・シリコン，テフロン，塩化ビニル製品，アルミ箔を混入しない．
・プラスチック製品内の残液は抜く．
・破砕，圧縮，焼却，乾燥などの前処理は行わない．

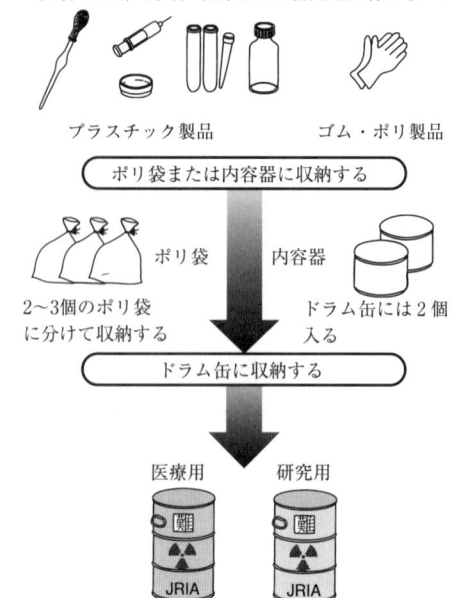

プラスチック製品　ゴム・ポリ製品

ポリ袋または内容器に収納する

ポリ袋　内容器
2～3個のポリ袋に分けて収納する　ドラム缶には2個入る

ドラム缶に収納する

医療用　研究用

<不燃物>
・注射針など感染の恐れがあるものは滅菌する．
・針は缶に封入後，蓋に「針」と明記する．
・ガラス容器などの残液は抜く．
・破砕，圧縮，焼却，乾燥などの前処理は行わない．

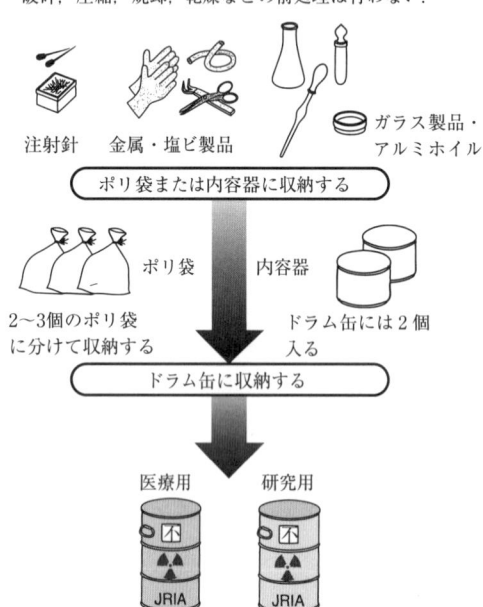

注射針　金属・塩ビ製品　ガラス製品・アルミホイル

ポリ袋または内容器に収納する

ポリ袋　内容器
2～3個のポリ袋に分けて収納する　ドラム缶には2個入る

ドラム缶に収納する

医療用　研究用

<非圧縮性不燃物>
・十分乾燥する．
・厚手のポリシート，ポリ袋を使用する．
・容器込みの重量が50 kgを超える場合，ドラム缶の蓋に総重量を記載する．

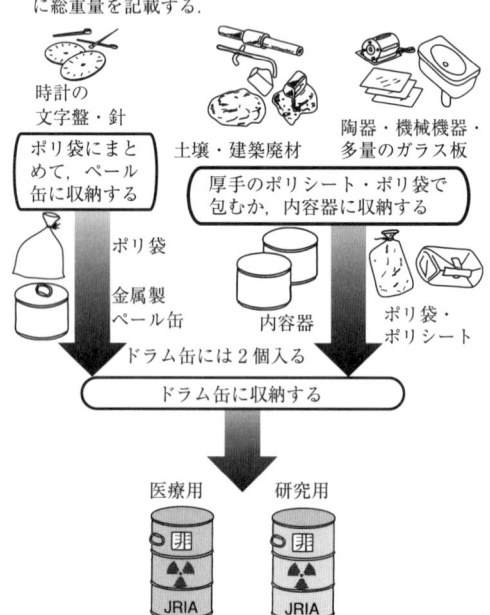

時計の文字盤・針　土壌・建築廃材　陶器・機械機器・多量のガラス板

ポリ袋にまとめて，ペール缶に収納する　厚手のポリシート・ポリ袋で包むか，内容器に収納する

ポリ袋　金属製ペール缶　内容器　ポリ袋・ポリシート

ドラム缶には2個入る

ドラム缶に収納する

医療用　研究用

図 10.9(1)　放射性廃棄物の分類

10.7 放射線源の安全取扱い（被ばくの管理）

＜動物＞
- 十分乾燥する．
- チャック付きポリ袋と動物収納内容器を使用する．
- チャック付きポリ袋，内容器はしっかり口を閉める．

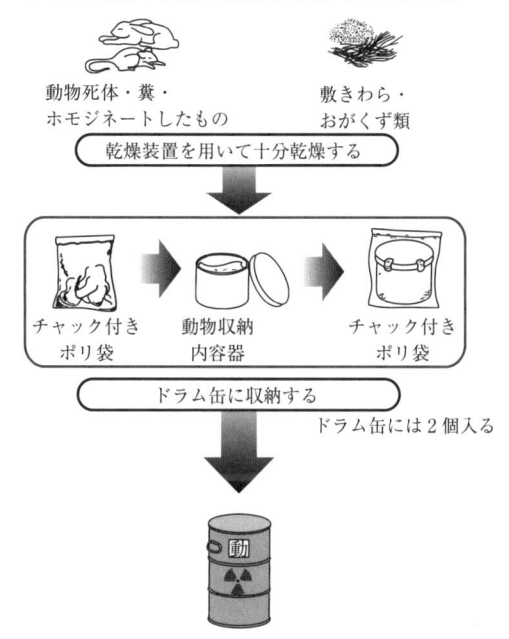

動物死体・糞・ホモジネートしたもの　　敷きわら・おがくず類

乾燥装置を用いて十分乾燥する

チャック付きポリ袋　→　動物収納内容器　→　チャック付きポリ袋

ドラム缶に収納する

ドラム缶には2個入る

＜無機液体＞
- 指定のポリ瓶を使用する．
- 高粘度の液体，可燃性液体は収納しない．
- pH値は2～12にする．
- pH調整に塩酸を使用しない．
- 液量はポリ瓶の肩口までとする．

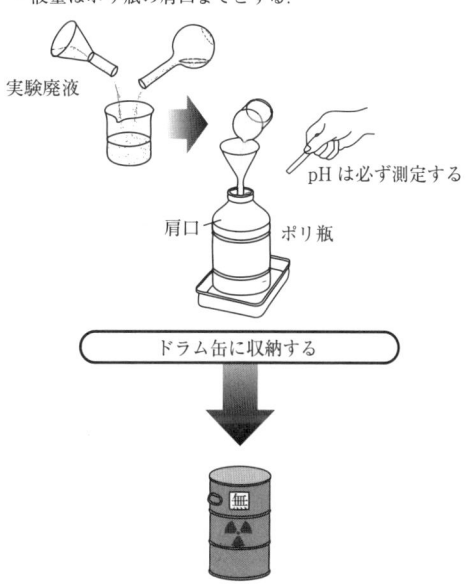

実験廃液　　pHは必ず測定する

肩口　ポリ瓶

ドラム缶に収納する

＜有機液体＞
- 指定のステンレス容器を使用する．
- 液体シンチレータ廃液のみ収納する．
- pH値は4～10にする．
- pH調整はステンレス容器内で行わない．
- pH調整に塩酸を使用しない．
- 高粘度の液体は収納しない．
- 液量はステンレス容器の肩口までとする．

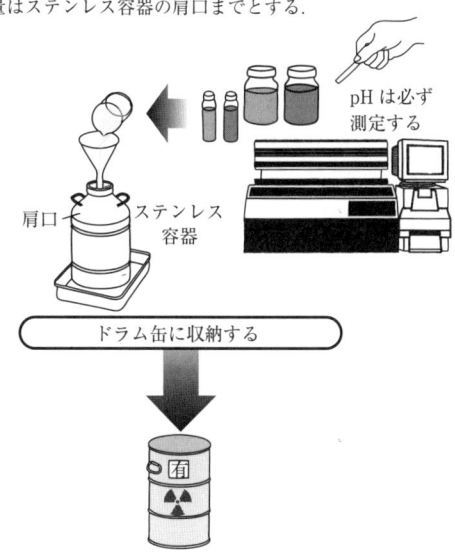

pHは必ず測定する

肩口　ステンレス容器

ドラム缶に収納する

図10.9(2) 放射性廃棄物の分類

タと呼ばれる放射能計測装置を用いて，体外から体内の放射性物質を直接測定する全身計測法がある．バイオアッセイ法では α, β, γ 放射体の測定が可能であるが，全身計測法では α, β 放射体を検出できない．これらの方法は，特に体内被ばくのおそれがある場合に用いられる．

10.7.4 汚染の管理

放射性同位元素による汚染の防止は，体内汚染の防止や体外被ばくの軽減に重要である．しかし，非密封放射性同位元素を取り扱う施設では，大なり小なり放射能汚染が起こる可能性があるので，汚染させないように努めるとともに，汚染を見落とさないように細心の注意を払う必要がある．

放射性同位元素による汚染を制御するために，放射性同位元素はできるだけ容器に入れ（**閉込め**, contain），まとめて管理し（**集中**, concentrate），濃度を薄めて使用して（**希釈**, dilute），空気中や廃液中の放射性同位元素は希釈し（**分散**, disperse），放射能汚染があれば速やかに除去する（**除染**, decontaminate），2C3D の原則がある．

管理区域内の汚染と管理区域外への汚染拡大を未然に防ぐために，①実験台やフードなど汚染が起こりやすい作業場所の表面はポリエチレンろ紙で覆い，②放射性同位元素はろ紙を敷いたトレイ内で取り扱う，③着用している手袋は汚染しているものと見なして取り扱う，④作業前後，可能ならば作業中も汚染の有無をサーベイする，使用核種が ^{3}H の場合は，液体シンチレーションカウンタを用いたスミア法測定で確認する，汚染が発見されれば，速やかに除染する，⑤管理区域から退出する際には，ハンドフットクロスモニタなどで汚染がないことを確認する．

10.7.5 放射性廃棄物の管理

非密封放射性同位元素を使用すると，放射性廃棄物が必ず発生する．これは，気体，液体あるいは固体の形で排出される．実験室などから排出される汚染空気は，高性能エアフィルタなどの排気浄化装置を持つ排気設備を通して，空気中濃度限度（表 10.10 の第 5 欄）以下にしてから排出する．また，実験室などの流しを通して排出される廃水は，いったん貯留槽にためて濃度限度（表 10.10 の第 6 欄）以下であることを確認してから一般下水に排水する．

放射性の固体廃棄物や液体廃棄物は，可燃物，難燃物，不燃物，非圧縮性不燃物，動物，無機液体，有機液体およびフィルタ廃棄物に分類し（図 10.9 参照），日本アイソトープ協会に引き渡す．有機廃液については，^{3}H, ^{14}C, ^{32}P, ^{33}P, ^{35}S あるいは ^{45}Ca の 6 核種を含む液体シンチレータ廃液および排水中の放射能濃度測定や汚染検査などのモニタリング試料を含む液体シンチレータ廃液に含まれるその他の核種に限って，各事業所で法に定める方法に従って焼却処理することができる．

放射性廃棄物は研究用と医療用の 2 種に大別されるが，分類方法は同じである．しかし，放射性医薬品に用いられる核種のうち，^{89}Sr と ^{90}Y は β 線のみを放出するため，医療放射性廃棄物の分類上，他の γ 線放出核種と分別して廃棄しなければならない．また，^{11}C, ^{13}N, ^{15}O あるいは ^{18}F で汚染された PET 廃棄物は，1 日最大使用数量が 1 TBq（^{18}F については 5 TBq）以下の場合，廃棄物を密封したのち，7 日間を超えて管理区域内で保管すれば放射性廃棄物とせずに，管理区域から持ち出すことができる．

10.8 事故と対策

10.8.1 事故・危険時の措置

障害防止法では，事故とは，「取り扱っている放射性同位元素などが盗取，所在不明になった場合」であり，危険時とは，「地震，火災その他の災害で放射線障害のおそれがあったり，発生した場合」である．事故が発生した際には，直ちに放射線取扱主任者に連絡して指示を仰ぐ．事業主は，遅滞なく事故届けを警察官または海上保安官に提出しなければならない．また，危険時には，①自分あるいは周辺の人々を退避させ，②汚染および汚染の可能性のある場所を「立入り禁止」にし，③放射線管理室へ通報して，放射線取扱主任者の指示を仰ぐ．放射線取扱主任者または事業主は，危険時の内容によって，警察署，消防署，保健所に通報するとともに，文部科学大臣に届け出る．

10.8.2 被ばく事故時の措置

トレーサレベルの放射性同位元素を取り扱う施設では，放射線障害が生じるような被ばくをする可能性はほとんどないと考えられるが，放射線発生装置や高線量の放射性同位元素などを使用する施設では，予期せぬ被ばく事故が起こる可能性がある．職業被ばくに対する線量限度を超えて被ばくする過剰被ばくなど，放射線障害が発生する可能性がある場合や発生した場合には遅滞なく健康診断を行い，適切な措置を講ずる必要がある．必要に応じて，事業主は事故の原因，状況などを所轄機関に報告するなどの措置をとる．

10.8.3 原子力災害と国際原子力事象評価尺度（INES）

2011年3月11日に起こった東北地方太平洋沖地震は，三陸沖を震源地としてマグニチュード9.0という巨大なエネルギーを発し，東北地方太平洋沿岸域に，揺れと津波による甚大な被害を与えた．この災害で，東京電力福島第一原子力発電所も地震と津波の被害を受け，運転中の原子炉は正常に自動停止して核分裂の連鎖反応を停止させたものの，炉内で発生する熱に対する冷却系を作動させることができなかったために，核燃料が融解し原子炉から多量の放射性物質が環境中に放出され，一般住民や作業者の放射線被ばくを招いてしまった．事故当初，国際原子力事象評価尺度（International Nuclear Event Scale，INES）による福島第一原子力発電所事故の評価は，暫定的に「所外への大きなリスクを伴わない事故：レベル4」とされたが，その後の事故への対処が思うように進行せず，放射性物質の外部放出が続いたため，「深刻な事故」と見なされ，「レベル7」に引き上げられた．

a. 国際原子力事象評価尺度

原子力発電所や関連施設で発生した事故や故障に関する情報は，施設や環境への影響の度合いが分かりやすく客観的に判断できるものでなければならない．そこで原子力発電所の事故・故障の状況報告を標準化するために，国際原子力機関（International Atomic Energy Agency，IAEA）などによってINESが策定された．試験的な運用の後，1992年に各国への採用が勧告され，わが国もこの評価尺度を取り入れている．

INESは，事故や事象を，「安全上重要でない事象，レベル0」から「深刻な事故，レベル7」までの8段階に分けている（表10.21）．評価レベルが「レベル2」以上に該当する場合には，24時間以内にIAEAを介して，公式情報が加盟各国に配布される．

表10.21 国際原子力事象評価尺度（INES）

	レベル	基準		
		基準1：所外への影響	基準2：所内への影響	基準3：深層防護の劣化
事故	7 深刻な事故	・放射性物質の重大な外部放出（ヨウ素131等価で数万TBq相当以上） ・チェルノブイリ発電所事故（旧ソ連，1986） ・福島第一発電所事故（日本，2011）		
	6 大事故	・放射性物質のかなりの外部放出（ヨウ素131等価で数千TBq相当以上）		
	5 所外へのリスクを伴う事故	・放射性物質の限られた外部放出（ヨウ素131等価で数百TBq相当以上） ・ウインズケール原子炉事故（英国，1957）	・原子炉炉心の重大な損傷 ・スリーマイル島原発事故（米国，1979）	
	4 所外への大きなリスクを伴わない事故	・放射性物質の少量の外部放出（数mSvの公衆被ばく）	・原子炉炉心のかなりの損傷 ・従業員の致死量被ばく ・サンローラン発電所事故（仏国，1980）	
異常な事象	3 重大な異常事象	・放射性物質のきわめて少量の外部放出（10分の数mSvの公衆被ばく）	・所内の重大な放射性物質による汚染 ・急性放射線障害を生じる従業員の被ばく（約1Gy）	・深層防護の喪失 ・バンデロス発電所火災事象（スペイン，1989） ・動燃東海再処理工場爆発事故（日本，1999）
	2 異常事象		・所内のかなりの放射性物質による汚染 ・法定の年間線量限度を超える従業員被ばく（50mSv）	・深層防護のかなりの劣化 ・美浜発電所2号機蒸気発生器伝熱管損傷事象（日本，1991）
	1 逸脱			・運転制限範囲からの逸脱 ・高速増殖炉「もんじゅ」ナトリウム漏洩事象（日本，1995）
尺度以下	0 尺度以下	安全上重要ではない事象		・0+　安全に影響を与え得る事象 ・0−　安全に影響を与えない事象
	評価対象外	安全に関係しない事象		

演 習 問 題

問1 次に記述のうち，放射線障害防止法およびその関連法令上正しいものを2つ選びなさい．
1. 1 MeV 未満のエネルギーを有する中性子線は，この法律の規制を受けない．
2. 薬事法に規定する医薬品は放射性同位元素ではないが，その原料または材料として用いるものは，この法律で定義される放射性同位元素である．
3. ウランは放射線を発生するが，この法律で定義する「放射性同位元素」から除外される．
4. 荷電粒子を加速することにより放射線を発生させる装置であっても，政令で定めてないものは，この法律で規制されない．
5. 中性子線を発生するコッククロフト・ワルトン型加速装置で，その表面から10 cm 離れた位置の線量が500 nSv/h のものは，この法律の規制を受ける．

問2 教育および訓練に関する次の記述のうち，正しいものを2つ選びなさい．
1. 放射線業務従事者ではじめて管理区域に立ち入る者に対する教育訓練は，個人の知識および技能にかかわらず，教育および訓練のすべての項目ならびに時間数について行わなければならない．
2. 見学のために一時的に管理区域に立ち入る者に対する教育訓練は，個人の知識および技能にかかわらず行う必要はない．
3. 放射線業務従事者で，教育および訓練の一部の項目について十分な知識および技能を有していると認められる者に対しては，その項目についての教育および訓練を省略することができる．
4. 放射線業務従事者が管理区域に立ち入ったのちにあっては，教育および訓練の項目について十分な知識および技能を有していると認められない限り，1年を超えない期間ごとに教育および訓練を行わなければならない．
5. 放射線業務従事者であって，管理区域に立ち入らない者に対する教育および訓練の時間数は，法令で定められていないので，放射線取扱主任者が必要に応じて定めることができる．

問3 健康診断に関する次の記述のうち，正しいものを2つ選びなさい．
1. 放射線業務従事者が，管理区域に立ち入ったのち1年を超えない期間ごとに行わなければならない健康診断の方法は，検査または問診である．
2. 健康診断の結果については，健康診断のつど定められた事項について記録し，当該記録を保存しなければならない．
3. 被ばく歴を有する者についての問診の事項は，作業の場所，内容，期間，線量当量，放射線障害の有無，その他放射線による被ばくの状況でよい．
4. 健康診断における検査または検診の項目のうち，末梢血液中の血色素量，赤血球数および白血球数については，医師が必要と認める場合に限り行えばよい．
5. 1年間に手に300 mSv 被ばくした場合には，遅滞なくその者につき健康診断を行わなければならない．

問4 放射線取扱主任者に関する次の記述のうち，放射線障害防止上正しいものを2つ選びなさい．
1. 主任者がその職務を行うことができない場合，その期間中放射性同位元素を使用するときは，その期間が数日であっても，主任者の代理者を選任しなければならない．
2. 放射性同位元素または放射線発生装置を診断のために用いる場合には，医師，歯科医師，または薬剤師を放射線取扱主任者として選任することができる．
3. ある事業所では，新たに放射線発生装置の使用の許可を受け，使用の開始までにまだ期間があった

が，直ちに放射線取扱主任者を選任した．
4 使用者は，放射線取扱主任者がその職務を行うことができない場合において，その期間中放射性同位元素を使用するときは，その期間が数日であれば，放射線取扱主任者の代理を選任する必要はない．
5 K病院では，ラジウム（^{226}Ra）針を診療に用いるにあたり，放射線取扱主任者に薬剤師を選出して届け出た．

問5 次の核種のうち鉛で遮へいする必要があるものを2つ選びなさい．
1 ^{14}C
2 ^{32}P
3 ^{33}P
4 ^{35}S
5 ^{131}I

問6 次の臓器のうち，^{59}Feが最初に集まりやすい臓器を2つ選びなさい．
1 肺
2 胸腺
3 脾臓
4 小腸
5 骨髄

問7 次の表面汚染に用いるGMサーベイメータ，NaIシンチレーションサーベイメータおよび電離箱サーベイメータに関する記述のうち，正しいものを2つ選びなさい．
1 X線に対する方向依存性はNaIシンチレーションサーベイメータが一番良い．
2 X線に対するエネルギー依存性はNaIシンチレーションサーベイメータが一番良い．
3 X線に対する感度は，電離箱サーベイメータが一番良い．
4 GMサーベイメータを用いた時は，分解時間に起因した窒息現象に注意が必要である．
5 ^{3}H標識化合物による表面汚染は，通常電離箱サーベイメータで行う．

解　答　　問1：3と4　　問2：3と4　　問3：2と3　　問4：1と3　　問5：2と5　　問6：3と5
　　　　　問7：1と4

11
画像診断技術

はじめに

　画像診断技術は，各種病変部などの物理的診断法に用いられるもののうち，体外から体内の病態や病変部および形態的変化を測定する画像診断技術である．この物理的診断法は非侵襲的な診断法であり，しかも迅速に診断することができる．具体的には，一般的にはレントゲン撮影といわれているX線診断，X線CT，MRI，超音波診断ならびに放射性医薬品を用いたSPECTおよびPETである．胃や大腸などのX線透視撮影は，胃がんや大腸がんの早期発見に大きく寄与している．たとえば，冠動脈のX線血管造影は，多くの急性心筋梗塞患者の命を救ってきた．また，脳血管造影も脳動脈瘤や脳梗塞の診断に大きく寄与している．X線CTおよびMRIは，各種病変部の診断や治療方法決定のための形態学的な情報になくてはならない存在である．超音波診断は胆石・腎結石の発見ばかりか，心臓の機能も測定でき，さらに胎児の状態を観察することもできる．放射性医薬品を用いたSPECTおよびPETは5章で解説したので，ここではそれ以外の画像診断技術について述べる．

11.1 造影剤を用いたX線検査

　X線で写りにくい消化管や血管を**X線吸収率**の高い物質を用いてコントラストを強調し，診断を行うことを目的として用いられるのが造影剤である．X線吸収率は物質の原子番号に比例して大きくなる．**X線透過率**はX線吸収率と反比例の関係にあり，X線を吸収しやすいものは，X線が透過しにくいということである．造影剤にはX線吸収率の高いものを用いる陽性造影剤と逆にX線吸収率の低いものを用いる陰性造影剤がある．陽性造影剤にはバリウムやヨウ素といった原子番号の大きなものが用いられ，陰性造影剤には空気，酸素，二酸化炭素などの気体が用いられる．

11.1.1 消化管造影

　消化管の造影剤には**硫酸バリウム**（$BaSO_4$）が用いられている．バリウムの原子番号は56と高く，X線吸収率が高いので，造影能に優れている．すなわち陽性造影剤である．硫酸バリウムは結晶粉末であり，水にも有機溶剤にもほとんど不溶（溶解度積が非常に低い）で，さらに化学的に安定で毒性がなく，副作用が少ないなど長所が多い．硫酸バリウムは胃の検査に多用されているが，大腸の検査にも用いられることもある．胃の検査の場合，硫酸バリウムを胃壁にへばり付かせるためおよびコントラストを強くするために炭酸水素ナトリウム（重曹），酒石酸または重曹，フマル酸ナト

リウムなどの発泡剤を服用し，胃内でガスを発生させてから硫酸バリウムを服用させる．硫酸バリウムの副作用として，使用後にしばしば軽度の便秘をみるので必要に応じて緩下薬を用いる．

11.1.2 血管造影

血管の造影剤には**有機ヨード製剤**が用いられる．ヨウ素の原子番号は53でX線吸収率が高い．現在，用いられているのはトリヨードベンゼン核化合物（図11.1）で，アジピオドン系，ヨーダミド系など種々の造影剤があるが，主成分が同じでも剤形，濃度，用量，投与経路などの相違により適応が異なるものがあるのが特徴の1つである．注射液として使用する場合は水溶性にするためにナトリウム塩，メグルミン（メチルグルカミン）塩および両者の混合物が用いられていたが，これらイオン製剤は高浸透圧性のため（浸透圧は血漿浸透圧の約6～9倍と高い）副作用が大きかった．

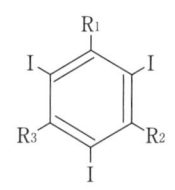

図11.1　トリヨードベンゼン核化合物

そこで，現在は浸透圧を低減させたダイマー型の製剤や浸透圧をイオン性製剤の約半分にした**非イオン性**のイオパミドールなどの薬剤が使用されている．これらはトリヨードベンゼン核化合物のR_1, R_2, R_3の炭素鎖にOH基などの親水性基を導入し水溶性にしたもので，副作用は減少している．

有機ヨード製剤の副作用症状としては悪心，嘔吐，頭痛，熱感さらにはショック症状による呼吸困難，血圧低下，意識消失などの重篤な副作用が現れることもある．また，喘息，せき，くしゃみなどのアレルギー症状が現れることもある．これらの副作用はそのほとんどが投与10分以内に起きるが，まれに1時間以上も経ってから副作用が発現することもあるので注意が必要である．非イオン製剤で副作用が減少したとはいえ，有機ヨード製剤は**ヨード過敏症**の人には**使用禁忌**とすべきである．

11.1.3 尿路・胆管・卵管造影

尿路や胆管の造影には血管造影と同様に水溶性の有機ヨード製剤が用いられている．一方，卵管造影には油性の有機ヨード製剤が用いられている．

11.2　X　線　C　T

X線CT（computed tomography）はコンピュータ処理によるX線断層撮影であり，原則的に造影剤を用いない．測定には**CT値**を用いる．CT値とはX線吸収係数を，空気を－1,000，水を0，硬い骨を＋1,000として，各組織のX線吸収係数を相対的に表したものである．最近，このX線CTと放射性医薬品を用いるPETを併用したPET-CTが新しい診断技術として用いられている．これはX線CTで捉えた形態学的診断画像とPETで捉えた機能的診断画像を二重映したものであり，がんの診断と部位の特定に大きな威力を発揮している．

11.3 MRI（磁気共鳴画像診断）

　MRI（magnetic resonance imaging）とは核磁気共鳴現象（nuclear magnetic resonance, NMR）を利用したコンピュータ断層撮影のことであり，磁場と電磁波（ラジオ波）を利用し，任意方向の断面が自由に得られる．MRIは形態学的診断法として広く用いられており，現代の診断技術としてなくてはならないものの1つになっている．

11.3.1 磁　　場
　磁場強度はSI単位ではテスラ（tesla, T）で表され，$1T = 1\,newton \cdot ampere^{-1} \cdot meter^{-1}$ である．CGS単位系ではガウス（gauss, G）で表され，1T = 10,000 G である．現在，臨床では静磁場強度が 0.02～1.5 T のMRI装置が用いられている．このうち，0.3 T以上の装置には超伝導磁石が必要である．磁場強度が大きいほど短時間で高画質を得ることができるので，最近はさらに高磁場（数T）のMRIが開発されている．

11.3.2 核スピンと歳差運動
　原子核内の陽子（proton）数と中性子数のどちらか，あるいは両方が奇数の場合は，核スピンにより磁石の性質を有する（例：^1H, ^{13}C, ^{31}P）．これらのうち臨床診断では水素の原子核である ^1H（プロトン）が用いられている．プロトンは通常状態の物質中ではバラバラの向きで核スピン運動をしているが，静磁場をかけると一斉に同じ方向を向き一定周波数の**歳差運動**（止まりかけたこまのような運動，あるいはみそすり運動ともいう）を始めるようになる．歳差運動はこまの軸にあたるところが円運動を行っているが，この円運動の周波数（歳差周波数）は静磁場強度に比例する．

11.3.3 励起と緩和
　歳差運動の状態時に同じ周波数（**ラーモア周波数**）の電磁波（ラジオ波，**RFパルス**）を静磁場と直交方向から照射すると，このラジオ波エネルギーを吸収して，回転軸方向が変わる**共鳴現象**を生じる（熱力学的には低エネルギー準位から高エネルギー準位に**励起**される）．この共鳴周波数は，たとえば静磁場 1.5 T におけるプロトンでは約 60 MHz である．その後，RFパルスを止めれば，同じ共鳴周波数の電磁波（**MR信号**）を放出しながら元の向きの歳差運動に戻っていく．この戻る過程を**緩和**という（図11.2）．

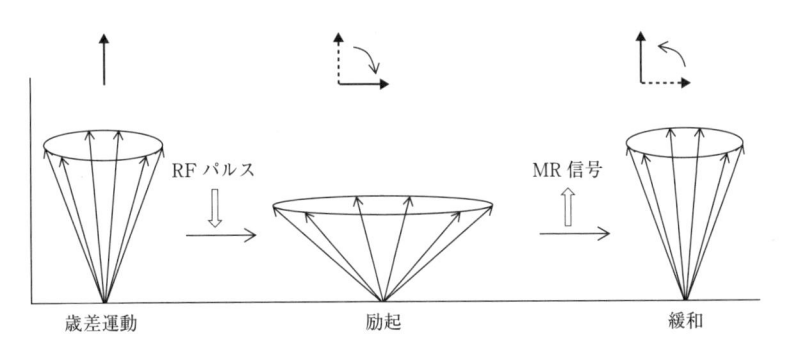

図11.2 MRIの励起（共鳴現象）と緩和

11.3.4 画像化

RFパルスの発信と停止を繰り返し，そのつど放出されるMR信号を受信し，その緩和時間の差異を基にして画像化する．緩和には縦緩和と横緩和があり，それぞれの時間を T_1, T_2 値という．

11.3.5 傾斜磁場

MRI装置では静止磁場コイルに加え，傾斜磁場コイルと呼ばれる装置でずらした磁場をかけ，返ってくるMR信号の周波数を分析することにより，人体のどの位置にあるプロトンが信号を放出したかを知ることができる．縦横2方向にこのような処理をすることにより任意方向の断面像（横断面，矢状断面，冠状断面，斜断面など）を得ることができる．

11.3.6 診断

MRIでは同じ場所でプロトン密度強調画像，T_1 強調画像，T_2 強調画像という複数の画像が撮影できる．T_1, T_2 の値（緩和時間）は組織の水分量に大きく関連しており，水分の多い組織ほど長くなる．たとえば，腎皮質より腎髄質が，また，肝臓より脾臓のほうが T_1, T_2 の値が長くなる．また，肺はほとんどが空気である（水がない，すなわちプロトンがない）ので，MR信号はなくMR画像は真っ黒になる．実際の T_1 強調画像では水分が多いと黒く，T_2 強調画像では逆に白く見える．一般に悪性腫瘍組織では正常組織に比べ水分が多いので T_1, T_2 の値が長くなり，T_1 強調画像では黒く，T_2 強調画像では白くなる．現在は，形態学的診断に用いられているが，将来的には機能的診断も可能となる．

11.3.7 MRI造影剤

現在，最も一般的に使用されているMRI造影剤は，ガドリニウム(Gd)化合物である．ガドリニウムイオン(Gd^{3+})は常磁性を示すので，プロトンの緩和時間を促進する．ガドリニウムイオンは毒性が強いため，Gd-DTPAなどのキレート化合物として用いられている．Gd-DTPAは速やかに尿中へ排泄される（24時間以内に90％以上が排泄される）．また血液-脳関門(BBB)を通過しないために，BBBの障害を伴う脳腫瘍や脳出血の際には脳内病変部位のコントラストが著明に増強される．副作用発現率については，Gd-DTPAの場合，国内での臨床試験において低頻度（0.64％）であり，X線造影剤に比べ，副作用は少ない．しかし，小児や妊婦における安全性は，使用例数が少なく確認されていないため，原則的には使用しない（血液-胎盤関門は通過する）．そのほか，クエン酸第二鉄アンモニウムのような消化管造影剤もある．MRI造影剤はX線造影剤に比べて副作用が少ない．

11.4 超音波診断

人の可聴音の周波数（1秒間あたりの振動数）は20〜20,000 Hz(0.02 MHz)で，これより周波数の高い音を超音波と呼んでいる．通常，診断には3〜10 MHzの超音波が用いられる．超音波診断は各組織の境界面で反射した超音波を捉えて画像化したものである．一般的にエコー検査といわれている．

11.4.1 音波の性質と特徴

音波は物質中をほぼ直進し，反射する．速度は水中で約1,500 m/sで組織中もほぼこの速度で伝

わる．周波数と波長は反比例の関係にあり，速度は周波数と波長の積で表される．したがって，周波数 3 MHz の超音波の組織中（水中と同じ）での波長（λ）は，

$$\lambda = 1{,}500 \text{ m·s}^{-1} / 3 \times 10^6 \cdot \text{s}^{-1} = 5 \times 10^{-4} \text{ m} = 0.5 \text{ mm}$$

となる．周波数が高い（波長が短い）ほど組織に吸収されやすく透過力が小さくなるので，深部組織の診断には周波数の低いものが用いられる．

深部組織（肝臓，腎臓，心臓など）：3～4 MHz
浅部組織（甲状腺など）：5～10 MHz

音波は気体中では伝わりにくいので，肺や消化管ガスにより妨害される．一方，液体や固体中ではよく伝わる．肝，腎などの臓器や筋肉，脂肪などではよく伝わるが，骨とか腎結石などでは表面で強く反射されて伝わりにくい．

また，音波は波動であるので一定の波長と振動数を持っているが，対象物が移動している場合，ドップラー効果により反射音波の波長と振動数が常に変化する．そこで，たとえば心臓の血液の流入・排出という血流の動きをカラーで画像化することもできる．これを**ドップラーエコー**という．

超音波を用いた診断法には，踵の骨密度を測定するものもある．超音波が骨を通過する速度（超音波伝搬速度）と骨による減衰率（超音波減衰率）から骨密度を算出する方法で，非常に簡便で安価な骨密度測定法である．

11.5 ファイバースコープ検査

ファイバースコープ検査は内視鏡検査ともいわれている．以前は患部を肉眼で直接見ていたが，現在のものはファイバースコープの先端に超小型の CCD カメラを装着し，その画像をモニターで見ながら検査を行っている．CCD（charge coupled device）は光を電気信号に変換する電荷結合素子を用いたもので，デジタルカメラにも用いられている．リアルタイムで直接的に対象物を視認できることがファイバースコープの利点である．胃のファイバースコープ検査は胃潰瘍や胃がんの検査から十二指腸潰瘍の検査にも用いられ，非常に一般化している．大腸ファイバースコープ検査も大腸がんの検査に多用されている．そのほか，鼻咽喉，咽頭，気管支，子宮，関節などの検査にもファイバースコープは用いられている．ファイバースコープ検査は同時に生検するための組織の採取も可能である．また，ファイバースコープの利用は，胃がんや大腸がんおよびポリープの摘出手術から腹腔鏡手術による胆嚢摘出なども可能にし，患者の肉体的な負担が低減され，さらには手術後の入院数日が非常に短くなった．

11.6 その他の画像法

11.6.1 赤外線サーモグラフィ

赤外線の発見は X 線の発見よりも 95 年も前のことで，天王星を発見したことで有名なフレデリック・ウィリアム・ハーシェルによって 1800 年に発見された．赤外線は可視光線の赤色よりも波長が長い，人の目には映らない電磁波で，ものを温める性質があり，また温度のあるものから放出される．赤外線サーモグラフィ（infrared thermography）とは人体から放出される赤外線量を測定するもので，たとえば皮膚表面温度を測定することにより手足の血行状態が画像診断できる．各種疾

患や代謝異常による発熱量の変化を測定して診断に利用することができる．赤外線はかなり離れた距離から測定できるので，通行中の人の体温をリアルタイムで画像化し，インフルエンザなどで熱がある人を選別することも可能である．

赤外線の検出原理は，物体から放射された赤外線をゲルマニウムレンズで集光し，赤外線検出素子により検出する．ゲルマニウムは赤外線に対して透明である．赤外線検出素子には赤外線による光電効果を利用するものと赤外線による温度上昇を利用するものがある．検出器自身の温度上昇による雑音を防止するために，素子を冷却するか一定温度に保つ必要がある．サーモグラフィで検出するのは $10\,\mu m$ 前後の波長の赤外線である．

11.6.2 マンモグラフィ

マンモグラフィ（mammography）は乳がんの早期発見のためのX線画像診断法である．乳房を約5cm程度に圧迫して撮影するので苦痛はあるが，通常のX線撮影よりも低いX線エネルギーですむためにX線被ばく線量は少ない．触診よりも確実で早期発見ができると期待されている一方，画像から乳がんを正確に読み取れる専門医の不足が指摘されている．

11.6.3 骨密度測定

現在，骨粗鬆症の患者は1,000万人ともいわれているが，その正確な実数は不明であり，高齢化社会を迎えて老人の骨折の増加は介護における深刻な問題となっている．X線を用いた骨密度測定（bone densitometry）が一般的であるが，超音波を用いた骨密度測定もある．

X線を用いた測定法はX線吸収法（radiographic absorptiometry，RA法）といわれ，手の骨をX線撮影し，一緒に撮影したアルミニウムの基準物質とのX線吸収率の差から骨密度を測定する．また，エネルギーの異なる2種類のX線を用い，透過率の差異から骨密度を測定する二重エネルギーX線吸収測定法（dual-energy x-ray absorptiometry，DXA法）もある．この場合は腰椎，大腿骨，前腕骨または全身の骨を測定対象とする．さらに，X線CTを用いた定量的CT法（quantitated computed tomography，QCT法）などもある．

11.6.4 近赤外光イメージング

近赤外光イメージング（near-infrared spectroscopy，NIRS）は脳機能イメージングに近赤外光を用いた画像診断法である．脳の活動には酸素が必要で，酸素化ヘモグロビン（oxyHb）が血流で運んでくる．酸素化されていないヘモグロビンHb（deoxyHb）と酸素化ヘモグロビンoxyHbでは近赤外光の吸収・散乱の度合いが異なるので，この差異から濃度変化を測定し，脳の活動を観察することができる．使用する近赤外光の波長は700～900 nmである．この波長では生体を透過することができ，しかも水による吸収も少ないが，頭蓋骨は容易に通過できないので，頭皮に密着させて近赤外光を脳内に照射する．測定はリアルタイムで行えるので，刺激に反応する脳の活動部位が経時的に変化する様子が画像化できる．

演習問題

問1 物理的診断法に関する記述のうち，正しいものを2つ選びなさい．
 1 超音波診断法では，人の可聴域の上限を超える周波数を持つ音波が使用される．

2　MRI 法では非侵襲的に体内を描画することができる．
3　CT スキャン法には遠赤外線が使用される．
4　ファイバースコープ法では屈折光を利用している．
5　X 線造影法の実施にあたって，人体に対する放射線の影響を考慮する必要はまったくない．

問2　物理的診断法に関する記述のうち，正しいものを 2 つ選びなさい．
1　MRI には，主として放射性同位元素が用いられる．
2　CT スキャン法には，X 線やポジトロンが線源として使用される．
3　X 線診断法が骨の診断に有効なのは，カルシウムの X 線透過性が高いことに基づいている．
4　心臓の弁運動に関する超音波診断法の原理はドップラー効果に基づいている．
5　X 線造影剤に利用できる安全な元素は，バリウムだけである．

問3　物理的診断法に関する記述のうち，正しいものを 2 つ選びなさい．
1　CT スキャン法では，X 線やポジトロン（陽電子）が使用される．
2　PET では，^{11}C などの核種から放出されたポジトロンを直接検出している．
3　X 線造影剤に利用される硫酸バリウムは，バリウム原子が照射 X 線エネルギーを効率的に吸収する．
4　脂肪組織のほうが血液より X 線吸収値が大きい．
5　X 線撮影の二重造影法では，空気あるいは炭酸ガスで硫酸バリウムの吸収を高めている．

問4　超音波診断法に関する記述のうち，正しいものを 2 つ選びなさい．
1　診断用超音波の周波数は 80 MHz 以上である．
2　超音波診断装置では，超音波の反射波を画像としている．
3　心臓や血管内の血流検索を行う超音波診断法では，ドップラー効果を利用している．
4　微小気泡は，超音波をほとんど反射しないので，エコー信号の増強効果はない．
5　超音波診断法に用いられる超音波を受けると，人体に著しい影響が現れる．

問5　MRI に関する記述のうち，正しいものを 2 つ選びなさい．
1　生体内の水分子の酸素原子核の磁気共鳴を利用する．
2　ラーモア周波数の 2 倍の周波数を持つ電磁波を照射し，核を励起状態に移行させる．
3　励起した核の基底状態への緩和時間が，組織や病変によって異なることを利用する．
4　体内の信号発生部位での強度情報を，侵襲的に画像として描画できる．
5　傾斜磁場をかけることで，体内の信号発生部位の位置を知ることができる．

問6　X 線造影法に関する記述のうち，正しいものを 2 つ選びなさい．
1　X 線の振動数は，可視光の振動数よりも大きい．
2　X 線造影法では，反射波を観測している．
3　X 線は，フィルムに塗布した写真乳剤に潜像を形成させる．
4　X 線吸収度は，脂肪＞水＞骨の順に低くなる．
5　造影剤の投与後に行う X 線診断法は，胸部や骨格系の診断に広く用いられる．

解　答　　問1：1 と 2　　問2：2 と 4　　問3：1 と 3　　問4：2 と 3　　問5：3 と 5　　問6：1 と 3

付　　　録

付表 1(1)　放射能に関する単位

物理量	名　称	記号	内　容
エネルギー	電子ボルト	eV	$1.602\,176\,462(63) \times 10^{-19}$ J
断面積	バーン	b	1×10^{-28} m^2
放射能	ベクレル	Bq	$1\text{s}^{-1} = 1$ dps (1 Bq $= 2.703 \times 10^{-11}$ Ci)
放射能	キュリー	Ci	3.7×10^{10} s$^{-1} = 37$ GBq
吸収線量	グレイ	Gy	1 J/kg (1 Gy $= 100$ rad)
吸収線量	ラド	rad	1×10^{-2} J/kg (1 rad $= 1 \times 10^{-2}$ Gy)
照射線量	クーロン毎キログラム	C/kg	$3,876$ R
照射線量	レントゲン	R	2.58×10^{-4} C/kg
線量当量	シーベルト	Sv	1 J/kg (1 Sv $= 100$ rem)
線量当量	レム	rem	1×10^{-2} J/kg (1 rem $= 1 \times 10^{-2}$ Sv)

付表 1(2)　単位の接頭語

倍数	記号	読み	倍数	記号	読み
10^{12}	T	tera　テラ	10^{-2}	c	centi　センチ
10^{9}	G	giga　ギガ	10^{-3}	m	milli　ミリ
10^{6}	M	mega　メガ	10^{-6}	μ	micro　マイクロ
10^{3}	k	kilo　キロ	10^{-9}	n	nano　ナノ
10^{2}	h	hecto　ヘクト	10^{-12}	p	pico　ピコ
10^{1}	da	deca　デカ	10^{-15}	f	femto　フェムト
10^{-1}	d	deci　デシ	10^{-18}	a	atto　アト

付表2 主な放射性同位元素

核種	半減期[*4]	崩壊形成	主なβ線(またはα線)のエネルギー(MeV)と放出の割合	主な光子(γ線, X線)のエネルギー(MeV)と放出の割合	実効線量率定数[*1](空気衝突カーマ率定数[*2])
^{3}H	12.33 y	β^-	0.0186-100%	γ(なし)	
^{11}C	20.39 m	β^+, EC	0.960-99.8%	0.511 (β^+)	0.144 (0.139)
^{14}C	5,730 y	β^-	0.156-100%	γ(なし)	
^{13}N	9.965 m	β^+, EC	1.198-99.8%	0.511 (β^+)	0.144 (0.139)
^{15}O	122 s (2.037 m)	β^+, EC	1.732-99.9%	0.511 (β^+)	0.144 (0.139)
^{18}F	109.8 m	EC	3.3%		0.144 (0.139)
		β^+	0.633-96.7%	0.511 (β^+)	
^{22}Na	2.609 y	β^+	0.546-89.8%	0.511 (β^+)	0.284 (0.280)
				1.275-99.9%	
		EC	10.1%		
^{32}P	14.26 d	β^-	1.711-100%	γ(なし)	
^{33}P	25.34 d	β^-	0.249-100%	γ(なし)	
^{35}S	87.51 d	β^-	0.167-100%	γ(なし)	
^{40}K	1.227×10^9 y	β^-	1.312-89.3%		0.0183 (0.0184)
		EC	10.7%	1.461-10.7%	
^{45}Ca	162.6 d	β^-	0.257-100%	γ(なし)	
^{51}Cr	27.7 d	EC	100%	0.320-9.92%	0.00458 (0.00422)
^{59}Fe	44.50 d	β^-	0.273-45.3%	1.099-56.5%	0.147
			0.465-53.1%	1.292-43.2%	(0.147)
^{60}Co	5.271 y	β^-	0.318-99.9%	1.173-100%	0.305 (0.306)
				1.333-100%	
^{62}Cu	9.74 m	EC	2.2%	0.511 (β^+)	
		β^+	2.927-97.2%		
^{67}Ga	78.3 h (3.261 d)	EC	100%	0.0933-39.2%	0.0225 (0.0190)
				0.185-22.1%	
				0.300-16.8%	
				0.394-4.7%	
^{68}Ga	67.63 m	β^+	0.822-1.1%	0.511 (β^+)	0.133 (0.129)
			1.899-88.0%		
		EC	10.9%	1.077-3.0%	
^{68}Ge	270.8 d 娘 ^{68}Ga	EC	100%	0.0093-38.7% (Ga-K$_\alpha$)	0.133[*3] (0.129)[*3]
^{81m}Kr	13.10 s	IT	100%	0.190-67.6%	0.0184 (0.0156)
^{81}Rb	4.576 h 娘 ^{81m}Kr	β^+	0.578-1.8%	0.511 (β^+)	
			1.024-25.0%	0.190-64.0% (^{81m}Kr)	
		EC	72.9%	0.446-23.2%	0.0876[*3] (0.0824)[*3]
				0.457-3.0%	
				0.510-5.3%	
^{82}Rb	1.273 m	EC	4.5%	0.777-13.4%	0.153
		β^+	2.602-11.7%	0.511 (β^+)	(0.148)
			3.379-83.3%		
^{89}Sr	50.53 d	β^-	1.495-100%	γ(なし)	

(つづく)

付表2（つづき）

核種	半減期[*4]	崩壊形成	主なβ線（またはα線）のエネルギー(MeV)と放出の割合	主な光子（γ線, X線）のエネルギー(MeV)と放出の割合	実効線量率定数[*1]（空気衝突カーマ率定数[*2]）
^{90}Sr	28.74 y	β^-	0.546-100%	γ（なし）	
娘 ^{90}Y	64.10 h	β^-	2.280-100%	γ（なし）	
^{99}Mo	65.94 h	β^-	0.437-16.4%	0.141-4.5%	0.0201 (0.0194)
娘 ^{99m}Tc			0.848-1.1%	0.181-6.0%	0.0376[*3] (0.0331)[*3]
			1.215-82.4%	0.366-1.2%	
				0.739-12.1%	
				0.778-4.3%	
^{99m}Tc	6.01 h	IT	100%	0.141-89.1%	0.0181 (0.0141)
^{111}In	2.805 d	EC	100%	0.171-90.2%	0.0553 (0.0477)
				0.245-94.0%	
^{123}I	13.27 h	EC	100%	0.159-83.3%	0.0226 (0.0206)
				0.0275-70.0%（Te-K$_\alpha$）	
^{125}I	59.40 d	EC	100%	0.0355-6.7%	0.00295 (0.00603)
				0.0275-114%（Te-K$_\alpha$）	
^{131}I	8.021 d	β^-	0.248-2.1%	0.0802-2.6%	0.0545 (0.0513)
			0.334-7.3%	0.284-6.1%	
			0.606-89.9%	0.364-81.7%	
				0.637-7.2%	
				0.723-1.8%	
^{133}Xe	5.243 d	β^-	0.346-99.0%	0.0810-38.0%	0.00937 (0.0127)
				0.0310-40.3%（Cs-K$_\alpha$）	
^{186}Re	90.64 h	β^-	0.932-21.5%	0.137-9.4%	0.00314 (0.00242)
			1.070-71.0%		
		EC	6.9%		
^{201}Tl	72.91 h	EC	100%	0.135-2.6%	0.0142 (0.0104)
				0.167-10.0%	
				0.0708-73.7%（Hg-K$_\alpha$）	
				0.0803-20.4%（Hg-K$_\beta$）	
^{235}U	7.038×10^8 y	α	4.215-5.7%	0.0196-61.0%	0.0232 (0.0192)
			4.323-4.4%	0.144-11.0%	
			4.366-17.0%	0.163-5.1%	
			4.398-55.0%	0.186-57.2%	
			4.556-4.2%	0.205-5.0%	
			4.596-5.0%	0.0934-9.4%（Th-K$_\alpha$）	
^{238}U					
^{239}Pu					

データはアイソトープ手帳（10版）（日本アイソトープ協会, 2001）による．

[*1] 実効線量率定数：$\mu Sv \cdot m^2 \cdot MBq^{-1} \cdot h^{-1}$
[*2] 空気衝突カーマ率定数：$\mu Gy \cdot m^2 \cdot MBq^{-1} \cdot h^{-1}$
[*3] 親核種と併記された娘核種が放射平衡にある場合の値．
[*4] y：年，d：日，h：時，m：分，s：秒

付表3 元素の周期表 (2004)

族/周期	1	2	3	4	5	6	7	8	9	10	11	12	13	14	15	16	17	18
1	1 H 水素 1.00794																	2 He ヘリウム 4.002602
2	3 Li リチウム 6.941	4 Be ベリリウム 9.012182											5 B ホウ素 10.811	6 C 炭素 12.0107	7 N 窒素 14.0067	8 O 酸素 15.9994	9 F フッ素 18.9984032	10 Ne ネオン 20.1797
3	11 Na ナトリウム 22.989770	12 Mg マグネシウム 24.3050											13 Al アルミニウム 26.981538	14 Si ケイ素 28.0855	15 P リン 30.973761	16 S 硫黄 32.065	17 Cl 塩素 35.453	18 Ar アルゴン 39.948
4	19 K カリウム 39.0983	20 Ca カルシウム 40.078	21 Sc スカンジウム 44.955910	22 Ti チタン 47.867	23 V バナジウム 50.9415	24 Cr クロム 51.9961	25 Mn マンガン 54.938049	26 Fe 鉄 55.845	27 Co コバルト 58.933200	28 Ni ニッケル 58.6934	29 Cu 銅 63.546	30 Zn 亜鉛 65.409	31 Ga ガリウム 69.723	32 Ge ゲルマニウム 72.64	33 As ヒ素 74.92160	34 Se セレン 78.96	35 Br 臭素 79.904	36 Kr クリプトン 83.798
5	37 Rb ルビジウム 85.4678	38 Sr ストロンチウム 87.62	39 Y イットリウム 88.90585	40 Zr ジルコニウム 91.224	41 Nb ニオブ 92.90638	42 Mo モリブデン 95.94	43 Tc* テクネチウム (99)	44 Ru ルテニウム 101.07	45 Rh ロジウム 102.90550	46 Pd パラジウム 106.42	47 Ag 銀 107.8682	48 Cd カドミウム 112.411	49 In インジウム 114.818	50 Sn スズ 118.710	51 Sb アンチモン 121.760	52 Te テルル 127.60	53 I ヨウ素 126.90447	54 Xe キセノン 131.293
6	55 Cs セシウム 132.90545	56 Ba バリウム 137.327	57～71 ランタノイド	72 Hf ハフニウム 178.49	73 Ta タンタル 180.9479	74 W タングステン 183.84	75 Re レニウム 186.207	76 Os オスミウム 190.23	77 Ir イリジウム 192.217	78 Pt 白金 195.078	79 Au 金 196.96655	80 Hg 水銀 200.59	81 Tl タリウム 204.3833	82 Pb 鉛 207.2	83 Bi ビスマス 208.98038	84 Po* ポロニウム (210)	85 At* アスタチン (210)	86 Rn* ラドン (222)
7	87 Fr* フランシウム (223)	88 Ra* ラジウム (226)	89～103 アクチノイド	104 Rf* ラザホージウム (261)	105 Db* ドブニウム (262)	106 Sg* シーボーギウム (263)	107 Bh* ボーリウム (264)	108 Hs* ハッシウム (269)	109 Mt* マイトネリウム (268)	110 Ds* ダームスタチウム (269)	111 Rg* レントゲニウム (272)	112 Uub* ウンウンビウム (277)		114 Uuq* ウンウンクアジウム (289)		116 Uuh* ウンウンヘキシウム (292)		

	57	58	59	60	61	62	63	64	65	66	67	68	69	70	71
57～71 ランタノイド	La ランタン 138.9055	Ce セリウム 140.116	Pr プラセオジム 140.90765	Nd ネオジム 144.24	Pm* プロメチウム (145)	Sm サマリウム 150.36	Eu ユウロピウム 151.964	Gd ガドリニウム 157.25	Tb テルビウム 158.92534	Dy ジスプロシウム 162.500	Ho ホルミウム 164.93032	Er エルビウム 167.259	Tm ツリウム 168.93421	Yb イッテルビウム 173.04	Lu ルテチウム 174.967
	89	90	91	92	93	94	95	96	97	98	99	100	101	102	103
89～103 アクチノイド	Ac* アクチニウム (227)	Th* トリウム 232.0381	Pa* プロトアクチニウム 231.03588	U* ウラン 238.0291	Np* ネプツニウム (237)	Pu* プルトニウム (239)	Am* アメリシウム (243)	Cm* キュリウム (247)	Bk* バークリウム (247)	Cf* カリホルニウム (252)	Es* アインスタイニウム (252)	Fm* フェルミウム (257)	Md* メンデレビウム (258)	No* ノーベリウム (259)	Lr* ローレンシウム (262)

(©2005 日本化学会 原子力小委員会)

注1：安定同位体が存在しない元素には元素記号の右肩に*を付す。
注2：天然で特定の同位体組成を示さない元素については、その元素の最もよく知られた放射性同位体の質量数を（ ）の内に示す。
備考：アクチノイド以降の元素については、周期表の位置は暫定的である。

放射性医薬品・悪性腫瘍診断薬，虚血性心疾患診断薬，てんかん診断薬

FDG スキャン®注

放射性医薬品基準フルデオキシグルコース(^{18}F)注射液

処方せん医薬品(注)
**2010年3月改訂（第4版）
*2008年9月改訂
貯法：室温，遮光保存
有効期間：検定日時から24時間
（ラベルにも記載）

日本標準商品分類番号 874300
承認番号 21700AMZ00697000
保険適用 2005年9月
販売開始 2005年8月

原則禁忌（次の患者には投与しないことを原則とするが，特に必要とする場合には慎重に投与すること）
　妊婦又は妊娠している可能性のある婦人［動物試験において胎児移行性が報告されている］

【組成・性状】
本剤は，水性の注射剤で，フッ素18をフルデオキシグルコースの形で含む．

1バイアル（2mL）中

フルデオキシグルコース(^{18}F) （検定日時において）		185 MBq
添加物	日本薬局方D-マンニトール 日本薬局方生理食塩液	3.64 mg
外観 pH 浸透圧比	無色～微黄色澄明の液 5.0～7.5 約1（生理食塩液に対する比）	

【効能又は効果】
1．悪性腫瘍の診断
(1) 肺癌，乳癌（他の検査，画像診断により癌の存在を疑うが，病理診断により確定診断が得られない場合，あるいは，他の検査，画像診断により病期診断，転移・再発の診断が確定できない場合）の診断
(2) 大腸癌，頭頸部癌（他の検査，画像診断により病期診断，転移・再発の診断が確定できない場合）の診断
(3) 脳腫瘍（他の検査，画像診断により転移・再発の診断が確定できない場合）の診断
(4) 膵癌（他の検査，画像診断により癌の存在を疑うが，病理診断により確定診断の得られない場合）の診断
(5) 悪性リンパ腫，悪性黒色腫（他の検査，画像診断により病期診断，転移・再発の診断が確定できない場合）の診断
(6) 原発不明癌（リンパ節生検，CT等で転移巣が疑われ，かつ，腫瘍マーカーが高値を示す等，悪性腫瘍の存在を疑うが，原発巣の不明な場合）の診断
2．虚血性心疾患（左室機能が低下している虚血性心疾患による心不全患者で，心筋組織のバイアビリティ診断が必要とされ，かつ，通常の心筋血流シンチグラフィで判定困難な場合）の診断
3．難治性部分てんかんで外科切除が必要とされる場合の脳グルコース代謝異常領域の診断

【用法及び用量】
通常，成人には本剤1バイアル（検定日時において185 MBq）を静脈内に投与し撮像する．投与量（放射能）は，年齢，体重により適宜増減するが，最小74 MBq，最大370 MBqまでとする．

製造販売元
日本メジフィジックス株式会社
〒136-0075　東京都江東区新砂3丁目4番10号

（日本メジフィジックス株式会社，FDGスキャン®注添付文書より転載）

注1）注意—添付文書は日々更新されるため，実際の使用の際は，最新の添付文書を参照すること．
注2）注意—医師等の処方せんにより使用すること．

処方せん医薬品(注)	放射性医薬品・副腎疾患診断薬
2010年1月改訂（第6版）	
2007年4月改訂	

アドステロール®-I 131 注射液
Adosterol®-I 131 Injection

放射性医薬品基準ヨウ化メチルノルコレステノール(^{131}I) 注射液

日本標準商品分類番号	874300
承認番号	15500AMZ00879
薬価収載	1980年12月
販売開始	1980年6月
再審査結果	1987年9月

貯法：(1) 遮光・4℃以下保存（本品はなるべく凍結状態で保存した方がよい。）
(2) 放射線を安全に遮蔽できる貯蔵設備（貯蔵箱）に保存

有効期間：製造日から2週間

【禁忌（次の患者には投与しないこと）】
(1) ヨード過敏症患者．
(2) 妊婦又は妊娠している可能性のある婦人ならびに授乳中の婦人．
(3) 副腎疾患が強く疑われる者以外の患者．
(4) 18歳未満の者には性腺，ことに卵巣への被曝が多いので投与しないことを原則とする．

【組成・性状】

1バイアル中

容量		0.5 mL	1 mL
6β-ヨードメチル-19-ノル-コレスト-5(10)-エン-3β-オール(^{131}I)（検定日時）		18.5 MBq	37 MBq
添加物	エタノール	0.008 mL	0.016 mL
	ポリソルベート80	0.016 mL	0.032 mL
	生理食塩液	適量	
外観		無色澄明の液	
pH		5.5～7.0	
浸透圧比（0.9%生理食塩液に対する比）		約2	

【効能又は効果】
副腎シンチグラムによる副腎疾患部位の局在診断

【用法及び用量】
本品に生理食塩液又は注射用水を加えて2倍以上希釈する．

次に，その約18.5 MBqを被検者に30秒以上かけてゆっくり静注し，静注7日目以降にプローブ型シンチレーションデテクタースキャナー又はシンチカメラを用いてデテクターを体外より副腎部に向けて走査又は撮影することにより副腎シンチグラムを得る．

なお，年齢，体重により適宜増減する．

製造販売元
富士フイルムRIファーマ株式会社
〒104-0031　東京都中央区京橋1-17-10　内田洋行京橋ビル

（富士フイルムRIファーマ株式会社，アドステロール®-I 131注射液添付文書より転載）

注1) 注意—添付文書は日々更新されるため，実際の使用の際は，最新の添付文書を参照すること．
注2) 注意—医師等の処方せんにより使用すること．

放射性医薬品・悪性腫瘍診断薬, 炎症性病変診断薬

クエン酸ガリウム(^{67}Ga)注 NMP

処方せん医薬品(注)
** 2010年3月改訂(第5版)
* 2007年3月改訂
貯法:室温, 遮光保存
有効期間:検定日から2週間
(ラベルにも記載)

日本標準商品分類番号　874300
承認番号　20300AMZ00817000
薬価収載　1982年9月
販売開始　1991年11月

日本薬局方クエン酸ガリウム(^{67}Ga)注射液

【組成・性状】*

1 mL 中

クエン酸ガリウム(^{67}Ga)(検定日時において)		74 MBq
2.8w/v% クエン酸ナトリウム溶液		1.0 mL
日本薬局方クエン酸ナトリウム水和物		28 mg
添加物　日本薬局方クエン酸水和物		適量
添加物	日本薬局方ベンジルアルコール	0.009 mL
性状	無色〜淡赤色澄明の液	
pH	6.0〜8.0	
浸透圧比	約1(生理食塩液に対する比)	

【効能又は効果】
・悪性腫瘍の診断
・下記炎症性疾患における炎症性病変の診断
　腹部膿瘍, 肺炎, 塵肺, サルコイドーシス, 結核, 骨髄炎, び漫性汎細気管支炎, 肺線維症, 胆のう炎, 関節炎, など

【用法及び用量】
1. 腫瘍シンチグラフィ
　本剤 1.11〜1.48 MBq/kg を静注し, 24〜72時間後に, 被検部をシンチレーションカメラ又はシンチレーションスキャンナで撮影又は走査することによりシンチグラムをとる.
2. 炎症シンチグラフィ
　本剤 1.11〜1.85 MBq/kg を静注し, 48〜72時間後に, 被検部をシンチレーションカメラ又はシンチレーションスキャンナで撮影又は走査することによりシンチグラムをとる. 必要に応じて投与後6時間像をとることもできる.
　投与量は, 年齢, 体重により適宜増減する.

(シリンジバイアル使用方法)
①コンテナのセイフティバンドを切り取り, 上蓋を外す.
②メジシリンジ専用プランジャーを取り付ける (図1).
③コンテナから取り出す (メジシールドキャップを持って取り出せます).
④先端のゴムキャップを取り, メジシリンジ専用針 (メジニードル又はメジアー針) を取り付ける (図2).
⑤患者に投与する.

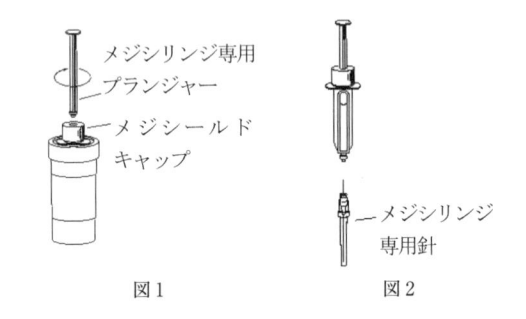

図1　メジシリンジ専用プランジャー／メジシールドキャップ
図2　メジシリンジ専用針

(使用後の廃棄方法)
①誤刺に注意して, 針を外す.
②プランジャーは取り付け時と反対の方向 (反時計方向) に回して取り外す.
③メジシールドキャップを回して取り外し, シールドからシリンジを抜き取り廃棄する.

製造販売元
日本メジフィジックス株式会社
〒136-0075　東京都江東区新砂3丁目4番10号

(日本メジフィジックス株式会社, クエン酸ガリウム(^{67}Ga)注添付文書より転載)

注1)　注意―添付文書は日々更新されるため, 実際の使用の際は, 最新の添付文書を参照すること.
注2)　注意―医師等の処方せんにより使用すること.

付　録

放射性医薬品
生物由来製品
劇薬
処方せん医薬品(注)
＊＊2009年6月改訂（第4版，
「指定医薬品」規制区分廃止に伴う改訂）
＊2008年8月改訂
貯法：凍結を避け冷所(2-8℃)に遮光保存
有効期間：製造日から7日間（ラベルにも記載）

抗悪性腫瘍剤・放射標識抗CD20モノクローナル抗体

ゼヴァリン®イットリウム(^{90}Y)静注用セット

イットリウム(^{90}Y)イブリツモマブ チウキセタン（遺伝子組換え）注射液調製用

日本標準商品分類番号	
874291	
承認番号	22000AMX00027
薬価収載	2008年6月
販売開始	2008年8月
国際誕生	2002年2月

■警告
(1)本品の使用においては，緊急時に十分に対応できる医療施設において，造血器悪性腫瘍の治療及び放射線治療に対して，十分な知識・経験を持つ医師のもとで，本品の使用が適切と判断される症例のみに行うこと．また，治療開始に先立ち，患者又はその家族に有効性及び危険性を十分に説明し，同意を得てから投与を開始すること．
(2)イットリウム（^{90}Y）イブリツモマブ チウキセタン（遺伝子組換え）注射液の投与に先立ち，ゼヴァリン インジウム（^{111}In）静注用セットを用いてイブリツモマブ チウキセタン（遺伝子組換え）の集積部位の確認を行い，異常な生体内分布が認められた患者には本品を用いた治療は行わないこと．[「用法・用量に関連する使用上の注意」の項参照]
(3)本品の使用にあたっては，添付文書を熟読すること．なお，リツキシマブ（遺伝子組換え）及びゼヴァリン インジウム（^{111}In）静注用セットの添付文書についても熟読すること．

■禁忌（次の患者には投与しないこと）
(1)本品の成分，マウスタンパク質由来製品又はリツキシマブ（遺伝子組換え）に対する重篤な過敏症の既往歴のある患者
(2)妊婦又は妊娠している可能性のある女性［「妊婦，産婦，授乳婦等への投与」の項参照］

【組成・性状】
1．組成
　1セットは下記の組合せよりなる．
　1セット中

名称	容量	1バイアル中の成分含量		
イブリツモマブチウキセタン溶液※	2 mL	有効成分	イブリツモマブ チウキセタン（遺伝子組換え）	3.2 mg
		添加物	塩化ナトリウム	17.6 mg
注射液調製用酢酸ナトリウム溶液	2 mL	添加物	酢酸ナトリウム水和物	13.6 mg
注射液調製用緩衝液	10 mL	添加物	人血清アルブミン	749.7mg
			塩化ナトリウム	75.6mg
			リン酸水素ナトリウム水和物	27.5 mg
			ジエチレントリアミン五酢酸	4.0 mg
			リン酸二水素カリウム	1.9 mg
			塩化カリウム	1.9 mg

		pH調整剤（水酸化ナトリウム，塩酸）	適量
注射液調製用無菌バイアル		内容物を含まない無菌のガラスバイアル（10 mL）	
放射性医薬品基準塩化イットリウム（^{90}Y）溶液	1 mL	有効成分	塩化イットリウム（^{90}Y）	1850 MBq（検定日時）
		添加物	pH調整剤（塩酸）	適量

※本品はチャイニーズハムスター卵巣細胞を用いて製造される．製造工程において，培地成分としてヒトインスリン（遺伝子組換え），精製カラムの充填剤としてプロテインA（遺伝子組換え）を使用している．

2．調製後注射液：イットリウム（^{90}Y）イブリツモマブ チウキセタン（遺伝子組換え）注射液の性状

性状	緑黄色から黄色ないし黄褐色の澄明な液
pH	5.6～7.6
浸透圧比（生理食塩液に対する比）	約1

【効能・効果】
CD20陽性の再発又は難治性の下記疾患
低悪性度B細胞性非ホジキンリンパ腫，マントル細胞リンパ腫

効能・効果に関連する使用上の注意
1．リツキシマブ（遺伝子組換え）又はリツキシマブ（遺伝子組換え）と化学療法剤による併用療法の治療歴がない患者群におけるイットリウム（^{90}Y）イブリツモマブ チウキセタン（遺伝子組換え）注射液の有効性及び安全性は確立していない．［「臨床成績」の項参照］
2．イブリツモマブ チウキセタン（遺伝子組換え）の集積部位の確認の結果，異常な生体内分布が認められた症例に対して本品を使用しないこと．

用法・用量に関連する使用上の注意
1．本品を用いた治療は，通常，以下のスケジュールで実施する．

(1) 1日目：リツキシマブ（遺伝子組換え）250 mg/m² を点滴静注し，点滴終了後4時間以内に，インジウム（^{111}In）イブリツモマブ チウキセタン（遺伝子組換え）注射液として 130 MBq を静脈内に10分間かけて1回投与する．
(2) 3〜4日目：インジウム（^{111}In）イブリツモマブ チウキセタン（遺伝子組換え）注射液投与の48〜72時間後にガンマカメラによる撮像を行い，イットリウム（^{90}Y）イブリツモマブ チウキセタン（遺伝子組換え）注射液投与の適切性を確認する．適切性の評価が不確定な場合は，1日以上の間隔をあけて追加撮像を実施し，再度適切性の検討を実施する．
(3) 7〜9日目：リツキシマブ（遺伝子組換え）250 mg/m² を点滴静注し，点滴終了後4時間以内にイットリウム（^{90}Y）イブリツモマブ チウキセタン（遺伝子組換え）注射液を静脈内に10分間かけて1回投与する．

2. インジウム（^{111}In）イブリツモマブ チウキセタン（遺伝子組換え）注射液投与48〜72時間後の撮像にて，以下のいずれかの所見が認められた場合は，異常な生体内分布とみなす．異常な生体内分布が明らかになった場合にはイットリウム（^{90}Y）イブリツモマブ チウキセタン（遺伝子組換え）注射液を投与しないこと．
(1) 顕著な骨髄へのびまん性の取り込みが認められる（長管骨及び肋骨の明瞭な描出を特徴とする骨シンチグラムにおけるスーパースキャンに類似した画像）．
(2) 網内系への取り込みを示す肝臓及び脾臓及び骨髄への強い局在化が認められる．
(3) 以下のような，腫瘍の浸潤がみられない正常臓器への取り込みの増強が認められる．
　① 肝臓よりも強い正常肺へのびまん性の取り込み
　② 後面像で，肝臓よりも強い腎臓への取り込み
　③ 肝臓よりも強い正常腸管への取り込み（経時的変化がみられないもの）

3. 投与前血小板数が 100,000/mm³ 以上 150,000/mm³ 未満の患者には，イットリウム（^{90}Y）イブリツモマブ チウキセタン（遺伝子組換え）注射液の投与量は 11.1 MBq/kg に減量すること．

4. 投与前血小板数が 100,000/mm³ 未満の患者におけるイットリウム（^{90}Y）イブリツモマブ チウキセタン（遺伝子組換え）注射液の有効性及び安全性は確立していない．［使用経験がない．］

5. 標識率が 95% 未満のイットリウム（^{90}Y）イブリツモマブ チウキセタン（遺伝子組換え）注射液は使用しないこと．［有効性及び安全性は確立していない．］

6. イットリウム（^{90}Y）イブリツモマブ チウキセタン（遺伝子組換え）注射液の投与に際しては，以下の事項に留意すること．
(1) イットリウム（^{90}Y）イブリツモマブ チウキセタン（遺伝子組換え）注射液の投与量は，適切に校正された放射線測定器にて，投与の直前に確認すること．
(2) イットリウム（^{90}Y）イブリツモマブ チウキセタン（遺伝子組換え）注射液の投与は 0.22 ミクロン径の静注フィルター（蛋白低吸着性）を介して 10分間かけて静注すること．急速静注はしないこと．その後，10 mL 以上の生理食塩液を同じ注射筒及び静注ラインを通じて静注すること．

7. イットリウム（^{90}Y）イブリツモマブ チウキセタン（遺伝子組換え）注射液の再投与の有効性及び安全性は確認されていない．（「重要な基本的注意」の項参照）

発売元
富士フイルム RI ファーマ株式会社
〒104-0031　東京都中央区京橋 1-17-10　内田洋行京橋ビル

製造販売元（輸入）
バイエル薬品株式会社
〒530-0001　大阪市北区梅田二丁目 4 番 9 号

（バイエル薬品株式会社，ゼヴァリン®イットリウム（^{90}Y）静注用セット添付文書より転載）

注1) 注意—添付文書は日々更新されるため，実際の使用の際は，最新の添付文書を参照すること．
注2) 注意—医師等の処方せんにより使用すること．

付　録　243

放射性医薬品
生物由来製品，劇薬
処方せん医薬品(注)
＊＊2009年6月改訂（第4版，「指定医薬品」規制区分廃止に伴う改訂）
＊2008年8月改訂
貯法：凍結を避け冷所（2〜8℃）に遮光保存
有効期間：検定日時（製造日から7日後）から1日間（ラベルにも記載）

放射性医薬品・放射標識抗CD20モノクローナル抗体

ゼヴァリン®インジウム(^{111}In) 静注用セット

インジウム(^{111}In) イブリツモマブ チウキセタン（遺伝子組換え）注射液調製用

日本標準商品分類番号	874300
承認番号	22000AMX00028
薬価収載	2008年6月
販売開始	2008年8月
国際誕生	2002年2月

■警告
(1) 本品の使用においては，緊急時に十分に対応できる医療施設において，造血器悪性腫瘍の治療及び放射線治療に対して，十分な知識・経験を持つ医師のもとで，本品の使用が適切と判断される症例のみに行うこと．また，投与開始に先立ち，患者又はその家族に本品を使用する意義及び危険性を十分に説明し，同意を得てから投与を開始すること．
(2) 本品の使用にあたっては，添付文書を熟読すること．なお，リツキシマブ（遺伝子組換え）及びゼヴァリン イットリウム(^{90}Y) 静注用セットの添付文書についても熟読すること．

■禁忌（次の患者には投与しないこと）
(1) 本品の成分，マウスタンパク質由来製品又はリツキシマブ（遺伝子組換え）に対する重篤な過敏症の既往歴のある患者
(2) 妊婦又は妊娠している可能性のある女性［「妊婦，産婦，授乳婦等への投与」の項参照］

【組成・性状】
1. 組成
   1セットは下記の組合せよりなる．
   1セット中

名称	容量		1バイアル中の成分含量	
イブリツモマブ チウキセタン溶液*	2 mL	有効成分	イブリツモマブ チウキセタン（遺伝子組換え）	3.2 mg
		添加物	塩化ナトリウム	17.6 mg
注射液調製用酢酸ナトリウム溶液	2 mL	添加物	酢酸ナトリウム水和物	13.6 mg
注射液調製用緩衝液	10 mL	添加物	人血清アルブミン	749.7 mg
			塩化ナトリウム	75.6 mg
			リン酸水素ナトリウム水和物	27.5 mg
			ジエチレントリアミン五酢酸	4.0 mg
			リン酸二水素カリウム	1.9 mg
			塩化カリウム	1.9 mg
			pH調整剤（水酸化ナトリウム，塩酸）	適量

注射液調製用無菌バイアル	内容物を含まない無菌のガラスバイアル（10 mL）		
放射性医薬品基準塩化インジウム(^{111}In) 溶液	0.5 mL	有効成分	塩化インジウム(^{111}In) 185 MBq（検定日時）
		添加物	pH調整剤（塩酸） 適量

＊本品はチャイニーズハムスター卵巣細胞を用いて製造される．製造工程において，培地成分としてヒトインスリン（遺伝子組換え），精製カラムの充填剤としてプロテインA（遺伝子組換え）を使用している．

2. 調製後注射液：インジウム(^{111}In) イブリツモマブ チウキセタン（遺伝子組換え）注射液の性状

性状	緑黄色から黄色ないし黄褐色の澄明な液
pH	5.9〜7.9
浸透圧比（生理食塩液に対する比）	約1

【効能・効果】
イブリツモマブ チウキセタン（遺伝子組換え）の集積部位の確認

効能・効果に関連する使用上の注意
インジウム(^{111}In) イブリツモマブ チウキセタン（遺伝子組換え）は，イットリウム(^{90}Y) イブリツモマブ チウキセタン（遺伝子組換え）の集積部位を確認するものであり，腫瘍に対する有効性は得られない．

【用法・用量】
本セットの注射液調製用無菌バイアルに適量の注射液調製用酢酸ナトリウム溶液と塩化インジウム(^{111}In) 溶液145 MBqを入れ，これにイブリツモマブ チウキセタン溶液1.0 mLを加えて混和し，適量の注射液調製用緩衝液を加えてインジウム(^{111}In) イブリツモマブチウキセタン（遺伝子組換え）注射液とする．（「適用上の注意」の項参照）
通常，成人には，リツキシマブ（遺伝子組換え）を点滴静注後，速やかに，インジウム(^{111}In) イブリツモマブ チウキセタン（遺伝子組換え）として130 MBqを，静脈内に10分間かけて投与する．

用法・用量に関連する使用上の注意
1. ゼヴァリン イットリウム (^{90}Y) 静注用セットを用いた治療における本品の使用は，通常，以下のスケジュールで実施する．
   (1) 1日目：リツキシマブ（遺伝子組換え）250 mg/m^2 を点滴静注し，点滴終了後4時間以内に，インジウム (^{111}In) イブリツモマブ チウキセタン（遺伝子組換え）注射液として 130 MBq を静脈内に10分間かけて1回投与する．
   (2) 3～4日目：インジウム (^{111}In) イブリツモマブ チウキセタン（遺伝子組換え）注射液投与の48～72時間後にガンマカメラによる撮像を行い，イットリウム (^{90}Y) イブリツモマブ チウキセタン（遺伝子組換え）注射液投与の適切性を確認する．適切性の評価が不確定な場合は，1日以上の間隔をあけて追加撮像を実施し，再度適切性の検討を実施する．
   (3) 7～9日目：リツキシマブ（遺伝子組換え）250 mg/m^2 を点滴静注し，点滴終了後4時間以内にイットリウム (^{90}Y) イブリツモマブ チウキセタン（遺伝子組換え）注射液を静脈内に10分間かけて1回投与する．
2. 標識率が95％未満のインジウム (^{111}In) イブリツモマブ チウキセタン（遺伝子組換え）注射液は使用しないこと．［有効性及び安全性は確立していない．］
3. インジウム (^{111}In) イブリツモマブ チウキセタン（遺伝子組換え）注射液の投与に際しては，以下の事項に留意すること．
   (1) インジウム (^{111}In) イブリツモマブ チウキセタン（遺伝子組換え）注射液の投与量は，適切に校正された放射線測定器にて，投与の直前に確認すること．
   (2) インジウム (^{111}In) イブリツモマブ チウキセタン（遺伝子組換え）注射液の投与は 0.22 ミクロン径の静注フィルター（蛋白低吸着性）を介して10分間かけて静注すること．急速静注はしないこと．その後，10 mL 以上の生理食塩液を同じ注射筒及び静注ラインを通じて静注すること．
4. インジウム (^{111}In) イブリツモマブ チウキセタン（遺伝子組換え）注射液投与48～72時間後の撮像にて，以下のいずれかの所見が認められた場合は，異常な生体内分布とみなす．異常な生体内分布が明らかになった場合にはイットリウム (^{90}Y) イブリツモマブ チウキセタン（遺伝子組換え）注射液を投与しないこと．
   (1) 顕著な骨髄へのびまん性の取り込みが認められる（長管骨及び肋骨の明瞭な描出を特徴とする骨シンチグラムにおけるスーパースキャンに類似した画像）．
   (2) 網内系への取り込みを示す肝臓及び脾臓及び骨髄への強い局在化が認められる．
   (3) 以下のような，腫瘍の浸潤がみられない正常臓器への取り込みの増強が認められる．
      ① 肝臓よりも強い正常肺へのびまん性の取り込み
      ② 後面像で，肝臓よりも強い腎臓への取り込み
      ③ 肝臓よりも強い正常腸管への取り込み（経時的変化がみられないもの）

発売元
富士フイルム RI ファーマ株式会社
〒104-0031 東京都中央区京橋1-17-10 内田洋行京橋ビル

製造販売元（輸入）
バイエル薬品株式会社
〒530-0001 大阪市北区梅田二丁目4番9号

（バイエル薬品株式会社，ゼヴァリン®インジウム (^{111}In) 静注用セット添付文書より転載）

注1）注意―添付文書は日々更新されるため，実際の使用の際は，最新の添付文書を参照すること．
注2）注意―医師等の処方せんにより使用すること．

	日本標準商品分類番号	
放射性医薬品・局所脳血流診断薬		874300

パーヒューザミン®注

処方せん医薬品(注)*
** 2010年5月改訂（第5版）
* 2005年5月改訂
貯法：室温，遮光保存
有効期間：検定日時から24時間
　　　　（ラベルにも記載）

放射性医薬品基準塩酸N-イソプロピル-4-ヨードアンフェタミン(^{123}I)注射液

承認番号	20600AMZ00274000
薬価収載	1986年6月
販売開始	1994年4月
再審査結果	1994年9月

【組成・性状】

本剤は，水性の注射剤で，ヨウ素-123を塩酸N-イソプロピル-4-ヨードアンフェタミンの形で含む．

1 mL 中

塩酸N-イソプロピル-4-ヨードアンフェタミン(^{123}I) （検定日時において）	111 MBq
塩酸N-イソプロピル-4-ヨードアンフェタミン	0.45 mg

添加物	アスコルビン酸-リン酸緩衝液　0.034 mL，日本薬局方生理食塩液，pH調整剤2成分
性状	無色澄明の液
pH	4.0～7.0
浸透圧比	約1（生理食塩液に対する比）

【効能又は効果】

局所脳血流シンチグラフィ

【用法及び用量】

通常，成人には本剤37～222 MBq を静脈内に注射し，投与後15～30分後より被検部にガンマカメラ等の検出部を向け撮像もしくはデータを収録し，脳血流シンチグラムを得る．必要に応じて局所脳血流量を求める．

投与量は，年齢，体重により適宜増減する．

(シリンジバイアル使用方法)
①コンテナのセイフティバンドを切り取り，上蓋を外す．
②メジシリンジ専用プランジャーを取り付ける（図1）．
③コンテナから取り出す（メジシールドキャップを持って取り出せます）．
④先端のゴムキャップを取り，メジシリンジ専用針（メジニードル又はメジルアー針）を取り付ける（図2）．
⑤患者に投与する．

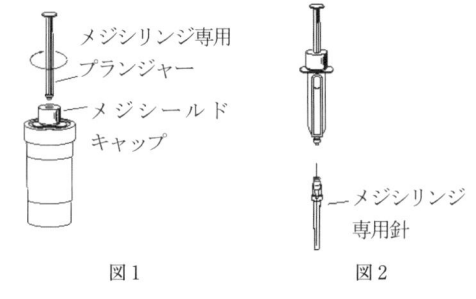

図1　図2

(使用後の廃棄方法)
①誤刺に注意して，針を外す．
②プランジャーは取り付け時と反対の方向（反時計方向）に回して取り外す．
③メジシールドキャップを回して取り外し，シールドからシリンジを抜き取り廃棄する．

製造販売元
日本メジフィジックス株式会社
〒136-0075　東京都江東区新砂3丁目4番10号

（日本メジフィジックス株式会社，パーヒューザミン®注添付文書より転載）

注1）注意―添付文書は日々更新されるため，実際の使用の際は，最新の添付文書を参照すること．
注2）注意―医師等の処方せんにより使用すること．

放射性医薬品・骨転移疼痛緩和剤

メタストロン®注

放射性医薬品基準塩化ストロンチウム（^{89}Sr）注射液

劇薬, 処方せん医薬品（注）
**2009年9月改訂 2
2007年7月作成 1
貯法：室温, 遮光保存
有効期間：検定日より4週間
（ラベルにも記載）

日本標準商品分類番号 874300
承認番号 21900AMG00003
薬価収載 2007年9月
販売開始 2007年11月

■警告

(1) 本剤は，緊急時に十分対応できる医療施設において，がん化学療法，放射線治療及び緩和医療に十分な知識・経験を持つ医師のもとで，本剤が適切と判断される症例についてのみ投与すること．また，治療開始に先立ち，患者又はその家族に危険性及び有効性を十分説明し，同意を得てから投与すること．（「重要な基本的注意」の項参照）

(2) 本剤による骨髄抑制に起因したと考えられる死亡例が認められている．本剤の投与にあたっては，がん化学療法の前治療歴及び血液検査により，骨髄機能を評価し，慎重に患者を選択すること．また，本剤の投与後は定期的に血液検査を行い，骨髄抑制について確認すること．（「重要な基本的注意」の項参照）

■禁忌（次の患者には投与しないこと）

(1) 重篤な骨髄抑制のある患者［本剤投与により重篤な骨髄抑制が増強される可能性がある．］（「重要な基本的注意」の項参照）

(2) 妊婦又は妊娠している可能性のある婦人［本剤投与による胎児への放射線の影響が発現する可能性がある．］（「妊婦，産婦，授乳婦等への投与」の項参照）

【組成・性状】

本剤は，水性の注射剤で，1バイアル（3.8 mL）中に，ストロンチウム89を塩化ストロンチウム（^{89}Sr）として含む．

1バイアル（3.8 mL）中

| ストロンチウム89として（検定日において） | 141 MBq |
| 塩化ストロンチウム | 41.4～85.9 mg |

性状	無色澄明の液
pH	4.0～7.5
浸透圧比	約1（1バイアル中に塩化ストロンチウム65 mgを含む本剤の生理食塩液に対する比）

【効能・効果】

固形癌患者における骨シンチグラフィで陽性像を呈する骨転移部位の疼痛緩和

注1) 注意—添付文書は日々更新されるため，実際の使用の際は，最新の添付文書を参照すること．
注2) 注意—医師等の処方せんにより使用すること．

効能・効果に関連する使用上の注意

1) 本剤は，疼痛緩和を目的とした標準的な鎮痛剤に置き換わる薬剤ではないため，骨転移の疼痛に対する他の治療法（手術，化学療法，内分泌療法，鎮痛剤，外部放射線照射等）で疼痛コントロールが不十分な患者のみに使用すること．

2) 本剤の投与にあたっては，骨シンチグラフィを実施し，疼痛部位に一致する集積増加がある患者のみに使用すること．

3) 本剤は，悪性腫瘍の骨転移に伴う骨折の予防・治療を目的として使用しないこと．

4) 本剤は，骨転移部位の腫瘍に対する治療を目的として使用しないこと．

5) 本剤は，脊椎転移に伴う脊髄圧迫等，緊急性を必要とする場合に放射線照射の代替として使用しないこと．

【用法・用量】

通常，成人には1回2.0 MBq/kgを静注するが，最大141 MBqまでとする．反復投与をする場合には，投与間隔は少なくとも3ヵ月以上とする．

用法・用量に関連する使用上の注意

本剤の再投与を行う場合には，前回投与から3ヵ月以上の間隔をとり，かつ骨髄機能の回復を確認すること．なお，国内臨床試験で2回以上投与を行った経験はない．（【臨床成績】の項参照）

販売元
日本化薬株式会社
〒102-8172　東京都千代田区富士見一丁目11番2号

選任製造販売元
日本メジフィジックス株式会社
〒136-0075　東京都江東区新砂3丁目4番10号

外国特例承認取得者（輸入先）
GE Healthcare Limited
Amersham UK

（日本メジフィジックス株式会社，メタストロン®注添付文書より転載）

索 引

欧文

α壊変　18
α線　45
α粒子　45
β壊変　19
β⁻線　45
β⁻粒子　45
β⁺壊変　20
β⁺線　46
β⁺粒子　46
γ壊変　22
γ線スペクトロメータ　63
ALARAの法則　199
BF3管　56
BG補正計数率　53
Bq（ベクレル）　52
Bragg曲線　45
¹¹Cヨウ化メチルによる標識　154
CAD　7
CPBA　136
CT　5, 89, 91
CT値　228
DSA　141
DSB　172
EC　21
ECD付きガスクロ　3
ECT　91
Elkind回復　174
¹⁸F-フルオロデオキシグルコース　155
FDG-PET　103
Gy（グレイ）　50
ICRP　99, 198
IMRT　6
in situ ハイブリダイゼーション　79
IRMA　138
LET　43
MRI　229
MRI造影剤　230
M期　171
PET　7, 21
PET-CT装置　94
PET装置　93
p-n接合型半導体検出器　58
RBE　174

RIA　133
RRA　137
Scatchard解析　132, 135
SLD　174
SLD回復　174
SPECT　7
SPECT/CT装置　92
SPECT装置　92
SRT　7
SSB　172
Sv（シーベルト）　50, 51
S期　171
⁹⁹ᵐTc標識放射性医薬品　151
T₃摂取率　141
UIBC　141
WARG　8
W値　44
X線CT　228
X線吸収率　227
X線透過率　227

あ行

アクチニウム系列　39
亜致死損傷　174
安定同位元素　14

イオン交換法　67, 68
イオン対　53
1標的1ヒットモデル　167
1本鎖切断　172
遺伝的影響　164, 176
イブリツモマブチウキセタン　114, 128
イムノラジオメトリックアッセイ　138
イメージング　89
イメージングプレート　77
医療被ばく　200
医療用放射性汚染物　97
色クエンチング　61
印加電圧　54
インスリン　133
陰性像　104
インビトロ用診断薬　85
インビトロ放射性医薬品　131
インビボ用診断薬　85

ウッズ試薬　152
ウラン系列　39

永続平衡　28
エキサメタジムテクネチウム（⁹⁹ᵐTc）注射液　105
液体シンチレーションカウンタ　60
エスケープピーク　64
エネルギー依存性　215
エネルギー分解能　62
エピトープ　135
エリアモニタ　214
塩基除去修復　173
塩基損傷回復　173
遠赤外線　193
エンドトキシン試験　97
エンドヌクレアーゼ　173

オージェ電子　21
オートラジオグラフィ　75
親核種　17
温度効果　168, 169
温熱処理　170

か行

ガイガー・ミューラー（GM）計数管　56
ガイガー・ミューラー（GM）領域　55
回復時間　57
外部標準線源法　61
壊変　17
壊変図　24
壊変定数　26
ガウス分布　53
化学クエンチング　61
化学的過程　165
化学的防護効果　170
化学発光　62
核医学　84
核異性体　14, 23
核異性体転移　23
拡散型血流測定剤　158
核子　12
核種　13
確定的影響　199, 200, 209

確認試験　96
核燃料　36
核反応　31, 49
核分裂　34
確率的影響　199, 201, 209
核力　15
下限数量　202
ガスフロー型比例計数管　56
加速器　149
活性酸素種　164, 169
過テクネチウム酸ナトリウム(^{99m}Tc)
　　注射液　105
荷電粒子線　42
過渡平衡　29
間期死　172
間接同位体希釈法　74
間接標識法　135
ガンマーカメラ　90
ガンマーナイフ　7
管理区域　204
緩和　229

既往調査法　181
幾何学的効率　52
機器効率　52
希釈効果　168
軌道電子　11
キャリアタンパク　136
吸収線量　50, 201
急性障害　164
急性放射線死　179
急性放射線障害　180
競合タンパク結合測定法　136
競合放射測定法　131
共沈剤　66
共沈法　65
近赤外線　193

空気カーマ　50
空乏層　58
クエン酸ガリウム(^{67}Ga)注射液
　　103
クエンチング　61
クエンチング補正法　61
グリッドつき電離箱　63
クリプト　178
クリプトン(^{81m}Kr)ジェネレータ
　　104

蛍光ガラス線量計　217
計数効率　52
計数率　52
血管造影　228

血清不飽和鉄結合能　141
欠損画像　158
血流測定剤　158
ケミルミネセンス　62
煙感知器　3
ゲルシフトアッセイ　79
原子核　11
原子番号　13
検出効率　52
原子炉　35, 148

光輝尽発光　77
抗血清　134
抗原決定基　135
抗原・抗体結合体　136
向骨性元素　176
光子　47
公衆被ばく　200
高純度ゲルマニウム検出器　63
甲状腺腫瘍　182
抗体価　135
光電効果　47
光電子　47
光電子増倍管　58
光電ピーク　48
後方散乱　45
国際放射線防護委員会　99, 198
個人モニタリング　217
固相法　136
骨腫瘍　179, 182
骨髄死　177, 179
コリメータ　90
コロニーハイブリダイゼーション
　　78
コンピュータ断層撮影法　89, 91
コンプトン　47
コンプトンエッジ　48
コンプトン効果　47
コンプトン散乱　47
コンプトン電子　47

さ　行

サイクロトロン　149
再結合領域　55
歳差運動　229
再生係数　212
再生不良性貧血　183
サイバーナイフ　6
細胞再生系(分裂系)　177
サザンブロット法　78
サーベイメータ　62, 214
サムピーク　64
37％線量　167

酸素効果　168, 169
酸素増感比　169

ジェネレータ　30, 149
紫外線　42
しきい線量　199, 209
色素性乾皮症　173
シークエンス　79
システイン　170
施設検査　204
自然放射線　175, 189
実効線量　51, 200, 201
実効半減期　98, 176
質量吸収係数　49
質量数　13
時定数　62
写真効果　75
循環血液量　125
循環赤血球量　125
純度試験　96
準(類)しきい線量　168
障害防止法　198
消化管死　179
消化管造影　227
消光現象　61
小線源治療　7
消滅γ線　20, 46
職業被ばく　200, 207
食品照射　2
身体的影響　176
シンチカメラ　90
シンチグラフィ　89
シンチレーション　58
シンチレーションカウンタ　58, 59
シンチレーションカメラ　90
シンチレータ　58
親和定数　135

水分計　56
スミア法　217

生化学的過程　166
正孔　58
静磁場　229
生殖細胞突然変異　185
精神遅滞　184
制動X線　46
制動放射　45
生物学的効果比　174
生物学的半減期　176
赤色骨髄　177
線エネルギー付与　43
腺窩　178

索 引

線吸収係数　49
線減弱係数　212
潜在的再生系(休止系)　177
潜在的致死損傷 PLD 回復　174
染色体型異常　185
全身カウンタ　218
潜伏期　182
線防護剤　170
線量限度　200, 207
線量率効果　174

増感効果　170
増感剤　170
早期老化　182
造血組織　177
増殖死　172
相同組換え修復　173
増幅ガス　54
速中性子　32
即発 γ 線分析　81
組織加重(荷重)係数　51, 201
阻止能　43
ソフトベータ　19

た　行

体外(外部)被ばく　175, 210
　――の測定　217
体外計測法　89
体細胞突然変異　185
代謝蓄積型　161
体内(内部)被ばく　175
　――の測定　218
胎内被ばく　183
ダイマー　192
単一光子放射断層撮影法　89
弾性散乱　43
弾性衝突　43
担体　65, 74

中間子　15
抽出率　67
中枢神経死　180
中性子　12
中性子線　49
中性微子　19
中赤外線　193
超音波　230
潮解性　59
腸管死　178
直接作用　166
直接同位体希釈法　74
直接標識法　135
直接飽和分析法　141

テスラ　229
電圧パルス　54
電子式ポケット線量計　217
電子対生成　48
電子雪崩　55, 56
電磁波　42
電子捕獲　21
電子ボルト　18
電離作用　43
電離箱　55
電離箱領域　55
電離放射線　42, 189

同位元素　13
同位体希釈分析　74
同位体効果　73
同位体担体　65
等価線量　50, 200
同重体　14
投与量　98
特性 X 線　21, 46
ドーズキャリブレータ　94
ドットブロット法　78
トランスポータ研究　77
トリウム系列　38
トリヨードサイロニン　141
トレーサ　72
トレーサ法　72
トレーサ量　65

な　行

内部消滅型(自己消滅型)GM 管　56
内部転換　22
内部転換電子　22

二官能性キレート　152
2 抗体法　136
二重同位体希釈法　75
ニトロイミダゾール誘導体　170
2 本鎖切断　172
ニュートリノ　19

熱中性子　32, 49
熱ルミネセンス線量計　217
年代測定　4

ノザンブロット法　78

は　行

バイオアッセイ法　218
倍加線量　185
バイスタンダー効果　170
ハイパーサミア　170

バイファンクショナルキレート
　152
白色骨髄　177
白内障　183, 191
発育遅延　184
発がん　181
白血病　182
発熱性物質試験　97
ハードベータ　19
パルス　54
パルス-チェイス法　80
半価層　49, 212
半減期　27
半致死線量　180
半値幅　63
反跳原子　68
反跳効果　69
半導体検出器　57
晩発性障害　164, 181

非荷電粒子線　42
光刺激ルミネセンス線量計　217
光修復酵素　192
非競合放射測定法　131
非結合体　136
非再生系(非分裂系)　177
飛跡　44
非相同末端結合修復　173
非弾性散乱　43
非弾性衝突　43
飛程　44
比電離能　44
非同位体担体　65
被ばく評価　99
被ばく防護　98
ヒューマンカウンタ　218
標識モノクローナル抗体　139
標準偏差　53
標的理論　166
表面障壁型半導体検出器　63
ビルドアップ係数　212
比例計数管　55
比例計数管領域　55

ファイバースコープ　231
フォトピーク　64
フォトマルチプライヤ　58
不感時間　57
複数(多重)標的 1 ヒットモデル
　167
フック現象　141
物質消滅　20, 46
フットプリンティング　79

物理学的半減期　176
物理的過程　165
プルサーマル　5
フルデオキシグルコース（^{18}F）　102
分解時間　57
分子イメージング　84
分子死　180
分配比　67

平均致死線量　167
ベクレル　26
ベクレルメータ　94
ベルゴニー・トリボンドーの法則　175

放射化学純度　73, 96
放射型コンピュータ断層撮影法　91
放射化分析　33, 80
放射受容体測定法　137
放射性医薬品　84
放射性医薬品基準　85
放射性核種　65
放射性核種純度　73, 96
放射性同位元素　14
放射性廃棄物　218
放射性物質診療用器具　85
放射性ヨウ素標識放射性医薬品　152
放射線疫学　181
放射線加重（荷重）係数　50, 200
放射線キメラ　177, 185
放射線業務従事者　207
放射線効果　73
放射線障害予防規程　207
放射線増感剤　169
放射線取扱主任者　205

放射線白内障　179
放射線発がん　181
　──の機構　182
放射線防護　184
　──の三原則　210
放射線防護体系　199
放射線モニタリング　214
放射線量　50
放射能　25
　──の減衰計算式　27
放射能検定　97
放射平衡　28, 149
放射免疫測定法　133
保護効果　168, 170
保持担体　65
ポジトロン　46
捕集剤　66
ホットアトム　68
ホットアトム効果　69
ホットアトム法　68, 69
ポリクローナル抗体　134
ホール　58
ボルトンハンター試薬　152
ボルトンハンター法　135

ま　行

マイクロドーズ臨床試験　129
マルチチャネルアナライザ　63

ミルキング　30, 149

娘核種　17
無担体　65

メタボリックトラッピング　161

免疫放射定量測定法　138

モノクローナル抗体　135

や　行

薬物代謝研究　77
薬物動態研究　77

有効半減期　176

陽子　12
陽性画像　158
陽電子　20, 46
陽電子放射断層撮影法　89
溶媒抽出法　67
予後調査法　181

ら　行

ライナック　6
ラジオアッセイ　90
ラジオイムノアッセイ　133
ラジオコロイド法　68
ラーモア周波数　229

リチウムドリフト型半導体検出器　58
立体角　52
硫酸バリウム　227
粒子線　42

励起作用　43
レノグラム　107
連鎖反応　35

編著者略歴

大久保恭仁　おおくぼ　やすひと
1949 年　鹿児島県に生まれる
1979 年　東北薬科大学大学院博士課程修了
現　在　東北薬科大学教授
　　　　薬学博士

小 島 周 二　こじま　しゅうじ
1948 年　神奈川県に生まれる
1975 年　千葉大学大学院修士課程修了
現　在　東京理科大学薬学部教授
　　　　薬学博士

薬学テキストシリーズ
放射化学・放射性医薬品学　　　定価はカバーに表示

2011 年 5 月 20 日　初版第 1 刷
2017 年 2 月 10 日　　　第 7 刷

　　　　　　　編著者　大　久　保　恭　仁
　　　　　　　　　　　小　島　周　二
　　　　　　　発行者　朝　倉　誠　造
　　　　　　　発行所　株式会社　朝　倉　書　店
　　　　　　　　　　　東京都新宿区新小川町 6-29
　　　　　　　　　　　郵便番号　162-8707
　　　　　　　　　　　電　話　03(3260)0141
　　　　　　　　　　　FAX　03(3260)0180
　　　　　　　　　　　http://www.asakura.co.jp

〈検印省略〉

© 2011〈無断複写・転載を禁ず〉

ISBN 978-4-254-36265-7　C 3347

Printed in Korea

JCOPY　<(社)出版者著作権管理機構　委託出版物>

本書の無断複写は著作権法上での例外を除き禁じられています．複写される場合は，そのつど事前に，(社)出版者著作権管理機構（電話 03-3513-6969, FAX 03-3513-6979, e-mail: info@jcopy.or.jp) の許諾を得てください．

渡辺　稔編著 薬学テキストシリーズ ## 薬　理　学 —基礎から薬物治療学へ— 36261-9　C3347　　　B 5 判　392頁　本体6800円	基本から簡潔にわかりやすく，コアカリにも対応させて解説．〔内容〕局所麻酔薬／末梢性筋弛緩薬／抗アレルギー薬／抗炎症薬／免疫抑制薬／神経系作用薬／循環器系作用薬／呼吸器系作用薬／血液関連疾患治療薬／消化器系作用薬／他
中込和哉・秋澤俊史編著　神崎　愷・川原正博・ 定金　豊・小林茂樹・馬渡健一・金子希代子著 薬学テキストシリーズ ## 分析化学 I　—定量分析編— 36262-6　C3347　　　B 5 判　152頁　本体3500円	モデルコアカリキュラムにも準拠し，定量分析を中心に学部学生のためにわかりやすく，ていねいに解説した教科書．〔内容〕1 部　化学平衡：酸と塩基／各種の化学平衡／2 部　化学物質の検出と定量：定性試験／定量の基礎／容量分析
中込和哉・秋澤俊史編著　神崎　愷・川原正博・ 定金　豊・小林茂樹・馬渡健一・金子希代子著 薬学テキストシリーズ ## 分析化学 II　—機器分析編— 36263-3　C3347　　　B 5 判　216頁　本体4800円	モデルコアカリキュラムにも準拠し，機器分析を中心にわかりやすく，ていねいに解説した教科書．〔内容〕各種元素の分析／分析の準備／分析技術／薬毒物の分析／分光分析法／核磁気共鳴スペクトル／質量分析／X線結晶解析
小佐野博史・山田安彦・青山隆夫編著 中島宏昭・上野和行・早瀬伸正・小林大介他著 薬学テキストシリーズ ## 薬　物　治　療　学 36264-0　C3347　　　B 5 判　424頁　本体6800円	薬物治療を適正な医療への処方意図の解釈と位置づけ，実際的な理解を得られるよう解説した。各疾患ごとにその概略をまとめ，治療の目標，薬物治療の位置づけ，治療薬一般，おもな処方例，典型的な症例についてわかりやすく解説した．
山本　昌編著　水間　俊・丸山一雄・田中頼久・ 灘井雅行・岩川精吾・掛見五郎・緒方宏泰著 ## 生　物　薬　剤　学 —薬の生体内運命— 34027-3　C3047　　　B 5 判　304頁　本体5600円	モデル・コアカリキュラムに準拠し，演習問題を豊富に掲載した学部学生のための教科書．〔内容〕薬の生体内運命／薬物の臓器への到達と消失(吸収/分布/代謝/排泄/相互作用)／薬動学／治療的薬物モニタリング／薬物送達システム
寺田勝英編著　内田享弘・岡田弘晃・金澤秀子・ 竹内洋文・戸塚裕一・長ះ俊治著 ## 物 理 薬 剤 学・製 剤 学 —製剤化のサイエンス— 34022-8　C3047　　　B 5 判　240頁　本体5200円	薬学会のモデル・コアカリキュラムにも対応し，わかりやすくまとめた教科書．〔内容〕物質の溶解／分散系／製剤材料の物性／代表的な製剤／製剤化／製剤試験法／DDSの必要性／放出制御型製剤／ターゲッティング／プロドラッグ／他
林　秀徳・堀江修一・渡辺隆史編著　渡辺泰裕・ 厚味厳一・小佐野博史著 ## 薬学で学ぶ 病　態　生　化　学 34019-8　C3047　　　B 5 判　260頁　本体5000円	モデル・コアカリキュラムに対応し，やさしく，わかりやすく解説した教科書．〔内容〕脳・精神・神経系, 骨・関節系, 血液, 心臓・血管系, 免疫, 腎・泌尿生殖器, 呼吸器, 消化器, 肝・胆・膵, 感覚器, 内分泌疾患／糖尿病／動脈硬化／他
小池勝夫・荻原政彦編著　谷　覚・阿部和穂・ 田中　光・伊藤芳久・大幡久之・平藤雅彦他著 ## 薬　理　学 34018-1　C3047　　　B 5 判　328頁　本体5200円	モデル・コアカリキュラムに対応し，やさしく，わかりやすく解説した教科書．〔内容〕自律神経系, 中枢神経系, 循環系, 呼吸系, 消化器系, 腎・泌尿器, 子宮, 血液・造血器官, 皮膚, 眼に作用する薬物／感染症, 悪性腫瘍に対する薬物／他
石井秀美・杉浦隆之編著　山下　純・天野富美夫・ 須賀哲弥・越智崇文・榛葉繁紀・手塚雅勝他著 ## 衛　生　薬　学　(第 2 版) 34024-2　C3047　　　B 5 判　488頁　本体7400円	薬学教育モデル・コアカリキュラムに準拠し，丁寧に解説した．法律の改正に合わせ改訂し，最新の知見・データも盛り込んだ．〔内容〕栄養素と健康／食品衛生／社会・集団と健康／疾病の予防／化学物質の主体への影響／生活環境と健康
田沼靖一・林　秀徳・本島清人編著　安西偕二郎・ 伊藤文昭・板部洋之・豊田裕夫・大山邦男他著 ## 生　化　学 34017-4　C3047　　　B 5 判　272頁　本体5800円	薬学系 1 ～ 2 年生のために，薬学会で作成された薬学教育モデル・コアカリキュラムにも配慮してやさしく，わかりやすく解説した教科書．〔内容〕生体を構成する物質／酵素／代謝／細胞の組成と構造／遺伝情報／情報伝達系
理科大 中村　洋編著 ## 機　器　分　析　の　基　礎 34006-8　C3047　　　B 5 判　168頁　本体4200円	理工学から医学・薬学・農学にわたり種々の機器を使った分析法について分かりやすく解説した教科書．〔内容〕分子・原子スペクトル分析／電気分析／熱分析／放射能を用いる分析／クロマトグラフィー／電気泳動／生物学的分析／容量分析／他
東京医大 渋谷　健監修 東京医大 松宮輝彦・小穴康功編 ## 診療科目別 治療薬禁忌集 (普及版) 34028-0　C3047　　　B 6 判　504頁　本体4800円	医薬品の適応，禁忌，使用上の注意などを診療科目別にまとめた．巻末には一般名，一般英名，製品名，製品英名の索引を掲載し，医療現場での利用に配慮した．さらに，医師・歯科医師・薬剤師・看護の国家試験で出題された重要薬剤を示した

上記価格(税別)は 2017 年 1月現在